程序员书库

算法工程珠玑

[意] 保罗·费拉吉纳（Paolo Ferragina）著
顾晅 卢健 王同林 曹洪伟 译

Pearls of Algorithm Engineering

机械工业出版社
CHINA MACHINE PRESS

图书在版编目（CIP）数据

算法工程珠玑 / (意) 保罗·费拉吉纳 (Paolo Ferragina) 著 ; 顾晅等译 . -- 北京 : 机械工业出版社 , 2025. 5. -- (程序员书库). -- ISBN 978-7-111-78450-0

Ⅰ. TP311.12；TP301.6

中国国家版本馆 CIP 数据核字第 2025UT3850 号

机械工业出版社（北京市百万庄大街 22 号　邮政编码 100037）

策划编辑：刘　锋　　责任编辑：刘　锋　章承林

责任校对：李　霞　李可意　景　飞　　责任印制：刘　媛

三河市宏达印刷有限公司印刷

2025 年 8 月第 1 版第 1 次印刷

186mm×240mm · 20 印张 · 418 千字

标准书号：ISBN 978-7-111-78450-0

定价：119.00 元

电话服务		网络服务	
客服电话：	010-88361066	机　工　官　网：	www.cmpbook.com
	010-88379833	机　工　官　博：	weibo.com/cmp1952
	010-68326294	金　　书　　网：	www.golden-book.com
封底无防伪标均为盗版		机工教育服务网：	www.cmpedu.com

Translator's Words 译者序

算法是现代计算科学的基石，其重要性不仅体现在计算领域，在各行各业中也发挥着不可或缺的作用。算法不仅是计算机科学中的抽象概念，也是解决现实问题的重要工具。从信息处理到自动化决策，从科学研究到日常应用，算法无处不在。正如本书所展示的那样，算法的艺术不仅在于其精密的数学结构，也在于其设计过程中的智慧和创新。通过算法，我们可以将复杂的问题分解为简单的步骤，并通过计算机的强大处理能力快速得出答案。本书深入探讨了算法的构思和设计，揭示了算法背后的艺术性和挑战。

为了帮助读者更好地理解算法的本质，作者在本书中引用了大量经典算法的定义和理论。例如，作者详细解释了何为有限性、确定性、有效性和输出性，并结合实际例子，展示了这些特性在算法设计中的重要作用。通过这些详细的解释，读者可以更好地理解算法的设计原则，并在实践中应用这些原则来设计高效的算法。

更重要的是，本书不仅从学术角度出发，还注重实践应用。作者通过一系列实际问题的解决过程，引导读者一步步构建出更复杂、更高效的算法解决方案。每一章都从一个有趣的问题出发，通过逐步优化，展示算法设计的艺术性和科学性。这种方法让读者不仅在理论上有所收获，在实际应用中也能够得心应手。特别是对I/O复杂度的关注，引入两级存储模型使算法设计更贴近具体的工程实现，真正解决了现实环境中的具体问题。例如，在讨论如何捕获数据变化和处理数据状态随时间演变的同时，本书也提出了将算法应用从本地机器转移到生产环境的注意事项，为读者提供了宝贵的实践经验和指导。

在这个充满挑战与机遇的时代，算法已经成为企业赖以生存和发展的关键利器。本书不仅带来了技术上的启发，也为我们探索和应用算法设计的工程实现带来了新的思路和方法。我们坚信，本书将成为算法工程领域的案头手册，为广大读者在这个领域的探索之路上提供强有力的支持与引导。

正所谓“学无止境”，就像中国古代的智者所说的那样，“千里之行，始于足下”。学习是一个不断探索、不断前行的过程。在这个过程中，我们不仅要保持谦虚，更要保持勇气和创新精神，去探索未知的领域。鉴于自身能力所限，我们在整个翻译过程中，如履薄冰，不足之处欢迎大家斧正。

最后，希望本书能够成为读者在算法工程领域探险的好伙伴，帮助大家轻松愉快地掌握算法设计的技能。祝大家阅读愉快，收获满满！

顾　晅　卢　健　王同林　曹洪伟

2024 年 12 月 17 日

Preface 前　言

本书为程序员和软件工程师提供了宝贵的忠告：在算法工程领域，无论个人天资如何聪颖，不深思熟虑是无法找到现实问题的合理解决方案的；面对庞杂的现实问题、复杂的机器、挑剔的用户、资源消耗巨大的应用程序和精密的算法工具，你需要接受培训才能成为一名算法工程师。

我们将通过探讨一系列具有挑战性的问题来展示一系列优雅且高效的算法解决方案。在选择章节主题时，我们主要考虑两个目标：一方面，为读者提供算法工程工具箱，帮助他们解决涉及海量数据集的编程问题；另一方面，汇集我在读硕士 / 博士时希望学习到的课程内容。部分章节的标题带有上标符号$^{\infty}$，这表示该部分为进阶内容，可以跳过，这并不会影响整体的阅读体验。最后，对于热爱编程的读者，我想指出本书的另一个特点，即数组索引从 1 开始，而不是通常采用的从 0 开始，因为这样可以使算法的表述更简洁，而且公式也不会因 ±1 的修正而变得复杂。

本书的风格和内容是与许多研究员同事和学生经过长时间的启发性讨论（有时是艰苦而令人疲惫的）后形成的。其中部分内容来自 2004 年以来我在比萨大学和其他国际学校中教授的“信息检索和高级算法”课程。值得一提的是，这些内容的初稿来源于 2009 年 9 月至 12 月参加比萨大学和圣安娜高级研究学院合作开设的计算机科学与网络专业的算法工程硕士课程的学生的笔记。另外一些来源于 2010 年 3 月在意大利贝尔蒂诺罗国际春季学校（BISS）中参加我教授的“海量数据集高级算法”课程的博士生的笔记。我将这些笔记作为某些章节的基础。当然，得益于 2010 年以来参加算法工程课程的众多学生提出的建议和反馈，这些笔记在随后的几年中经过了大量的修订和完善。

特别感谢 Antonio Boffa、Andrea Guerra、Francesco Tosoni 和 Giorgio Vinciguerra 仔细阅读了本书的最新版本，感谢 Gemma Martini 对第 15 章的贡献，感谢 Riccardo Manetti 帮忙整理 tikz 图表。还要感谢我的博士生和同事们：Jyrki Alakuijala、Ricardo Baeza-Yates、Lorenzo Bellomo、Massi Ciaramita、Marco Cornolti、Martin Farach-Colton、Andrea Farruggia、Raffaele

Giancarlo、Roberto Grossi、Antonio Gullì、Luigi Laura、Veli Makinen、Giovanni Manzini、Kurt Mehlhorn、Ulli Meyer、Bud Mishra、S. Muthukrishnan、Gonzalo Navarro、Igor Nitto、Linda Pagli、Francesco Piccinno、Luca Pinello、Marco Ponza、Prabhakar Raghavan、Peter Sanders、Rossano Venturini 和 Jeff S. Vitter，感谢他们多年来对这些主题进行的许多有趣且具有挑战性的探讨。最后，我要衷心感谢我的导师 Fabrizio Luccio，他不断激发我的研究热情，并以简洁（但并不简单）的方式引导我去感受教学和写作的乐趣。至于我是否成功实现了这一目标，就留给读者评判吧。

我的终极愿望是，当读者翻阅这些章节时，能够感受到我初次邂逅这些算法解决方案时的那种快乐和兴奋，从而激发自己对算法世界进行进一步探索，为学术追求和职业生涯寻找灵感。计算机编程是一门艺术，但要达到艺术的巅峰，需要借助出色的工具。

Contents 目　录

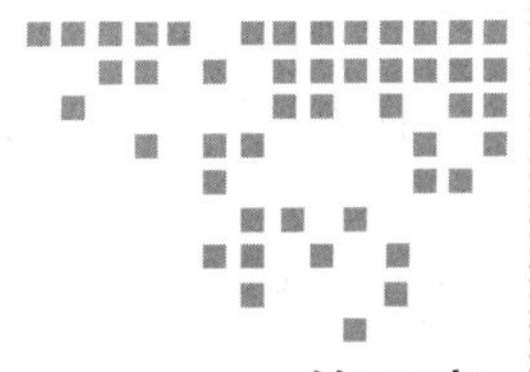

第1章 Chapter 1

概述

“这涉及火箭科技，但你不必成为火箭科学家也能使用它。”

——杰克·努南（Jack Noonan），SPSS首席执行官

本书的主角是算法，因此，为了深入探讨其构思和设计中的艺术性与挑战，我们需要从其众多可能的定义开始探讨。《牛津英语词典》中这样描述算法：“一个过程或一组规则，通常用代数符号来表示，主要在计算、机器翻译和语言学中使用。”算法的现代含义与配方（recipe）、方法（method）、程序（procedure）和例程（routine）非常相似，但在计算机科学中，它有着更为精确的含义。事实上，在过去的200年间，众多权威研究人员试图通过提出更加复杂、详尽的定义来捕捉算法的本质，但在其支持者看来，算法的定义要更加精密和优雅。㊀作为算法设计师和工程师，我们将采用Donald Knuth在20世纪60年代末提出的定义[7]：算法是一个有限的、确定的、有效的、带有输出的程序。尽管这些特征在直观上可能很清晰，并且被广泛接受为构建算法的必备要求，但它们所蕴含的深远意义仍需要我们去细致地探究。这将引导我们了解当今算法设计和工程所面临的场景及挑战，以及本书的创作动机。

- 有限性：算法必须在有限的步骤后终止……步骤数应非常有限且合理。显然，“合理”一词与算法的效率有关，Knuth[7]指出：“在实际应用中，我们不仅需要算法，还需要优秀的算法。”算法的“优劣”可能与有限计算资源〔如时间、空间、通信、输入/输出（I/O）、能源〕的利用情况有关，也可能仅仅与其使用特点（如简洁或

㊀ 请参阅“算法特征”的描述（https://en.wikipedia.org/wiki/Algorithm_characterizations）。

优雅）有关，这些都会影响算法的编码、调试和维护成本。

- 确定性：算法的每个步骤都必须有明确的定义，同时，还需要严格、无歧义地指定要执行的动作。为了说明这种概念，Knuth 用他所谓的“机器语言”详细地阐述了他的“神话般的组合算法”（被用于世界上第一台多功能计算机）。如今，我们有多种编程语言，如 C/C++、Java、Python 等。这些语言各自都提供了一套指令，使得程序员能够清晰地表达算法背后的逻辑，这种“确定性”是通过研究人员为每条指令附加的形式语义来保证的。这意味着任何阅读算法描述的人都能够准确地理解其含义：没有任何主观解释的余地。
- 有效性：算法中要执行的所有操作都必须足够基础，原则上，可以由一个人通过纸和笔在有限时间内准确完成。这与上一项提到的“步骤”概念相一致，这意味着我们必须深入、全面地理解要解决的问题，然后逐步构建逻辑清晰的解决方案。
- 程序：按照逻辑顺序排列的特定步骤序列。
- 输入：在算法开始之前赋予的初始量，这些输入来源于特定的对象集合。因此，算法的行为不是一成不变的，而是依赖于作为输入的“对象集合”。
- 输出：与问题中给出的输入有特定关系的量，是算法针对这些输入返回的答案。

在本书中，我们不会采用正式的方法来描述算法，而是希望通过一些有趣的算法问题来探讨其背后那些理论上优雅、实践中高效的算法解决思路，而不陷入繁杂的编程细节中。因此，在每一章中，我们都会从实际应用中选取一个有趣的问题，然后不断给出更加复杂而高效的解决方案，注意，这并不意味着一定会增加算法描述的复杂性。实际上，被选出的问题都有着令人惊艳的、简洁优雅的解决方案，只需几行代码即可表述。因此，我们将遵循当前的算法设计惯例，使用口语或伪代码来表述算法。在所有情况下，算法的描述都应尽可能严谨，以符合 Knuth 的六个特征。

当然，优雅并非算法设计的唯一目标。我们同样注重效率，这通常与算法的时间 / 空间复杂度密切相关。通常，时间复杂度通过处理 n 个输入元素时（最大）的步数来衡量，是输入规模 n 的函数，表示为 $T(n)$。由于这个最大步数是针对该规模中的所有输入得出的，因此时间复杂度又称为最坏情况（worst case）时间复杂度，它关注的是导致算法运行时间最慢的输入规模。当然，随着 n 的增加，$T(n)$ 也会增加，所以它是一个非递减的正值。同样，我们可以将算法的（最坏情况）空间复杂度定义为在处理规模为 n 的输入时所使用的最大内存单元数。

这种设计和分析算法的方法基于一个非常简单的计算模型，即冯 · 诺依曼模型（又称随机存储器或 RAM 模型）。该模型由中央处理器（Central Processing Unit，CPU）和一块容量无限的、访问时间恒定的内存构成。基于该模型，我们假定在个人计算机（Personal Computer，PC）上，算法中的每一步操作都需要固定的时间，无论是算术运算、逻辑操作还是内存访问操作（读 / 写）。因此，只需计算算法执行的步数，就足以“准确”地估算出算法在真实 PC 环境中的运行时间。对于不同算法，随着$n \to \infty$，可以根据时间复杂度函数的渐近行为来对它们进行比较；随着输入规模的增加，时间复杂度增长越快，相应算法的效率也就越差。这种方法的稳健性虽曾饱受争议，但最终，RAM 模型因其简洁性对算法设计和评估的深远影响，以及在（老旧）PC 和小规模输入上能够“相对准确”地预估算法性能，而在算法领域占据了数十年的主导地位（至今依然如此）。因此，大多数算法入门书籍都采用 RAM 模型来评估算法性能也就不足为奇了[6]。

但在过去的十年间，情况发生了显著变化，算法设计和分析也随之发生了巨大的变化。这些变化主要体现在两个方面：现代 PC 的架构变得越来越复杂（不再局限于单一的 CPU 和单一的内存）；输入数据的规模呈爆炸式增长（$n \to \infty$不再仅限于理论），因为 DNA 测序、银行交易、移动通信、网络浏览和搜索、拍卖等许多数据源都会产生大量数据。第一个变化使得 RAM 模型无法再准确地表述现代 PC 的架构；而第二个变化则使得渐近性能良好的算法变得普遍且富有成效，不仅对理论学家产生了深远影响，而且对其他专业领域的人士也产生了深远影响，因为这些算法可以广泛用于社会[1]、商业[2]以及整个科学领域[3]。最终的结果是重新激起科学界对算法的兴趣，“算法”一词甚至扩展到了日常口语中。

为了让算法在新场景中有效，研究人员需要构建新的计算模型，以便更好地抽象出现代计算机和应用程序的特性，进而通过分析其复杂性更准确地估算算法性能。如今，一台现代 PC 由一个或多个 CPU（多核 CPU、GPU、TPU 等）和一个非常复杂的内存层级结构组成，每个内存层级结构都有独特的技术特点。图 1.1 所示为现代 PC 中的内存层级结构示例，其中包含 L1 和 L2 缓存、内存、一个或多个机械磁盘或固态磁盘，可能还有分布在（可能位于不同地理位置）网络（即所谓的“云”）上的多个主机的其他内存层级结构。每一级内存都有自己的成本、容量、延迟、带宽和访问方法。离 CPU 越近，内存越小、速度越快，同时成本也越高昂。目前，访问缓存仅需纳秒级的时间，而从磁盘获取数据（又称 I/O 操作）则需毫秒级的时间。这就是所谓的 I/O 瓶颈，它导致的性能差异高达惊人的 10^5～10^6 倍。Thomas H. Cormen 的一句话很好地说明了这一点：

“现代 CPU 和（机械）磁盘技术之间的速度差异，就像是用自己桌子上的卷笔刀削铅笔与乘坐飞机去世界另一端，再用别人桌子上的卷笔刀削铅笔之间的速度差异那样。”

如今的工程研究正致力于改进输入 / 输出子系统，以减轻 I/O 瓶颈对处理大型数据集的应用程序效率的影响，另外，通过优秀的算法设计和工程化所实现的改进，远远超过了预期的最佳技术进步。让我们通过一个简单的例子来看看为什么㊀。

㊀ 该部分内容转述自本章参考文献 [8]；在这里，我们讨论的是 I/O，而不是步骤。

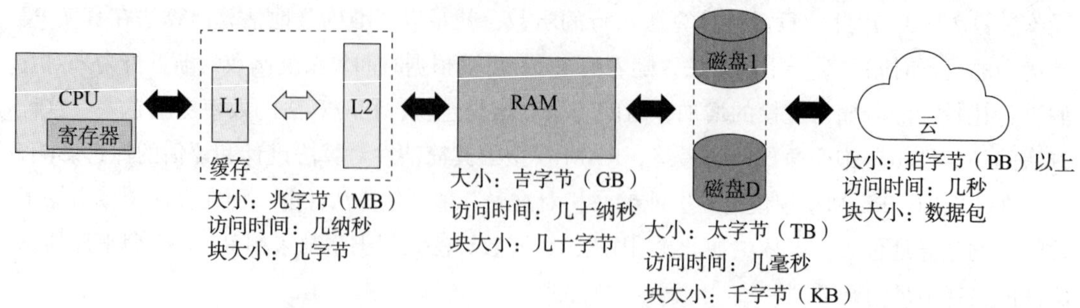

图 1.1　现代 PC 中的内存层级结构示例

考虑三个 I/O 复杂度（进而影响时间复杂度）依次增加的算法：$C_1(n)=n, C_2(n)=n^2, C_3(n)=2^n$。这里$C_i(n)$表示第 i 个算法处理 n 个输入数据时，执行的磁盘访问次数。请注意，前两种算法的 I/O 操作次数是输入规模 n 的多项式，而第三种算法的 I/O 操作次数则是 n 的指数。我们希望在不影响最终结论的情况下简化计算，因此这些 I/O 复杂度采用了非常简洁（因此略显理想化）的数学形式。现在设想一下，在固定的时间间隔 t 内，假设每个 I/O 操作花费的时间为 c，那么每个算法能够处理多少数据？通过求解关于 n 的方程$C_i(n)\times c=t$可以得到以下答案：在时间间隔 t 内，第一个算法能够处理t/c的数据，第二个算法能够处理$\sqrt{t/c}$的数据，而第三个算法则仅能处理$\log_2(t/c)$的数据。这些数值令人印象深刻，可以帮助我们理解为什么多项式时间复杂度的算法被视为高效算法，而指数时间复杂度的算法则被视为低效算法：即使时间间隔 t 发生巨大变化，也只会导致指数时间复杂度的算法处理的数据量发生微小变化。当然，当问题实例的输入规模有限或者数据分布有利于高效执行时，也会存在一些例外的情况。但这种情况相当罕见，因为多项式时间复杂度的算法对执行时间的限制更加严格，这意味着它们被证明是高效且首选的解决方案。从算法设计角度来说，大多数指数时间复杂度算法仅仅是基于穷举搜索的策略实现的，而多项式时间复杂度算法则需要深入理解问题的内在结构才可能实现。因此，从多个角度来看，多项式时间复杂度算法是更理想的选择。

现在，假设我们使用了一个更好的输入 / 输出子系统（运行速度提升了 k 倍）来运行这些算法，请问：这台新计算机在给定的时间内能够处理多少数据？为了解决这个问题，我们可以将时间间隔的长度设置为 kt，并对之前的方程进行求解，这隐晦地表明算法的运行时间是之前计算机的 $1/k$。我们发现，第一个算法的处理能力完美地增大至 k 倍，第二个算法增大至$\sqrt{k}$倍，而最后一个算法仅增大至$\log_2 k$倍。可以观察到，即使技术取得了显著的进步（虽然这可能并不现实），但对于指数时间复杂度的算法而言，性能提高至 k 倍的计算机所带来的改进却微乎其微。对于像第二个算法这样的超线性时间复杂度算法，技术进步确实对其产生了积极影响；但随着多项式时间复杂度的增长，性能提升的程度会逐渐降低：更准确地说，如果

$C(n)=n^{\alpha}$，那么性能提升至 k 倍的计算机将导致算法速度提升至 $\sqrt[\alpha]{k}$ 倍。总的来说，一个优秀的算法对性能的影响远大于对将来（机械或固态）磁盘性能的乐观预测。㊀

在领略了算法设计和工程的"魅力"之后，我们聚焦现代计算机中分析算法性能的问题，考虑以下简单示例：计算存储在数组 $A[1,n]$ 中的整数之和。最直观的方法是扫描 A，将扫描到的整数累加到一个临时变量中。该算法需要对 A 中的每个整数访问一次，并且执行 n 次加法操作，因此需要 n 步。现在，我们将该方法推广到一个由 $\mathcal{A}_{s,b}$ 表示的算法族，它们根据参数 s 和 b 来决定对 A 中元素的访问模式。具体来说，$\mathcal{A}_{s,b}$ 将数组 A 视为逻辑上由包含 b 个元素的块组成，例如，$A_j=A[jb+1,(j+1)\times b], j=0,1,2,\cdots,n/b-1$ ㊁。然后，它先对块 A_j 中的所有元素进行求和，再移动到位于其右侧 s 个块位置的下一个块 A_{j+s} 继续进行求和操作。由于数组 A 被视为循环数组，因此当下一个块超出 A 的范围时，算法会回到 A 的开始处，即下一个块的索引实际上是 $(j+s)\bmod(n/b)$ ㊂。显然，并非所有 s 值都能覆盖 A 的所有块（即对 A 中的所有整数求和）。实际上，如果 s 与 n/b 互质，那么访问的块索引序列 $j=si \bmod(n/b)(i=0,1,\cdots,n/b-1)$ 是 $\{0,1,\cdots,n/b-1\}$ 这个整数集合的全排列，因此 $\mathcal{A}_{s,b}$ 会遍历 A 中的所有块，进而对所有整数求和。这种参数化的特点在于，通过调整 s 和 b，我们可以根据不同的内存访问模式对 A 中的整数求和，这些模式对应上面描述的连续扫描（设置 $s=b=1$），到顺序块访问（设置较大的 b），再到随机块访问（设置较大的 s）等。有趣的是，从计算角度来看，所有 $\mathcal{A}_{s,b}$ 算法都是等效的，因为它们都读取 n 个整数并对其进行求和，需要执行 n 步；但从实际应用的角度来看，它们具有不同的时间性能，并且随着数组大小 n 的增加，时间性能方面的差异会变得越来越显著。这是因为随着 n 的增加，数据会分布在越来越多的内存层级上，而每个内存层级又有各自的容量、延迟、带宽和访问方式。因此，仅通过 RAM 模型计算 $\mathcal{A}_{s,b}$ 执行步数所得出的"等价效率"并不能准确地反映算法对 A 中整数元素求和所需的实际时间。

我们需要一个既能抓住真实计算机的本质，同时又足够简洁、不会影响到算法设计和分析的模型。在之前的讨论中，考虑到磁盘和内存性能之间的巨大差距，我们提出用 I/O 操作次数来评估算法时间复杂度。这一观点在二级存储模型（也称为磁盘模型，或外部存储模型 [11]）中得到了验证，该模型将计算机存储抽象为两个级别：有限大小（假定为 M）的内存和无限大小的磁盘存储，其中，磁盘存储通过大小为 B 的数据块（称为磁盘页）进行数据读写。有时，该模型由 D 个不限大小的磁盘组成，因此，每次 I/O 操作都会读取或写入 $D\times B$ 个存储在磁盘页（D 个）中的数据，其中每个磁盘页都位于不同的磁盘。为了清晰起见，需要指出的

㊀ 请查阅本章参考文献 [11]，以获取对该主题的详细探讨。

㊁ 为了方便讲解，我们假设 n 和 b 都是 2 的幂，因此 b 能够整除 n。

㊂ 取模（mod）函数的定义如下：给定两个正整数 $x>1$ 和 $m>1$，$x \bmod m$ 为 x 除以 m 的余数。

是，不应该认为这种二级存储模型仅限于磁盘的抽象计算。实际上，只要参数 M 和 B 设置得当，我们就可以自由选择内存层级结构中的任意两级。在该模型中，我们通过以下方式评估算法性能：①磁盘页的访问次数（以下简称 I/O 操作次数）；②运行时间（CPU 时间）；③算法在其工作空间内所使用的磁盘页数量。这也表明了设计高效处理大型数据集的算法的两条黄金法则：必须利用空间局部性和时间局部性。前者要求加强磁盘中的数据组织，使每次访问的磁盘页都尽可能发挥效用；后者要求在数据被写回磁盘之前，在内存中对其进行尽可能多的有用处理。

在新模型的指引下，让我们从 I/O 操作次数入手，重新分析算法$\mathcal{A}_{s,b}$的时间复杂度，假设 CPU 时间是n，占用的空间是n/B个磁盘页，该值独立于参数 s 和 b。让我们从设置最简单的 s 和 b 开始，以获得一些关于一般公式的灵感。当$s=1$时，情况显而易见：算法$\mathcal{A}_{1,b}$从左向右逐块扫描A，共执行了n/B次 I/O 操作，这个次数与 b 的值无关。随着 s 和 b 的变化，情况会变得略微复杂。例如，当$s=2$并且$b<B$时，为了简单起见，假设 b 能够整除块大小B，那么每个大小为 B 的块由B/b个更小的（逻辑）块（大小为b）组成，因为$s=2$，所以算法$\mathcal{A}_{2,b}$只检查其中的一半。这实际上意味着，每个大小为 B 的磁盘页在求和过程中只被利用了一半，因此总共执行了$2n/B$次 I/O 操作。因此，I/O 操作次数可以被概括为$\min\{s,B/b\}\times(n/B)$，当算法在数组 A 上的跳跃间隔（s）过大时，I/O 操作次数为n/b。该公式提供的值更加贴近算法$\mathcal{A}_{s,b}$真实的时间复杂度，尽管仍不能捕捉到磁盘的所有特征，但我们可以假设所有 I/O 操作均被视为等价的，与分布无关。这显然并不准确，因为在真实的磁盘上，顺序 I/O 操作比随机 I/O 操作的速度更快[⊖]。因此，参照前面的例子，所有算法$\mathcal{A}_{s,b}$具有相同的 I/O 复杂度n/B，并且与 s 无关，尽管在（机械）磁盘上执行时，s 的增加会引发磁盘寻道，从而导致算法的行为有所不同。因此，我们可以得出这样的结论：即使是二级存储模型，也只能近似反映算法在真实计算机上的行为，但近似结果足够好以至于在文献中被广泛用于评估海量数据集上的算法性能。因此，为了尽可能精确，当评估算法在磁盘页上的性能时，我们不仅要考虑 I/O 操作的次数，还要考虑 I/O 操作在磁盘上的分布（随机分布与顺序分布）。

在这一点上，有人可能会持有不同意见，认为考虑到近年来技术的显著进步，内存的容量 M 已经足够大，可以将算法的大部分工作集（大体上，就是算法将访问的磁盘页集合）放入其中，从而极大地减少了 I/O 操作异常的次数。但是，我们主张，即使只有一小部分数据驻留在磁盘上，也会导致算法的运行速度低于预期。因此，即使在这样看似有利的情况下，也不能忽视数据组织的重要性。让我们通过一个“粗略”的估算来探讨其中的原因。

⊖ 相反，这种差异在诸如 DRAM（Dynamic RAM，动态随机存储器）或现代固态磁盘的（电子）存储器中几乎可以忽略不计，因为内存访问的分布不会对内存 /SSD（Solid State Disk，固态硬盘）的吞吐量产生显著影响。

假设输入规模$n=(1+\epsilon)M$是内存大小的$1+\epsilon$倍，其中$\epsilon>0$，那么问题的关键在于ϵ对算法平均步骤成本的影响有多大（假设算法可能访问内存或磁盘上的数据）。为了简化分析并得出有意义的结论，我们假设$p(\epsilon)$是发生 I/O 操作异常的概率：如果$p(\epsilon)=1$，那么算法始终从磁盘上读取数据；如果$p(\epsilon)=0$，则算法的工作集小于内存大小，因此始终读取内存中的数据；最后，当算法随机访问其输入数据时，$p(\epsilon)=\frac{\epsilon M}{(1+\epsilon)M}=\frac{\epsilon}{1+\epsilon}$。换句话说，我们可以将$p(\epsilon)$看作所分析算法的内存引用的非局部性度量。

为了完善符号表示，我们用 c 来表示一次 I/O 操作相对于一次内存访问的时间成本（实际上$c\approx10^5$～10^6，如前所述），用f表示算法执行时导致内存访问步骤的比例（通常为 30%～40%[5]），用 t_{m} 表示此类内存访问的平均时间成本，同时将计算步骤或内存访问的平均成本设为 1。为了计算t_{m}，我们需要区分两种情况：内存访问〔发生的概率为 $1-p(\epsilon)$〕和磁盘访问〔发生的概率为$p(\epsilon)$〕。由此，我们可以得出 $t_{\mathrm{m}}=1\times[1-p(\epsilon)]+c\times p(\epsilon)$。

现在，我们可以估算在这种情况下算法步骤的平均时间成本：$1\times(1-f)+t_{\mathrm{m}}\times f$，其中$1-f$是计算步骤（非内存访问）的比例，而$f$是内存访问（内部内存和磁盘上）的比例。代入 t_{m} 的值，我们可以确定最低成本为$3\times10^4\times p(\epsilon)$。这个公式清楚地表明，即使算法充分利用了引用局部性〔即小的$p(\epsilon)$〕，其速度也可能会显著降低，进而导致比预期速度〔即$p(\epsilon)$〕慢四个数量级。例如，考虑一个算法，它将引用局部性强制设定为内存访问：假设每 1000 次内存访问中有 1 次访问磁盘上的数据〔即$p(\epsilon)=0.001$〕。在这种情况下，与完全在内存中进行计算相比，性能至少会下降为原来的 1/30。

这只是冰山一角，因为算法需要处理的数据量越大，存储这些数据所涉及的内存级别就越多，为了提高效率，需要处理的“内存访问异常”的类型也就越多。总的来说，当使用算法处理海量数据时，层级结构内存中的内存引用成本是不可忽视的关键问题。

在这些前提下，本书将以一些具有挑战性的问题作为示例并为其提供优雅且高效的算法解决方案，这对于管理许多实际应用中出现的大型数据集至关重要。在介绍算法的设计细节时，我们也会探讨一些将这些算法进行工程化所面临的难题：如何将“理论上高效”的算法转化为“实际中高效”的代码。事实上，作为一名理论专家，我时常被提醒“你的算法离能够高效实现还远着呢！”。另外，通过跟踪最近热门的算法工程研究 [10]（这与“算法实践”不同），我们还将借助一些其他成功的计算模型（主要是流模型 [9] 和缓存无关模型 [4]）来深入挖掘算法的深层计算特性。这些模型将允许我们捕捉并突出一些底层计算的有趣问题，例如磁盘通道（流模型）和通用可扩展性（缓存无关模型）。我们将竭尽所能地用最简单的术语来描述这些问题，尽管如此，我们仍然无法把这种“非专家的火箭科学”变成“入门科学”[2]。事实上，要让算法发挥作用，还有很多事情需要完成：一些顶级的 IT 公司（如亚马逊、Meta、谷歌、IBM、微软、甲骨文、Spotify、Twitter 等）非常清楚，能够设计“好”算法并且将其工程化的人才是多么难得。本书仅对算法设计和实现进行了浅显的探讨，主要目的是为软件设计师和工程师提供灵感。

参考文献

[1] Person of the Year. *Time Magazine*, 168:27, December 2006.

[2] Business by numbers. *The Economist*, September 2007.

[3] Declan Butler. *2020 computing: Everything, everywhere. Nature*, 440(7083): 402–5, 2006.

[4] Rolf Fagerberg. Cache-oblivious model. In Ming-Yang Kao, editor, *Encyclopedia of Algorithms*. Springer, 264–9, 2016.

[5] John L. Hennessy and David A. Patterson. *Computer Architecture: A Quantitative Approach*. Morgan Kaufmann, fourth edition, 2006.

[6] Ming-Yang Kao. *Encyclopedia of Algorithms*. Springer, 2016.

[7] Donald Knuth. *The Art of Computer Programming: Fundamental Algorithms*, Vol. 1. Addison-Wesley, 1973.

[8] Fabrizio Luccio. *La struttura degli algoritmi*. Boringhieri, 1982.

[9] S. Muthukrishnan. Data streams: Algorithms and applications. *Foundations and Trends in Theoretical Computer Science*, 1(2): 117–236, 2005.

[10] Peter Sanders. Algorithm engineering – an attempt at a definition. In Susanne Albers, Helmut Alt, and Stefan Näher, editors, *Efficient Algorithms: Essays Dedicated to Kurt Mehlhorn on the Occasion of His 60th Birthday*. Lecture Notes in Computer Science, 5760, Springer, 321–3, 2009.

[11] Jeffrey S. Vitter. External memory algorithms and data structures. *ACM Computing Surveys*, 33(2): 209–71, 2001.

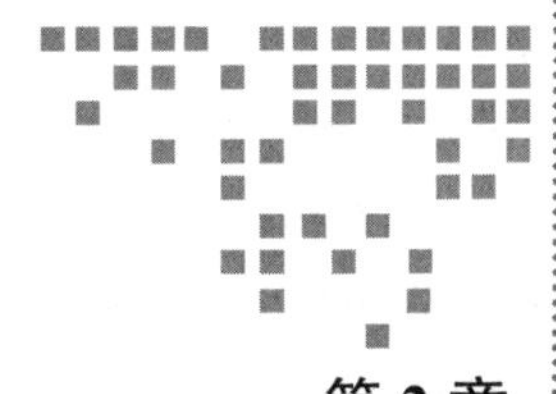

第 2 章 Chapter 2

准备活动

"一切应尽可能简单，但不是更简单。"

——阿尔伯特·爱因斯坦（Albert Einstein）

让我们考虑以下问题，虽然看似简单，但其最优解决方案的设计却远没有这么简单。

> **问题** 通过每日股价的波动，我们可以获取一只股票在纽约证券交易所（New York Stock Exchange，NYSE）的表现。目标是确定该股票的最佳买卖策略，即确定买卖股票的日期 $\langle b,s\rangle$，使我们在日期 b（开始时间）买入股票，并且在日期 s（结束时间）卖出股票，以便获取最大的收益。

这个问题的特殊之处在于，虽然表述简单，但它蕴含多种有用的变体和应用。我们会在本章末尾选取一些进行探讨。当前，我们之所以对这个问题感兴趣，是因为它有一系列复杂度逐步增加且优雅的算法解决方案，对应的，这些算法的时间复杂度显著降低，最终将形成一个股票报价数量 n 的线性时间算法。该算法在执行次数方面是最优的，因为必须查看每天的差异，以确定是否需要将其包含在最优解中——单日的差异就可以计算当天的投资价值。令人惊讶的是，最优的算法展现了最简单的内存访问模式，它仅需对股票报价执行单次扫描，采用了流式处理，这在买卖操作不限于全天的场景中特别有用，我们可能需要根据报价波动实时计算最优时间窗口。此外，正如我们在第 1 章中所讨论的，这种算法方案在 I/O 方面是最优的，并且在内存层级的所有级别上表现一致。实际上，由于算法采用了流式处理，它将

执行 n/B 次 I/O，且与 B 的磁盘页大小无关。因此底层算法无须知道磁盘页大小 B。这是缓存无关算法（cache-oblivious algorithm）[4] 的典型特征，我们将在 2.3 节中介绍它。

为了提供更好的教学体验，在本章及接下来的章节内容中，都将包含一个表述简洁的问题，以及对应于该问题的一些优雅解决方案和具有挑战性的技术；同时还有若干有趣的扩展，可以作为学生练习或是检验数学技能的谜题。

现在让我们深入探讨本章问题的技术细节，考虑以下示例：假设给定股票的交易时间为 11 天，设$D[1,11]=[+4,-6,+3,+1,+3,-2,+3,-4,+1,-9,+6]$表示该股票每天的报价差异。那么不难理解，在第 x 天开始时买入并在第 y 天结束时卖出该股票的收益等于子数组$D[x,y]$中元素的和，即所有波动的总和。例如，取 x=1 和 y=2，则收益为$+4-6=-2$，这说明如果在第一天早上买入股票，并且在第二天结束时卖出，将会亏损 2 美元。注意，股票的起始价值对于确定投资的最佳时间间隔并不重要，重要的是它的变化。在文献中，这个问题被称为最大子数组求和问题（maximum subarray sum problem）。

> **问题抽象**　给定一个包含正数和负数的数组$D[1,n]$，目标是找到使其元素之和最大的子数组$D[b,s]$。

显然，如果所有数字都是正数，那么最优子数组就是整个 D：这是股价一直上涨的情况，没有理由在最后一天之前卖出。相反，如果所有数字都是负数，那么我们可以选择包含最大负值的元素窗口：如果你必须买入这只糟糕的股票，那么就在它跌幅最小的那一天买入，然后迅速卖出。在其他情况下，最优子数组的位置并不明确。在本例中，最优子数组为$D[3,7]=[+3,+1,+3,-2,+3]$，收益为 8 美元。这表明，最优子数组既不包括收益最大的一天（即 +6），也不仅仅由正值组成。确定最优子数组并不简单，但也并不是特别复杂。

2.1 时间复杂度为 3 次方的算法

首先考虑一个效率较低的解决方案，它将问题的描述直接转化为伪代码的形式。算法 2.1 使用变量对 $\langle b_O,s_O\rangle$ 来标识当前具有最大元素和的子数组，它的值存储在MaxSum中。MaxSum的初始值设定为虚拟值$-\infty$，因此当算法首次执行步骤 8 时，MaxSum的值就能立即更新。该算法的核心是两个嵌套的 for 循环（步骤 2～3），它们检查所有可能的子数组$D[b,s]$，并且计算每个子数组的元素之和（步骤 4～7）。如果找到大于当前最大值的和（步骤 8～9），则将TmpSum及其对应的子数组边界分别存储在MaxSum和 $\langle b_O,s_O\rangle$ 中。

该算法的正确性是显而易见的，因为它检查了$D[1,n]$中所有可能的子数组，并选择了元素和最大的子数组（步骤 8）。该算法的时间复杂度为 n 的三次方，即$\Theta(n^3)$，评估方法如下：显然，该问题的算法时间复杂度的上界为$O(n^3)$，因为 n 个元素最多只能形成 $n^2/2$ 对$\langle b,s\rangle$，并且计算每个子数组元素之和的成本上限是 n。⊖ 现在，我们来证明该算法时间复杂度的下界也是$\Omega(n^3)$，从而确定时间复杂度严格为三次方。我们注意到$D[1,n]$包含$(n-L+1)$个长度为 L 的子数组，因此，计算所有这些子数组元素之和的成本是$(n-L+1)\times L$。对所有 L 的值求和将得出精确的时间复杂度。但在这里，我们关注的是它的下界，所以我们只需计算长度 L 在$[n/4,n/2]$范围内的子数组的时间成本。对于每一个这样的 L，因为$L\geqslant n/4$，所以$n-L+1>n/2$，成本$(n-L+1)\times L>n^2/8$。由于有$n/2-n/4+1>n/4$个这样的 L，因此该范围内子数组子集的总成本下限为$n^3/32=\Omega(n^3)$。

算法 2.1　一个时间复杂度为 3 次方的算法

```
1: MaxSum = −∞;
2: for (b = 1; b ⩽ n; b++) do
3:     for (s = b; s ⩽ n; s++) do
4:         TmpSum = 0;
5:         for (i = b; i ⩽ s; i++) do
6:             TmpSum+ = D[i];
7:         end for
8:         if MaxSum < TmpSum then
9:             MaxSum = TmpSum; b_O = b; s_O = s;
10:        end if
11:    end for
12: end for
13: return 〈MaxSum, b_O, s_O〉;
```

现在，是时候探讨算法 2.1 在实际应用中的执行效率了。如果我们希望处理非常大的数据序列（例如股票价格），正如本书所关注的那样，那么该算法的运行速度可能会显得过于缓慢。

⊖ 对于每对$\langle b,s\rangle$，其中 $b\leqslant s$，$D[b,s]$是一个可能的子数组，但$D[s,b]$不是。

2.2 时间复杂度为 2 次方的算法

算法 2.1 的时间复杂度为 3 次方，其效率较低的主要原因是步骤 4～7，因为每次子数组 $D[b,s]$的边界在步骤 2～3 发生改变时，步骤 4～7 都需要重新计算子数组中元素的总和。现在，仔细观察步骤 3 的 for 循环，可以注意到 s 的值从 b（一个元素的子数组）递增到 n（以 b 开始的最长可能子数组），每次增加一个单位。因此，从该 for 循环的一个迭代到下一个迭代，要求和的子数组会从$D[b,s]$变为$D[b,s+1]$。由此可以推断：将新元素$D[s+1]$的值与最新的TmpSum值（TmpSum递归地存储$D[b,s]$中的元素和）执行加法，即可增量计算$D[b,s+1]$中的元素之和，而无须从头开始计算。算法 2.2 的伪代码正是这样实现的，与算法 2.1 相比，它存在两个主要变化：在步骤 3 中，每次 b 变化时，都会将TmpSum重置为零（因为子数组再次从跨度1开始重新计算，即$D[b,b]$）；在步骤 5 中，实现了对当前和的增量更新。这样的小改动使得每次执行步骤 2 就能够节省$\Theta(n)$次加法，从而使得新算法具有二次方的时间复杂度，即$\Theta(n^2)$。

算法 2.2　一个时间复杂度为 2 次方的算法

```
1: MaxSum = −∞;
2: for (b = 1; b ⩽ n; b++) do
3:       TmpSum = 0;
4:       for (s = b; s ⩽ n; s++) do
5:             TmpSum += D[s];
6:             if MaxSum < TmpSum then
7:                   MaxSum = TmpSum; b_O = b; s_O = s;
8:             end if
9:       end for
10: end for
11: return 〈MaxSum, b_O, s_O〉;
```

因为算法 2.2 中的主要操作为加法操作，所以我们可以通过统计加法的执行次数来更准确地估算总步数，如下所示⊖：

⊖ 在这里，我们使用了高斯年轻时发现的著名公式来计算前 n 个正整数的和。

$$\sum_{b=1}^{n}\left(1+\sum_{s=b}^{n}1\right)=\sum_{b=1}^{n}\left[1+(n-b+1)\right]=n\times(n+2)-\sum_{b=1}^{n}b=n^2+2n-\frac{n(n-1)}{2}=O(n^2)$$

这一优化在实际中同样有效。设想一个大小为$n=10^3$的数组 D，在一台配备了英特尔 i5（Intel i5）处理器的商用 PC 上，使用 Python 来实现算法 2.1 和算法 2.2，算法 2.1 大约耗时 17 s，而算法 2.2 则耗时不到 1 s。这个差异貌似“微小”，但如果数组 D 的大小增加到 $n=10^4$，该差异就会变得“显著”起来。此时，算法 2.1 需要大约 17 000 s（几乎增长了 10^3 倍），而算法 2.2 仅需约 7 s。这意味着与之前时间复杂度为 3 次方的算法相比，时间复杂度为 2 次方的算法能够在一个“合理”的时间内处理更多的元素。当然，如果我们使用不同的编程语言（本例中为 Python）、操作系统（如 MacOS）或处理器（本例中为英特尔核心 i5），这些数字会有所改变。尽管如此，这些数字仍然有价值，因为它们直观地展示了这种渐进式的改进在实际场景中的意义。由此可见，编程人员的工作往往充满挑战，因为理论上优秀的算法往往隐藏着许多细节，使得其工程化变得困难，而且大 O 表示法通常并不完全“贴合实际”。但是不用担心，我们将在后续章节中深入探讨这些问题。

2.3 线性时间算法

本章的最后一步是证明最大子数组的求和问题可以采用一种更优雅的算法来解决，该算法以流方式处理$D[1,n]$，并且在最优的时间$O(n)$内完成。这正是我们所追求的最优解决方案。

为了设计这个算法，我们需要深入研究最优子数组的结构特性。图 2.1 所示为最优子数组的结构示意图，为了便于理解，请读者参考图 2.1，其中假设最优子数组位于区间$[1,n]$中的两个位置 b_O 和 s_O 之间，$b_O \leqslant s_O$。

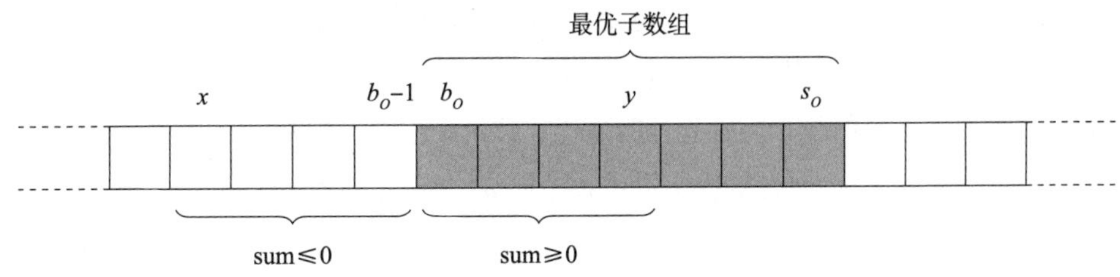

图 2.1 性质 1 和性质 2 的示例图解

现在考虑一个子数组，它的开始位置在b_O之前，结束位置为b_O-1，我们将其记作$D[x,b_O-1]$，其中$x<b_O$。这个子数组中元素之和不能是正数，因为如果是正数，我们就可以

将它与（相邻的）最优子数组合并，从而得到一个更长的子数组$D[x,s_O]$，其元素之和大于所声称的最优子数组$D[b_O,s_O]$的和。因此可以得出以下结论：

性质 1 子数组 $D[x,b_O-1]$，其中$x<b_O$，该子数组中元素之和不能是（严格的）正数。

通过类似的论证，我们可以考虑最优解的一个前缀数组，将其设为$D[b_O,y]$, $y\leqslant s_O$。那么这个子数组中元素的和不能为负数，否则我们就可以从最优解中去除它，从而得到一个更短的数组$D[y+1,s_O]$，其元素之和大于声称的最优解$D[b_O,s_O]$的元素之和。由此，我们可以得出第二个性质：

性质 2 子数组$D[b_O,y]$，其中$y\leqslant s_O$，该子数组中元素之和不能是（严格的）负数。

满足这些性质的任何一个子数组的元素之和都可能为零，但这不会影响$D[b_O,s_O]$的最优性；相反，它只能引入比$D[b_O,s_O]$更长或更短的其他最优解。

让我们用本章开头的示例数组$D[1,11]$来说明这两个性质：回想一下，$D=[+4,-6,+3,+1,+3,-2,+3,-4,+1,-9,+6]$，其最优子数组$D[3,7]=[+3,+1,+3,-2,+3]$。注意，$D[x,2]$总是负数（正如性质 1 所述）。实际上，对于$x=1$，其和为$+4-6=-2$；而对于$x=2$，其和为 -6。另外，对于最优子数组的所有前缀，$D[3,y]$（$y\leqslant 7$）中所有元素的和都是正数（正如性质 2 中所述），请注意，即使对于$y>7$，$D[3,y]$的元素之和也是正数。例如，$D[3,8]$的元素之和是 4，$D[3,9]$的元素之和是 5，与性质 2 并不矛盾。

由这两个性质可以推导出更加简单的线性时间算法 2.3。该算法仅包含一个 for 循环（步骤 3），在循环中，TmpSum保存从某个位置b开始到当前检查位置s结束的子数组之和，其中$b\leqslant s$。在循环的每次迭代中，候选子数组向右扩展一个位置（即$s++$），并且TmpSum增加当前元素$D[s]$的值（步骤 4）。由于当前子数组是最优子数组的候选，因此将其元素总和与当前最优值进行比较（步骤 5）。然后，根据性质 1，如果子数组的元素总和为负，则该子数组被舍弃，重置该过程，在下一个位置$b=s+1$开始新的子数组（步骤 8～9）；否则，递增s，当前子数组继续向右扩展。这里的棘手问题是证明最优子数组在步骤 5 中被检查并被存储为$\langle b_O,s_O\rangle$。该部分理解起来并不直观，因为该算法只检查了$\Theta(n^2)$个可能子数组中的n个子数组，所以我们需要证明这 n 个（最小的）候选子集中确实包含了最优解。因为这些子数组将$D[1,n]$划分为互不重叠的部分，使得每个元素仅属于一个被检查的子数组，所以这个子数组的子集是最小的。此外，由于每个元素都必须被考虑到，因此我们不能在未检查其元素之和的情况下丢弃该划分中的任何子数组。

算法 2.3　线性时间算法

```
1: MaxSum = −∞;
2: TmpSum = 0; b = 1;
3: for (s = 1; s ≤ n; s++) do
4:     TmpSum += D[s];
5:     if MaxSum < TmpSum then
6:         MaxSum = TmpSum; b_O = b; s_O = s;
7:     end if
8:     if TmpSum < 0 then
9:         TmpSum = 0; b = s + 1;
10:    end if
11: end for
12: return 〈MaxSum, b_O, s_O〉;
```

在对该推论进行证明之前，让我们看一下算法在数组$D[1,11]=[+4,-6,+3,+1,+3,-2,+3,-4,+1,-9,-6]$上的执行过程，请记住，最优子数组是$D[3,7]=[+3,+1,+3,-2,+3]$。因为当$x=1,2$时，$D[x,2]$为负数，所以在步骤 8～9 中，当$s=2$时，算法将变量TmpSum清零，同时将$b$设置为 3。随后扫描$s=3,\cdots,7$的元素，并将它们的值加到TmpSum上。在该过程中，TmpSum始终为正值（如上所述）。当$s=7$时，检查的子数组与最优子数组一致，得到最优值TmpSum = 8，因此，步骤 6[⊖] 将最优子数组的位置存储在$\langle b_O,s_O\rangle$中。有趣的是，在这个例子中，该算法在下一个位置$s=8$时没有重置TmpSum的值，因为它仍然是正值（TmpSum = 4）；因此，该算法将检查比最优子数组更长但元素之和更小的子数组。下一次重置将发生在位置$s=10$，此时TmpSum = −4。

因为每个元素只被检查一次，所以我们可以轻易得出算法的时间复杂度为$O(n)$。棘手的是如何证明算法的正确性，这意味着需要证明步骤 4～5 最终会计算和检查到最优子数组的元素之和。为此，我们需要证明以下两个事实：①当$s=b_O-1$时，步骤 8 将b重置为b_O；②对于所有后续位置$s=b_O,\cdots,s_O$，步骤 8 不会重置 b，所以当$s=s_O$时，它都会在TmpSum中计算$D[b_O,s_O]$中所有元素的总和。不难看出，事实①源自性质 1，而事实②源自性质 2。

在 2.2 节提到的实验环境中，该算法表现出极高的效率，处理数百万股票的报价仅需不到 1 s：这确实是一个扩展性极强的算法，它具有许多良好的特性，使其在分级内存的环境中也

⊖　原文是步骤 5，笔误。

具有很大的吸引力。实际上，该算法从左到右遍历数组 D，并且每个元素只检查一次。如果 D 存储在磁盘上，这些元素会被逐页加载到内存中。因此，算法执行了最优的n/B次 I/O。有趣的是，该算法的设计并不依赖于 B（B 并未出现在伪代码中），但我们仍然可以根据 B 来评估其 I/O 复杂度。因此，该算法巧妙地与执行中涉及的内存级别的特性分离开来。在算法设计和分析中，解耦参数B的使用是缓存无关算法的核心。在该算法中，这一特性是通过采用基于扫描的基本方式实现的。文献中提供了关于缓存无关算法和数据结构设计的更为复杂的实现方式[4]。

2.4 另一种时间复杂度为线性的算法

基于不同的算法设计，最大子数组求和问题还存在另一种最优解法。为了简化叙述，我们使用$\mathrm{Sum}_D[y',y'']$来表示子数组$D[y',y'']$中的元素之和。现在假设卖出时间为s，并考虑所有以s为结束位置的子数组，即我们关注的形式为$D[x,s]$的子数组，其中$x\leqslant s$。$\mathrm{Sum}_D[x,s]$表示$\mathrm{Sum}_D[1,s]$与$\mathrm{Sum}_D[1,x-1]$之间的差值，这两个子数组之和实际上是数组 D 的前缀和，可以在线性时间内计算得出。因此，我们可以将子数组求和的最大化问题重新表述如下：

$$\max_s \max_{b\leqslant s} \mathrm{Sum}_D[b,s] = \max_s \max_{b\leqslant s}\left(\mathrm{Sum}_D[1,s]-\mathrm{Sum}_D[1,b-1]\right)$$

如果$b=1$，则第二项为空子数组$D[1,0]$，那么我们可以假设$\mathrm{Sum}_D[1,0]=0$。在这种情况下，$D[1,s]$是所有在s处结尾的子数组中元素之和最大的子数组（因此，它不会排除前缀子数组$D[1,b-1]$）。

下一步是通过扫描数组D，在$O(n)$时间和$O(n)$空间内预计算所有前缀和$P[i]=\mathrm{Sum}_D[1,i]$。需要注意的是$P[i]=P[i-1]+D[i]$，这里我们设定$P[0]=0$，以便处理这里涉及的特殊情况。因此，我们可以不使用Sum_D，而是用数组P来重述子数组求和的最大化问题，即将$\mathrm{Sum}_D[1,s]-\mathrm{Sum}_D[1,b-1]$写为$P[s]-P[b-1]$。现在，我们可以将$\max_s \max_{b\leqslant s}$的计算分解为如下最小值 / 最大值的计算：

$$\max_s \max_{b\leqslant s}\left(P[s]-P[b-1]\right) = \max_s\left(P[s]-\min_{b\leqslant s} P[b-1]\right)$$

实际上，由于$P[s]$不依赖于变量 b，我们可以在内部最大值的计算中移出它，然后因为负号的存在，我们可以将最大值问题转换为最小值问题。最后一步是预计算所有位置 s 的最小值$\min_{b\leqslant s} P[b-1]$，并将其存储在数组$M[0,n-1]$中。值得注意的是，$M[i]$的计算同样可以在$O(n)$时间和空间内通过对$P$进行单次扫描来完成。设$M[0]=0$，然后得出$M[i]$为$\min\{M[i-1],P[i]\}$。最后，我们可以将之前的公式重写为

$$\max_s\left(P[s]-\max_{b\leqslant s}P[b-1]\right)=\max_s\left(P[s]-M[s-1]\right)$$

给定两个数组P和M，我们可以在$O(n)$时间内明确地计算出该公式的结果。总体而言，这种方法需要花费$O(n)$的时间，与算法 2.3 相同，但它需要额外的$\Theta(n)$空间。

再次以数组$D[1,11]=[+4,-6,+3,+1,+3,-2,+3,-4,+1,-9,+6]$为例，计算前缀和数组$P[0,11]=[0,+4,-2,+1,+2,+5,+3,+6,+2,+3,-6,0]$以及最小值数组$M[0,10]=[0,0,-2,-2,-2,-2,-2,-2,-2,-2,-2,-6]$。如果我们对所有$s=1,\cdots,n$，计算差值$P[s]-M[s-1]$，可以得到一个值序列$[+4,-2,+3,+4,+7,+5,+8,+4,+5,-4,+6]$，其中最大值是 +8，其正确的结束位置是$s=7$。有趣的是，最优子数组的最左端$b_O$可以通过找到$P[b_O-1]$为最小值的位置$b_O-1$推导出来：在本例中，$P[2]=-2$，因此$b_O=3$。

算法 2.4 实现了这些算法思想，但它通过一个很巧妙的编码技巧将其转为一个单次遍历的方法，使其与算法 2.3 一样，只需使用$O(1)$的额外空间。它利用 min/max 函数的关联性，当从左到右扫描数组D时，使用这两个变量递归地保存$P[s]$（即TmpSum）和$M[s-1]$（即MinTmpSum）的值。这样，当$s=1,\cdots,n$时，我们可以增量地计算公式$\max_s\left(P[s]-M[s-1]\right)$的值。

算法 2.4　另一种时间复杂度为线性的算法

```
MaxSum = −∞; b_tmp = 1;
TmpSum = 0; MinTmpSum = 0;
for (s = 1; s ⩽ n; s++) do
    TmpSum += D[s];
    if MaxSum < TmpSum − MinTmpSum then
        MaxSum = TmpSum − MinTmpSum; s_O = s; b_O = b_tmp;
    end if
    if TmpSum < MinTmpSum then
        MinTmpSum = TmpSum; b_tmp = s + 1;
    end if
end for
return 〈MaxSum, b_O, s_O〉;
```

2.5 有趣的变体$^{\infty}$

正如本章开始时所承诺的，现在，我们将讨论最大子数组求和问题的一些有趣的变体。对于想进一步了解算法细节和公式的读者，我们推荐阅读本章参考文献 [1-2]。需要注意的是，这一节提出了一种设计和分析都非常复杂的算法，极具挑战性。所以，我们使用符号$^{\infty}$来标记它。对于本书中类似的挑战性内容，我们均使用该符号标记。

在生物信息学的文献中，术语“子数组”有时会被替换为“片段”，而问题则被称为“片段的最大求和问题”（maximum-sum segment problem）。这里的目标是识别 DNA 序列（即四个字母 {A, T, G, C} 组成的字符串）中富含 G 和 C 核苷酸的片段。在生物学中，人们认为这些包含基因的片段具有重要意义。将 DNA 序列映射到数字数组，从而达到我们对问题的抽象，这可以通过多种方式实现，取决于模拟片段 GC 含量的目标函数，以下为用于识别富含 C 和 G 序列的两个有趣的映射方法：

- 对序列中的核苷酸 A 和 T 施加一个惩罚$-p$，对核苷酸 C 和 G 给予一个奖励$1-p$。根据这种赋值，如果长度为 l 的片段中包含 x 次 C 或 G，那么其序列总和等于$x-p\times l$。有趣的是，根据这个目标函数，前面章节中描述的所有算法都可以用来在线性时间内识别 DNA 序列中富含 CG 的片段。通常，生物学家倾向于为需要搜索最大和的片段长度定义一个截断范围，以避免报告极短或极长的片段。在这种新场景中，前面章节的算法不再适用，但是仍存在时间复杂度为线性的最优解决方案（例如，参见本章参考文献 [2]）。
- 将序列中的核苷酸 A 和 T 赋值为 0，将核苷酸 C 和 G 赋值为 1。根据这一赋值，长度为 l 的片段中包含 x 次 C 和 G 的核苷酸密度是x/l。显然，$0\leqslant x/l\leqslant 1$，每次核苷酸 C 或 G 出现都会产生一个最大密度为 1 的片段。生物学家认为这是衡量片段 CG 含量丰富度的一个有趣指标，前提是对搜索基因片段的长度设置了截断。虽然这个问题比前面提到的问题更加复杂，但它具有非常复杂的最优（准）线性时间解决方案。对此感兴趣的读者可以参考相关文献（例如本章参考文献 [1,3,5]）。

从这些示例中可以发现，在对现实问题进行抽象时，经常存在一些危险的陷阱：在为问题设计高效的算法时，看似微小的表述变化可能会导致算法复杂度的大幅增加。例如，考虑上述第二项中提到的密度函数，我们需要为片段长度设定一个截断下限，以防出现仅包含单个核苷酸 C 或 G 组成的平凡解。由于这个“小”变化，问题变得更加棘手，对应的解决方案也变得更加复杂。

其他隐晦的陷阱则更难察觉。假设我们决定通过搜索密度x/l不小于固定值t的最长片段来规避单核苷酸的结果，这在某种意义上是上面第二项中所描述问题的补充，因为这里是在片段长度上寻求最大化，并且对密度值设定了上限。令人惊讶的是，就像上面第一项中陈述的问题以及之前章节中解决的问题一样，我们可以将这种基于密度的问题简化为一个基于求和的问题。研究人员经常采用算法简化来复用已知的解决方案，避免反复地造轮子。

为了证明这种简化，需要注意，对任意子数组$D[a,b]$均可进行如下转化：

$$\frac{\text{Sum}_D[a,b]}{b-a+1}=\sum_{k=a}^{b}\frac{D[k]}{b-a+1}\geqslant t \Longleftrightarrow \sum_{k=a}^{b}(D[k]-t)\geqslant 0$$

因此，通过从D的所有元素中减去密度阈值t，我们可以将基于密度的问题转化为寻找元素之和大于或等于0的最长片段的问题。

> **问题** 给定一个由正数和负数组成的数组$D[1,n]$，我们的目标是在数组D中找到密度大于或等于固定阈值t的最长片段。

请注意，如果我们将需求从寻找最长片段改为寻找密度大于给定阈值t的最短片段，那么问题将再次变得微不足道：只需考虑单次出现的核苷酸C或G即可。同样，如果我们为片段中的元素之和设定一个上限u（而不是下限），那么可以通过改变D中所有元素的符号将问题转化为一个具有下限$t=-u$的问题。最后，我们注意到：在某种意义上，这种表述是对第一项所述问题的补充。这里，我们最大化了片段的长度，并且对其元素之和设定了一个下限，而在之前，我们是在给定长度的范围内最大化片段中的各元素之和。值得高兴的是，这两个问题的算法解决方案具有相似的结构，因此我们决定详细讨论第一个问题，并建议读者通过参考文献来深入了解第二个问题。

解决该问题的算法使用了归纳法，假设在步骤$i=1,2,\cdots,n$时已经计算出和大于t且出现在$D[1,i-1]$范围内的最长子数组。我们用$D[l_{i-1},r_{i-1}]$来表示在步骤i开始时可用的解决方案。初始时$i=1$，此时归纳解决方案为空，其长度为0。为了从步骤i过渡到步骤$i+1$，我们需要计算$D[l_i,r_i]$，这可能会使用到当前已知的解决方案。

显然，新的片段要么位于$D[1,i-1]$内部（即$r_i<i$），要么在$D[i]$处结束（即$r_i=i$）。前者将承接前一个迭代的解决方案，即$D[l_{i-1},r_{i-1}]$，因此不需要任何额外操作，只需设置$r_i=r_{i-1}$和$l_i=l_{i-1}$。后者的情况则更为复杂，需要使用一些特殊的数据结构和巧妙的分析来证明所提出的算法在空间和时间上的总复杂度为$O(n)$，从而证明它在渐近意义上是最优的。

首先，我们进行一个简单而有效的观察：

事实 2.1 如果$r_i = i$，那么片段$D[l_i, r_i]$必须严格长于片段$D[l_{i-1}, r_{i-1}]$，这意味着l_i出现在位置$L_i = i - (r_{i-1} - l_{i-1})$的左侧。

这一事实的证明可以直接通过以下观察得出：如果$r_i = i$，那么当前步骤i找到了一个比之前已知片段“更长”的片段。因此，我们可以排除范围$[L_i, i]$内的所有位置，因为它们产生的片段长度不会超过之前的解决方案$D[l_{i-1}, r_{i-1}]$。

> **重构后的问题** 给定一个包含正数和负数的数组$D[1,n]$，我们希望在每一步中找到最小的索引$l_i \in [1, L_i)$，使得$\mathrm{Sum}_D[l_i, i] \geqslant t$。

可能存在多个索引l_i，使得$\mathrm{Sum}_D[l_i, i] \geqslant t$；在这里，我们的目标是确定最长的片段，所以我们希望找到最小的索引值。

现在回顾一下，$\mathrm{Sum}_D[l_i, i]$可以用数组D的前缀和来重写，即$\mathrm{Sum}_D[1, i] - \mathrm{Sum}_D[1, l_i - 1] = P[i] - P[l_i - 1]$，其中数组$P$在 2.4 节被引入，并且在线性的时间和空间内进行了预计算。因此，我们需要找到最小的索引值$l_i \in [1, L_i]$，使得$P[i] - P[l_i - 1] \geqslant t$。

值得注意的是，l_i的计算可以通过扫描$P[1, L_i - 1]$并搜索满足$P[i] - P[x] \geqslant t$（或等价的$P[x] \leqslant P[i] - t$）的最左侧索引x来完成。然后设置$l_i = x + 1$，即可完成计算。遗憾的是，这种方法的效率很低，因为随着i的增加，我们需要重复扫描P的相同位置，从而导致算法具有的时间复杂度是二次方的。由于我们的目标是线性时间算法，因此需要在每个步骤i上“摊销”常量的时间。

为了实现这一性能指标，我们首先需要证明可以通过识别x的候选位置子集来避免扫描整个前缀数组$P[1, L_i - 1]$。设$C_{i,j}$为迭代i的候选位置，其中$j = 0, 1, \cdots$，它被归纳地定义为子数组$P[1, C_{i,j-1} - 1]$最左侧的最小值（即当前最小值左侧和L_i左侧的子数组），当$j = 0$时，$C_{i,0} = L_i$（这是一个虚拟值）。我们用$c(i)$表示步骤i中候选位置的数量，显然，$c(i) \leqslant L_i$（当$P[1, L_i]$减少时，该等式仍然成立）。

请参考图 2.2 的说明性示例，其中$c(i) = 3$，候选位置通过向左的箭头连接。

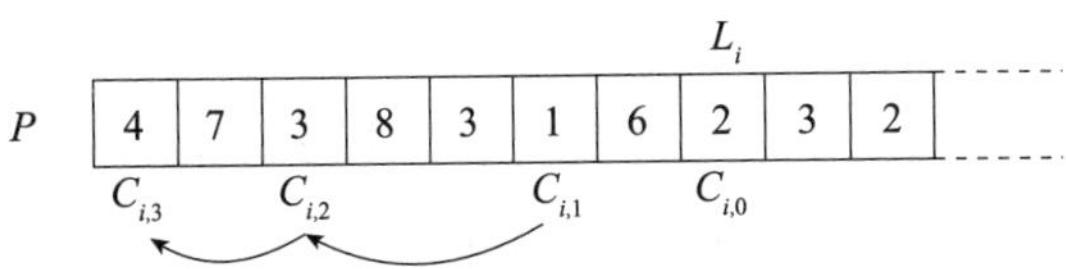

图 2.2 给定一个前缀和数组P，相对于位置L_i，$c(i)$个候选位置$C_{i,j}$的示例

通过观察图 2.2，我们可以推断出三个关键性质，读者可以自行证明，因为这些性质直接源自$C_{i,j}$的定义：

- **性质 a**：候选位置$C_{i,j}$的序列位于$[1,L_i)$内，并且向左移动，即$C_{i,j}<C_{i,j-1}<\cdots<C_{i,1}<C_{i,0}=L_i$，其中$j=c(i)$。
- **性质 b**：在每次迭代 i 中，候选值$P\left[C_{i,j}\right]$的序列随着$j=1,2,\cdots,c(i)$增加。更准确地说，因为$P\left[C_{i,j}\right]>P\left[C_{i,j-1}\right]$且$C_{i,j}<C_{i,j-1}$，所以候选值会随着位置$C_{i,j}$向左移动而增加。
- **性质 c**：值$P\left[C_{i,j}\right]$小于它在 P 中左侧的任何其他值，因为它是前缀数组$P\left[1,C_{i,j-1}-1\right]$中的最左侧最小值。

现在至关重要的证明是我们正在搜索的索引值l_i，可以仅通过查看这些候选位置$C_{i,j}$和相应的前缀之和的值$P\left[C_{i,j}\right]$推导出来。根据事实 2.1，我们关注的是形式为$D[x,i]$且$x<L_i$的片段，其元素之和$\mathrm{Sum}_D[x,i]\geqslant t$，我们需要在其中找到最小的$x$（即$l_i$）。由于$\mathrm{Sum}_D[x,i]=P[i]-P[x-1]$，根据性质 c，我们可以得出结论，如果$\mathrm{Sum}_D\left[C_{i,j}+1,i\right]<t$，那么所有更长的片段中的元素之和将小于$t$。因此，可以得出以下结论：

事实 2.2 在每次迭代 i 中，使$\mathrm{Sum}_D\left[C_{i,j^*}+1,i\right]\geqslant t$的最大索引值$j^*$（如果有的话），提供了我们正在寻找的最长片段。

在实施候选位置$C_{i,j}$以高效计算l_i时，存在两个主要问题：①随着 i 的增加，如何计算$C_{i,j}$；②如何搜索索引j^*。为了解决问题①，我们注意到$C_{i,j}$的计算仅依赖于前一个$C_{i,j-1}$的位置，而不依赖于索引 i 或 j。因此，我们可以定义一个辅助数组$\mathrm{LMin}[1,n]$，使得$\mathrm{LMin}[i]$是$P[1,i-1]$中最小值的最左侧位置。不难看出$C_{i,1}=\mathrm{LMin}[L_i]$，并且根据$C$的定义，$C_{i,2}=\mathrm{LMin}\left[\mathrm{LMin}[L_i]\right]$，将其记作$\mathrm{LMin}^2[L_i]$。一般情况下，$C_{i,k}=\mathrm{LMin}^k[L_i]$，它支持如下增量计算：

$$\text{LMin}[x]=\begin{cases}0, & x=0\\ x-1, & P[x-1]<P[\text{LMin}[x-1]]\\ \text{LMin}[x-1], & \text{其他}\end{cases}$$

利用归纳法可以很容易地解释这个公式。首先，我们将$\text{LMin}[0]$设为虚拟值0。为了计算$\text{LMin}[x]$，我们需要确定$P[1,x-1]$中的最左侧最小值：它要么位于$x-1$（值为$P[x-1]$），要么位于由$P[1,x-2]$确定的位置$\text{LMin}[x-1]$（值为$P[\text{LMin}[x-1]]$）。因此，通过比较这两个值，我们可以在常量时间内计算出$\text{LMin}[x]$。由此得出结论，计算所有候选位置$\text{LMin}[1,n]$所需的时间为$O(n)$。

剩下的问题是我们如何高效地确定j^*。在每次迭代i时，我们无法在常量时间内计算出j^*，但我们将证明，如果步骤i执行的步数$s_i>1$，那么我们将当前解决方案的长度增加$\Theta(s_i)$单位。由于最长的片段不能超过n，因此这些额外成本的总和不能大于$O(n)$，至此，我们完成了证明。这被称为摊销论证，因为在某种意义上，我们将昂贵迭代的成本分摊到最廉价的迭代上。在迭代i中计算j^*需要检查位置$\text{LMin}k[L_i](k=1,2,\cdots)$，直到满足事实 2.2 中的条件。实际上，我们知道：所有其他$j>j^*$都不满足事实 2.2。根据性质 a，该搜索将执行j^*步，并且找到一个长度至少增加了j^*个单位的新片段。由于该片段不能比整个序列$D[1,n]$更长，因此我们可以得出结论，寻找j^*所产生的总额外时间不会超过$O(n)$。

我们将该算法伪代码的具体细节留给细心的读者去深入研究，希望该算法伪代码能够清晰地表达出该算法的优雅设计和分析，并可以轻松地实现。

参考文献

[1] Kun-Mao Chao. Maximum-density segment. In Ming-Yang Kao, editor, *Encyclopedia of Algorithms*. Springer, 502–4, 2008.

[2] Kun-Mao Chao. Maximum-scoring segment with length restrictions. In Ming-Yang Kao, editor, *Encyclopedia of Algorithms*. Springer, 506–7, 2008.

[3] Chih-Huai Cheng, Hsiao-Fei Liu, and Kun-Mao Chao. Optimal algorithms for the average-constrained maximum-sum segment problem. *Information Processing Letters*, 109(3): 171–4, 2009.

[4] Rolf Fagerberg. Cache-oblivious model. In Ming-Yang Kao, editor, *Encyclopedia of Algorithms*. Springer, 264–9, 2016.

[5] Takeshi Fukuda, Yasuhiko Morimoto, Shinichi Morishita, and Takeshi Tokuyama. Mining optimized association rules for numeric attributes. *Journal of Computer System Sciences*, 58(1): 1–12, 1999.

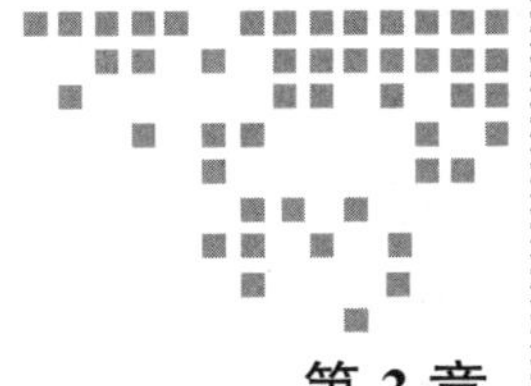

第 3 章 Chapter 3

随机抽样

“在我看来，生活中的很多方面似乎都是由纯粹的随机性决定的。”

——西德尼·波蒂埃（Sidney Poitier）

本章讨论的问题表述简单，却是许多随机算法的基础，并且其解决方案在算法设计和分析方面颇具挑战性。

> **问题** 给定一个包含 n 个元素的序列$S=(i_1,i_2,\cdots,i_n)$和一个正整数$m \leqslant n$，目标是从 S 中均匀随机地选取一个包含 m 个元素的子集。

这里的“均匀”指的是 S 中的每个元素都应该以 $1/n$ 的概率被抽样。这些元素可以是数字、字符串或复杂对象，既可以存储在磁盘上的文件中，也可以在数据通道中进行流式传输。对于前一种情况，输入规模 n 是已知的，并且输入元素是占据了连续存储单元的序列；而对于后一种情况，输入规模可能是未知的，但抽样过程的均匀性仍然必须得到保证。在本章中，我们将处理这两种情况，目标是在 I/O 性能、计算所需的额外空间（除输入外）以及所实施的随机性数量（表示为随机生成的整数的数量）方面提高效率。然后，我们将使用内置程序 Rand(a,b) 在范围 $(a,b]$ 内随机选择一个数字，该数字是实数还是整数可通过上下文来明确。设计一个优秀的 Rand 函数是一项具有挑战性的任务；然而，在这里我们不会深入探讨它，我们的焦点仅在于抽样过程，而不是随机数的生成部分，对后者感兴趣的读者可以参考关于（伪）随机数生成器的相关文献。

最后，我们注意到，理想的情况是将抽样元素的位置按顺序排列，这样可以加快从 S 中提取它们的速度，因为在磁盘环境中可以减少寻址时间，在基于流的环境中可以减少数据的传递次数。此外，因为它允许通过一次扫描来高效地提取元素，而不必使用指向抽样元素的辅助指针数组，还可以减少所需的工作空间。我们不打算在此深入讨论排序问题，尤其是在 $m > M$ 的情况下，此时这些位置无法全部存入内存中，因此问题会变得更加复杂。在这种情况下，我们需要一个基于磁盘的排序器，这是一个高级话题，将在第 5 章中进行讨论。相反，如果 $m < M$，我们可以利用位置是一个固定范围内的整数的事实，使用基数排序或文献中介绍的其他快速内存排序算法。

3.1 磁盘模型和已知序列长度

我们首先假设输入规模 n 是已知的，并且 $S[1,n]$ 存储在一组连续的磁盘页中。它们可能是以当前问题为子任务的更复杂问题的输入，所以这些页不可被修改。算法 3.1 是我们为上述抽样问题所提出的第一个解决方案，它非常简单，并且为我们引入了一系列将在后续解决方案中探讨的问题。

算法 3.1 从未采样位置抽取

初始化辅助数组 $S'[1, n] = S[1, n]$;
for $s = 0, 1, \cdots, m-1$ **do**
    $p = \text{Rand}(1, n-s)$;
    选中 $S'[p]$ 指向的元素;
    交换 $S'[p]$ 与 $S'[n-s]$;
end for

在第 s 步中，算法都保持以下不变性：子数组 $S'[n-s+1,n]$ 中包含了已被抽样的元素，而 S 中未被抽样的元素则包含在 $S'[1,n-s]$ 中。初始时（即 $s=0$），由于 $S'[n-s+1,n] = S'[n+1,n]$ 是空数组，该不变性成立。在第 s 步中，算法从 $S'[1,n-s]$ 中均匀随机地选择一个元素，并将其与该序列的最后一个元素（即 $S'[n-s]$）进行交换，这保持了 $s+1$ 的不变性。最终，当 $s=m$ 时，已被抽样的元素全部包含在 $S'[n-m+1,n]$ 中。

S' 不能是 S 的纯副本，而必须被实现为指向 S 中元素的指针数组。这样做的原因是这些元素可能具有可变长度（例如字符串或复杂对象），因此无法通过算术运算在常数时间内检索到它们。此外，由于 $S'[p]$ 处的元素与 $S'[n-s]$ 处的元素之间可能存在长度差异，替换步骤可能无法执行。指针可以避免这些问题，但会占用$\Theta(n\log n)$位的额外空间，当n很大时，这可能是不可忽视的，甚至在 S 中元素的平均长度小于$\log n$位的情况下，其所占的空间可能会超过 S 本身的大小。这种方法的另一个缺点是其内存访问模式以完全随机的方式作用于$\Theta(n)$个单元，从而导致进行$\Theta(m)$次 I/O 操作。当$m \approx n$时，该方法则可能非常慢，因为在这种情况下，预期将执行$O(n/B)$次 I/O 操作，即扫描整个 S 的成本。

我们将通过一系列算法逐步改善前一个解决方案中执行的 I/O 操作次数和使用的空间资源，直到达到最终目标，即额外空间为$O(m)$，预期时间为$O(m)$，以及 I/O 操作次数为$O\left(\min\{m, n/B\}\right)$。在算法 3.1 中，我们可以观察到，第 5 步中的元素交换保证了每一步都生成不同的元素，但这迫使我们复制了整个 S。通过使用辅助数据结构来跟踪排序后的选定位置，算法 3.2 避免了交换元素，并且仅需要 $O(m)$ 的空间，从而改善了 I/O 操作的访问效率和空间复杂度。

算法 3.2　采样位置的字典

1: 初始化空字典 $\mathcal{D}=\phi$；
2: **while** $|\mathcal{D}| < m$ **do**
3: 　　$p = \text{Rand}(1, n)$; // 生成一个介于 1 和 n 之间的随机数
4: 　　if $p \notin \mathcal{D}$，则将 p 插入$\mathcal{D}$
5: **end while**

算法 3.2 会在字典$\mathcal{D}$中包含m个（不同的）整数时停止。这些整数代表了被抽样元素的位置。该算法的效率主要取决于字典$\mathcal{D}$的实现，它允许我们检测重复的位置（以及对应的重复元素）。文献中提供了许多基于哈希或基于树的数据结构，它们能够有效地支持成员关系查询和插入操作。在此，我们仅考虑一种基于哈希的解决方案，即通过一个大小为$\Theta(m)$的哈希表实现$\mathcal{D}$，使用链式方法处理哈希冲突，以及采用一个通用的哈希函数进行表访问（关于哈希函数的详细信息，请参阅第 8 章）。这样，$\mathcal{D}$上的每次成员关系查询和插入预期只需要$O(1)$的时间［该表的负载因子为$O(1)$］，并且总体空间复杂度为$O(m)$。虽然我们可以通过使用更复杂的数据结构（如动态完美哈希或布谷鸟哈希）来改善时间复杂度，但由于底层重新抽样过程的存在，最终的时间界限总是在预期范围之内。事实上，这种算法可能会产生重复的位置，我们必须将其丢弃并重新抽样。重新抽样的成本限制是这种方法的一个主要缺点，这导致预期速度可能变为原来的 $1/C$（C 为常数），因此在实践中，对于较小的 m 来说，这种方案非常实用。这是因为在$\mathcal{D}$中抽取一个已存在元素的概率是$|\mathcal{D}|/n \leqslant m/n < 1/2$，在不失一般性的情况下，我们假设 $m<n/2$；如果情况不是如此，我们可以解决当前问题的补集，从而随机选择未从 S 中抽

样的元素位置。因此，为了使$\mathcal{D}$获得新的元素，我们需要一个固定数量的预期重新抽样次数，以便推进我们的选择过程。总体而言，我们已经证明了：

事实 3.1 基于链式哈希的算法 3.2 在$[1,n]$范围内均匀随机地选择m个位置，需要$O(m)$的预期时间和$O(m)$的额外空间。如果我们希望以类似流的方式提取 S 中的抽样元素，则需要一个额外的排序步骤。在这种情况下，整个抽样过程需要执行$O\left(\min\{m,n/B\}\right)$次 I/O 操作。

如果我们用一个平衡的搜索树替换哈希，并且假设在RAM模型下工作（因此假设$m<M$），那么我们可以避免排序步骤，并且能够在$O(m)$时间内对搜索树进行遍历。然而，算法 3.2 仍然需要$O(m\log m)$的时间，因为每次插入 / 查询成员关系的操作都需要$O(\log m)$的时间。采用基于整数的字典数据结构，如 van Emde Boas 树 [1]，我们可以将每个字典操作〔在长度为$\Theta(\log n)$位的整数键上执行〕的时间复杂度降低到$O(\log(\log n))$。注意，这两个时间界限是不可比的，因为m和n的大小关系不确定。改变底层字典的数据结构还可以进行许多其他的性能权衡；我们将这一探索留给读者。最后，我们观察到，如果$m \leqslant M$，则$\mathcal{D}$的随机生成和管理可以在内存中进行，而不会产生任何 I/O 操作。在某些情况下，这是有益的，因为调用随机抽样子程序的随机算法仅需要知道元素在S中的位置，而不需要知道元素本身。

3.2 流式模型和已知序列长度

接下来我们考虑这种情况：S 正在数据通道中进行传输，并且已知输入规模 n 非常大（例如网络流量或查询日志）。在这种流式模型中，我们无法对元素进行预处理（如 3.1 节所述，对元素的位置进行重新抽样或排序），因此 S 中的每个元素只能被考虑一次，算法就必须立即决定是否将该元素包含在抽样集中，该决定不可撤销。后来的元素可能会将之前的元素从抽样集中移除，但任何被丢弃的元素都无法再次被重新考虑。即使在这种情况下，这些算法的设计依然很简洁，但其概率分析比之前稍微复杂一些。上一节的算法提供了预期的时间复杂度，因为它们面临着重新抽样的问题：一些样本可能因为重复而需要被消除。为了避免重新抽样，我们必须确保每个元素只被考虑一次。为了实现这一想法，下面的算法以最简单的方式扫描输入序列 S，并对且每个元素只考虑一次。这种方法引入了两个主要难题，与以下两个需求相关：从范围$[1,n]$中均匀抽样，并且返回大小为 m 的样本。

我们首先设计一个仅从S中抽取单个元素的算法（因此$m=1$），然后将其推广至抽取$m>1$个元素的子集。该算法依据概率$P(j)$来抽取元素$S[j]$，其中$P(j)$需要被适当地定义，以确保能够随机均匀地抽取单个元素⊖。具体来说，设置$P(1)=1/n$, $P(2)=1/(n-1)$, $P(3)=1/(n-2)$，以此类推，算法会以概率$P(j)=1/(n-j+1)$抽取元素j。最终，元素$S[n]$被选中，因为其被抽取的概率为$P(n)=1$。

因此，该算法保证了样本量$m=1$的条件，但证明任意元素$S[j]$的抽样概率是$1/n$（独立于j）则变得更加复杂，因为我们定义了$P(j)=1/(n-j+1)$。这源自一个简单的概率论证，因为$n-j+1$是序列中剩余元素的数量，而所有这些元素都必须均匀随机地被抽取。通过归纳推理，我们得出结论：序列中的前$j-1$个元素的抽样概率均为$1/n$；所以不抽取其中任何一个元素的概率是$1-(j-1)/n$。因而，有：

$$P\left(\text{Sampling}\, i_j\right)=P\left(\text{Not sampling}\, i_1,\cdots,\ i_{j-1}\right)\times P\left(\text{Selecting}\, i_j\right)=\left(1-\frac{j-1}{n}\right)\times\frac{1}{n-j+1}=\frac{1}{n}$$

式中，$P(\text{Sampling } i_j)$ 表示在迭代 i 中第 j 个元素被抽中的概率；$P(\text{Not sampling } i_1,\cdots,\ i_{j-1})$ 表示在迭代 i 中前$j-1$个元素都未被抽中的概率，即在进行第j次抽样时，前$j-1$个元素都未被选中的概率；$P(\text{Selecting } i_j)$ 表示在迭代 i 中前 j 个元素都未被选中的情况下，第 j 个元素被选中的概率。

算法 3.3 详细描述了这种方法的伪代码，这里对其进行了泛化，使其可以适用于任意大的样本量$m\geqslant 1$。

算法 3.3　扫描与选择

```
s = 0;
for (j = 1; (j ⩽ n) and (s < m); j++) do
    p = Rand(0, 1);
    if p ⩽ (m − s)/(n − j+1) then
        select S[j];
        s++;
    end if
end for
```

⊖ 为了以概率 P 选中一个元素，只需选中一个随机实数$p=\text{Rand}(0,1)\in(0,1]$，然后将其与 P 进行比较。如果 $p\leqslant P$，则该项目被选中；否则不被选中。因此，对于任何 p，如果 P=0，则该元素永远不会被选中；如果 P=1，则该元素总是会被选中。

与之前描述的算法（设置$m=1$）不同，算法 3.3 的抽样概率 $P(j)=\frac{m-s}{n-j+1}$，其中s是在$S[j]$之前已抽取的元素数量。注意，如果我们已经获得了所有的样本，那么$s=m$，所以$P(j)=0$，这意味着算法 3.3 不会生成超过m个样本。另外，算法 3.3 也不能生成少于m个样本，例如y个样本，其中$y<m$，因为S中的最后$m-y$个元素被抽取的概率为 1，因此它们将包含在最终样本中（根据步骤 4 和本节脚注 ㊀）。至于样本的均匀性，我们证明了当s个样本位于$S[1,j-1]$中时，$P(j)$等于$S[j]$被包含在大小为m的随机样本中的概率。换言之，就是从$S[j,n]$中的$n-j+1$个元素里抽取$m-s$个样本时，$S[j]$包含在其中的概率。这个概率可以通过包含$S[j]$的组合数量$\binom{n-j}{m-s-1}$除以包含或不包含$S[j]$的组合数量$\binom{n-j+1}{m-s}$来计算。因为$\binom{b}{a}=\frac{b!}{a!(b-a)!}$，所以我们可以推导出 $P(j)$ 的公式。

事实 3.2 算法 3.3 需要执行$O(n/B)$次 I/O 操作，并且花费$O(n)$的时间来生成 n 个随机数，并且额外需要$O(m)$的空间来以流方式均匀地从序列$S[1,n]$中抽取 m 个元素。

我们以 Jeffrey Vitter 提出的解决方案 [4] 来结束本节，该方案将随机生成的数字数量从n减少到m，从而将解决方案花费的时间和 I/O 操作次数优化至$O(m)$。该解决方案也可以融入前一节中所讲的框架（对输入数据的随机访问），其特点是避免了重新抽样。其核心思想是不通过生成随机标识符来决定是否选择某个元素$S[j]$，而是通过生成随机跳跃数（即在选择 S 的下一个元素之前，应跳过的元素数量）来确定。Vitter 引入了一个随机变量$G(v,V)$，其中v是剩余的待抽样数量，而V是S中剩余的待抽样的总元素数量。根据我们之前的符号约定，在步骤j时，有$v=m-s$和$V=n-j+1$。元素$S[G(v,V)+1]$是下一个从剩余样本中选取的用于生成均匀样本的元素。显然，这种方法避免了生成重复样本的问题，但它确实导致了预期的时间限制，因为在生成跳跃 G 的过程中需要遵守以下分布规律：

$$\mathcal{P}(G=g)=\binom{V-g-1}{v-1}\Big/\binom{V}{v}$$

这里的关键问题是，鉴于$V\leqslant n$且$v\leqslant m$，我们无法预先列出（并存储）所有二项式系数的值，因为这将需要过多的时间和空间。然而令人惊讶的是，Vitter 以一种优雅的方式，将冯·诺伊曼的拒绝 - 接受方法应用于由G的跳跃引起的离散情况，从而在预期时间$O(1)$内解决了这个问题，更多细节请参阅本章参考文献 [4]。

3.3　流式模型和未知序列长度

显然，知道 n 对于计算算法 3.3 中的$P(j)$至关重要。如果n未知，则我们需要采取不同的方法。因此，本章后续内容将专门探讨针对该场景的两种可能的解决方案。

第一种解决方案相对简单，它使用一个大小为 m 的最小堆$\mathcal{H}$和随机数生成器Rand(0,1)。其主要思想是为每个元素$S[j]$分配一个随机优先级 r_j，然后利用最小堆$\mathcal{H}$来选择具有最高 m 个优先级的元素。算法 3.4 的伪代码中实现了这一思路，通过比较当前存储在$\mathcal{H}$中的 top-m 个优先级的元素（位于$\mathcal{H}$的根节点）的最低优先级与当前检查的元素$S[j]$所分配的优先级r_j。如果r_j大于该最低优先级，则将$S[j]$插入到$\mathcal{H}$中，并且从$\mathcal{H}$中删除该最低优先级，从而更新具有最高m个优先级（及其相关联的元素）的集合。

由于堆$\mathcal{H}$的大小为m，最终样本将包含m个元素。在$\mathcal{H}$中，每个优先级的元素插入或删除都需要$O(\log m)$的时间。优先级的随机性确保了每个元素都有相同的概率被纳入 top-m 个优先级的集合中。因此，我们证明了：

事实 3.3　算法 3.4 生成了 n 个随机数，需要执行$O(n/B)$次 I/O 操作，花费的时间为$O(n\log m)$，并且在不知道 n 的情况下，以类似流方式从序列$S[1,n]$中均匀随机地抽样m个元素需要$O(m)$的额外空间。

算法 3.4　堆和随机键

初始化一个最小堆$\mathcal{H}$，包含 m 个虚拟元素，其优先级为$-\infty$;
for S 中的每个元素 $S[j]$**do**
　　$r_j = \text{Rand}(0, 1)$;
　　$y = \mathcal{H}$中最小优先级;
　　if $r_j > y$ **then**
　　　　从$\mathcal{H}$中提取具有优先级 y 的元素;
　　　　将元素 $S[j]$ 插入$\mathcal{H}$中，并分配优先级r_j;
　　end if
end for
return $\mathcal{H}$中包含的 m 个元素;

在本章的最后，我们将介绍由 Alan Waterman（根据本章参考文献 [5]）提出的优雅蓄水池抽样算法（算法 3.5），它在时间和空间复杂度方面均优于算法 3.4。该算法的思想与算法 3.3 类似，都是恰当地定义一个元素被选中的概率。但这里的关键问题在于，因为我们不知道序列 S 有多长，所以不能对 $S[j]$ 做出不可撤销的决定；因此，在对 S 进行扫描的过程中，我们需要有一定的自由度来改变我们的决定。

算法 3.5　优雅蓄水池抽样算法

```
1: 初始化数组 R[1, m] = S[1, m];
2: for  S 中的每个元素 S[j] do
3:      h = Rand(1, j);
4:      if h ⩽ m then
5:           set R[h] = S[j];
6:      end if
7: end for
8: return 数组 R;
```

算法 3.5 的伪代码使用一个“蓄水池”数组 $R[1,m]$ 来保存候选样本。最初，R 被设定为包含输入序列的前 m 个元素。在随后的任何步骤 j 中，算法都要选择是否将 $S[j]$ 纳入当前样本中。$S[j]$ 被选中的概率为 $\mathcal{P}(j)=m/j$，当被选中时，之前选中的元素必须从 R 中被随机移除。由于 R 中有 m 个元素，所以 R 中元素被移除的概率为 $1/m$。算法 3.5 通过在 $[1,j]$ 范围内选取一个整数 h 来实现这种双重选择，并且只有在 $h \leqslant m$ 的情况下才进行替换。这一事件的概率为 m/j，正是我们希望为 $\mathcal{P}(j)$ 设定的值。

从算法的正确性角度来看，很明显，算法 3.5 选取了 m 个元素，但这些元素是否均匀随机地抽取自样本空间 S，即它们是否确实以概率 m/n 被抽取的，却不是显而易见的。让我们通过对（未知的）序列长度 n 进行归纳推理，来分析这一现象的原因。当 $n=m$ 时，这个结论是显而易见的：每个元素都以 $m/n=1$ 的概率被选中，这正是步骤 1 的作用，即将 S 的前 m 个元素写入蓄水池 R。为了证明归纳步骤（从 $n-1$ 个到 n 个元素），我们注意到，根据定义，该元素以 $\mathcal{P}(n)=m/n$ 的概率被插入 R 中（步骤 4），因此对于 $S[n]$，均匀抽样属性成立。计算 $S[1,n-1]$ 中前一项元素被抽样的概率更为复杂。在算法 3.5 中，元素 $S[j](j<n)$ 在第 n 步时属于蓄水池 R，当且仅当该元素在第 $n-1$ 步时就已经在蓄水池 R 中，并且在第 n 步时没有被移除。对于后者，存在两种情况：$S[n]$ 未被选中（因此 R 保持不变），或者 $S[n]$ 被选中而 $S[j]$ 未被移除（因为这两个事件相互独立）。元素 $S[j](j<n)$ 在第 n 步时属于蓄水池 R 的概率为：

$$\mathcal{P}\left(S[j]\in R\right)\times\left[\mathcal{P}\left(S[n]\text{未被选中}\right)+\mathcal{P}\left(S[n]\text{被选中}\right)\times\mathcal{P}\left(S[j]\text{未被移出}\right)\right]$$

通过归纳推理可知，在处理$S[n]$之前，每个位于$S[n]$之前的元素$S[j]$进入蓄水池 R 的概率是$m/(n-1)$。此外，如果$S[n]$未被选中（其发生概率为$1-m/n$），或者$S[n]$被选中且$S[j]$未被选中的$S[n]$替换［其发生概率为（$m-1$）/m］，则$S[j]$仍留在蓄水池中。综合考虑这些情况，可以得出：

$$\mathcal{P}\text{（在处理完}n\text{个元素之后，位于}S[n]\text{之前的任意元素}S[j]\text{，其中}j<n\text{，仍然存在于蓄水池}R\text{中）}=\frac{m}{n-1}\times\left[\left(1-\frac{m}{n}\right)+\left(\frac{m}{n}\times\frac{m-1}{m}\right)\right]=\frac{m}{n-1}\times\frac{n-1}{n}=\frac{m}{n}$$

为了更好地理解这个公式，我们假设有一个包含 10 个元素的蓄水池，根据步骤 1，S 的前 10 个元素会被插入 R 中。然后，元素$S[11]$以 10/11 的概率被插入蓄水池，元素$S[12]$以 10/12 的概率被插入，以此类推。每次向蓄水池中插入新元素时，都会随机移除一个现有元素，其概率为 1/10。经过 n 步后，蓄水池 R 包含了来自 S 的 10 个元素，每个元素的抽样概率都是$10/n$。

事实 3.4 算法 3.5 需要执行$O(n/B)$次 I/O 操作，花费$O(n)$的时间，并且额外占用 m 个空间，在不了解序列长度 n 的情况下，该算法以类似流的方式随机抽取 m 个元素，并且产生 n 个随机数用于均匀地对$S[1,n]$中的元素进行抽样。因此在这个计算模型中，该算法具有最优的时间复杂度、空间复杂度和 I/O 操作次数。

然而，这种方法的缺点是步骤 3 的执行次数较多，因为它需要为每个被处理的元素 $S[j]$ 生成一个规模不断增大的随机整数。研究人员一直在寻求减少这一数量的方法，这里我们提及了一种渐进最优的解决方案——算法 L，它在本章参考文献 [3] 中有详细介绍。该算法预期需要$O\left(m\left(1+\log(n/m)\right)\right)$的预期时间和随机数生成次数，这是一个最优解，误差不超过一个常数因子。具体的算法细节请参考本章参考文献 [3]，在此，我们只关注一些关键的观察结果。

我们首先关注的是蓄水池 R 中预期的插入次数。考虑到前 m 个元素总是会被插入蓄水池中，且对于后续的每个元素$S[j]$，以概率m/j执行步骤 5，其中$j<m$，因此，R 中的预期插入次数可以估算为

$$m+\sum_{j=m+1}^{n}(m/j)=m+\left[\sum_{j=1}^{n}(m/j)-\sum_{j=1}^{m}(m/j)\right]=m(1+H_n-H_m)$$

式中，$H_n=\sum_{j-1}^{n}(1/j)$是第 n 个调和数，它可以被渐近地限定为$O(\log n)$。这也被证明是算法 3.5 中步骤 5 执行的预期次数的界限。如果生成“跳跃数”所需的时间为常量，那么这也是算法 L 执行的步数。

算法 L 的第二个关键思想是计算在下一个元素进入蓄水池 R 之前，S 中有多少元素被丢弃，进而执行步骤 5。这是通过模拟算法 3.4 的方法来实现的，该方法为每个元素$S[j]$关联一个 (0, 1) 区间内的随机优先级，然后选择前 m 个优先级对应的元素。然而，在这里，我们无须显式地为所有元素生成这些优先级，而只需要对那些被检查的元素执行该操作。可以证明，跳过的元素数量遵循几何分布，因此可以在常量时间内完成计算 [2]。

参考文献

[1] Thomas H. Cormen, Charles E. Leiserson, Ronald L. Rivest, and Clifford Stein. Hashing, Chapter 11 in *Introduction to Algorithms*. Chapter 11, "Hash tables", 253–83, The MIT Press, third edition, 2009.

[2] Luc Devroye. Random sampling, in *Non-uniform Random Variate Generation*. Chapter 12, "Random Sampling," 611–41, Springer, 611–41, 1986.

[3] Kim-Hung Li. Reservoir-sampling algorithms of time Complexity $O(n(1 + \log(N/n)))$. *ACM Transactions on Mathematical Software*, 20(4): 481–93, 1994.

[4] Jeffrey Scott Vitter. Faster methods for random sampling. *ACM Computing Surveys*, 27(7): 703–18, 1984.

[5] Jeffrey Scott Vitter. Random sampling with a reservoir. *ACM Transactions on Mathematical Software*, 11(1): 37–57, 1985.

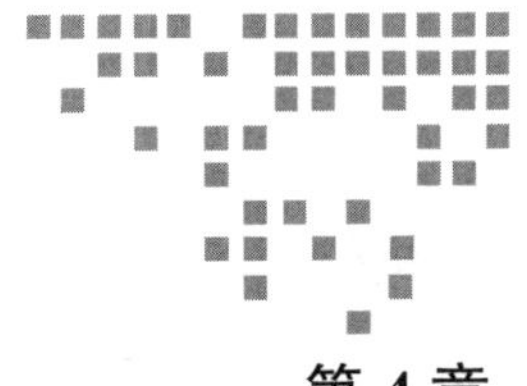

第 4 章 Chapter 4

列表排名

指针在磁盘中是危险的！

列表作为一种基本数据结构，为众多用于管理相互连接元素的算法设计提供了支撑。我们从一个易于表述但效率有待提升的解决方案入手，此方案源于 RAM 模型下的理想设计；接着，我们将逐渐深入探索更复杂、更优雅且高效的解决方案，这些方案的简洁性令人赞叹，仅需数行代码便能实现。在处理这一问题的过程中，我们将突出并行计算与外部存储计算之间的微妙联系，并利用这种联系，从高效的并行算法中推导出同样高效的磁盘感知算法。

> **问题** 给定一个单向列表 $\mathcal{L}$，该列表包含 n 个元素，目标是为列表 $\mathcal{L}$ 中的每个元素计算其到列表尾部的距离。

这些元素通过从 1 到 n 的整数 id 来表示。列表通过数组 `Succ`$[1,n]$进行编码，在列表$\mathcal{L}$中，如果元素 i 指向元素 j，则将 id 表示的 j 存储到 `Succ`$[i]$。如果 t 是列表$\mathcal{L}$尾部元素的 id，则 `Succ`$[t]=t$，即从 t 出发的链接形成了一个自环。图 4.1 所示为列表$\mathcal{L}(n=6)$排名问题的输入和输出示例，其中图 4.1a 为列表的图形表示，图 4.1b 为数组 `Succ` 对该列表的编码，以及列表排名问题所需的输出（存储在数组 `Rank`$[1,n]$中）。

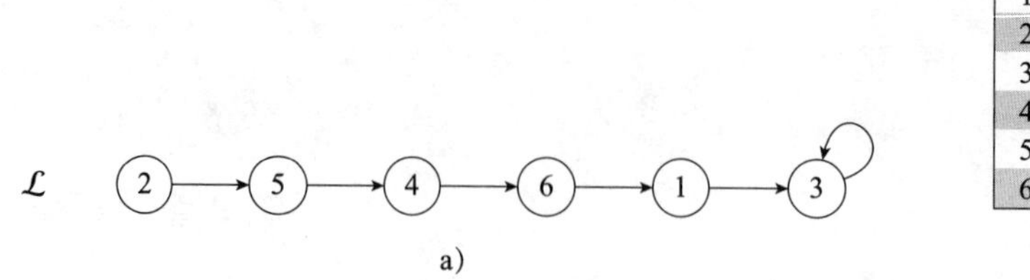

a)

id	Succ	Rank
1	3	1
2	5	5
3	3	0
4	6	3
5	4	4
6	1	2

b)

图 4.1　列表$\mathcal{L}(n=6)$排名问题的输入和输出示例。列表的头是集合｛1,⋯,6｝中唯一未出现在 Succ 中的元素 h（例如 h=2）；列表的尾是集合中唯一满足 Succ[t]=t 的元素 t（例如 t=3）。对应的 Rank$[t]=0$，Rank$[h]=n-1=5$

在 RAM 模型中，利用内存的常量时间访问可以轻松解决这个问题。实际上，我们可以预见三种简单的算法解决方案，每个方案都需要最优的 $O(n)$ 时间。这些算法的时间复杂度是最优的，因为必须访问$\mathcal{L}$中的所有元素来设置它们的 Rank 值。

第一种解决方案从列表的头部开始扫描，计算其元素的数量 n，然后再次扫描列表，将列表头部的排名设置为$n-1$，而列表中的每个后续元素的排名则在每次扫描时递减 1。第二种解决方案需要先计算前驱数组，即Pred$[\text{Succ}[i]]=i$，然后从列表尾部 t 开始反向扫描列表，设置Rank$[t]=0$，随后在遍历过程中从元素 t 开始，依次为每个元素增加Rank值。第三种解决方案是递归地定义函数ListRank(i)，其工作方式如下：如果Succ$[i]=i$（因此$i=t$），则Rank$(i)=0$；否则Rank$(i)=$ ListRank$(\text{Succ}[i])+1$。

如果我们对存储在磁盘上的列表执行这些算法（通过数组Succ），那么由于链接的任意分布，可能会引起对数组Rank和Succ元素的不规则磁盘访问模式，从而导致$\Theta(n)$次 I/O 操作，该 I/O 操作成本远高于我们在 RAM 模型中使用相同参数推导出的下界$\Omega(n/B)$。尽管这个下界很低，但在本章中，我们将通过一系列复杂技术来接近这个下界，这些技术足够通用，能够应用于许多其他不同的场景中。

为了在链式数据结构上实现更好的 I/O 效率，我们需要尽可能避免指针的遍历，同时可以对并行算法的文献〔例如，本章参考文献 [2]，其中也定义了并行随机存取机模型（Parallel-RAM，PRAM）〕进行深入的研究，因为高效的并行处理出乎意料地可以转化为 I/O 效率。

4.1 指针跳跃技术

在并行环境中解决列表排名问题时，有一个广为人知的技术——指针跳跃（pointer-jumping）。该算法的基本思想非常简单，它需要 n 个处理器，每个处理器负责处理列表$\mathcal{L}$中的一个元素。当i等于t时，初始化Rank$[i]=0$；否则Rank$[i]=1$。之后，处理器执行以下两个指令：Rank$[i]$=Rank$[i]$+Rank[Succ$[i]$]和 Succ$[i]$=Succ[Succ$[i]$]。这种双重更新实际上保证了以下不变性：Rank$[i]$表示原始列表中，元素i和当前存储在Succ$[i]$中的元素之间的距离（即它们之间间隔的元素数）。图 4.2 所示为指针跳跃应用于图 4.1 中列表$\mathcal{L}$的示例，我们将省略可以通过归纳法推导出的形式证明，在图 4.2 中，虚线箭头表示通过一次指针跳跃步骤计算出的新链接，每个列表右侧的表格指定了重新计算后数组Rank$[1,n]$的值。加粗的值是最终 / 正确的值。需要注意的是，距离的增长不是线性的（即 1, 2, 3, ⋯），而是以 2 的幂次进行的（即 1, 2, 4, ⋯），直到其下一次跳跃到达列表尾部 t。这意味着并行算法执行这两个步骤的总次数是$O(\log n)$。因此，与顺序算法所需的时间相比，该算法实现了指数级的效率提升。

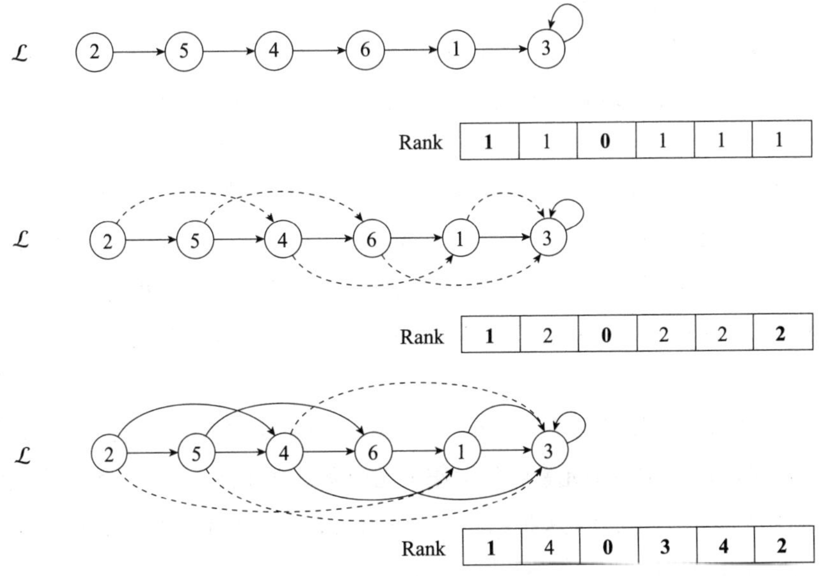

图 4.2　指针跳跃应用于图 4.1 中列表 $\mathcal{L}$ 的示例。虚线箭头表示对实心黑色箭头执行一次指针跳跃步骤的结果，实心黑色箭头代表列表当前的配置。加粗的Rank值是正确的，并且对应于指向列表尾部 t 的虚线箭头

如果有 n 个处理器参与运算，那么指针跳跃总共执行$O(n\log n)$次操作，与最优 RAM 算法执行的操作次数$O(n)$相比，其效率比较低。

引理 4.1　使用n个处理器及指针跳跃技术的并行算法，需要花费$O(\log n)$的时间并执行$O(n\log n)$次操作来解决列表排名问题。

为了更接近最优操作次数的水平，我们可以对之前的结果进行进一步的优化。例如，当

对应的元素到达列表末尾时，关闭处理器可能是一种有效策略。我们不打算深入探讨这些细节，因为该主题在文献（例如本章参考文献 [2]）中已经有所涵盖。我们更关注的是在特定的环境中模拟指针跳跃技术，该环境包含一个单独的处理器和一个两级存储框架，我们将证明，一旦存在高效的并行算法，我们就可以非常简单地推导出一个高效 I/O 操作的算法。这种简洁性源自一个特定的算法模式，它包含了两个基本操作：元组的扫描（scan）和排序（sort）。如今，这一框架几乎被应用于所有的分布式平台，比如 Apache Hadoop。

4.2 两级存储中的并行算法模拟

在两级存储框架中使用指针跳跃技术的主要挑战在于列表元素在磁盘上的任意布局，以及由此导致的更新Succ指针和Rank值的内存访问模式的无规律性，这可能会引发大量的“随机”I/O 操作。为了解决这个问题，我们将阐述如何通过对n个整数三元组执行常量次数的排序和扫描操作，来模拟指针跳跃技术的两个关键步骤。排序是一种基础的操作，其在实现高效 I/O 方面非常复杂，实际上，这是第 5 章将探讨的主题。为了叙述方便，在本章中，我们将它的 I/O 复杂度表示为$\tilde{O}(n/B)$，这意味着存在一个隐藏的对数因子，该因子取决于模型的主要参数，即M、n和B。在实际应用中，这个因子是可以忽略的，因为我们可以合理地将其上限设为一个非常小的常数，例如 4 或更小。因此，为了简化讨论，我们选择忽略这个因子。另外，扫描操作很简单，仅需执行$O(n/B)$次 I/O 操作即可处理 n 个三元组占用的连续磁盘空间。

我们可以在指针跳跃技术的两个步骤中识别出一个共同的算法结构：它们都涉及在数组（无论是Succ还是Rank）中两个元素间的操作（无论是复制还是求和）。为了便于说明，我们将引入一个通用数组A，对磁盘上模拟的并行操作进行建模，方式如下：

假设并行步骤具有以下形式：$A[a_i]$ op $A[b_i]$，其中op是在所有处理器$i=1,2,\cdots,n$上并行执行的操作，这些处理器会读取$A[b_i]$的值，并使用该值更新$A[a_i]$的内容。

对于`Rank`数组（此处为$A=$`Rank`）的更新来说，op 是求和与赋值；而对于 `Succ` 数组（此处为$A=$`Succ`）的更新来说，op 则是复制。就数组索引而言，这两个步骤都是$a_i=i$和$b_i=$`Succ`$[i]$。关键问题是要证明，$A[a_i]$ op $A[b_i]$可以在所有$i=1,2,3,\cdots,n$处理器上同时执行，可以使用常量的排序和扫描操作次数来实现，由此推导出该算法只需$\tilde{O}(n/B)$次 I/O 操作。实现该过程包括五个步骤：

1）扫描磁盘并创建一系列三元组，形式为$\langle a_i, b_i, 0\rangle$。每个三元组携带以下信息：参与 op

的数组元素的源地址（即b_i）；目标地址（即a_i）；我们正在移动的值（第三个组件，被初始化为 0）。

2）根据三元组的第二个组件（即源地址b_i）对三元组进行排序。在这里，我们将每个三元组$\langle a_i, b_i, 0\rangle$与内存单元$A[b_i]$进行“对齐”。

3）使用两个迭代器分别扫描三元组和数组A。由于三元组是根据它们的第二个组件（即b_i）排序的，我们可以在扫描期间有效地创建新的三元组$\langle a_i, b_i, A[b_i]\rangle$。注意，并非$A$的所有内存单元都必然作为三元组的第二个组件出现；尽管如此，在协同扫描期间，它们的协同顺序允许将$A[b_i]$复制到b_i对应的三元组中。

4）根据三元组的第一个组件（即目标地址a_i）对三元组进行排序。通过这种方式，我们将三元组$\langle a_i, b_i, A[b_i]\rangle$与内存单元$A[a_i]$进行“对齐”。

5）再次使用两个迭代器，分别扫描三元组数组A。对于每个三元组$\langle a_i, b_i, A[b_i]\rangle$，根据 op 的语义和$A[b_i]$的值来更新内存单元$A[a_i]$的内容。这种更新可以在协同扫描过程中高效地完成。

由于之前的算法执行了两次排序和三次扫描，每次都涉及n个三元组，因此我们可以轻松地推导出该算法的时间复杂度，具体如下：

定理 4.1 在两级存储模型中，使用固定数量的排序和扫描操作可以模拟n个$A[a_i]$ op $A[b_i]$操作的并行执行，共需要执行$\tilde{O}(n/B)$次 I/O 操作。

在并行指针跳跃算法的情况下，平行指针跳跃（parallel pointer-jump）被执行了$O(\log n)$次，由此得出：

定理 4.2 并行指针跳跃算法可以在两级存储模型中进行模拟，共要执行$\tilde{O}((n/B)\log n)$次 I/O 操作。

该算法的 I/O 操作执行次数的上界为$O(n)$，因此在$B=\Omega(\log n)$的情况下，该算法比直接在磁盘上执行 RAM 算法更为高效。这一条件在实践中很容易满足，因为$B\approx 10^4$ Byte，而对于任何大小为2^{80}（预估宇宙中存在的原子数量[⊖]）的真实数据集而言，$\log n \leqslant 80$。

图 4.3 所示为通过扫描和排序原语操作来模拟 Rank 数组计算相关的基本并行步骤的示例。顶部为用黑色实线箭头表示的元素列表，长度为$n=6$；左侧的表格为对该列表进行编码的数组Rank和Succ；右侧的表格则显示了应用一次指针跳跃技术后的结果，具体展示了对虚

⊖ 参见 http://en.wikipedia.org/wiki/Large_numbers。

线箭头表示的元素列表进行编码后，得到的两个数组的内容。四列三元组对应于本节早先描述的五个扫描 / 排序阶段的应用。更具体而言，第一列三元组是通过第一次扫描创建的，形式为$\langle i, \texttt{Succ}[i], 0\rangle$，因为$a_i = i$且$b_i = \texttt{Succ}[i]$；之后，将第一列三元组按照其第二个组件进行排序，可以得到第二列三元组；对第二列三元组和数组Rank进行协同扫描，即可计算出第三列三元组，形式为$\langle i, \texttt{Succ}[i], \texttt{Rank}[\texttt{Succ}[i]]\rangle$；之后，按照第一个组件 i 进行排序，得到第四列三元组；最后，对Rank数组和这些三元组的第三个组件进行最终的协同扫描，即可正确地计算出$\texttt{Rank}[i] = \texttt{Rank}[i] + \texttt{Rank}[\texttt{Succ}[i]]$。

这个模拟展示了数组 Rank 的更新过程，数组 Succ 的更新也可以采用类似的方式。然而，需要注意的是，使用四元组（而不是三元组）可以同时更新数组 Rank 和 Succ，因为它携带了$\texttt{Rank}[\texttt{Succ}[i]]$和$\texttt{Succ}[\texttt{Succ}[i]]$两个值。这种方法是可行的，因为这两个值指向相同的源地址和目标地址（即 i 和$\text{Succ}[i]$）。

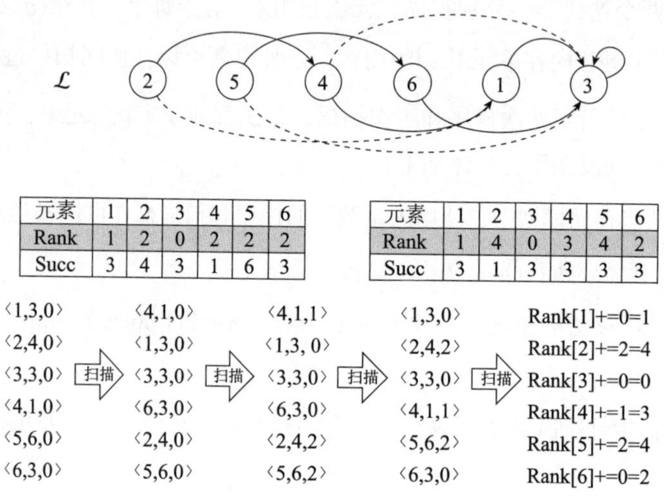

图 4.3 通过扫描和排序原语操作来模拟Rank数组计算相关的基本并行步骤的示例，具体配置如图表所指定。黑色实线箭头表示左侧表格中编码的指针；虚线箭头表示经过一次指针跳跃后更新的指针，它们在右侧的表格中被编码

本节介绍的模拟方案实际上可以推广到所有并行算法，因此我们可以得出以下重要结论（参见本章参考文献 [1]）：

定理 4.3 在两级存储中，任何一个使用 n 个处理器并在 T 步内完成的并行算法，都可以通过一个磁盘感知的顺序算法来模拟，该顺序算法需要执行$\tilde{O}((n/B)T)$ 次 I/O 操作，并且需要$O(n)$的空间。

当$T = O(B)$时，这种模拟是有利的，这意味着需要的 I/O 操作数量是次线性的，即$O(n)$。当算法具有低阶对数时间复杂度时，该情况就会发生，其在所谓的 P-RAM 计算模型开发的并行算法中很常见，该模型假设所有处理器彼此独立工作，并且可以在常量时间内访问无限大的共享内存。这是一种理想化的模型，曾风靡于 20 世纪 80 年代到 90 年代[2]，它催生了许多强大的并行技术，这些技术被应用于分布式算法以及磁盘感知算法。其主要局限性在于该模型没有考虑多个处理器访问共享内存时可能出现的冲突，以及它们之间过于简化的通信框架。尽管如此，P-RAM 模型的简洁性使得研究人员能够专注于并行计算的算法研究，从而设计出并行方案（如指针跳跃），以及本章后续部分描述的其他方案。

4.3　分治技术

本节旨在证明，对于列表排名的问题，还存在比指针跳跃技术更高效的解决方案。我们在本节中描述的算法解决方案依赖于对分治范式的一个巧妙应用，其专门针对单向的元素列表。

在深入探讨这一应用程序的技术细节之前，让我们简要回顾一下基于分治技术来设计算法的主要思想，以$\mathcal{A}_{dc}$为例，它解决了一个在n个输入数据上表述的问题$\mathcal{P}$[3]。$\mathcal{A}_{dc}$包括三个主要阶段：

- **分解**：$\mathcal{A}_{dc}$创建了一组大小分别为$n_1, n_2, \cdots, n_k$的k个子问题，称为$\mathcal{P}_1, \mathcal{P}_2, \cdots, \mathcal{P}_k$。这些子问题与原问题$\mathcal{P}$相同，但是基于较小的输入规模，即$n_i < n$。
- **攻克**：对子问题$\mathcal{P}_i$递归地调用$\mathcal{A}_{dc}$，从而获得解s_i。
- **重组**：$\mathcal{A}_{dc}$将解s_i重新组合，以获得原始问题$\mathcal{P}$的解s。s作为$\mathcal{A}_{dc}$的输出被返回。

显然，分治技术产生了一个递归算法$\mathcal{A}_{dc}$，它需要根据一个基本情况来终止运行。通常，该基本情况为输入只包含少量元素时，即当$n \leqslant 1$时，停止继续执行$\mathcal{A}_{dc}$。对于小规模的输入，通过枚举等方式可以在常量时间内轻松地计算出解。

$\mathcal{A}_{dc}$的时间复杂度$T(n)$可以用一个递归关系来描述：当$n \leqslant 1$时，$T(n) = O(1)$；在其他情况下：

$$T(n) = D(n) + R(n) + \sum_{i=1,\cdots,k} T(n_i)$$

式中，$D(n)$是分解步骤的成本；$R(n)$是重组步骤的成本，最后一项则包含了所有k次递归调用的成本。这些观察在这里已经足够了，读者可以阅读本章参考文献 [3] 中的第 4 章，以更深入地研究分治技术及其相关的主定理，其为大多数递归关系（如此处讨论的递归调用）提供了数学解决方案。

我们现在准备将分治技术应用于列表排名问题。我们提出的算法非常简单，首先，对于所有$i \neq t$的元素，设$\texttt{Rank}[t]=0, \texttt{Rank}[i]=1$，然后执行以下三个主要步骤：

- **分解**：从输入列表$\mathcal{L}$中识别出一组元素$I=\{i_1, i_2, \cdots, i_h\}$。集合$I$必须是一个独立集，这意味着在$\mathcal{L}$中被添加到$I$的每个元素的后继元素不会被添加到$I$中。因为每两个连续元素中最多只有一个被选中，所以这一条件确保了$|I| \leqslant n/2$。此外，算法还将保证$|I| \geqslant n/c$，其中$c>2$，以确保算法在时间上的效率。
- **攻克**：从列表$\mathcal{L}$中移除集合I中的元素，可以形成列表$\mathcal{L}^*=\mathcal{L}-I$。这是通过仅对被移除元素的前驱元素应用指针跳跃技术来实现的：对于每个元素$x \in \mathcal{L}^*$，如果$\texttt{Succ}[x] \in I$，则设置$\texttt{Rank}[x]=\texttt{Rank}[x]+\texttt{Rank}[\texttt{Succ}[x]]$，同时$\texttt{Succ}[x]=\texttt{Succ}[\texttt{Succ}[x]]$。

这意味着，在任何一个递归调用中，$\texttt{Rank}[x]$表示在原始输入列表中，从x（包含）到当前$\texttt{Succ}[x]$之间的元素数。然后，我们递归地解决$\mathcal{L}^*$上的列表排名问题。请注意，$n/2 \leqslant |\mathcal{L}^*| \leqslant (1-1/c)n$，因此递归作用于子列表$\mathcal{L}^*$，其输入规模是$\mathcal{L}$的一个分数部分。这对于递归调用的效率至关重要。

- **重组**：此时，递归调用已经正确计算了$\mathcal{L}^*$中所有元素的列表排名。因此，我们可以推导出每个元素$x \in I$的排名$\texttt{Rank}[x]=\texttt{Rank}[x]+\texttt{Rank}[\texttt{Succ}[x]]$，这里，我们采用了一个类似于指针跳跃中使用的更新规则。这一计算的正确性基于两个事实：①I的独立集属性确保了$\texttt{Succ}[x] \notin I$，因此$\texttt{Succ}[x] \in \mathcal{L}^*$，其排名是可获取的；②通过归纳，$\texttt{Rank}[\texttt{Succ}[x]]$表示$\texttt{Succ}[x]$距离$\mathcal{L}$尾部的距离，而$\texttt{Rank}[x]$表示在原始输入列表中$x$（包括$x$）和$\texttt{Succ}[x]$之间的元素数量（正如在攻克步骤中观察到的）。实际上，由于x被选入I，它的移除可能发生在任何递归步骤中，因此在原始列表中，x与当前的$\texttt{Succ}[x]$可能相距较远；这意味着可能存在$\texttt{Rank}[x] \gg 1$的情况，而之前的求和步骤会正确地考虑到这一点。因此，$\mathcal{L}=\mathcal{L}^* \cup I$中所有元素的排名都将得到正确的计算，归纳的正确性得以保持，算法可以返回到其调用者。

图 4.4 所示为通过移除属于独立集的元素来缩减列表，解释了如何从列表$\mathcal{L}$中移除独立集（用加粗节点表示）以及如何更新Succ链接。请注意，我们实际只在被移除元素的前驱元素上进行指针跳跃（即I中元素的前一个元素），而其他元素的Succ指针保持不变。很明显，如果下一个递归步骤选择了$I=\{6\}$，那么最终列表将由三个元素组成，即$\mathcal{L}=(2,4,3)$，相应的最终排名为$(5,3,0)$。在"重组"步骤中，因为当前列表中$\texttt{Succ}[6]=3$，所以 6 将被重新插入$\mathcal{L}=(2,4,3)$中，位于 4 之后，然后计算$\texttt{Rank}[6]=\texttt{Rank}[6]+\texttt{Rank}[3]$ =2+0=2。相反，如果忽略了在原始列表中元素 6 可能与$\texttt{Succ}[6]=3$相距甚远的事实，只是对其进行加 1 操作，那么$\texttt{Rank}[6]$的计算就会是错误的。

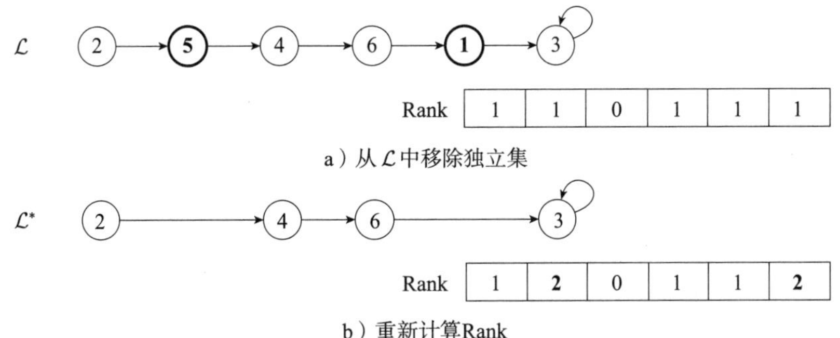

图 4.4　通过移除属于独立集的元素来缩减列表。这导致了图 4.4b 中的列表：重新计算数组Rank以反映缺失的元素。更新后的排名，即元素 2 和元素 6 的排名（由于分别移除了元素 5 和元素 1）以粗体显示

显然，该算法的 I/O 效率取决于"分解"步骤。实际上，"攻克"步骤是递归的，因此其成本可以估算为$T((1-1/c)n)$次 I/O 操作。考虑到被移除的元素是不连续的（根据独立集的定义），"重组"步骤可以一次性执行所有的重新插入操作，因此可以在$\tilde{O}(n/B)$次 I/O 操作内完成（参见定理 4.1）。

定理 4.4　分治技术可以在$T(n)=I(n)+\tilde{O}(n/B)+T((1-1/c)n)$次 I/O 操作内解决长度为$n$的列表$\mathcal{L}$的排名问题，其中$I(n)$是从$\mathcal{L}$中选择一个大小至少为$n/c$（当然，最多不超过$n/2$）的独立集的 I/O 成本。

如果可以顺序地遍历列表$\mathcal{L}$，那么导出一个大的独立集就会变得很简单：只需在每两个元素中选择一个即可。但在磁盘环境中，顺序列表遍历的 I/O 效率较低，而这正是我们希望避免的；否则我们就已经解决了列表排名问题。

接下来，我们将专注于以 I/O 高效的方式，仅利用列表内的局部信息，在列表$\mathcal{L}$中识别一

个大的独立集。我们将通过两种方式解决这个问题：一种是简单且随机的；另一种则是确定性的，但是更为复杂。令人惊讶的是，后一种解决方案（称为确定性抛硬币）已经在许多其他场景中得到了应用，如数据压缩、文本相似性检测以及字符串相等性测试。这是一种非常通用且强大的技术，值得在这里详细探讨。

4.3.1 随机化的解决方案

该算法的思想很简单：对列表$\mathcal{L}$中的每个元素抛一枚公平的硬币，然后选择那些满足条件的元素i，使得$\texttt{coin}(i)=\texttt{H}$，但是$\texttt{coin}(\texttt{Succ}[i])=\text{T}$。[㊀]

元素i被选中的概率是1/4，因为在所有可能的四种结果配置中，只有“正面－反面”（HT）这种配置会导致它被选中，所以为I选择的预期元素数量为$n/4$。使用复杂的概率工具（如切尔诺夫界[㊁]）可以证明被选中的元素数量严格集中在$n/4$附近。这意味着对于某些$c>4$，该算法可以重复抛硬币，直到$|I|\geqslant n/c$。严格的集中性保证了这种重复执行的次数是一个（较小的）常量。

当为I选择元素时，涉及对硬币投掷结果的验证，我们观察到，利用定理4.1，这一验证过程可以通过执行少量的排序和扫描原语操作来模拟。因此预期的I/O操作次数为$I(n)=\tilde{O}(n/B)$。将这个值代入定理4.4，我们得到该算法的I/O复杂度的递归关系：$T(n)=I(n)+\tilde{O}(n/B)+T((c-1)n/c)$，其中$c>4$。利用主定理（参见本章参考文献[3]的第4章），可以证明以下结论。

定理 4.5 存在一种解决列表排名问题的随机化算法，对于长度为n的列表，预期会在$\tilde{O}(n/B)$次I/O操作内完成执行。

4.3.2 确定性抛硬币$^{\infty}$

4.3.1小节中描述的随机化算法的关键特性是I的构造具有局部性，这使得只需查看元素i及其后继元素$\texttt{Succ}[i]$所掷硬币的结果，就能为I选出一个元素i。在本小节中，我们通过引入所谓的确定性掷硬币技术来对该过程进行确定性的模拟。该技术不再为每个元素分配两个硬币值（即H或T），而是从为每个元素分配n个硬币值（以下用整数$0,1,\cdots,n-1$表示）开始，直

㊀ 如果我们交换正面（H）和反面（T）的角色，算法同样有效，但如果我们选择HH或TT这两种配置，算法将无法正常工作，这是为什么呢？

㊁ 请查看 https://en.wikipedia.org/wiki/Chernoff_bound 以获取更多关于切尔诺夫界的信息。

至将其减少为三个硬币值（即0,1,2）。I 的最终选择过程是在$\mathcal{L}$的相邻元素中选择硬币值最小的元素。这意味着算法必须比较$\mathcal{L}$中相邻的三个元素，而这仍然需要执行常量数量的排序和扫描原语操作。下面我们将进一步探讨该算法的细节。

1）**初始化**。为每个元素i分配值$\mathtt{coin}(i)=i-1$，确保所有元素都具有不同的硬币值，且这些值均小于n。我们用$b=\lceil \log n\rceil$位来表示这些值，并用$\mathtt{bit}_b(i)$表示使用 b 位的$\mathtt{coin}(i)$的二进制形式。

2）**获取六个硬币值**。对于列表$\mathcal{L}$中的所有元素$i\in\mathcal{L}$，重复以下步骤，直到$\mathtt{coin}(i)<6$:

①计算从右侧开始第一个位置$\pi(i)$，在该位置上$\mathtt{bit}_b(i)$和$\mathtt{bit}_b\left(\mathtt{Succ}[i]\right)$不同，则将该位置上$\mathtt{bit}_b(i)$的位值记为$z(i)$，该过程适用于列表中除最后一个元素之外的所有元素$i$。

②计算元素 i 的新硬币价值$\mathtt{coin}(i)=2\pi(i)+z(i)$，并且使用$\lceil \log b\rceil+1$位来表示。如果元素$i$是列表中的最后一个元素，没有后继元素，则将$\mathtt{coin}(i)$定义为不同于所有已分配硬币值的最小值。

3）**获取所需的三个硬币值**。对于每个值 $v\in\{3,4,5\}$，选取所有满足$\mathtt{coin}(i)=v$的元素i，并将它们的值更改为$\{0,1,2\}\setminus\left\{\mathtt{coin}\left(\mathtt{Succ}[i]\right),\mathtt{coin}\left(\mathtt{Pred}[i]\right)\right\}$。

4）**选择I**。选择那些满足coin(i)是局部最小值的元素i，即它的值小于$\mathtt{coin}\left(\mathtt{Pred}[i]\right)$和$\mathtt{coin}\left(\mathtt{Succ}[i]\right)$。

让我们讨论一下这个算法的正确性。开始时，所有硬币的值都是不同的，且在$\{0,1,\cdots,n-1\}$的范围内。由于每个硬币值的差异性，$\pi(i)$的计算是合理的，并且$2\pi(i)+z(i)\leqslant 2(b-1)+1=2b-1$，因为$\mathtt{coin}(i)$可使用$b$位来表示，可以得出$\pi(i)\leqslant b-1$（从 0 开始计数）。因此，新的硬币值$\mathtt{coin}(i)$可以用$\lceil \log b\rceil+1$位来表示，这表明$b$的更新也是正确的。

一项关键的观察是，新的硬币值 coin(i) 仍然与它在$\mathcal{L}$中相邻元素的硬币值不同，即与 $\mathtt{coin}\left(\mathtt{Succ}[i]\right)$ 和 $\mathtt{coin}\left(\mathtt{Pred}[i]\right)$ 都不同。我们通过反证法来证明这一点。假设$\mathtt{coin}(i)=\mathtt{coin}\left(\mathtt{Succ}[i]\right)$（另一种情况与之相似），那么$2\pi(i)+z(i)=2\pi\left(\mathtt{Succ}[i]\right)+z\left(\mathtt{Succ}[i]\right)$。由于$z$表示一个位值，所以当且仅当$\pi(i)=\pi\left(\mathtt{Succ}[i]\right)$且$z(i)=z\left(\mathtt{Succ}[i]\right)$时，两个硬币值相等。但是，如果这个条件成立，那么二进制序列$\mathtt{bit}_b(i)$和$\mathtt{bit}_b\left(\mathtt{Succ}[i]\right)$在位置$\pi(i)$处则必然相同，这与我们的假设矛盾。

这充分地证明了从n个硬币值减少到 6 个硬币值，进而减少到 3 个硬币值的步骤是正确的。同样明显的是，由于`coin`(i)的最小性和相邻硬币值的差异性，所选择的元素构成了一个独立集。

在讨论 I/O 复杂度时，我们首先引入函数$\log^* n$，将其定义为$\min\{j \mid \log^{(j)} n \leqslant 1\}$，其中$\log^{(j)} n$是对$n$重复进行$j$次对数运算的结果[⊖]。以$n=16$为例，计算$\log^{(0)} 16=16$, $\log^{(1)} 16=4$, $\log^{(2)} 16=2$, $\log^{(3)} 16=1$；因此$\log^{(*)} 16=3$。不难发现，随着n逐渐增大，$\log^* n$的增长非常缓慢，实际上当$n=2^{65\,536}$时，其值为 5。

现在，为了估算所提出算法的 I/O 复杂度，我们需要界定其将硬币值缩减至$\{0,1,\cdots,5\}$所需的迭代次数，即$\log^* n$，因为在每一步中，用于表示硬币值的位数会以对数形式减少（从b减少到$\lceil \log b \rceil+1$）。所有单个步骤都可以应用定理 4.1，使用一些排序和扫描操作来实现，从而仅需执行$\tilde{O}(n/B)$次 I/O 操作。因此，根据$\tilde{O}()$的定义，构建独立集需要执行$I(n)=\tilde{O}((n/B)\log^* n)=\tilde{O}(n/B)$次 I/O 操作。由于两个连续选取的元素（局部最小值）之间的距离在硬币值构成一个形式为$\cdots,0,1,2,1,0,1,2,1,0,\cdots$的双调序列时最大，所以独立集$I$的规模下限为$|I| \geqslant n/4$。

将这一数值代入定理 4.4，我们可以得到与 4.3.1 小节中介绍的随机算法相同的递归关系，不同之处在于当前的算法是确定性的，并且其 I/O 操作次数的界限是基于最坏情况得出的。

定理 4.6 存在一个确定性算法，可以在最坏情况下，以$\tilde{O}(n/B)$次 I/O 操作解决长度为n的列表排名问题。

在结束本章时，还有一点需要说明。隐藏在$\tilde{O}()$符号中的对数项形式为$(\log^* n)(\log_{M/B} n)$，详见第 5 章。在实际应用中，对于n的值高达 1 PB，并使用具有几个 GB 内存的商用计算机来说，$\log_{M/B} n \leqslant 3$且$\log^* n \leqslant 5$，因此，我们可以合理地假设该项的值小于 15。

参考文献

[1] Yi-Jen Chiang, Michael T. Goodrich, Edward F. Grove, *et al.* External-memory graph algorithms. *Proceedings of the 6th ACM–SIAM Symposium on Algorithms (SODA)*, 139– 49, 1995.

[2] Joseph JaJa. *An Introduction to Parallel Algorithms*. Addison-Wesley, 1992.

[3] Tomas H. Cormen, Charles E. Leiserson, Ron L. Rivest, and Clifford Stein. *Introduction to Algorithms*. The MIT Press, third edition, 2009.

⊖ 请记住，除非另有说明，否则本书中所有的对数都是以 2 为底的。

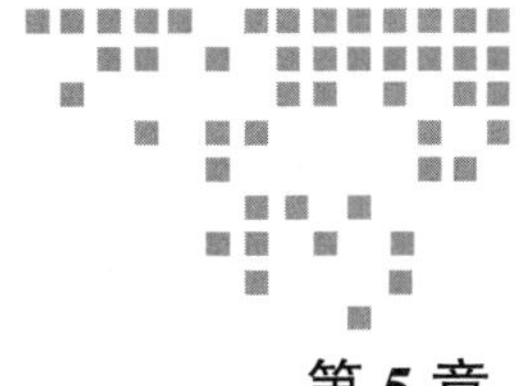

第 5 章 Chapter 5

原子项排序

“我们喜欢混乱，因为我们乐于创造秩序。”

——M. C. 埃舍尔（M. C. Escher）

本章专注于一个广为人知的问题——对一组原子项（atomic item）进行排序。所谓的原子项，是指那些占据固定内存单元的数据。通常，这些数据项是整数或实数，每个项所占用的字节数是固定的，例如，每个项可能占用 4 字节（32 位）或 8 字节（64 位）。而关于可变长项（也称为字符串）的排序问题，将在下一章进行详细讨论。

> **排序问题** 给定一个由 n 个原子项组成的序列 $S[1,n]$，并且两两之间都存在小于或等于的关系，目标是将 S 按照递增顺序进行排序。

我们将探讨两种互补的排序范式：①基于归并（merge-based）的方法，它是归并排序（MergeSort）的设计基础；②基于分布（distribution-based）的方法，它是快速排序（QuickSort）的基本思想。我们将对它们进行调整，使之适用于两级内存模型，深入分析它们的 I/O 复杂度，并提出一些实用的算法工具，如雪犁（Snow-Plow）技术和数据压缩，旨在提升它们在实际应用中的执行速度。

我们还将展示在外排序过程中生成一个有序序列 S 时，必须执行的 I/O 操作次数的精确下界，以此证实这些经过改造的基于磁盘的算法在 I/O 上达到了最优。在这种情况下，我们将排序问题与通常在 RAM 模型排序中被忽略的排列问题相联系。然后，我们将论证这两种问题在 I/O 复杂度上存在的有趣等价性，为设计面向大型数据集的 I/O 高效解决方案提供了坚实的数学基础。

> **排列问题** 给定一个由 n 个原子项组成的序列$S[1,n]$和一个整数$[1,2,\cdots,n]$的排列$\pi[1,n]$，根据π的规则对 S 进行排列，从而得到新的序列$S[\pi[1]]$，$S[\pi[2]],\cdots$，$S[\pi[n]]$。

显然，排列是排序的子任务：为了对序列S进行排序，我们首先需要确定排序后的排列，然后再进行排序操作，这两个阶段通常会复杂地交织在一起。因此，排序问题比排列问题更加困难。事实上，在 RAM 模型中，我们知道基于比较的排序算法（归并排序或堆排序 [3]）对n个原子项进行排序的时间复杂度是$\Theta(n\log n)$，而对它们进行排列的时间复杂度为$\Theta(n)$。排列的时间上界可以根据数组π的标记逐个移动原子项来获取。然而，令人惊讶的是这种复杂度的差距在磁盘模型中并不存在，因为当输入和模型参数n,M,B在一些合理的条件下，排序和排列在事实上具有相同的 I/O 复杂度。这个优雅而深刻的成果是由阿加瓦尔和维特（Aggarwal 和 Vitter）于 1988 年得出的 [1]，也正是这一成果催生了大量关于 I/O 主题的算法文献。从哲学角度来说，这个成果正式表明了在磁盘中移动项才是真正的瓶颈，而不是找到排序后的排列。事实上，研究人员和软件工程师通常用 I/O 瓶颈来描述他们算法速度慢的问题。

在本章的最后，我们会简单介绍多磁盘（D disks）排序问题的两种方案：①磁盘条带化技术，它是独立磁盘冗余阵列（Redundant Arrays of Independent Disks, RAID）系统的基础，可以将任何高效、最优的单磁盘（1-disk）算法转变为高效的多磁盘（D-disk）算法，转换前如果是最优的，则转换后通常会丢失最优的特性；②贪婪排序（GreedSort）算法，它是专门为多磁盘排序问题设计的，并实现了最优的 I/O 操作。

5.1 基于归并的排序范式

我们回顾一下第 1 章介绍的外部存储模型的主要特征：它由一个大小为 M 的内存组成，并允许每次读 / 写 B 个原子项（磁盘页）来实现对磁盘的块访问，见算法 5.1。

算法 5.1 二分归并排序：MergeSort(S,i,j)

```
if i < j then
    m = (i + j) / 2;
    MergeSort(S, i, m − 1);
    MergeSort(S, m, j);
    Merge(S, i, m, j);
end if
```

归并排序是最为人熟知的基于分治范式（divide-and-conquer paradigm）[3] 的排序算法之一，二分归并排序的伪代码参考算法 5.1。算法第 1 步检查待排序数组是否至少包含两个元素；如果只有一个元素，则无须进行排序。如果数组包含两个以上元素，就将输入数组 S 分成两个部分，然后分别对每部分进行递归处理。递归结束时，$S[i,m-1]$和$S[m,j]$已经排序完成，之后在第 5 步调用 Merge 过程，将这两部分归并成$S[i,j]$。这个归并步骤需要一个大小为n的辅助数组，因此归并排序是一种需要额外$\Theta(n)$工作空间的非原地排序算法。常见的原地排序算法有堆排序（HeapSort）和用特定方式实现的快速排序。

由于每次递归调用时都会将待排序的数组大小减半，因此递归调用的总次数是$O(\log n)$归并过程可以在$O(j-i+1)$时间内通过使用两个指针 x 和 y 来实现，让它们分别指向$S[i,m-1]$和$S[m,j]$的第一个元素。然后比较$S[x]$和$S[y]$，将较小的元素写入归并序列中，并将其指针向后移动一位。每次比较都会移动一次指针，所以总执行次数就是指针移动的次数，次数的上界取决于$S[i,j]$的长度。因此，$\text{MergeSort}(S,1,n)$ 的时间复杂度可以通过递归关系$T(n)=2T(n/2)+O(n)=O(n\log n)$来表示，基础算法课程中对此有详细说明，也可以参阅本章参考文献 [3]。

现在假设$n>M$，因此 S 必须存储在磁盘上，这时 I/O 变成了最重要的计算资源，我们需要对其进行分析并最小化 I/O 操作次数。在实践中，每次 I/O 请求平均耗时 5 ms，如果我们认为每个原子项比较需要一次 I/O，那么可以估算在大规模数据集 S 上运行归并排序的时间为：$5\times n(\log n)$ ms，略微放宽了大 O 表示。如果 n 的数量级为千兆字节（$n\approx 2^{30}$，1GB），对目前普通 PC 的内存大小来说实际上并不算大，那么之前的时间估计为$5\times(2^{30}\times 30)>10^8$ ms，但这超过了一天的时间。然而，当我们在一台普通 PC 上运行归并排序，不到 1 h 就能完成排序。这并不奇怪，因为之前的时间评估完全忽略了内存的存在，其大小为 M，并且忽略了归并排序使用了内存访问的顺序模式。因此，接下来我们将在两级存储模型中更精确地分析归并排序算法。

首先，我们注意到，将两个包含 z 项的有序序列归并的成本为$O(z/B)$次 I/O 操作。如果 $M\geqslant 3B$，这是成立的，因为算法 5.1 中的归并过程会在内存中保存两个包含被扫描序列的（$S[i,j]$, $z=j-i+1$）磁盘页和一个用于写入排序后的输出序列的磁盘页（每当该页面被填满时就会被刷新到磁盘上）。每当一个指针移动到另一个新的磁盘页时，就会发生 I/O 中断，磁盘页会被读取到内存中继续归并过程。考虑 S 在磁盘上是连续存储的，并且$S[i,j]$占据$O(z/B)$个磁盘页，所以归并总大小为 z 的两个子序列的 I/O 操作次数为$O(z/B)$。同样，因为写入归并序列需要从$S[i,j]$的最小项到最大项依次进行，并利用一个大小为 z 的辅助数组，所以写入归并序列的 I/O 成本是$O(z/B)$。因此，考虑了 I/O 操作的归并排序的复杂度递归关系可以写为$T(n)=2T(n/2)+O(n/B)=O\left(\frac{n}{B}\log n\right)$。

但这个公式并不能完全解释归并排序在实际应用中的良好表现，因为它还没有考虑内存结构。事实上，当归并排序递归分割序列S时，产生的需要排序的子序列会越来越小。因此，当长度为$z=O(M)$的子序列可以完全加载到内存时，操作系统将通过$O(z/B)$次 I/O 操作将其完全缓存，因此后续的排序步骤不会产生任何 I/O 操作。这一简单观察的最终结果正如前面的递归关系所解释的那样，对$z=O(M)$项的子序列进行排序的 I/O 成本不再是$\Theta\left(\frac{z}{B}\log z\right)$，而是$O(z/B)$，这时只考虑了在内存中加载子序列的成本。这种情况适用于所有 S 大小为$\Theta(M)$的子序列。归并排序递归运行的总次数是$\Theta(n/M)$，总节省次数是$\Theta\left(\frac{n}{B}\log M\right)$，因此，我们重新定义有 I/O 操作的归并排序的复杂度为$\Theta\left(\frac{n}{B}\log\frac{n}{M}\right)$。

这个界特别有趣，它与底层操作系统为排序提供的缓存功能有关，不仅将归并排序的 I/O 复杂度与磁盘页大小 B 联系起来，还将其与内存大小 M 联系起来。此外，这个界对算法 5.1 的经典伪代码提出了三项直接优化建议，我们将在 5.1.1 至 5.1.3 小节中进行讨论。

5.1.1 终止递归

第一个优化的方法是设置一个与子序列大小有关的阈值（设$j-i<cM$，其中，$c\leqslant 1$）和一个通过内存对子序列排序的应用。图 5.1 所示为归并排序对大小为 $2M$ 的子数组进行递归调用，当子序列完全载入内存时，该阈值将停止递归排序。参数 c 的值取决于排序内存占用的情况，必须保证排序完全在内存中执行。例如，原地排序对于插入排序（InsertionSort）和堆排序，c 的取值为 1；对于快速排序，因为其递归过程中使用了调用栈（见 5.3.3 小节），因此 c 接近 1；而对于归并排序，因为其使用了额外的数组来进行归并，因此 c 小于 0.5。又因为在cM处停止了递归，所以我们应该在上述的 I/O 界中写入cM而不是 M，得到新的结果为$\Theta\left(\frac{n}{B}\log\frac{n}{cM}\right)$。由于$c$是一个常数，在处理渐近分析时，这种替代是无用的；但考虑算法在外部存储场景中的实际性能时，由于c小于 1，替代就变得重要了。为了减少对数因子对 I/O 复杂度的影响，最好让 c 尽可能接近 1，因此更倾向于使用类似堆排序的原地排序算法。

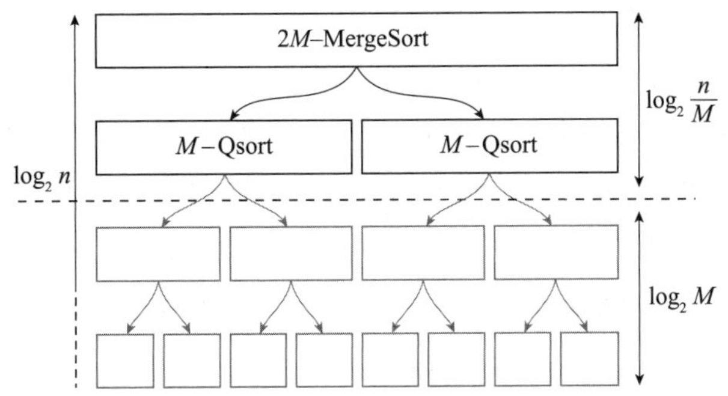

图 5.1　归并排序对大小为 $2M$ 的子数组进行递归调用。这个过程将其分成两个大小为 M 的子数组，使用 Qsort（一个高效的内存内快速排序）进行排序。在水平虚线以下显示的是小于 M 的子数组进行的递归调用。因为它们在内存中执行，所以不会引发 I/O 操作。左侧显示了归并排序执行的递归调用总数 $O(\log n)$，为简化起见，省略了大 O 表示法。右侧被分为上下两个部分，上面的数字是在磁盘上执行的次数 $O(\log(n/M))$，下面的数字是在内存中执行的次数 $O(\log M)$

最后要强调的是，当 M 较小（占用几兆字节）时，插入排序也是一个不错的选择（事实上确实如此）。例如当 n 个排序项能全部加载到内存时，M 表示 L_1 和 L_2 两个缓存大小。

5.1.2　雪犁技术$^{\infty}$

在研究二分归并排序（binary MergeSort）的 I/O 复杂度 $\Theta\left(\frac{n}{B}\log\frac{n}{M}\right)$ 时，很明显，M 越大，数据归并传递的次数就越少，这些传递显然是算法高效执行的瓶颈，尤其是在存在低磁盘带宽的情况下。为了解决这个问题，我们可以选择购买更大的内存，或者尽可能多地使用现有的内存。作为算法工程师，我们选择第二个选项，并提出两种可以结合起来用于虚拟地扩大 M 的技术。

第一种技术基于数据压缩，它建立在这样一个观察结果之上：序列是逐渐排序的。因此，我们可以使用整数压缩技术将这些排序项压缩成更少的位，而不是通过固定长度的编码（例如 4 或 8 字节）来表示排序项，这样就能在内存或磁盘页中存储更多的排序项。第 11 章将详细介绍整数压缩技术的一些方法；在此，我们只提及其中部分方法的名称：γ 编码、δ 编码、Rice 编码、Golomb 编码等。此外，因为整数越小，其用于编码的位数就越少；所以我们不仅可以对排序项的整数值进行编码，还可以对排序序列中的一个整数与前一个整数之间的差值进行编码（间隙编码，gap coding），从而强制在排序序列中存在小整数。这个差值肯定是非负值，而且小于待编码的排序项。这是现代搜索引擎中用于编码整数序列的典型方法，我们将在第 11 章中对此进行讨论。

第二种技术基于唐纳德·克努斯（Donald Knuth[5]）所提出的名为雪犁技术的精妙想法，它能够虚拟地将内存大小平均扩大一倍。这种技术扫描输入序列S并生成长度可变的排序序列，其平均长度为$2M$，且永远不会小于M。使用该技术需要改变排序方案，因为它首先生成这些排序序列，现在序列长度可变，然后对这些排序序列重复执行归并过程。尽管序列长度各不相同，但归并过程仍按常规进行，仅要求执行最优的I/O操作次数便可完成归并。因此，无论序列的长度如何，$O(n/B)$次I/O操作足以将待归并的序列数量减半，平均情况下完成整个序列排序需要的I/O操作次数为$O\left(\frac{n}{B}\log\frac{n}{2M}\right)$。这相当于节省了一次数据遍历，如果序列$S$非常长，这是不容忽视的。

为了便于说明，我们假定排序项并非以块的形式传输，而是逐个从硬盘读取到内存中。尽管如此，算法在处理输入的排序项时会进行扫描，所以这个过程所需的I/O次数$O(n/B)$仍然是最优的。

雪犁算法是分阶段进行的，每个阶段生成一个排序后的序列。图5.2所示为雪犁算法一个阶段的四个主要步骤，算法5.2给出了其伪代码。该阶段从内存中加载了M个未排序项开始，未排序项存储在一个名为H的最小堆的数据结构中。由于基于数组的堆实现不需要额外的空间，除了索引项之外，我们可以尽可能地在H中存放与可用内存单元数量相等的排序项。这个阶段，算法会扫描未排序的输入序列S，并且在每一步中将H中的最小项（min）写入到输出中，并将下一个（next）排序项从S中加载到内存中。因为我们希望生成一个有序的输出，所以如果next < min，我们不能将next存储在H中，因为它可能是新堆的最小值，输出会破坏有序的特性，因此它应该放到下一个阶段处理。因此，在这种情况下，next被存储在一个名为U的辅助数组中，该数组保持未排序状态，并且也保存在内存中。当然，在整个阶段的执行中H和U的总大小是M。当最小堆H为空时，该阶段结束，辅助数组U中包含M个未排序项。然后，下一个阶段开始，移动U中的排序项形成一个新的最小堆H（这样U最终为空）。

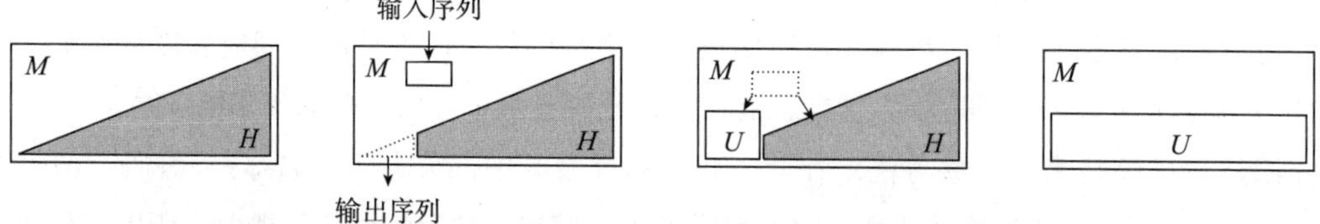

图5.2　雪犁算法一个阶段的四个主要步骤。第一张图片展示了起始步骤，将内存中的M个未排序的原子项被整理成最小堆H。第二张图片展示了基本的输入/输出步骤，堆H中的最小项被写入磁盘，并从序列S中获取了一个新排序项。第三张图片展示了从序列S获取排序项时可能发生的两种情况：根据当前堆的最小值，将其插入U中或者插入H中。第四张图片展示了阶段结束的条件，即H为空且U填满了整个内存

算法 5.2　雪犁算法的一个阶段

```
要求：U 是一个包含 M 个元素的未排序的数组
 1: 将 H 构建为 U 的最小堆；
 2: 设置 U = ∅；
 3: while H ≠ ∅ do
 4:     min= 从 H 中提取最小值；
 5:     将 min 写入输出数据段；
 6:     next = 从输入序列读取下一个元素；
 7:     if next < min then
 8:         在 U 中插入 next；
 9:     else
10:         在 H 中插入 next；
11:     end if
12: end while
```

有两点值得注意：①在阶段执行过程中，H 的最小值是非递减的，因此输出时也是非递减的；②在阶段开始时存储于 H 中的数据，最终将在阶段结束前输出。①可以证明这种方法的正确性；②表明这种方法形成的排序序列比 M 更长，因此使用雪犁技术的算法效率不低于归并排序。

实际上，雪犁算法的平均效率高于归并排序。假设在一个阶段中从序列 S 总共读取了 τ 个排序项。通过步骤 3 中循环的判断条件可知，一个阶段开始时内存 M 只有辅助数组 U，这些元素随后在算法 5.2 的步骤 1 中被堆化并移至最小堆 H，然后在最小堆 H 为空且 $|U| = M$ 时结束。我们知道从序列 S 读取后续的 τ 个排序项一部分进入 H，另一部分进入 U。但因为在一个阶段内 $|U| \leqslant M$ 时，排序项被添加到 U 后不会被移除，所以我们可以得出结论，τ 中 M 个排序项最终进入 U。因此，$(\tau - M)$ 个元素被插入 H 并最终被输出到已排序序列中。所以阶段结束时已排序序列的长度是 $M + (\tau - M) = \tau$，其中第一个加数代表一个阶段开始时 H 中项的数量，而第二个加数则代表了在阶段期间从 S 读取并插入到 H 中项的数量。现在的关键问题是计算 τ 的平均值，如果我们假设输入项为随机分布，则很容易计算。在这种情况下，下一个项比最小值小的概率为 1/2，因此，一个读取的项被插入 H 或 U 中的概率也是 1/2。这意味着平均情况下，$\tau / 2$ 个元素进入 H，$\tau / 2$ 个元素进入 U。根据已经知道的插入 U 的项是 M，所以我们可以设 $M = \tau / 2$，从而得到 $\tau = 2M$。

事实 5.1　雪犁算法构建了 $O(n / M)$ 个有序段，每个段的长度都超过 M，在实际情况下的平均长度约为$2M$。当雪犁算法用于形成排序序列时，归并排序的平均I/O复杂度为$O\left(\frac{n}{B}\log\frac{n}{2M}\right)$。

5.1.3 从二分到多分归并排序

之前的优化方法通过增大初始（已排序）序列的大小来充分利用内存的大小 M，以此来降低递归层级的数量。然后，通过二分归并操作完成排序任务，也就是说，一次处理两个输入序列。这种二分归并方式影响了归并排序 I/O 操作的复杂度的以 2 为底的对数。现在，我们考虑将该底数提高到一个大得多的值，为了实现这一目标，我们需要在归并阶段也更加高效地利用内存 M，即每次处理更多的序列。实际上，归并两个序列只用到内存中的三个块（每个块的大小为B）：两个块用于缓存包含比较项的当前磁盘页，即之前的$S[x]$和$S[y]$；另一个块则用于缓存输出项，当该块满时对其刷新，并以块为单位将归并后的序列写入磁盘。然而，内存并没有被充分利用，因为在整个归并过程中内存包含的块数要远远多于 3 个，即$M/B\gg 3$。

根据这一观察，我们提出了第三种优化方法，即设计一个多分（k-way，$k\gg 2$）归并算法来同时处理多个排序序列，以充分利用内存。特别地，我们设置$k=(M/B)-1$，这样就有 k 个块用于逐块读取 k 个已排序的输入序列，同时保留一个块用于将归并后的排序序列逐块写入磁盘。这个方案提出了一个具有挑战性的算法问题，因为在每一步中，我们必须从 k 个不同的已排序序列中选出 k 个候选项中的最小项，而不能在它们之间进行迭代来以$\Theta(k)$的时间复杂度暴力求解。这里我们使用一个更巧妙的解决方案，它依赖于使用最小堆数据结构，并且每向输出块写入一项的时间复杂度为$O(\log k)$。最小堆包含与输入序列个数相同的k个节点，每个节点由两部分组成：第一部分是要比较的项，第二部分是其序列的索引。最初的项都是 k 个序列的最小项，因此每个节点记为$\langle R_i[1],i\rangle$，其中$R_i[1]$表示第 i 个序列的第一个项，i是序列的索引且$i=1,2,\cdots,k$。

图 5.3 所示为一个 k 分归并排序算法的例子，并详细解释了这一过程。在每一步中，k 分归并算法从 H 中提取包含当前最小项的节点（由其节点的第一部分给出），将该项写入输出块，同时在 H 中插入该节点所在序列的下一个项。例如，如果最小项节点是$\langle R_m[x],m\rangle$，那么算法将$R_m[x]$写入内存的输出块，并判断R_m中是否存在下一项。如果存在，则在 H 中插入$\langle R_m[x+1],m\rangle$；如果不存在，则不做提取。但如果包含$R_m[x+1]$的磁盘页没有被缓存到内存中，则会引起一个

I/O 异常，并获取该磁盘页，从而保证接下来从序列 R_m 读取的 B 项不会引发任何进一步的 I/O 操作。显然，这个归并过程处理每个排序项需要的时间复杂度为$O(\log_2 k)$，并且使用$O(z/B)$次 I/O 操作来归并总长度为z的k个序列。

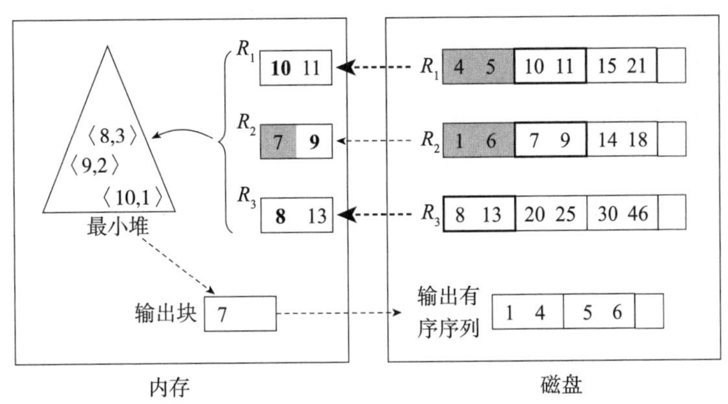

图 5.3　一个 k 分归并排序算法的例子（k=3），磁盘上存储着多个已排序序列，每个序列一次读取的排序项 B=2。磁盘上的灰色块表示已完成排序的部分，并且排序后的项也已写入磁盘上的输出序列中。粗体矩形框内的排序项是当前三分归并算法处理的对象，一个矩形框表示一个磁盘页，此时磁盘页的内容已被读取到内存中。实际上，R_2 磁盘页第一个元素 7 是在内存的输出块里，但还没有被刷新到磁盘，因为输出块的磁盘页还没填满。如图中所示，最小堆存储了每个排序序列中的第一个尚未处理的排序项（以粗体显示），并且和一个索引组成节点〈排序项，索引〉(〈item，$\text{run}_{\text{index}}$〉)。根据最小堆的内容可知，下一个要写入内存输出块的排序项是 8，因此 8 写入后进入最小堆中的将是同一磁盘页中的下一个项 13，也就是说插入最小堆中的是〈13,3〉

因此，k分归并方案是一个拥有$O(n/M)$个叶子节点的k分树（即至少长度为M的已排序序列），这些叶子可以使用雪犁算法生成。因此，现在归并层的总数是$O\left(\log_{M/B}\frac{n}{M}\right)$，总的 I/O 操作次数是$O\left(\frac{n}{B}\log_{M/B}\frac{n}{M}\right)$。我们注意到$\log_{M/B}M$可以写作$\log_{M/B}[B\times(M/B)]=(\log_{M/B}B)+1=\Theta(\log_{M/B}B)$，所以文献中的公式通常写成$\frac{n}{B}\log_{M/B}\frac{n}{B}$。这两者在渐进意义上没有差别，因此$\log_{M/B}\frac{n}{M}=\Theta\left(\log_{M/B}\frac{n}{B}\right)$。

定理 5.1　在一个内存大小为M，磁盘页大小为B的两级内存模型中对n个原子项进行多分归并排序需要$O(n\log n)$次比较、时间和$O\left(\frac{n}{B}\log_{M/B}\frac{n}{M}\right)$次 I/O 操作。

在实际应用中，归并的层数会非常少：假设一个块大小为$B=4\text{KB}$，内存大小为$M=4\text{GB}$，可以得到$M/B=2^{32}/2^{12}=2^{20}$，这意味着所需的传递次数是二分归并排序所需次数的 1/20。更有趣的观察是，一次传递可以单独对M个项排序，但是在(M/B)分归并中，两次传递能够单独排序的排序项就已经是一个很大的数字$(M/B)\times M=M^2/B$。需要指出的是，在实践中用于排序的内存空间通常比可用的磁盘空间小（通常内存单位为 MB，磁盘单位为 GB）。无论怎样，当$M=128\text{MB}$且$B=4\text{KB}$时，M^2/B已经达到了 TB 级别。此外，我们注意到使用雪犁算法或整数压缩算法最终都实际上增加了M的值，且在最终的 I/O 复杂度中具有双重优势，因为M在 I/O 界中出现了两次。

5.2 下界

在本章的开头，我们讨论了排序问题与排列问题之间的关系，并得出结论，在 RAM 模型中排序比排列更为困难。时间复杂度之间的差距是由对数因子决定的。我们在这一部分要探讨的问题是，在测量 I/O 复杂度时，这种差距是否也存在。令人惊讶的是，在大多数只考虑参数为N、M和B的情况下，排序与排列在 I/O 操作方面的时间消耗是等效的。这个结果令人惊奇，因为它可以被解读为排序的 I/O 成本与排列无关，而是与磁盘上的数据移动以实现排序有关。这个结果为“I/O 瓶颈”这一常见的表达提供了数学证明和量化。

在深入探讨下界的证明之前，我们先简要展示如何根据给定的排列$\pi[1,n]$对序列$S[1,n]$进行排列。这会得到$\langle S,\pi\rangle$中任何一个排列所需的 I/O 的上界，这意味着需要生成一个序列$S[\pi[1]],S[\pi[2]],\cdots,S[\pi[n]]$。在 RAM 模型中，我们可以根据排列$\pi$来交换$S$中的项，并创建新的序列$S[\pi[i]]$，其中$i=1,2,\cdots,n$，从而在最优的$\Theta(n)$时间内完成。在磁盘上，我们可以有两种不同的算法，它们有两个无法比较的 I/O 界。第一种算法是模仿在 RAM 中的做法，每移动一个排序项都执行一次 I/O 操作，因此在最坏的情况下需要$\Theta(n)$次 I/O 操作。第二种算法是生成一组合适的元组，然后对它们进行排序。准确地说，该算法首先创建一个由$\langle i,\pi[i]\rangle$对组成的序列P，其中第一个分量i表示存储排序项$S[\pi[i]]$的序号位置，第二个分量指定了排序项的存储位置。然后，该算法根据分量π对这些数据进行排序，并通过S和P的并行扫描将$\pi[i]$替换为排序项$S[\pi[i]]$，从而创建新的数据对$\langle i,S[\pi[i]]\rangle$。最后，根据这些数据对的第一个分量再次执行排序，以便再一次并行扫描S和P并将$S[\pi[i]]$写入$S[i]$，从而得到正确排列的序列。总体而言，第二种算法使用了两次扫描和两次数据排序，因此根据定理 5.1，它需要

$O\left(\frac{n}{B}\log_{M/B}\frac{n}{B}\right)$次 I/O 操作。

这意味着用户可以根据N、M和B的参数设置，选择需要最少 I/O 次数的算法。表 5.1 所示为 RAM 模型和两级存储模型中排列和排序的复杂度，其中 M 是内存大小，B 是磁盘页大小，D=1 是可用磁盘的数量。对于多个磁盘的情况，可以用 n/D 代替 n。

表 5.1 RAM 模型和两级存储模型中排列和排序的复杂度

	时间复杂度（RAM 模型）	I/O 复杂度（两级存储模型）
排列	$O(n)$	$O\left(\min\left\{n,\frac{n}{B}\log_{M/B}\frac{n}{M}\right\}\right)$
排序	$O(n\log_2 n)$	$O\left(\frac{n}{B}\log_{M/B}\frac{n}{M}\right)$

定理 5.2 在一个两级存储模型中，排列n项的 I/O 操作的复杂度为$O\left(\min\left\{n,\frac{n}{B}\log_{M/B}\frac{n}{B}\right\}\right)$，其中 M 为内存大小，B 为磁盘页大小。

在接下来的讨论中，我们证明这种简单的方法是 I/O 最优的。当$n=\Omega\left(\frac{n}{B}\log_{M/B}\frac{n}{M}\right)$时，排序和排列的两个上界渐近相等。由于对输入规模从n到艾字节（EB）的情况来说，对数项是一个非常小的常数；所以当$B=\Omega\left(\log_{M/B}\frac{n}{M}\right)$时就会出现这种情况，这在现实中总是成立的。因此，程序员不需要寻找复杂的策略，只需按照这里描述的方式进行排序即可。

5.2.1 排序下界

这里我们简要解释一下排序和排列的 I/O 操作下界背后的一些微妙问题，并不打算深入探究㊀。首先，我们回顾一下在 RAM 模型中使用决策树技术来证明基于比较的下界[3]。一个算法对应一系列这样的树，每个树与输入规模对应，所以数量是无限的。每个节点都是两个排序项之间比较的结果，因为比较会产生两个可能的结果，因此每个内部节点的扇出是两个，因此形成了一棵二叉树。树中的每一个叶子节点都对应着要解决的问题的一个解：因此，在对n个排序项进行排序的情况下，输入的每一种可能的排列方式都对应一个叶子节点，因此有

㊀ 在这些论证中通常会引入两个假设。一个是关于排序项的不可分割性，即排序项不能被分解，因此不允许哈希；另一个是关于只排序项移动而不创造 / 销毁 / 复制的可能性，这实际上意味着排序项在排序或排列过程中，只存在一个副本。

$n!$个叶子节点[⊖]。决策树中从树根到叶子节点的每条路径都对应一次计算，因此最长路径对应的是在特定的输入规模n下，算法为解决当前问题而执行的最坏情况的比较次数。因此，为了推导出下界，只需计算具有该叶子节点数的最浅二叉树的深度即可。叶子数为ℓ的最浅二叉树是（准）完全平衡树，其高度为h，满足$2^h \geqslant \ell$；因此$h \geqslant \log_2 \ell$。在排序的情况下，我们有$\ell = n!$；因此，对等式两边应用对数并使用斯特林阶乘函数近似法（可以轻松导出下界$h = \Omega(n \log_2 n)$。

在两级存储模型中，决策树的使用更为复杂。在此，我们希望考虑到I/O操作，并利用内存中可免费使用的信息。因此，决策树的每个节点现在对应于一个I/O操作，而叶子节点的数量仍然等于$n!$，但每个内部节点的扇出等于单个I/O操作在从磁盘读取的排序项（即B）和内存中可用排序项（即$M-B$）之间生成的基于比较的不同结果的数量。这B个排序项最多可以用$\binom{M}{B}$种方式分配给内存中剩余的$M-B$个项。[⊖]因此，一次I/O最多只能为那些比较生成$\binom{M}{B}$种不同的结果。

但这个答案是不完整的，因为我们没有考虑这些排序项之间的排列情况。事实上，其中一些排列已经被之前的I/O操作计算过了，因此不应该重新计算。这些排列涉及已经加载到内存的排序项，也就是已经被之前的一些I/O操作获取过的排序项。所以只需要计算新排序项之间的排列，即那些尚未被获取的位于输入页的排序项。总共有(n/B)个输入页，就会有(n/B)次I/O访问。因此，这些I/O操作通过将这些新的B个待排序项与内存中的$M-B$个待排序项进行比较，可能生成$\binom{M}{B}(B!)$个不同的结果。

现在让我们考虑一个t次I/O操作的计算过程，它在决策树中对应一条包含t个节点的路径。这些节点中，有(n/B)个节点必须访问输入项，这些输入项必须被读取以生成最终的排列。其余的$t-\frac{n}{B}$个节点读取的是包含已处理项的页。任何从根到叶子的路径都具有这种形式，因此我们可以将决策树看作顶部是新的I/O操作节点，底部是其他节点。因此，如果树的深

⊖ 回想一下，阶乘函数的定义为$n! = n\times(n-1)\times(n-2)\times\cdots\times 2\times 1$。而阶乘的斯特林近似（Stirling's approximation of large factorial）$n! = \Theta\left(\left(\frac{n}{\mathrm{e}}\right)^n \sqrt{2\pi n}\right)$是一个广为人知的结果。

⊖ 要确信这个二项式系数的正确性，只需观察内存中已有的$M-B$个已经排序的排序项。现在，读取的B个排序项分配到$M-B$个排序位置中，以生成含有M个排序项的序列。要计算有多少种方式会出现这种情况，只需考虑这相当于从M个可用位置中选择B个位置，并将读取的B个排序项存储在这些位置中。

度是 t，它的叶子数量至少是$\binom{M}{B}^t \times (B!)^{n/B}$。通过规定这个数量$\geqslant n!$并在不等式的两边应用对数，我们可以推导出 $t=\Omega\left(\frac{n}{B}\log_{M/B}\frac{n}{M}\right)$。我们可以很容易地将这个论证扩展到$D$个磁盘的情况，从而得到定理 5.3。

定理 5.3　在两级存储模型中，基于比较的排序算法必须执行$\Omega\left(\frac{n}{DB}\log_{M/B}\frac{n}{DM}\right)$次 I/O 操作，其中$M$为内存大小，$B$为磁盘页大小，$D$为可用磁盘数。

值得注意的是，尽管可用磁盘数D出现在所有其他项的分母中，但并未出现在对数底数的分母中。如果D也出现在对数底数的分母中，那么D将在某种程度上惩罚排序算法，因为它会降低对数的底数，使得下界变大，从而增加所需的 I/O 操作。根据定理 5.1，多分归并排序在一个磁盘上的 I/O 操作和时间都是最优的。但是，根据定理 5.3，归并排序在多磁盘上不再是最优的，因为同时归并$k>2$个序列需要$O(n/(DB))$次 I/O 操作才能达到最优。这意味着k分归并算法每次 I/O 操作应该能够获取D个页面，即每个磁盘一个页面。但目前的归并方案无法保证每一步都能做到这一点，因为无论k个序列在D个磁盘中如何分布，即使我们知道最小堆 $\mathcal{H}$ 中下一个要加载的排序项是什么，也可能会有超过B个排序项位于同一磁盘上，因此需要从该磁盘进行不止一次 I/O 操作，从而导致在D个磁盘中无法并行读取数据。

在 5.4 节中，我们将通过提出磁盘条带化技术和贪婪排序算法来解决这个问题。前者通过在磁盘上采用简单的数据布局，实现接近于最优的 I/O 的界；后者通过设计优雅而复杂的归并方案，实现整体最优。

5.2.2　排列下界

让我们假设在任何时候模型的全局存储（包括大小为M内存和无限大小的磁盘）都包含了可能被空单元间隔开的输入项的一个排列。在算法执行过程中，不会有超过n个块是非空的，因为n步 I/O 操作是排列的 I/O 复杂度的一个明显上界（如本章开始时所观察到的，可以通过在磁盘上模仿 RAM 模型的排列算法得到）。我们用 P_t 来表示任何算法在使用 t 个 I/O 操作中生成的最大排列数。根据前面的观察，在开始时，有输入顺序作为初始排列，所以我们可以声明$t\leqslant n$且$P_0=1$。在接下来的讨论中，我们估计 P_t，然后设置$P_t\geqslant n!$，以此推导出任何算法都需要实现给定输入项的所有可能排列的最小步数t。

回顾一下，排列与排序不同，因为要实现的排列是以输入的形式提供的，我们不需要进行任何计算。在这种情况下，我们区分了三种类型的 I/O 操作，它们对生成的排列数量有不同的贡献：

- **读取一个未处理过页面的I/O**：如果页面是以前从未读取过的输入页面，则读取操作需要考虑读取项之间的排列，因此数量为$B!$。同时，还要考虑这B个排序项在内存中的$M-B$个排序项中分布所能实现的排列（与排序方法类似）。因此，读取I/O可以通过$O\left(\binom{M}{B}(B!)\right)$因子增加$P_t$。输入页面的数量为$n/B$个（因此未处理）。在读取I/O之后，这些页面将变为“已处理”。
- **在已处理的页面上读取I/O**：如果页面已经被读取或写入，那么P_t已经考虑了其排序项之间的排列，所以这次读取I/O操作只能通过$O\left(\binom{M}{B}\right)$因子增加$P_t$，因为读取$B$个排序项与内存中已有的$M-B$个排序项目进行了重新排列。已处理的页面数量最多为$n$，因为这是排列算法执行的步骤数的上界。
- **写入I/O**：当页面从内存刷新到磁盘时，最多可以通过$n+1$种可能的方式向磁盘上最多n个非空页面进行写入。因此，一次写入I/O可能会使P_t增加至$O(n)$倍。我们称任何被写入的页面为“已处理”，并且它们在排列过程的任何时刻都不会超过n个。

如果t_r是排列算法执行的读取I/O数量，t_w是写入I/O数量，其中$t=t_r+t_w$，那么我们可以限制P_t如下（这里“大O”表示被省略以便更容易地阅读公式）：

$$P_t \leqslant \left(\frac{n}{B}\binom{M}{B}(B!)\right)^{n/B} \times \left(n\binom{M}{B}\right)^{t_r-n/B} \times n^{t_w} \leqslant \left(n\binom{M}{B}\right)^{t}(B!)^{n/B} \tag{5.1}$$

在式（5.1）中，我们将每个因子都乘以一个页面可能参与I/O读取或写入方式的数量：对于未处理的页面的读取，这个数量是n/B；而对于已处理的页面的读取和写入，这个数量最多是n。

为了生成n个输入项的所有可能排列，我们需要$P_t \geqslant n!$。根据式（5.1），可以得到$\left(n\binom{M}{B}\right)^{t}(B!)^{n/B} \geqslant n!$。这样就解决了关于$t$的问题，我们得到：

$$t=\Omega\left(\frac{n\log\frac{n}{B}}{B\log\frac{M}{B}+\log n}\right)$$

我们将情况分为两种。当$B\log\frac{M}{B}\leqslant \log n$时，公式变为

$$t=\Omega\left(\frac{n\log\frac{n}{B}}{\log n}\right)=\Omega(n)$$

否则

$$t=\Omega\left(\frac{n\log\frac{n}{B}}{B\log\frac{M}{B}}\right)=\Omega\left(\frac{n}{B}\log_{M/B}\frac{n}{M}\right)$$

对于排序而言，将这个证明扩展到 D 个磁盘的情况并不困难。综上所述，我们已经证明了以下结果：

定理 5.4 在两级存储模型中，对n个排序项进行排列需要$\Omega\left(\min\left\{\frac{n}{D},\frac{n}{DB}\log_{M/B}\frac{n}{DB}\right\}\right)$次 I/O 操作，其中 M 为内存大小，B 为磁盘页大小，D 为可用磁盘数。

定理 5.2～定理 5.4 证明了表 5.1 中提供的排序和排列问题的 I/O 上界是渐进最优的。实际上，我们已经注意到，当$B=\Omega\left(\log_{M/B}\frac{n}{M}\right)$时，它们是渐进等价的。鉴于现代计算机中 B 和 M 的当前值分别为数十 KB 和至少数十 GB，对于任何实际的（甚至非常大的）n值，这种等价性都成立。因此，研究人员和算法工程师通常在 I/O 中假设计算上的排序等于排列，这并不令人惊讶。

5.3 基于分布的排序范式

就像归并排序一样，快速排序也是基于分治策略的，它通过将要排序的数组分成两部分来进行，然后递归地对这两部分进行排序。但与归并排序不同，快速排序不需要显式地分配额外的工作空间，也没有组合步骤，它的分割步骤比较复杂并且对其整体效率有着重要影响。我们将使用算法 5.3 给出的二分快速排序的伪代码对其复杂性进行讨论，这涉及一些实现过程中的优化，以及在分层存储上实现时可能出现的一些棘手问题。

算法 5.3 二分快速排序：QuickSort(S,i,j)

```
if i < j then
    r = 选择一个好的中心点位置；
```

```
3:     用 S[i] 交换 S[r];
4:     p = Partition(S, i, j);
5:     QuickSort(S, i, p − 1);
6:     QuickSort(S, p + 1, j);
7: end if
```

关键的想法是将输入数组$S[i,j]$分成两部分，其中一部分包含的项小于另一部分包含的项。这种划分是有序的，因为在两次递归调用之后，无须再进行后续步骤来重新组合这些有序部分。划分的典型方法是选择一个输入项作为中心点（pivot），并根据所有其他输入项小于/大于中心点将其分配到两个子数组中（步骤 4），与中心点相等的项目可以存储在任一数组中。在伪代码中，强制中心点出现在待排序数组的第一个位置$S[i]$中（步骤 2～3）；这是通过在调用Partition(S,i,j)过程之前，将所选的中心点$S[r]$与$S[i]$互换而实现的。步骤 2 没有详细说明如何选择中心点，因为这将在 5.3.2 小节中讨论。

我们注意到，执行过程Partition(S,i,j)后，返回了对$S[i,j]$中的排序项进行划分后中心点所在的位置p，这个位置将驱动接下来的两个递归调用。

要实现提高快速排序的有效执行，需要解决两个问题：一个是Partition(S,i,j)的实现，另一个是两个已划分部分的大小关系，因为这两个部分越均衡，快速排序就越接近归并排序，从而越接近最优的时间复杂度$\Theta(n\log n)$。如果分区完全不平衡，即其中一部分可能为空（即$p=i$或$p=j$），则快速排序的时间复杂度为$\Theta(n^2)$。在这种情况下，快速排序与插入排序的时间复杂度相似。我们将在接下来的小节中详细讨论这两个问题。

5.3.1 从二分法到三分法

Partition(S,i,j)的目的是将输入数组分为两部分，一部分包含小于中心点的项，另一部分包含大于中心点的项，与中心点相等的项可以任意分配在两部分。因此，输入数组经过排列后，使得小于中心点的项位于中心点之前，而大于中心点的项位于其之后。在Partition(S,i,j)结束时，中心点位于$S[p]$，小于中心点的排序项存储在$S[i,p-1]$中，较大的排序项存储在$S[p+1,j]$中。这种分区可以通过多种方式实现，以最优时间$O(n)$完成，但每种方式的缓存使用量不同，因此实际性能也不同。我们在算法 5.4 中介绍了一种巧妙的算法，实际上实现了三分法，并考虑了与中心点相等的项的存在。它们会被检测到并被保存在一个“特殊”的子数组中，该子数组位于较大、较小两个部分之间。

显然，包含与中心点相等的排序项的中间子数组可以在后续递归调用中被抛弃，这与我们抛弃中心点的方式类似。这样可以减少需要递归排序的项，但需要对经典算法 5.3 的伪代码进行更改。因为Partition现在必须返回一个索引对，该索引对界定了中间的子数组，而不仅仅是中心点的位置 p。

算法 5.4 详细介绍了一种对$S[i,j]$进行三分区的实现方法，其中使用了三个在数组上向右移动的指针，并维持以下不变条件：P是驱动三分区的中心点，$S[c]$是当前与P进行比较的项，而$S[i,c-1]$是已经处理并进行了三分区的输入数组的一部分。具体来说，$S[i,c-1]$由三部分组成：$S[i,l-1]$包含小于P的项，$S[l,\ r-1]$ 包含等于p的项，$S[r,c-1]$包含大于P的项。这些子数组中的任何一个都可能为空。关于算法 5.4 的伪代码，步骤 1 将P初始化为要划分的数组的第一个项（即中心点），设置l和r以保证较小和较大的部分为空，而包含与中心点相等项的部分仅包含P。接下来，算法扫描$S[i,j]$，并维持不变性。如果$S[c]>P$，则很容易实现此目标，因为只需通过推进r来扩展较大项的部分。在另外两种情况下（即$S[c]\leqslant P$）。我们需要将$S[c]$插入$S[i,r-1]$中的正确位置，以保持$S[i,c]$三分区的不变性。一个巧妙的想法是，通过最多两次交换，就可以在常数时间内实现这一点。$S[c]\leqslant P$的两种情况及相应的交换操作如图 5.4 所示，并在算法 5.4 的步骤 3～9 中实现。

算法 5.4　三分区算法：Partition(S,i,j)

```
1: P = S[i]; l = i; r = i + 1;
2: for (c = r; c ⩽ j; c ++) do
3:     if S[c] = P then
4:     用 S[r] 交换 S[c];
5:         r ++;
6:     else if S[c] < P then
7:         用 S[l] 交换 S[c];
8:         用 S[r] 交换 S[c];
9:          r++; l++;
10:    end if
11: end for
12: return ⟨l, r − 1⟩;
```

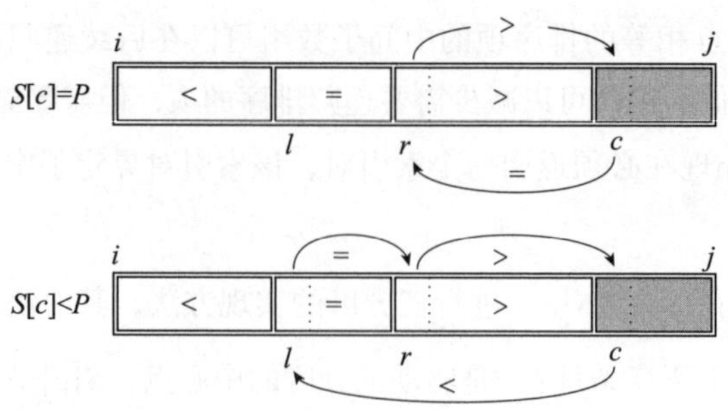

图 5.4　$S[c] \leqslant P$的两种情况及相应的交换操作。箭头指明了被移动项与中心点之间的顺序关系

三分区算法的时间复杂度为$O(n)$，并具有两个良好的特性：①对数组S进行流式访问，允许处理器预先获取要读取的排序项；②子数组$S[l, r-1]$中等于中心点的排序项可以在接下来的递归调用中被排除，因为它们已经处于最终正确位置上。

5.3.2　选择中心点

中心点的选择对于获得平衡的分区、减少递归调用次数以及达到最佳时间复杂度$O(n\log n)$至关重要。算法 5.3 的伪代码并没有详细说明选择中心点的方法，因为这可以通过许多不同的方式来进行，每种方式都有其优缺点。例如，如果我们选择输入数组的第一项作为中心点（即$r=i$），选择过程会快速进行，但容易实例化输入数组以诱导不平衡分区：我们可以考虑将S设置为递增或递减的有序项序列。然而，任何确定性的选择都可能遇到这种缺点。

防止某个给定输入对快速排序算法不利的方法是在$S[i, j]$中随机选择中心点。但这使得算法的行为事先不可预测，并且依赖于中心点的随机选择。我们可以证明，算法的平均时间复杂度是最优的$O(n\log_2 n)$，其中隐含的常数小于 2。这一事实，加上快速排序的空间效率（见 5.3.3 小节），使得这种方法在实践中非常有吸引力（如 5.3.3 小节中提到的 Qsort）。

定理 5.5　随机选择中心点能使快速排序在平均水平下最多只比较 $2n\ln n$ 个项。

证明　如果从正确的角度来看，这个定理的证明看起来非常简单。我们希望计算Partition在输入序列S上执行的比较次数。设$X_{u,v}$为二元随机变量，表示Partition是否对$S[u]$和$S[v]$进行比较，并用$p_{u,v}$表示这一事件发生的概率。因此，考虑到期望的线性特性，快速排序执行的比较次数的期望值可以计算为：

$$E\left[\sum_{u,v} X_{u,v}\right] = \sum_{u=1}^{n}\sum_{v=u+1} E\left[X_{u,v}\right] = \sum_{u}\sum_{v>u} 1\times p_{u,v} + 0\times\left(1-p_{u,v}\right) = \sum_{u=1}^{n}\sum_{v=u+1}^{n} p_{u,v}$$

为了估计$p_{u,v}$，我们关注中心点$S[r]$的随机选择，因为只有当其中一个是中心点时，Partition才会比较两个项。因此，我们区分三种情况：①如果$S[r]$比$S[u]$和$S[v]$都小或都大，那么$S[u]$和$S[v]$就不会相互比较，并且它们会传递到快速排序的同一个递归调用中，在这种情况下，问题会在包含$S[u]$和$S[v]$的较小项子集上再次出现，因此，对于估计$p_{u,v}$，这种情况并不重要，因为在这个递归点我们无法推断关于$S[u]$和$S[v]$之间的比较是否执行；②如果$S[u]$或$S[v]$是中心点，那么它们肯定会被Partition比较；③中心点取自S，其值严格在$S[u]$和$S[v]$之间，所以这两个项会被分到两个不同的分区中（因此会有两个不同快速排序的递归调用），并且永远不会被比较。

因此，为了计算$p_{u,v}$，我们必须考虑后两种情况作为我们感兴趣的中心点。在这些情况中，2种选择提供了“好”的情况（即$S[u]$或$S[v]$被比较），而b种选择提供了“坏”的情况，其中b是S中项的数量，其值严格介于$S[u]$或$S[v]$之间（即$S[u]$或$S[v]$不会被比较）。为了估计b，我们考虑集合S的排序版本，记为S'。在集合S'中的项与集合S中的项之间存在一个明显的双向映射关系。假设$S[u]$映射到$S'[u']$，$S[v]$映射到$S'[v']$；那么很容易推导出b为$v'-u'-1$。因此，$S[u]$或$S[v]$被比较的概率$p_{u,v}=2/(b+2)=2/(v'-u'+1)$。

这个公式可能看起来很复杂，因为左边有u,v，而右边有u',v'。鉴于S与S'之间存在双向映射，我们可以将“考虑S中的所有(u,v)对”这一表述改为“考虑S'中的所有(u',v')对”，因此，前面的求和表达式可以重写为：

$$\sum_{u=1}^{n}\sum_{v=u+1}^{n} p_{u,v}=\sum_{u'=1}^{n}\sum_{v'>u'}\frac{2}{v'-u'+1}=2\sum_{u'=1}^{n}\sum_{k=2}^{n-u'+1}\frac{1}{k}\leqslant 2\sum_{u'=1}^{n}\sum_{k=2}^{n}\frac{1}{k}\leqslant 2n\ln n$$

其中，最终的不等式来自第n个调和级数的性质。

接下来的问题是如何确保算法按照预期的方式执行。一个直观的答案是采样多个中心点。通常，从S中随机采样三个中心点，并取其中位数，因此只需要进行两次比较。而如果采样超过三个中心点，就能更为稳健地选出一个“好的”中心点，正如定理5.6所证明的那样。

定理5.6　如果快速排序围绕随机选择的$2s+1$个项的中位数进行分区，那么它对n个不同项进行排序的比较次数的期望为$\frac{2nH_n}{H_{2s+2}-H_{s+1}}+O(n)$，其中$H_z$是第$z$个调和级数$\sum_{i=1}^{z}\frac{1}{i}$。

通过增加s，我们可以使比较次数的期望接近$n\log n+O(n)$，但选取中位数的成本更高。事实上，可以通过两种方式实现中位数的选择：一种是在$O(s\log s)$时间内对s个样本进行排序，然后取有序序列中间位置的$s+1$的项；另一种是通过一个复杂的算法在 $O(S)$ 最坏情况的时间内完成（此处未详细说明；参见本章参考文献 [3]）。随机化有助于简化选择过程，并且仍然保证了 $O(S)$ 的期望时间性能。我们在这里详细介绍这种方法，因为它的分析优雅，并且其算法结构足够通用，不仅可以用于选择一个无序序列的中位数，还可以用于选择任意排序序数为k的项。

算法 5.5 是随机的，它会从无序的序列S中选择排序序数为k的排序项。值得注意的是，算法的结构与快速排序分区阶段的结构相似：在这里，被选中的项$S[r]$与快速排序中的中心点起着相同的作用，因为它被用来将输入序列 S 划分成三个部分，分别包含小于、等于、大于$S[r]$的项。但与快速排序不同的是，随机选择仅在这三个部分中的一个进行递归，即包含第k个排序项的部分。这可以通过查看这三个部分的大小来确定，就像在步骤 6 和步骤 8 中所做的。有两个具体问题值得一说。首先，我们不需要对 $S_=$ 进行递归，因为 $S_=$ 包含的项目都等于$S[r]$，所以第k个排序项的值为$S[r]$。其次，如果递归发生在$S_>$上，我们需要更新搜索的排序序数k，因为我们要从原始序列中删除属于集合 $S_< \cup S_=$ 的项。正确性是立即可得的，因此我们只需计算该算法的平均时间复杂度，结果是最优的 $O(n)$。因为 S 是未排序的，所以必须检查其所有的 n 项，才能找到其中排序序数为 k 的项。

算法 5.5　选择排序序数为 k 的排序项：RandSelect(S,k)

1: $r=\{1,2,\cdots,n\}$ 中的随机位置；
2: $S_< = S$ 中小于 $S[r]$ 的元素；
3: $S_> = S$ 中大于 $S[r]$ 的元素；
4: $n_< = |S_<|$;
5: $n_= = |S| - (|S_<| + |S_>|)$;
6: **if** $k \leqslant n_<$ **then**
7: 　　**return** RandSelect($S_<$, k);
8: **else if** $k \leqslant n_< + n_=$ **then**
9: 　　**return** $S[r]$;
10: **else**
11: 　　**return** RandSelect($S_>$, $k - n_< - n_=$);
12: **end if**

定理 5.7　在 RAM 模型中，从一个大小为 n 的无序序列中选择排序序数为 k 的项，平均需要$O(n)$时间，而在两级存储模型中需要$O(n/B)$次 I/O 操作。

证明　我们将那些$n_<$和$n_>$都不大于$2n/3$的划分称为一个"好的选择"。我们并不关心$S_=$的大小，因为如果它包含了被搜索的项，那么这个项将会立即作为$S[r]$被返回。容易观察到，为了确保$n_< \leqslant 2n/3$和$n_> \leqslant 2n/3$，$S[r]$必须在$[n/3, 2n/3]$范围内。由于$S[r]$是从S中均匀随机抽取的（步骤 1），所以这种情况发生的概率为$1/3$。因此，我们用$\hat{T}(n)$表示在一个数组$S[1,n]$上运行 RandSelect 的平均时间复杂度。我们可以将其表示为：

$$\hat{T}(n) \leqslant O(n) + \frac{1}{3} \times \hat{T}(2n/3) + \frac{2}{3} \times \hat{T}(n)$$

其中，第一个线性项考虑了步骤 2～5 的时间复杂度，第二项考虑了在"良好的中心点选择"下进行递归调用的平均时间复杂度，第三项是在"不良的中心点选择"下进行递归调用的平均时间复杂度的粗略上界（实际上指的是再次对整个 S 递归的情况）。这是一个特殊的递归关系式，因为项$\hat{T}(n)$出现在不等式的两侧。尽管如此，我们观察到这个项在前面具有不同的常数。因此，我们可以通过减去这些项简化关系式，得到$\frac{1}{3}\hat{T}(n) \leqslant O(n) + \frac{1}{3}\hat{T}(2n/3)$，从而得出 $\hat{T}(n) \leqslant O(n) + \hat{T}(2n/3) = O(n)$。如果这个算法在两级存储模型中执行，则关系式变为$\hat{T}(n) \leqslant O(n/B) + \hat{T}(2n/3) = O(n/B)$，因为三个子集可以通过一次传递 n 个输入项来完成，从而引出 $O(n/B)$ 次 I/O 操作。

在快速排序中，我们可以以多种不同方式使用RandSelect。例如，我们可以将中心点选为整个数组S的中位数（设置$k = n/2$），或者在$2s+1$个中心点的过采样中选择中位数（设置$k = s+1$，其中$s \ll n/2$）；最后，我们还可以巧妙地利用RandSelect来选择一个中心点，生成一个平衡的分区，其中两个部分的大小不同，都是n的一部分，例如αn和$(1-\alpha)n$，其中$\alpha < 0.5$。最后这种选择$k = \lfloor \alpha n \rfloor$似乎毫无用处，因为三分区仍然需要$O(n)$时间，但它会将递归调用次数从$\log_2 n$增加到$\log_{\frac{1}{1-\alpha}} n$。然而，这一观察忽略了现代 CPU 的复杂性，现代 CPU 实现了流水线或指令级并行，只要不发生中断指令流的事件，就能显著加快计算速度。在Partition(S,i,j)的执行过程中，每当遇到小于或等于中心点的项，就可能出现分支预测失败，从而导致速度变慢。如果我们能减少分支误预测的次数，就可以增加现代 CPU 整体的并行性[4]。

基于这些考虑，2012 年，一种新的快速排序的变体被选为 Oracle Java 7 运行时库的标准排序方法。这个决定基于实证研究的结果，这种新算法平均比先前使用的经典快速排序更快。这种改进是通过一种新的三分区策略实现的，该策略基于适当移动输入序列 S 上的一对中心点。研究人员表明，这个改变减少比较次数的期望，但是增加了交换次数[9]。尽管存在这种权衡，这种双中心点策略比经典的快速排序实现快了 10% 以上，研究人员认为，这是因为当分支预测失败时，其成本比内存访问更高。

这个例子很好地说明了那些即使是已经被研究了几十年并被认为是过时的经典算法和问题也可能预示着创新和新颖的理论分析。所以，永远不要失去探索和分析新的算法方案的好奇心！

5.3.3 限制额外的工作空间

快速排序经常被称为就地排序，因为它不需要使用额外的空间就可以对数组 S 进行排序。如果我们仅考虑算法 5.3 的伪代码，这种说法是正确的；但如果考虑到递归调用的成本，这种说法就不再正确了。事实上，在每次递归调用时，操作系统都必须分配空间来保存调用者的局部变量，以便在递归调用结束时恢复它们。每次递归调用的空间成本为$\Theta(1)$，再乘以快速排序在数组$S[1,n]$上的嵌套调用次数。最坏的情况下，可能会达到$\Theta(n)$，因此在某些最坏的输入（例如已经排好序的输入，会导致完全不平衡的分区）上，额外的工作空间会达到$\Theta(n)$。

我们可以通过将算法 5.3 的伪代码重构为算法 5.6 来避免这种行为。这个算法初看起来比较复杂，但其设计原理非常巧妙且优雅。首先需要注意的是，while循环体只有当输入数组的长度超过 n_0 时才会被执行；否则，在步骤 13 中会调用InsertionSort，以利用了排序算法在处理非常短的序列时的高效性。n_0 的值通常设置为几十个项。如果输入数组的长度超过 n_0，则执行修改版的经典二分快速排序，该版本将单个递归调用与迭代while循环结合使用。重构代码的基本原理是，经典的快速排序的正确性并不依赖于两个递归调用的顺序，因此我们可以重新排列它们，使第一个调用总是在两 / 三分区中较小的部分上执行。这正是步骤 5 中 if 语句所保证的。此外，伪代码放弃了在分区较长部分的递归调用，取而代之的是另一个while循环体的执行，在这个循环体中，我们改变了参数i和j来表示较长部分的限定。这种“更改”在编译器文献中是众所周知的，被称为消除尾递归。其最终结果是在一个子数组上执行递归调用，该子数组的大小不超过输入数组的一半。这样保证了递归调用次数的上界为$O(\log n)$，从而保证了管理这些调用所需的额外空间大小的上界。

算法 5.6　有界递归的二分快速排序：BoundedQS(S, i, j)

1: **while** $j - i > n_0$ **do**

2: 　　r = 选择一个好的中心点的位置；

3: 　　用 $S[i]$ 交换 $S[r]$；

```
        p = Partition(S, i, j);
        if p ≤ (i + j)/2 then
            BoundedQS(S, i, p − 1);
            i = p + 1;
        else
            BoundedQS(S, p + 1, j);
            j = p − 1;
        end if
end while
InsertionSort(S, i, j);
```

定理 5.8　在 RAM 模型中，BoundedQS对 n 个原子项进行排序的期望时间为$O(n\log n)$，并且需要使用$O(\log n)$的额外工作空间。

我们通过观察得出结论，C89 和 C99 ANSI 标准定义了一种名为 Qsort 的排序算法，该算法实现封装了前几节中详细介绍的大多数算法技巧[⊖]。这进一步证明了基于分布的排序方案相对于两级存储模型（缓存和动态随机存取存储）的效率更高。

5.3.4　从二分到多分快速排序

基于分布的排序与基于归并的排序正好相反。前者根据中心点划分序列，然后递归地对其进行排序；而后者则是通过归并递归排序的序列来实现。在多分归并排序中，归并多个已排序的序列提高了磁盘效率。同样的思想也被应用到多分快速排序，它使用$k-1$个中心点将输入序列划分成$k=\Theta(M/B)$个子序列。由于通常$k \gg 1$，因此选择这些中心点并不简单，因为必须确保 k 个分区是平衡的，即每个分区包含大约$\Theta(n/k)$个项。5.3.2 小节讨论了选择一个中心点时遇到的困难，选择多个中心点的情况更加复杂，需要更精细地分析。

我们首先用$s_1,\cdots,s_{k-1}$表示算法用来将输入序列$S[1,n]$分割成k个部分的中心点，这些部分也被称为桶（bucket）。为了清晰起见，我们引入了两个虚拟中心点$s_0=-\infty$和$s_k=+\infty$，并将第i个桶表示为$B_i=\{S[j]:s_{i-1}<S[j]\leqslant s_i\}$。我们希望$|B_i|=\Theta(n/k)$对于所有$k$个桶都成立。这

⊖　实际上，Qsort 基于一种不同的二分区方案，该方案使用两个迭代器。一个向前移动，另一个向后移动遍历 S，每当遇到两个未排序项时，就会发生交换。虽然渐进时间复杂度不会改变，但由于相等项不会被移动，从而减少了交换次数，提高了实际的运行效率。

将确保经过$\log_k \frac{n}{M}$次划分后，子序列长度小于M，从而可以在内存中排序而无需额外的I/O操作。每个划分阶段I/O操作的复杂度为$O(n/B)$，内存组织方式与多分归并排序相反，即一个输入块（用于读取划分的输入序列）和k个输出块（用于写入正在形成的k个分区）。通过设定$k=\Theta(M/B)$，我们推导出划分阶段的数量为$\log_k \frac{n}{M}=\Theta\left(\log_{M/B}\left(\frac{n}{M}\right)\right)$；因此，在每个划分步骤将输入项均匀分布在$k$个桶中的前提下，多分快速排序的最优的I/O上界的期望为$\Theta\left(\frac{n}{B}\log_{M/B}\frac{n}{M}\right)$。

为了有效地找到$k-1$个好的中心点，我们采用一种基于过采样的快速且简单的随机策略，其伪代码如算法 5.7 所示。参数$a\geqslant 0$控制过采样的数量，从而影响选择过程的稳健性以及步骤 2 的时间效率。如果采用优化的内排序算法（如堆排序或归并排序）对$\Theta(ak)$个采样的项进行排序，时间复杂度为 $O\big((ak)\log(ak)\big)$。

算法 5.7　通过过采样选择 $k-1$ 个好的中心点

1: 从输入序列中随机抽取 $(a+1)k-1$ 个样本；

2: 对有序序列 A 进行最小值排序；

3: 在 $i=1,\cdots,k-1$中选择中心点 $s_i=A\big[(a+1)i\big]$；

4: **return** 中心点 s_i

其主要思想是在对$\Theta(ak)$个候选中心点进行排序之后，从中选择$(k-1)$个均匀间隔的中心点，每个中心点的间隔是$(a+1)$。我们认为这$\Theta(ak)$个样本能够真实地反映整个输入序列中排序项的分布情况，因此通过均匀选择$s_i=A\big[(a+1)i\big]$可以得到“好的中心点”。a越大，所有桶的大小越接近于$\Theta(n/k)$，但对样本进行排序的成本也越高。在极端情况下，即$a=n/k$时，样本将无法在内存中进行排序。相反，a越接近于零，中心点选择的速度就越快，但不平衡分区的可能性也越大。正如我们将在引理 5.1 中看到的，选择$a=\Theta(\log k)$足以在$O\left(k\log^2 k\right)$时间内实现均衡分区。我们注意到，这些桶不会完全均衡，但会接近均衡，因为它们包含的项的数量是不会超过$4n/k=O(n/k)$的合理概率。尽管有 4 倍因子，也不会改变渐近时间和 I/O 复杂度的期望。

引理 5.1　假设 $k\geqslant 2$且$a+1=12\ln k$，那么大小为 $(a+1)k-1$ 的样本可以确保所有桶接收到少于 $4n/k$ 个项的概率至少为 1/2。

证明　我们为引理中提到的补充事件的概率提供一个上界 1/2，即存在一个大小大于 $4n/k$ 的桶。这种情况对应于采样失败而导致的不均衡分区。为了得到这个概率估计，我们将引入一系列由该事件所引出的事件，这些事件发生的概率逐步增加。对于序列中的最后一个事件，我们将能够确定一个明确的上界为 $1/2$。由于这些事件是相互影响的，因此这个上界也同样适用于原始事件。这样，我们就完成了证明。

正如在定理 5.5 的证明中那样，我们考虑输入序列 S 的排序版本 S'。我们将 S' 逻辑上分成 $k/2$ 个长度为 $2n/k$ 的段，如图 5.5 所示。我们感兴趣的事件是，对于某个索引 i，存在一个桶 B_i，其中被分配了至少 $4n/k$ 个项。图 5.5 中的大桶至少完全覆盖了一个段，例如 t_2（但也可能是 S' 中的任何一个段），因为这个大桶包含至少 $4n/k$ 个项，而每个段包含 $2n/k$ 个项。

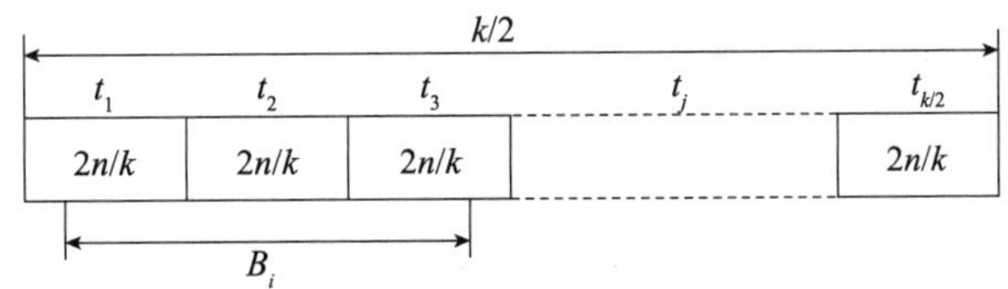

图 5.5　将待排序的序列 S' 分割成多个部分

根据桶的定义，限定桶 B_i 的中心点 s_{i-1} 和 s_i 位于 t_2 以外。因此，根据算法 5.7，落入桶 B_i 所覆盖段中的样本数少于 $(a+1)$。因此我们可以得出：

$$\begin{aligned}\mathcal{P}\left(\exists B_i : |B_i| \geqslant 4n/k\right) &\leqslant \mathcal{P}(\exists t_j : t_j \text{包含少于 } a+1 \text{ 个样本}) \\ &\leqslant \frac{k}{2} \times \mathcal{P}(\text{某个特定的段包含少于 } a+1 \text{ 个样本})\end{aligned} \quad (5.2)$$

其中，最后一个不等式来源于联合上界，假定 S' 被分成 $k/2$ 个段。因此，我们接下来将重点证明最后一项的上界。

一个采样项落在给定段的概率等于 $\frac{(2n/k)}{n} = \frac{2}{k}$，因为假设这些项是从 S 中均匀随机抽取的（因此也是从 S' 中抽取的）。现在，令 X 表示这些样本的数量，我们来计算 $\mathcal{P}(X<a+1)$。我们注意到，由于我们取 $(a+1)k-1$ 个样本，所以 $E[X] = [(a+1)k-1] \times \frac{2}{k} = 2(a+1) - \frac{2}{k}$。由于引理假设 $k \geqslant 2$，并且 $E[X] \geqslant 2(a+1)-1$，因此，对于所有 $a \geqslant 1$，$E[X]$ 至少是 $\frac{3}{2}(a+1)$。解不等式 $E[X] \geqslant \frac{3}{2}(a+1)$，可以得到 $a+1 \leqslant \left(\frac{2}{3}\right)E[X] = \left(1-\frac{1}{3}\right)E[X]$。这种形式让人联想到切尔诺夫界：

$$\mathcal{P}\left(X<(1-\delta)E[X]\right)\leqslant \mathrm{e}^{-\frac{\delta^2}{2}E[X]}$$

设置$\delta=1/3$，可以推导出：

$$\begin{aligned}\mathcal{P}(X<a+1)&\leqslant\mathcal{P}\left(X<\left(1-\frac{1}{3}\right)E[X]\right)\leqslant \mathrm{e}^{-(E[X]/2)(1/3)^2}=\mathrm{e}^{-E[X]/18}\\&\leqslant \mathrm{e}^{-(3/2)(a+1)/18}=\mathrm{e}^{-(a+1)/12}=\mathrm{e}^{-\ln k}=\frac{1}{k}\end{aligned}\qquad(5.3)$$

其中我们使用了不等式$E[X]\geqslant(3/2)(a+1)$以及引理中的假设$a+1=12\ln k$。将式（5.3）的结果代入式（5.2），得到$P\left(\exists B_i:|B_i|\geqslant 4n/k\right)\leqslant(k/2)(1/k)=1/2$，因此引理成立。

5.4 使用多磁盘排序$^{\infty}$

基于磁盘排序的瓶颈在于执行 I/O 操作所需的时间。为了缓解这个问题，我们可以使用 D 个磁盘并行工作，从而每次 I/O 操作可以传输 DB 个项。一方面这提高了 I/O 子系统的带宽；但另一方面这使得设计高效的 I/O 算法变得特别困难。让我们在排序n个原子项的上下文中来看看其中的原因。

管理并行磁盘的最简单方法被称为磁盘条带化（disk striping），其思路是将多个磁盘视为一个单一的磁盘，且该磁盘的页面大小为$B'=DB$。这样一来，一方面，我们通过直接使用为单个磁盘设计的算法（现在这些算法使用的是页面大小为B'的磁盘），简化了算法设计的复杂度；另一方面，我们失去了这些D个磁盘之间的独立性，并且当应用于排序算法时会在 I/O 复杂度方面付出一定代价：

$$O\left(\frac{n}{B'}\log_{M/B'}\left(\frac{n}{M}\right)\right)=O\left(\frac{n}{DB}\log_{M/(DB)}\left(\frac{n}{M}\right)\right)$$

因为对数的底数是定理 5.3 中证明的下界的 $1/D$，这个界并不是最优的。通过比较最优界与磁盘条带化方法所实现的界，我们发现其比率为$1-\log_{M/B}D$。这说明随着磁盘数量的增加，磁盘条带化的效率会逐渐降低，即$D\to M/B$。

充分利用 D 个磁盘之间的独立性是非常棘手的，开发在多磁盘上运行的最优化算法，并实现定理 5.3 中所述的界花费了几年的时间。关键问题是保证每次我们访问磁盘子系统时，都能够读取或写入 D 个页面，每一页分别来自不同的磁盘或写入不同的磁盘，这是为了保证每次 I/O 的吞吐量为 DB 项。在排序的情况下，不论是基于分布的排序算法还是基于归并的排序算法，都存在这种困难，鉴于这两种算法之间的差异，每种排序算法都有其特点。

特别地，我们来考虑多分快速排序。为了保证在读取输入项时有 D 路吞吐量，这些项必须均匀地分布在 D 个磁盘上。图 5.6 所示为在 D=4 的磁盘上进行条带化的示例，项可以按照图 5.6 所示的循环方式进行条带化。这确保了扫描输入项时只需最优的 $O(n / DB)$ 次 I/O 操作。随后的分配阶段可以以这个 I/O 速度读取输入序列。尽管如此，当写入分区过程中生成的输出子序列时也会遇到问题。事实上，这种写入应该保证每个子序列都以循环条带化方式分布在磁盘上，以保持下一次分配阶段的不变性。在有 D 个磁盘的情况下，分区阶段会填充 D 个输出块。因此，当这 D 个块填满时，必须将它们写入 D 个不同的磁盘以确保全部的 I/O 的并行，从而只需要一次 I/O 操作。在磁盘条带化的情况下，如果所有这些输出块在同一次运行中，则它们可以在一次 I/O 操作中写入。但通常情况下，这些块属于不同的运行序列，不同运行的块可能需要写入同一磁盘，因此在写入过程中可能会出现冲突。

	块1	块2	块3	块4	块5	
磁盘1	1 2	9 10	17 18	25 26	33 34	…
磁盘2	3 4	11 12	19 20	27 28	35 36	…
磁盘3	5 6	13 14	21 22	29 30	37 38	…
磁盘4	7 8	15 16	23 24	31 32	39 40	…

图 5.6　在 $D = 4$ 的磁盘上进行条带化的示例，其中 $B = 2$

图 5.7 所示为在快速排序分区阶段生成三个不同处理过程并写入三个磁盘发生的 I/O 冲突。序列以循环方式条带化分布在三个磁盘上，阴影块表示已经写入这些磁盘的处理过程前面的部分。箭头指向每个处理过程的下一个空闲块，这些空闲块都位于同一个磁盘 D_2 上。这是一个不幸的情况，因为如果多分快速排序的分区阶段需要为每个序列写入一个块，那么就会产生 I/O 冲突，I/O 子系统必须序列化为 D=3 次不同的 I/O 操作，因此失去 D 个磁盘的全部 I/O 并行性。

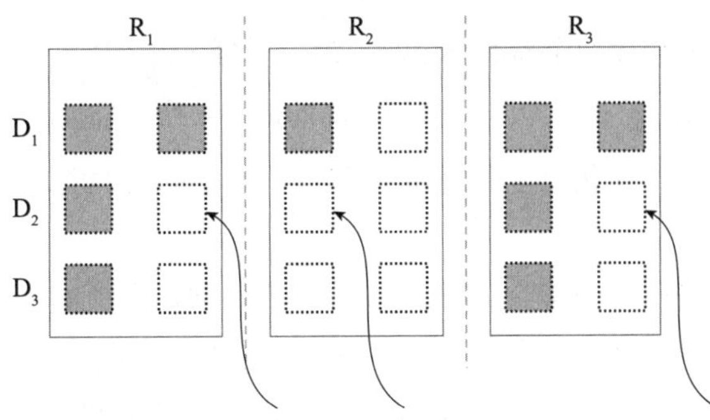

图 5.7　在快速排序分区阶段生成三个不同处理过程并写入三个磁盘发生的 I/O 冲突

为了避免这种低效率，研究人员提出了随机和确定性排序算法，这些排序算法执行最优的 I/O 操作 [8]。接下来，我们将简要介绍一种名为 GreedSort[7] 的确定性多磁盘排序算法，它通过一种优雅的基于归并的方法解决这些问题。该方法分为两个阶段：首先，通过一个 I/O 高效的多分归并器以独立方式处理$R=\Theta\left(\sqrt{M/B}\right)$个待排序的运行序列（从而并行使用磁盘），对排序项进行近似排序；然后，使用一种名为ColumnSort（由 T. Leighton 于 1985 年设计）的算法在长度为$O\left(M^{3/2}\right)$的短序列上完成输入序列的排序，该算法只需线性的 I/O 操作次数。其正确性来自这样一个事实：在第一阶段之后，未排序项与其正确排序位置的距离小于ColumnSort可处理的序列大小。因此，第二阶段可以通过单次（I/O 最优）处理，将近似排序的序列转换为完全排序的序列。

如何以 I/O 高效的方式获得近似排序的序列是 GreedSort 算法的精髓。我们在这里简要介绍其主要思想，并建议感兴趣的读者参阅相应的论文以获取更多细节 [7]。我们假设排序的序列以条带方式存储在多个磁盘（见图 5.6）上，因此从每个序列连续读取多个块只需要一次 I/O 操作。正如我们讨论的快速排序，这种基于归并的方法也可能在读取条带序列时遇到 I/O 冲突。GreedSort 通过独立地在每个磁盘上操作并获取其两个最佳可用块来避免这个问题。这里的“最佳”是指这两个块包含当前存储在该磁盘上最小块中的最小项（比如 m_1）和最小块中的最大项（比如 m_2），这两个块可能是相同的。很明显，这种选择可以独立地在多个磁盘上进行，并且需要一个适当的数据结构来跟踪磁盘块中的最小 / 最大项。实际上，本章参考文献 [7] 表明这个数据结构可以加载到内存中，因此不会因为这种选择操作而产生任何进一步的 I/O 操作。

图 5.8 所示为磁盘 j 的示例，因为基于条带化存储，它包含了多个处理过程的块。图 5.8 假设处理过程 1 包含了具有最小块的最小项（排序项为 1），而处理过程 2 包含了具有最小块的最大项（排序项为 7）。显然，来自处理过程 1 和处理过程 2 的其他所有块中的项都大于 7，而来自其他处理过程的所有块的最小值都大于 1，最大值都大于 7。然后，GreedSort 归并了磁盘 j 上这两个最优块，并创建两个新的排序块：第一个写入位于磁盘 j 上的输出运行的下一个空闲块（它包含 $\{1,2,3,4\}$）；第二个被写回最小块的最小项所在的处理过程 m_1，即处理过程 1（包含 $\{5,6,7,8\}$）。因为这个次优块中的项都小于 m_1 原始块的最大值，这次写回操作不会打乱处理过程 1 的有序子序列。

在所有磁盘上对“两个最优块”的选择是独立进行的，直到所有输入序列都被检查过，并且它们的块按条带方式写入磁盘 D 的输出序列。但从这个例子中，我们注意到写入到磁盘 j 的输出项并不一定是该磁盘上所有块中最小的四个项。实际上，可能有一个位于磁盘 j，但不在序列 1 和序列 2 中的块，包含一个在 [1,4] 范围内的项 2.5，这个块的最小值大于 1 且最大值大于 7。虽然这个块也符合两个最优块的选择标准，但它包含的项应该存储在排序序列的第一个块中。因此，这个归并过程产生的最终序列并没有完全排序，但如果沿着所有 D 个磁盘以条带方式读取，它是近似排序的，如引理 5.2 所述（在本章参考文献 [7] 中证明）。

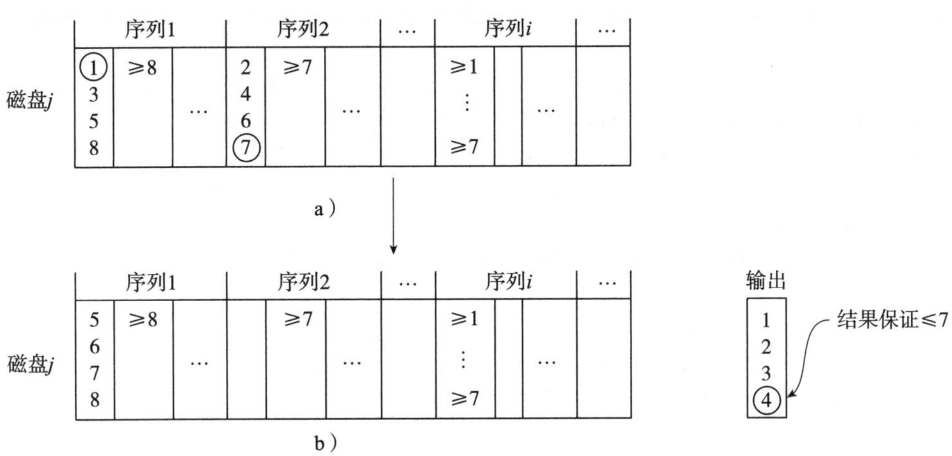

图 5.8　磁盘 j 的示例。图 5.8a：磁盘 j 包含了多个处理过程的块，其中最优的两个块分别属于处理过程 1（该块包含了最小块的最小项）和处理过程 2（该块包含了最小块的最大项）。图 5.8b：磁盘 j 上最优的两个块已经归并，归并后的第一个块被写入了位于磁盘 j 上的输出处理过程的下一个空闲块，而归并后的第二个块被写入了磁盘 j 上的处理过程 1

引理 5.2　如果序列中的任意一对未排序的记录，如 $\cdots y \cdots x \cdots$ 其中 $y > x$，它们之间的距离小于 L，则这个序列被称为 L- 回归序列。前面的排序算法生成的输出结果是 L- 回归序列，其中 $L = RDB = D\sqrt{MB}$。

由于 $L = D\sqrt{MB} < DB\sqrt{M} \leqslant M^{3/2}$，所以在滑动窗口的 $2L$ 项上应用列排序算法，并在每个阶段向前移动 L 步，就可以生成一个在 D 个磁盘上条带化的完全排序序列。这保证了下一个归并阶段的不变性，所需的 I/O 操作次数为 $O(n/(DB))$。由于排序的运行数量减少了一个因子 $R = \Theta\left(\sqrt{M/B}\right)$，归并阶段的总数为 $O\left(\log_R\left(\frac{n}{M}\right)\right) = O\left(\log_{M/B}\left(\frac{n}{M}\right)\right)$，因此这是 D 个磁盘上的最优 I/O 上界。

参考文献

[1]　Alok Aggarwal and Jeffrey S. Vitter. The input/output complexity of sorting and related problems. *Communications of the ACM*, 31(9): 1116–27, 1988.

[2]　Jon L. Bentley and Robert Sedgewick. Fast algorithms for sorting and searching strings. In *Proceedings of*

the 8th ACM–SIAM Symposium on Discrete Algorithms (SODA), 360–9, 1997.

[3] Tomas H. Cormen, Charles E. Leiserson, Ron L. Rivest, and Clifford Stein. *Introduction to Algorithms*. The MIT Press, third edition, 2009.

[4] Kanela Kaligosi and Peter Sanders. How branch mispredictions affect quicksort. In *Proceedings of the 14th European Symposium on Algorithms (ESA)*, Lecture Notes in Computer Science 4168, Springer, 780–91, 2006.

[5] Donald E. Knuth. *The Art of Computer Programming*, Vol. 3. Addison-Wesley, second edition, 1998.

[6] Frank Thomson Leighton. Tight bounds on the complexity of parallel sorting. *IEEE Transactions on Computers*, C-34(4), Special Issue on Sorting, 1985.

[7] Mark H. Nodine and Jeffrey S. Vitter. Greed sort: Optimal deterministic sorting on parallel disks. *Journal of the ACM*, 42(4): 919–33, 1995.

[8] Jeffrey S. Vitter. External memory algorithms and data structures. *ACM Computing Surveys*, 33(2): 209–71, 2001.

[9] Sebastian Wild and Markus E. Nebel. Average case analysis of Java 7's Dual Pivot QuickSort. In *Proceedings of the 20th European Symposium on Algorithms (ESA)*, Lecture Notes in Computer Science 7501, Springer, 826–36, 2012.

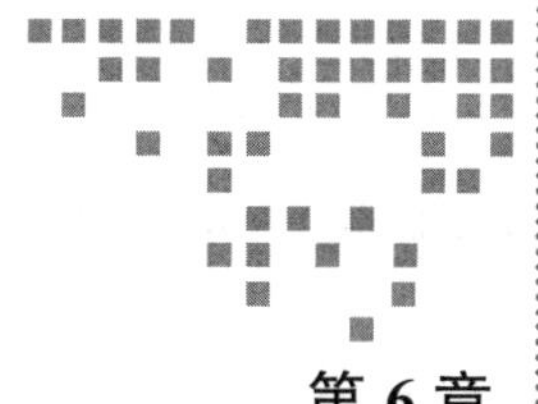

第 6 章 Chapter 6

集合交集

分享即关爱。

本章讨论一个与集合有关的简单问题，这是搜索引擎中查询解析器的基础。众所周知，搜索引擎是一个用于在文档集合 $\mathcal{D}$ 中搜索信息的工具。在本章的讨论中，我们将注意力放在文本文档的搜索引擎上，这些文档 $d_i \in \mathcal{D}$ 可以是一本书、一条新闻、一条推文，或任何包含一系列语言标记（也就是单词）的文件。搜索引擎会与许多其他的辅助数据结构一起构建一个索引，以便高效地回答用户提出的问题。查询 Q 通常被构建为一个词袋模型（bag of words），其中包含若干单词，例如 $w_1w_2\cdots w_k$，搜索引擎的目标是能高效地检索出 $\mathcal{D}$ 中包含所有查询词的最相关文档。精通此领域的人都知道，现代搜索引擎的工作方式远比这个简单的定义复杂，它们会寻找包含查询 Q 中大部分内容的文档，这些内容可能是准确的，也可能包含一些拼写错误，或者是同义词或相关词，而且这些文档最好彼此接近，并与发起查询 Q 的用户相关。然而，“相关性”是一个相当主观且随时间变化的定义。

无论如何，本书不是一本关于信息检索的书籍，因此我们建议有兴趣了解这些问题的读者参考信息检索领域的文献 [4, 7]。在这里，我们仅讨论词袋模型查询中最通用的算法步骤。

> **问题** 给定一个单词序列 $Q = w_1w_2\cdots w_k$ 和一个文档集合 $\mathcal{D}$，找出 $\mathcal{D}$ 中包含所有单词 w_i 的文档。

一个明显的解决方案是扫描 $\mathcal{D}$ 中的每个文档，搜索 Q 中指定的所有单词。这种方法虽然简单，但其耗时与整个文档集合的长度成正比，考虑到（已索引的）Web 的规模，即使对于超级计算机或数据中心来说，这显然也是无法承受的。事实上，现代搜索引擎构建了一个非常简单但高效的倒排索引（inverted index）数据结构，它有助于提升处理日常数十亿次用户查询的速度。

倒排索引由三个主要部分组成：单词w的字典、字典中每个单词出现的列表（称为倒排索引表 posting list，用 $\mathcal{L}[w]$ 表示），以及一些附加信息（用来表明每个单词的重要性，这些信息在后续阶段用于确定文档的相关性，本章不讨论，参见本章参考文献 [4, 7]）。术语“倒排”是指单词出现的顺序不是按照它们所在文档中的位置排序，而是按照它们的字母顺序排序。因此，倒排索引类似于一些书籍中的经典词汇表，这里被扩展为表示文档集 合中所有单词的出现情况（不仅仅是最重要的单词）。

每个倒排索引表 $\mathcal{L}[w]$ 都连续地存储在一个单一的数组中，并可能存储在磁盘上。索引文档的名称——实际上是文档的 URL（Unified Resource Locator，统一资源定位符）——被放在另一个表中，使用唯一的正整数来表示文档 ID，这些 ID 通常由搜索引擎分配。[⊖] 词典存储在一个表中，该表格包含一些辅助信息和指向倒排索引表的指针。倒排索引的主要结构如图 6.1 所示。

词典	倒排索引表
...	...
abaco	50, 23, 10
abiura	131, 100, 90, 132
ball	20, 21, 90
mathematics	15, 1, 3, 23, 30, 7, 10, 18, 40, 70
zoo	5, 1000
...	...

图 6.1　倒排索引的主要结构。目前，倒排索引表并未排序

现在假设查询 Q 包含两个单词abaco和mathematics。在 $\mathcal{D}$ 中找到同时包含这两个单词的文档，可以理解为找到两个倒排索引表$\mathcal{L}[\text{abaco}]$和$\mathcal{L}$ [mathematics] 共有的文档 ID，即 10 和 23。这就是集合交集问题，也是本章的主要内容。

考虑到两个倒排索引表中的整数是任意排列的，可以通过比较每个文档的 ID（a 与 b）来进行交集的计算，其中 $a \in \mathcal{L}[\text{abaco}]$，$b \in \mathcal{L}[\text{mathematics}]$。如果 $a = b$，则将 a 插入结果集中。假设两个列表的长度分别为 n 和 m，那么这种暴力算法需要 $n \times m$ 步。在实际情况中，如果 n 和 m 的数量级为数百万，就像现代 Web 中的常见单词一样，那么比较次数的数量级就达到了

⊖ 文档 ID 分配过程对于节省倒排索引表的存储空间至关重要，但其解决方案过于复杂，在此不做详细讨论，可参见本章参考文献 [6]。

$10^6 \times 10^6 = 10^{12}$。即便假设现代计算机每秒能执行十亿次（$10^9$）比较，这种简单算法处理一个双词查询也需要 10^3 s（大约 16 min），即使是有耐心的用户也会觉得时间太长了！

一个好消息是，这两个倒排索引表中的文档 ID（docID）可以重新排列，以便对它们施加一些适当的结构来加快相同 ID 的识别速度。如图 6.2 所示，这里的关键思想是对倒排索引表进行一次性排序。因此，我们重新定义两个已排序集合$A \in \mathcal{L}[\text{abaco}]$和$B \in \mathcal{L}[\text{mathematics}]$的交集问题。

已排序集合交集问题 给定两个已排序的整数序列$A = a_1 a_2 \cdots a_n$ 和 $B = b_1 b_2 \cdots b_m$，满足$a_i < a_{i+1}$和$b_i < b_{i+1}$，计算同时出现在两个集合中的整数。

字典	倒排索引表
...	...
abaco	10, 23, 50
abiura	90, 100, 131, 132
ball	20, 21, 90
mathematics	1, 3, 7, 10, 15, 18, 23, 30, 40, 70
zoo	5, 1000
...	...

图 6.2 部分字典的倒排索引示例，倒排索引表已排序

需要指出的是，以下方法可以扩展到定义了全序（total order）关系的排序项序列，而不仅仅是整数序列。为了简单起见，这里仅讨论整数序列。

6.1 合并式方法

两个序列的有序性使我们能够设计一种集合相交算法，这种算法简单、优雅且快速。它只需从左到右扫描 A 和 B，并在每一步比较两个列表中的一对文档 ID。假设 a_i 和 b_j 是当前比较的两个文档 ID，初始时$i = j = 1$。如果$a_i < b_j$，迭代器 i 就会增加；如果 $a_i > b_j$，迭代器 j 就会增加；如果 $a_i = b_j$，则意味着找到一个相同的文档 ID，两个迭代器都会增加。

我们可以利用以下观察结果并通过归纳法证明算法的正确性：如果$a_i < b_j$（另一种情况是对称的），那么 a_i 小于B中 b_j 后面的所有元素（因为有序性），所以$a_i \notin B$。至于时间复杂度，我们注意到算法每一步都要执行一次比较，并至少向前移动一个迭代器。考虑到$n = |A|$和$m = |B|$分别是两个序列中的元素数量，我们可以推断 i 和 j 最多可以向前移动n次和m次；因此可以得出结论，该算法所需的时间不超过 $n + m$ 次。我们说不超过，是因为有可能一个序列比

另一个序列先执行完，因此没有必要比较后一个序列的剩余项。这个时间成本明显小于未排序序列的时间成本 $n\times m$，而且在实践中的优势也是非常明显的。实际上，考虑到示例中 n 和 m 的数量级是10^6，与计算机每秒执行 10^9 次计算相比较，可以得出这种新算法计算 $A\cap B$ 所需的时间为10^{-3} s，也就是毫秒级，这与现代搜索引擎的计算时间相近。

细心的读者可能已经注意到，这个算法模仿了归并排序中的归并过程，但在这里进行了调整，不再是合并数据，而是找出两个集合 A 和 B 的公共元素。

定理 6.1 基于合并范式的算法解决排序集合交集问题的时间复杂度为$O(m+n)$。

在$n=\Theta(m)$的情况下，这个算法是最优的，因为我们需要处理最小的集合，所以$\Omega\left(\min\{n,m\}\right)$是一个显而易见的下界。更重要的是，这种基于扫描的范式在磁盘模型中也是最优的，因为它只需要 $O(n/B)$ 次 I/O 操作。更准确地说，无论计算的底层存储结构如何（缓存无关模型），这种扫描范式都是最优的。

下一个问题是，当 m 和 n 的差异很大时，比如$m\ll n$时，我们应该采取什么策略，这是一种一个词比另一个词的可选择性更强的情形。在这种情况下，经典的二分查找可能会有帮助，因为我们可以设计一个算法，让每个元素$b\in B$（只有少数几个）在 A 的（很多）已排序元素中进行二分查找，因此需要$O(m\log n)$步比较。这个时间复杂度比$m=O(n/\log n)$时的$O(n+m)$要好，实际上$m\ll n$比本段开头提出的条件更宽松、更精确。

定理 6.2 基于二分查找范式的算法解决排序集合交集问题的时间复杂度为 $O(m\log n)$。

这时我们自然会问是否可以设计出一种算法，将基于合并范式和基于搜索范式的优点结合起来。实际上，当m与n的数量级相当时，二分查找就会存在一种低效性：当我们在 A 中搜索元素b_i时，可能一次又一次地重复检查 A 中相同的元素。对于 A 的中间元素$a_{n/2}$，这是任何二分查找都会首先检查的元素。但如果$b_i>a_{n/2}$，那么比较b_{i+1}和$a_{n/2}$是没有意义的，因为$b_{i+1}>b_i>a_{n/2}$，b_{i+1}肯定更大，这同样适用于B中后续的所有元素。类似的论证也适用于通过二分查找搜索A中的其他元素。下一节将详细介绍一种新的集合交集范式，这种范式可以避免这些不必要的比较。

6.2 互相分区

这种求集合交集的方法采用了另一种经典的算法范式，称为分区，也是设计快速排序所采用的方法。在这里，我们使用它来反复地互相划分两个要求交集的已排序集合 [1]。在形式上，我们假设$m\leqslant n$且两个集合元素的数量都是偶数。我们选择较短序列 B 的中位数$b_{m/2}$作为中心点，并在较长的序列A中进行搜索。可能出现两种情况：①$b_{m/2} \in A$，对于某些j来说，$b_{m/2} = a_j$，因此$b_{m/2}$将作为交集$A \cap B$的元素返回；②$b_{m/2} \notin A$，比如$a_j < b_{m/2} < a_{j+1}$（假设$a_0 = -\infty$且$a_{n+1} = +\infty$）。在这两种情况下，交集算法会递归地在每个序列A和B的两部分中继续处理，从而递归地计算$A[1, j] \cap B[1, m/2-1]$和$A[j+1, n] \cap B[m/2+1, m]$。一个小的优化是，在情况①中，元素$b_{m/2} = a_j$可以在第一次递归调用时丢弃。

互相分区的运行示例如图 6.3 所示，伪代码见算法 6.1。这里 B 的中位数是 12，它被用作对两个已排序序列 A 和 B 进行互相分区的中心点。中心点将 A 分成了两个不平衡的部分（即$A[1,3]$和$A[5,12]$），将B分成了两个几乎相等的部分（即$B[1,4]$ 和 $B[6,9]$），这两个部分递归且对应地进行交集计算。因为中心点同时出现在 A 和 B 中，因此它将作为交集的一个元素返回。此外，我们注意到 A 的第一部分比 B 的第一部分短，因此在递归调用中它们的角色将被交换。

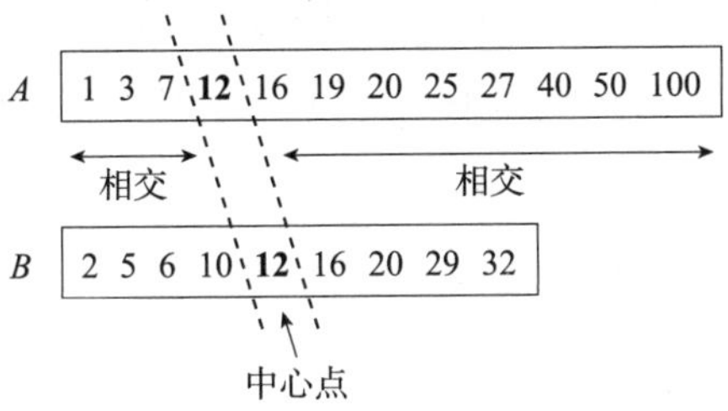

图 6.3　互相分区的运行示例。互相分区范式的第一步：中心点 12 是最短序列 B 的中位数。中心点将排序序列 A 分成两部分，一部分等于$\{1,3,7\}$，另一部分等于$\{16,19,20,25,27,40,50,100\}$。这两部分分别与由中心点 12 分割的序列 B 的两部分递归并相应地进行交集运算

算法 6.1　基于互相分区的排序集合求交集算法

设 $m = |B| \leqslant n = |A|$，否则交换 A 和 B 的角色；

选择 B 的中间元素 $p = b_{\lfloor m/2 \rfloor}$；

在 A 中使用二分搜索找到 p 的位置，即 $a_j \leqslant p < a_{j+1}$；

递归计算 $A[l, j] \cap B[l, m/2-1]$；

if $p=a_j$ **then**

　　print p;

end if

递归计算 $A[j+1, n] \cap B[m/2+1, m]$；

在这种情况下，正确性很容易证明。为了评估时间复杂度，我们需要确定最坏情况。先从最简单的情况开始，即中心点落在 A 外部（$j=0$或$j=n$）。这意味着 A 中的两个部分有一个是空的，因此 B 中相应的一半可以在随后的递归调用中舍弃。这样，对 A 进行一次二分查找需要的时间为$O(\log n)$，就已经丢弃了 B 的一半。如果在所有递归调用中都出现这种情况，那么递归调用的总时间为$O(\log m)$，从而使算法的总时间为$O(\log m \log n)$。也就是说，A 的不平衡分区使得交集算法的效果非常好。这与递归算法在不平衡分区上表现最差的情况相反。另一种情况，假设中心点$b_{m/2}$位于序列 A 内部，并考虑它与 A 的中位元素 $(a_{n/2})$ 重合。在这种特定情况下，两个分区在相交的两个序列中都是平衡的，因此时间复杂度可以通过递归关系$T(n,m)=O(\log n)+2T(n/2,m/2)$来表示，当$n,m\leqslant 1$时，时间复杂度为$T(n,m)=O(1)$。可以证明，对于任意$m\leqslant n$，此递归关系都有解$T(n,m)=O\left(m\left(1+\log\frac{n}{m}\right)\right)$。值得注意的是，这个时间复杂度包含了基于归并算法和基于二进制搜索算法的时间复杂度。事实上，当$m=\Theta(n)$时，时间复杂度类似归并算法，记为 $T(n,m)=O(n)$；当 $m \ll n$ 时，时间复杂度类似二进制搜索算法，记为 $T(n,m)=O(m\log n)$。

实际上，在比较模型中，互相分区的时间复杂度是最优的，因为这源于经典的二叉决策树论证：对于集合交集问题，在仅考虑$B\subseteq A$的情况下，至少存在$\binom{n}{m}$个解决方案，因此每个基于比较的算法在计算任意一个解时都必须执行$\Omega\left(\log\binom{n}{m}\right)$个步骤，根据二项式系数的定义，其结果为$\Omega\left(m\log\frac{n}{m}\right)$。

定理 6.3 基于互相分区范式的算法解决排序集相交问题的时间复杂度为 $O\left(m\left(1+\log\frac{n}{m}\right)\right)$。在比较模型中，这个时间复杂度是最优的。

6.3 倍增搜索

尽管互相分区范式具有最优的时间复杂度，但它在很大程度上依赖于递归调用和二分查找，而这两种模式在磁盘上处理长序列时性能较差，因此存在大量的递归调用（动态内存分配）和二分查找步骤（随机内存访问）。为了解决这些问题，我们引入了另一种处理已排序集合交集的方法，这种新的算法模式称作倍增搜索（doubling search）或跳跃搜索（galloping search），有时也称为指数搜索（exponential search）。这种方法可以通过归纳法清晰地解释。

假设我们已经检查了B中的前$j-1$个元素是否出现在A中，并且b_{j-1}在排序后的A中紧接在a_i之后，这意味着$a_i \leqslant b_{j-1} < a_{i+1}$。要检查$B$的下一个元素$b_j$，只需在$A[i+1,n]$中搜索即可。这种方法的妙处在于，我们并不对这个子数组进行二分查找，而是执行倍增搜索，即在$A[i+1,n]$中以2的幂级数增长的距离进行检查，因此称为“倍增”。这意味着我们将b_j与元素$A[i+2^k]$（$k=0,1,\cdots$）进行比较，直到找到$b_j<A[i+2^k]$，或者已经跳出了数组A，使得$i+2^k>n$。最后，我们在$A\left[i+1,\min\left\{i+2^k,n\right\}\right]$中对$b_j$进行二分查找，如果搜索成功，则返回$b_j$。这样就确定了该子数组中$b_j$的位置，即$a_{i'} \leqslant b_{j-1} < a_{i'+1}$，该过程在随后搜索$B$的下一个元素时丢弃$A[1,i']$来重复进行。算法6.2显示了倍增搜索的伪代码，图6.4所示为倍增搜索示例。

算法6.2　基于倍增搜索的排序集合求交集算法

```
1: 设 m = |B| ≤ n = |A|, 否则交换 A 和 B 的角色;
2: i = 0;
3: for j = 1, 2,···, m do
4:     k = 0;
5:     while (i + 2^k ≤ n) and (B[j] > A[i + 2^k]) do
6:         k = k + 1;
7:     end while
8:     i' = 在A[i + 2^(k-1) + 1, min{i + 2^k, n}] 范围内二分查找 B[j] 的位置;
9:     if a_i' = b_j then
10:        print b_j;
11:    end if
12:    i = i';
13: end for
```

它的正确性是显而易见的，而时间复杂度的推导计算则比较复杂。我们用$i_j=i'$表示b_j在A中出现的位置，并用i_{j-1}表示b_{j-1}在A中出现的位置，显然$i_{j-1} \leqslant i_j$。为了便于说明，我们设$i_0=0$并用$\varDelta_j=\min\left\{2^{k-1},n\right\}$表示执行$b_j$二分查找的子数组大小（根据算法6.2的步骤8）。从步骤5的while循环条件来看，b_j在A中的位置满足$i_j \geqslant i_{j-1}+2^{k-1}$（即$b_j$大于之前在$A$中选中的元素），且$i_j<\min\left\{i_{j-1}+2^k,n\right\}$（即$b_j$小于$A\left[i_{j-1}+2^k\right]$或被选中的位置不在$A$中）。我们可以写成$2^{k-1} \leqslant i_j-i_{j-1}$并与$\varDelta_j$的定义相结合，得到$\varDelta_j \leqslant 2^{k-1} \leqslant i_j-i_{j-1}$。至此，我

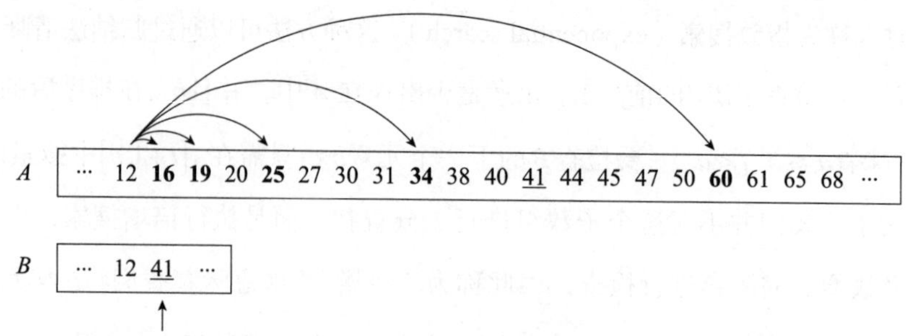

图 6.4　倍增搜索示例：假设两个序列 A 和 B 在元素 a_i=12 有交集。序列 B 中的下一个元素 b_j=41（用向上箭头指示），将在序列 A 中 12 以后的元素中进行指数搜索。该搜索以 2 的幂次 1、2、4、8、16 的距离检查 A 中元素，直到找到比 41 大的元素 60，从而确定序列 A 可以对 41 进行二分查找的部分。我们注意到，搜索的子数组大小为 16，而 41 与 12 在序列 A 中的距离为 11，因此，在此示例中证明了二分查找是一个在大小小于实际搜索元素距离两倍的子数组上执行的

们已经拥有了用于估计数组 A 中搜索子数组的总长度（$\sum_{j-1}^{m}\Delta_j \leqslant \sum_{j-1}^{m} i_j - i_{j-1} \leqslant n$）的所有数学要素，后者是一个伸缩求和（telescopic sum），除了 $i_0 = 0$ 和 $i_m = n$ 之外，求和中的连续项都会相互抵消。因为步骤 5～7 中的 while 语句以及步骤 8 中的二分查找，所以对于每个 j，算法 6.2 执行 $O\left(1+\log\Delta_j\right)$ 步。对 $j=1,2,\cdots,m$ 相加求和，得到总的时间复杂度为 $\sum_{j=1}^{m} O\left(1+\log\Delta_j\right)\ O\left(\sum_{j=1}^{m}\left(1+\log\Delta_j\right)\right) = O\left(m + m\log\sum_{j=1}^{m}\frac{\Delta_j}{m}\right)$。⊖

定理 6.4　基于倍增搜索范式的算法解决排序集合交集问题的时间复杂度为 $O\left(m\left(1+\log\frac{n}{m}\right)\right)$。在比较模型中，该时间复杂度是最优的。

我们注意到，这种算法的时间复杂度与基于互相分区范式（见定理 6.3）的算法一样；与互相分区不同的是，倍增搜索范式是迭代的，因此它不执行任何递归调用。

6.4　两级存储方法

虽然之前的方法避免了对两个排序序列 A 和 B 进行递归划分所带来的一些问题，但由于采用了倍增搜索方案，仍然需要跳过数组 A。我们知道，在分级存储中执行这种方法效率很

⊖ 应用詹森不等式（Jensen's Inequality），参见 https://en.wikipedia.org/wiki/Jensen's_inequality。

低。为了避免这个问题，算法工程师采用了两级数据的组织方案，这是一种在两级存储模型中非常常见的高效数据结构存储方案。这种存储方案的主要思想是，在搜索引擎场景预处理所有集合中的排序列表，从逻辑上将每个列表划分为若干大小为 L 的块，最后一个块可能较短，并将每个块的第一个元素复制到一个辅助序列中。然后，这个辅助序列将用于加速在用户查询中涉及两个词项的任意一对集合的交集操作。举例来说，假设集合 A 的长度 n 是 L 的倍数，例如 $n=hL$。刚刚描述的对 A 的预处理创建了大小为 L 的 h 个块 A_i，并将每个块的第一个元素 $A_i[1]=A[(i-1)\times L+1]$ 复制到一个大小为 h 的辅助序列 A' 中。这个预处理会在所有输入集上执行，两级存储方法示例如图 6.5 所示。

在查询时，给定两个预处理过的集合 A 和 B，计算它们的交集分为两个主要阶段。为了便于理解，假设A比B长，即$n=|A|>|B|=m$。第一阶段应用合并排序的合并过程，将排序序列 A' 和B合并成唯一的排序序列（参见 5.1 节），该序列由B中的元素和 A' 中的元素穿插组成，需要的时间复杂度为$O(n/L+m)$。现在，让B的连续子序列B_i位于 A' 的两个连续的元素$A_i[1]$和$A_{i+1}[1]$之间。这意味着B_i的元素可能出现在块A_i中，因此第二阶段执行定理 6.1 基于合并的集合交集算法来计算$A_i \cap B_i$，时间复杂度为$O(|A_i|+|B_i|)=O(L+|B_i|)$。实际上，这个算法将会在所有的$A_i$ 和B_i对集合上执行，其中B_i为非空子集。因为 $B=\bigcup_i B_i$，所以这些集合对不超过 m，第二阶段的总耗时为 $O(Lm+m)$。可以观察到序列以最优的 I/O 次数进行，总结两个阶段的时间复杂度，可以得到定理 6.5。

定理 6.5　基于两级存储范式的算法解决排序集合求交集问题的时间复杂度为 $O\left(\frac{n}{L}+mL\right)$，I/O 复杂度为 $O\left(\frac{n}{LB}+\frac{mL}{B}+m\right)$，其中$B$是双层存储模型中磁盘页的大小。

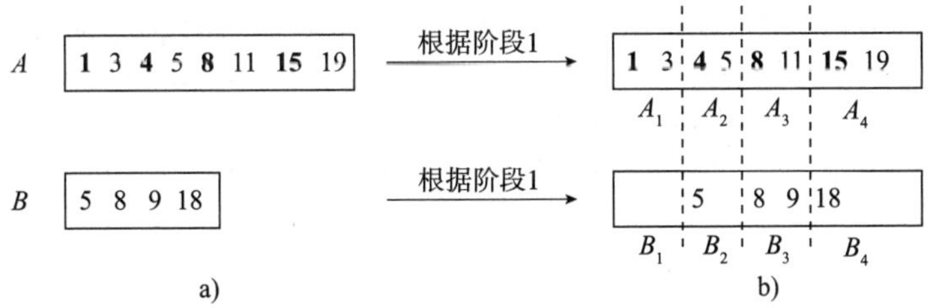

图 6.5　两级存储方法示例。图 6.5a 用粗体显示了在给定 L=2 的情况下，A 中被复制到辅助序列$A'=(1,4,8,15)$ 的元素。同时，B 被预处理生成两个长度为 L 的块，这两个块以 5 和 9 为首元素。为了清晰起见，图 6.5a 中没有展示 B 的分块，因为在这个例子中没有使用，其中$|A|>|B|$。图 6.5b 形象地显示了如何划分 B 的元素，根据$A_i[1]$将A'和 B 合并到子集 B_i 中（第一阶段）。块 B_1 是空的，因为在 B 中没有元素介于$A_1[1]=1$和$A_2[1]=4$之间。因此，第二阶段不检查 A_1，它被从计算中剔除，并且没有任何时间成本。第二阶段执行的子集对$A_i \cap B_i$，对于$i=2,3,4$，返回正确的交集$A \cap B=\{5,8\}$

我们注意到，两级存储方法适用于可以利用元素的压缩存储来节省空间的场景下，由于处理的数据量可能减少，因此整体性能也会随之提高。这一建议背后有两个主要思想，第一个是通过压缩方案来表示每个块$A_i = (a'_1, a'_2, \cdots, a'_L,)$中的递增元素，设定$a'_0 = 0$，$a'_j$表示与前一个元素$a'_{j-1}$的差值，其中$j = 1, 2, \cdots, L$。然后，每个差值不再使用完整的四字节或八字节来表示，而是使用$\lceil \log_2 (1 + \max\{a'_j - a'_{j-1}\}) \rceil$位进行压缩存储。由于两级存储方法在序列上向右进行，因此可以有效地对这些差值及其对应的元素进行解压缩。第二个思想源于这样一个观察：当差异较小时，这种压缩方案更有优势。因此，在预处理时，算法可以通过随机排列的方式对索引集合中的所有元素进行“洗牌”，人为地使这种情况发生，从而保证相邻（被“洗牌”）元素之间的最大间隙最小。随后，这些经过排列的集合会通过上述描述的两级存储方法进行预处理和查询。有关该方法变种的更多细节，请参见本章参考文献 [2,3,5]。

参考文献

[1] Ricardo Baeza-Yates. A fast set intersection algorithm for sorted sequences. In *Proceedings of the 15th Annual Symposium on Combinatorial Pattern Matching (CPM)*, Lecture Notes in Computer Science 3109, Springer, 400–8, 2004.

[2] Jérémy Barbay, Alejandro López-Ortiz, Tyler Lu, and Alejandro Salinger. An experimental investigation of set intersection algorithms for text searching. *ACM Journal of Experimental Algorithmics*, 14(3), 7–24, 2009.

[3] Bolin Ding and Arnd Christian König. Fast set intersection in memory. *Proceedings of the VLDB Endowment (PVLDB)*, 4(4): 255–66, 2011.

[4] Christopher D. Manning, Prabhakar Raghavan, and Hinrich Schütze. *Introduction to Information Retrieval*. Cambridge University Press, 2008.

[5] Peter Sanders and Frederik Transier. Intersection in integer inverted indices. In *Proceedings of the 9th Workshop on Algorithm Engineering and Experiments (ALENEX)*, 71–83, 2007.

[6] Hao Yan, Shuai Ding, and Torsten Suel. Inverted index compression and query processing with optimized document ordering. In *Proceedings of the 18th International Conference on World Wide Web (WWW)*, Association for Computing Machinery, 401–10, 2009.

[7] Ian H. Witten, Alistair Moffat, and Timothy C. Bell. *Managing Gigabytes*. Morgan Kauffman, second edition, 1999.

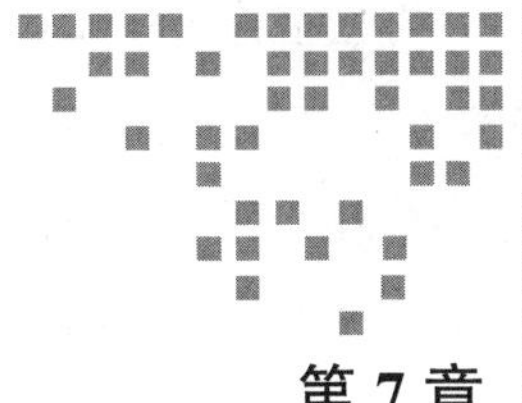

第 7 章 Chapter 7

字符串排序

在第 5 章中，我们讨论了原子项的排序问题，原子项指的是那些需要固定空间或者需要作为原子对象进行整体管理的无须考虑其组成部分的排序项。在本章中，我们将推广这些算法，并引入新的算法，来处理可变长度的排序项（即字符串）。更正式地说，本章将致力于高效地解决以下问题：

> **字符串排序问题** 给定一个总长度为 N 的字符串序列 $S[1,n]$，每个字符串是由大小为 σ 的字母表中的字符组成，将这些字符串按照字典序升序排序。

解决这个问题的第一个思路是通过对一对字符串使用合适的比较函数来充分利用基于比较的排序算法（如 QuickSort 或 MergeSort）。一个显而易见的方法是从两个字符串的开头开始，逐字符进行比较，找到它们不匹配的字符，然后根据不匹配的字符找出它们的字典序。设$L = N / n$为序列 S 中字符串的平均长度。由于每次字符串的比较可能平均涉及 $O(L)$ 个字符，所以一个最优的基于比较的排序算法在内存中的平均时间复杂度为$O(Ln\log n) = O(N\log n)$。

除了时间复杂度不是最优的（见 7.1 节）以外，这种方法在分层的存储结构中的主要限制是，S 通常被实现为一个指向字符串的指针数组，这些字符串可能随机存储在计算机的内存中（当 N 非常大时，也可能存储在磁盘上）。图 7.1 所示为字符串分配的两个示例。无论算法选择何种分配方式，排序算法都会通过移动指针（而不是字符串）间接地对 S 进行排序。这种情况通常会被程序员忽视，其结果是在大型字符串集合上执行时速度会变得缓慢。变慢的原因很明显，每次在两个指针（比如$S[i]$和$S[j]$）之间执行字符串比较时，首先要解析出指针对应的字符串，然后再逐字符进行比较。一种结果是，每次字符串比较都可能会有两次缓存未命中或两次 I/O 操作，该算法总共需要$\Theta(n\log n)$次 I/O 操作。如本书第 1 章中所提到的，操作系统的虚拟内存会缓存最近比较过的字符串，以此来减少可能发生的 I/O 操作。然而，指针数组和字符串数组会竞争缓存空间，并且反复扫描已经比较过的字符串前缀，这样就会浪费很多的时间。

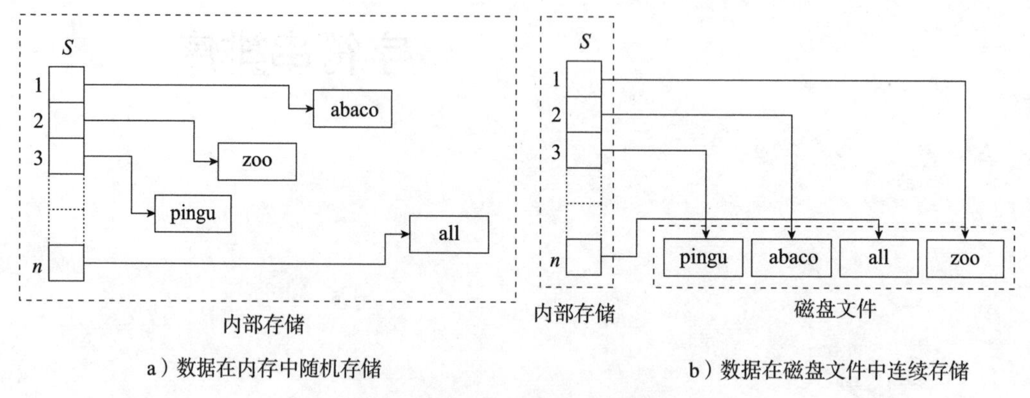

图 7.1　字符串分配的两个示例

因此，本章接下来的内容将提出一些算法，这些算法包含 I/O 操作的存储访问模式，其不仅在字符比较的次数上是最优的，而且在分层的存储结构中也是高效的。

7.1　字符串排序下界

设d_s是字符串$s\in S$最短前缀的长度，这个前缀能够将它与集合中其他字符串区分开来。这个值d_s被称为字符串 s 的区分前缀（distinguishing prefix），而所有字符串的这些值之和被称为集合 S 的区分前缀，并表示为$d=\sum_{s\in S} d_s$。参考图 7.1，假设 S 由四个字符串组成，字符串 all 的区分前缀是 al，因为这个子字符串不会作为任何其他字符串在 S 中的前缀，而以 a 开头的还有 abaco，所以 a 不是区分前缀。

显然，任何字符串排序算法都必须比较字符串 s 的最初 d_s 个字符，否则无法将 s 与 S 中的其他字符串区分开，从而无法找到它在排序集合中的字典序位置。因此，$\Omega(d)$必须出现在字符串排序下界中。要得出比较的下界，需要同时考虑在 n 个字符串之间计算排序顺序的成本为$\Omega(n\log n)$，由于至少需要比较每个字符串的一个字符来对它们进行排序，所以至少需要$\Omega(n\log n)$次比较。

引理 7.1　任何字符串排序算法都必须执行 $\Omega(d+n\log n)$ 次字符比较。

这个公式需要注意几点。假设 n 是 2 的幂，S 中的 n 个字符串由初始相同的 ℓ 位和另外不同的 $\log n$ 位两部分组成，因此 $d_s=\ell+\log n$ 且 $d=n(\ell+\log n)=N$。在这种情况下，由 $N=n(\ell+\log n)\geqslant n\log n$ 可知下界为 $\Omega(N+n\log n)=\Omega(N)$。但是基于归并排序或快速排序的字符串排序时间复杂度为 $\Theta(N\log n)$。这些算法可能并非最优的，因为对于任意 ℓ，都差了一个 $\Theta(\log\ n)$ 因子，而且随着 S 的基数增大，这个因子会变得越来越大。

有人可能会想，是否可以在不查看字符串全部内容的情况下实现字符串排序。事实上，当 $d<N$ 时是可以实现的，这也是引入参数 d 的原因，这个参数使我们能够对本章后面讨论的算法进行细致分析。

7.2　基数排序

想要获得更高效的字符串排序算法，第一步是把字符串看成从字母表 $\{0,1,2,\cdots,\sigma-1\}$（即数字）组成的字符序列。先对 S 中出现的字符进行排序，然后为每个字符指定一个整数（即其排序序数），即可轻松实现排序。这通常被称为命名过程，由于我们可以使用一棵二叉搜索树对 S 中出现的最多 σ 个不同的字符进行排序，因此需要的时间复杂度为 $O(N\log\sigma)$。

因此，我们接下来假设 S 中的字符串是从一个大小为 σ 的整数字母表中抽取的，如果情况并非如此，就必须在算法的时间复杂度中加入一个 $O(N\log\sigma)$ 项。此外，我们注意到每个字符可以编码为 $\lceil\log_2\sigma\rceil$ 位。因此，用位为单位衡量时，输入规模是 $\Theta(N\log\sigma)$。

我们可以设计两种主要的基数排序（RadixSort）变体，这两种变体的区别在于处理字符串的数字顺序：最高有效位优先（MSD-first）从最高有效位开始向右处理字符串，最低有效位优先（LSD-first）从最低有效位开始向左处理字符串。

7.2.1　最高有效位优先

该算法采用分治策略，从字符串开头逐个处理字符，并将字符串递归分配到 σ 个桶中，每个字符的处理时间不变。图 7.2 所示为最高有效位优先示例，其中 S 包含从大小为 $\sigma=10$ 的字母表中生成的七个字符串。字符串根据其首位（最重要）数字分布在 10 个桶中。由于桶 1 和桶 7 各包含一个字符串，因此它们的排序是已知的。相反，桶 0 和桶 9 必须根据其中字符串的第二位数字递归排序。最终，按照从左到右的顺序将所有单个字符串连接起来，就得到了有序的 S。

不难注意到，基于分布的方法会生成搜索树。经典的快速排序会生成一个二叉搜索树。最高有效位优先的基数排序（MSD-first RadixSort）在每个分发步骤中都会对 S 的字符串执行 σ- 叉分区处理，所以会生成一个 σ- 叉树。这种树在文献中被称为字典树（Trie）或数字搜索树，其主要用途是字符串搜索（我们将在第 9 章详细说明）。

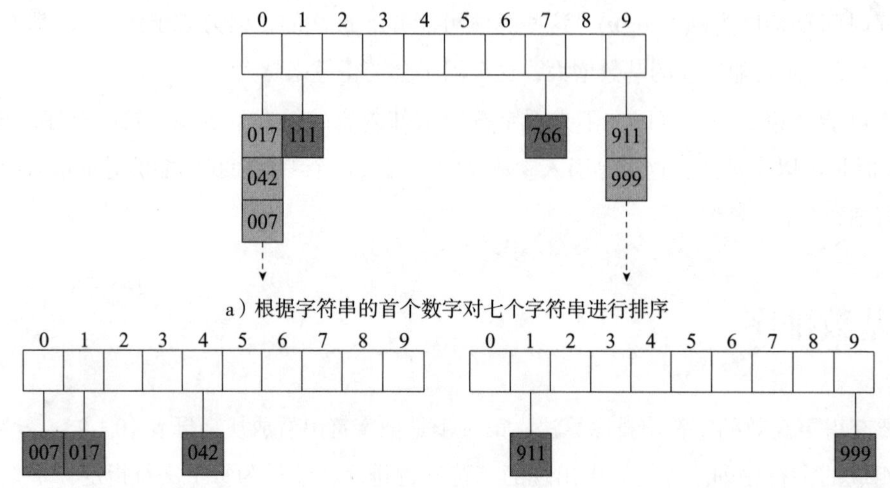

图 7.2　最高有效位优先示例

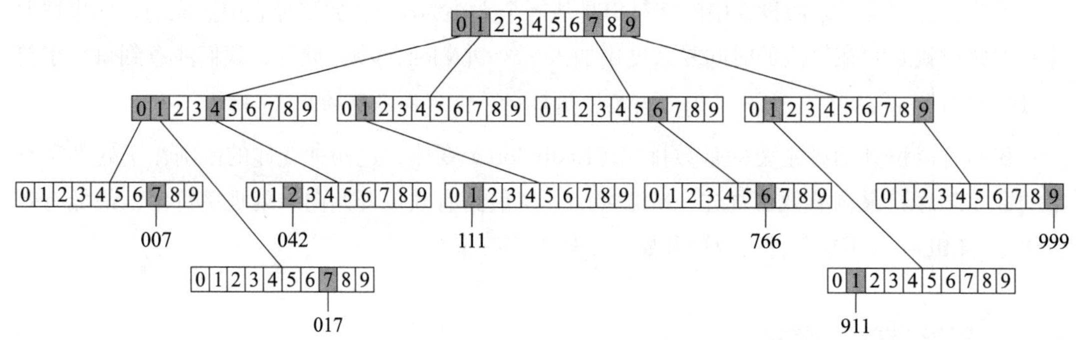

图 7.3　图 7.2 中的字符串基于字典树的最高有效位优先的基数排序

图 7.3 所示为图 7.2 中的字符串基于字典树的最高有效位优先的基数排序。每个节点都是一个大小为 σ 的数组，数组的每个元素对应可能出现在字符串集合中的一个字符。字符串存储在字典树的叶子节点中，因此有 n 个叶子节点。内部节点比 N 少，每个节点对应集合 S 中字符串出现的字符。对于给定的节点 u，从字典树的根到 u 的向下路径连起来的字符串，称为 $s[u]$，这个字符串是通过连接路径遍历中遇到的字符而获得的。例如，通往叶子 017 的路径穿过三个节点，每个节点对应该字符串的一个字符。然后，固定一个节点 u，所有从 u 开始的字

符串共享相同的前缀 $s[u]$。例如，空字符串 $s[\text{root}]$，显然被 S 中的所有字符共享。最后，根的最左边的子节点拼接得到字符串 0，它是沿着数组中 0 对应的边到达的。

请注意，字典树可能包含单一节点（unary node），即只有一个子节点的节点，例如在通向字符串 111 和 666 的路径上的节点。而所有其他内部节点至少有两个子节点，被称为分支节点（branching node）。在图 7.3 中，有九个单一节点和三个分支节点，分别是 n=7 和 N=21。一般来说，字典树最多可以有 n 个分支节点和 N 个单一节点。实际上，具有向下分支节点的单一节点最多有 d 个。这些单一节点对应 S 中字符串区分前缀的字符，而最低的分支节点对应区分前缀的终止字符。另外，从字典树中最低的分支节点到叶子节点的单一路径对应这些区分前缀之后的字符串后缀。从算法角度来说，单一节点相当于最高有效位优先的基数排序比较字符相同的项形成的桶，分支节点对应比较字符不同的项形成的桶。

在图 7.3 中，如果字典树中的边标签按字母顺序排序，那么按照字典树的前序遍历顺序读取叶子节点就会得到已排序的字符串集合 S。这表明了一种简单的基于字典树的字符串排序方法。

这个方法是从一个空的字典树开始，然后依次插入字符串。在当前字典树中插入一个字符串$s \in S$ 的过程包含向下追踪的路径，直到字符串 s 的字符与现有边的标签（即σ大小的数组的非空项）匹配为止。一旦字符串 s 中的下一个字符不能与到达节点 u 处的任何边匹配[⊖]，那么我们就认为找到了字符串 s 的不匹配点。然后，在节点 u 处向字典树添加一个特殊的节点。这个特殊节点指向字符串 s 的分支字符，其特殊性在于我们已经去掉了字符串 s 尚未匹配的后缀，但是指向字符串的指针隐式地跟踪了它，以便在随后的插入中使用。实际上，如果在插入另一个字符串 s' 时遇到了特殊节点 u，那么路径会回到与它链接的字符串s，并为构成字符串 s 与 s' 之间的公共前缀的其他字符创建一条单一路径，该路径从特殊节点 u 向下延伸。这条路径的最后一个节点分支到 s 和 s'，可能再次删除与这两个字符串尚未匹配的后缀路径，同时为每个字符串创建一个特殊节点。

每当创建一个字典树节点时，都会分配一个大小为σ的数组，从而需要$O(\sigma)$的时间和空间。因此可以证明以下定理。

定理 7.1　对于一个由大小为σ的（整数）字母表组成且区分前缀为 d 的字符串集合，可以通过使用大小为σ的数组和字典树的最高有效位优先基数排序算法，在$O(d\sigma)$的时间和空间复杂度内完成排序。

证明　创建一个指向字符串 s 的特殊节点后，每个字符串 s 都会在字典树中生成一条长度为 d_s 的路径。这些路径上的每个节点都分配了σ大小的空间，并且需要σ时间来完成创建。此外，遍历一个字典树节点的时间是$O(1)$，因此每个遍历或创建节点所花费的时间是$O(\sigma)$。访

⊖　这实际上意味着，在节点 u 的大小为σ的数组中，与字符串 s 的下一个字符对应的槽位为空。

问构建好的字典树，并从左到右列出其叶子节点，可以得出结论，叶子是按照字典序进行排序的，因为字符的命名也是按照字典序进行的。

空间占用率很大，我们应减少占用的存储空间。一种方法是用哈希表（带链表）代替每个节点 u 中大小为σ的数组，哈希表的大小与离开该节点 u 的边的数量（即e_u成正比，并通过与该边标签关联的数字进行索引 ㊀。这确保了在每个节点中搜索和插入一个边的预期时间为$O(1)$。正如我们观察到的，边的数量可以由内部节点的数量$O(d)$加上特殊节点的数量（n 个叶子节点）来界定，所以$\sum_u e_u = O(d+n) = O(d)$。因此，我们可以推导出构建时间，将所有字符串插入到字典树中的时间为$O(d)$（这里每次访问节点花费的时间是常数），对字典树中所有节点的边进行排序的时间复杂度为$O\left(\sum_u e_u \log e_u\right) = O\left(\sum_u e_u \log\sigma\right) = O\left(d\log\sigma\right)$，通过前序遍历从左到右扫描字典树叶节点，按字典序获得字符串的时间复杂度为$O(d)$。

定理 7.2 对于一个大小为σ的（整数）字母表和具有区分前缀 d 的字符串集合，可以在最高有效位优先的基数排序中使用带哈希的字典树进行排序，预计时间复杂度为$O(d\log\sigma)$，空间复杂度为$O(d)$。

当σ很小时，我们不能断定这个结果优于定理 7.1 中提供的下界，因为引理 7.1 适用于基于比较的算法，不适用于哈希或整数排序算法。

使用压缩字典树（compacted trie），即将压缩的单一路径视为单一边，可以进一步将字典树的空间减少到$O(n)$，将构建时间降低到$O(d+n\log\sigma)$，其长度等于该单一路径上的字符数。我们将在第 9 章详细讨论这种数据结构。

7.2.2 最低有效位优先

赫尔曼·霍勒里斯（Herman Hollerith，IBM 公司的创始人）在一个多世纪前发明了一种新的排序算法，这个发明用于 1890 年美国人口普查的卡片排序机。㊁ 该算法很反直觉，因为它采用了从最低有效位开始逐位对字符串进行排序的策略，并使用一个稳定的排序算法作为黑盒。我们需要记住，一个排序算法当且仅当在最终排序顺序中保持相同键的输入顺序时才是稳定的。我们使用计数排序（CountingSort）作为稳定的排序方法 [3]，并假设所有字符串具有相同的长度 L；如果不是，则在它们的前面会逻辑填充一个特殊的数字，该数字被假定为小于任何其他字母数字。逻辑上说，首先从最低有效位开始的基数排序将正确获得有序的字

㊀ 在第 8 章中将介绍更复杂的基于哈希的解决方案。但是，在本章中，我们将考虑带链表的哈希，这是每个基础算法课程中的经典主题，足以满足本章教学需求。

㊁ 参考维基百科中关于赫尔曼·霍勒利特（Herman Hollerith）的内容：http://en.wikipedia.org/wiki/Herman_Hollerith。

典序列。

最低有效位优先基数排序由 L 个阶段组成，分别为$i=1,2,\cdots,L$。在每个阶段，我们都会对所有字符串根据它们的第 i 个最低有效位进行稳定排序。最低有效位优先基数排序的运行示例如图 7.4 所示，较粗的数组（字符）是当前阶段将要排序的数字，而下划线数字是在前面阶段已经排序过的。每个阶段都会产生一个新的排序字符串顺序，该顺序利用了前面阶段中从输入序列中获得的顺序，用来解决在当前比较位置 i 上出现相等数字的字符串的顺序问题。例如，在图 7.4 的第二个阶段，字符串 111 和 017 出现了相同的第二位，因此在第二阶段的排序中，111 会排在 017 之前，只是因为这是第一次排序步骤之后的顺序。但是在最后一个阶段中，该顺序将会被正确调整，因为该阶段处理的是第三位数字，即 1 与 0。

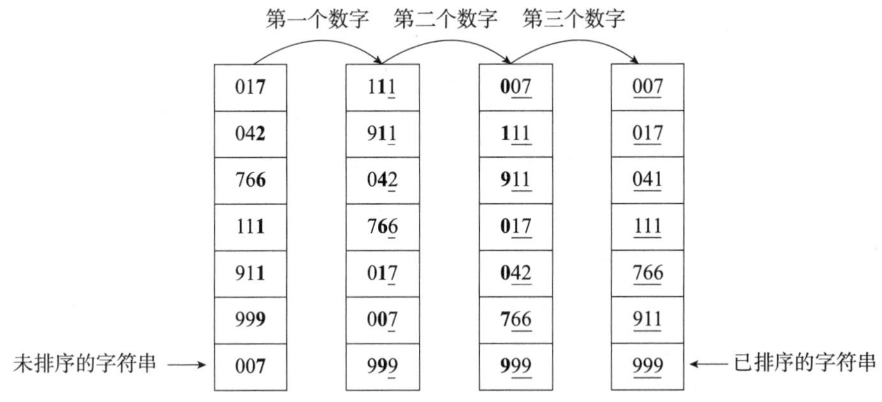

图 7.4 最低有效位优先基数排序的运行示例。普通数字表示尚未处理，下划线标记的数字表示已经处理，粗体数字则是当前正在处理并驱动着稳定排序算法的数字。因为字符串由三个数字组成，所以只需三个阶段就足以对字符串进行排序

时间复杂度可以简单估算为 L 次执行计数排序的成本，其中 n 是输入字符串中的整数位数，$\{0,1,\cdots,\sigma-1\}$是可能出现的数字范围。因此，这个排序的时间复杂度是$O\left(L(n+\sigma)\right)$。这个排序的一个优点是，如果排序算法本身是原地排序，那么它也是原地排序，即$\sigma=O(1)$。

引理 7.2 最低有效位优先基数排序可以在$O\left(L(n+\sigma)\right)=O(N+L\sigma)$的时间复杂度和$O(N)$的空间复杂度内解决字符串排序问题。当且仅当采用原地数字排序算法时，该算法才是原地的。

证明 时间和空间效率的证明基于之前的观察得出。算法的正确性通过计数排序的稳定性得到证明。假设α和β为 S 的两个字符串，并且按照它们的字典序$\alpha<\beta$。我们假设 S 的字符串具有相同的长度，因此可以将这两个字符串分解为三个部分：$\alpha=\gamma a\alpha_1$和$\beta=\gamma b\beta_1$，其中γ是α和β之间的最长公共前缀（可能为空），$a<b$是首个不匹配的字符，α_1和β_1是剩余的两个后缀（这些后缀可能为空）。

现在让我们来看一下α和β的数字比较过程。根据比较数字在前面提到的三部分中的位置，可以将其分为三个阶段。由于算法从最低有效位开始比较，首先比较α_1和β_1中的数字。前$|\alpha_1|=|\beta_1|$个阶段的排序结果不重要，因为在紧接着的阶段中，α和β会根据字符a和b进行排序。由于$a<b$，排序会将α放在β之前。其他$|\gamma|$个排序步骤将比较γ中的数字，在两个字符串中它们是相同的，由于计数排序的稳定性，它们的顺序不会改变。最终我们将正确地得到$\alpha<\beta$。由于这对于S中的任意一对字符串都成立，所以最低有效位优先基数排序产生的最终序列将按字典序排序。

前面提到的关于时间的界值得进一步讨论。最低有效位优先基数排序处理了所有字符串的所有数字，因此当$d \ll N$时，相对于最高有效位优先基数排序似乎并不具有吸引力。但是，最低有效位优先基数排序的效率取决于这样一个观察，即每个阶段可以对一组数字进行排序，而不是仅仅对单个数字进行排序。显然，组的长度越长，一个阶段的时间复杂度就越高，但阶段的数量就越少。因此，我们面临着一个关于这两个参数的权衡，并且可以通过深入研究这两个参数之间的关系来对其进行调整。在不失一般性的情况下，我们简化了讨论，假设S中的字符串是二进制，并且长度都是b位，所以$N\log\sigma=bn$。当然，在实践中这并不是限制，因为任何字符串都会以位序列的形式编码在内存中，每个数字需要占用$\log\sigma$位。

引理 7.3 最低有效位优先基数排序对每个由b位组成的n个字符串进行排序的时间为$\Theta\left(\frac{b}{r}(n+2^r)\right)$空间为$O(nb)=O(N\log\sigma)$。这里$r\leqslant b$是预先设定的正整数。

证明 我们将每个字符串分解为$g=b/r$组，每组包含r位。每个阶段将根据一个r位的组对字符串进行排序。因此，计数排序需要对$0\sim 2^r-1$（包括两个极端值）之间的n个整数进行排序，因此时间复杂度为$O(n+2^r)$。由于有g个阶段，所以总时间为$O\left(g(n+2^r)\right)=O\left((b/r)(n+2^r)\right)$。

给定n和b，我们需要选择一个适当的r值，以使时间复杂度最小。可以通过解析计算（即一阶导数）来推导这个最小值，但我们也可以通过以下方式进行论证。由于计数排序使用$O(n+2^r)$的时间来对每个r位的组进行排序，因此对于长度小于$\log n$位的组来说是没有意义的，因为无论如何都需要$O(n)$的时间。因此，我们必须在区间$[\log n, b]$中选择r。当r大于$\log n$时，时间复杂度随着$2^r/r$的比率而增加。因此，最佳选择是$r=\Theta(\log n)$，对应的时间复杂度为$O(bn/\log n)$。

定理 7.3 最低有效位基数排序在$\Theta(\log n)$位的组上使用计数排序对长度为b位的n个字符串进行排序，需要的时间为$O(bn/\log n)$，空间为$O(bn)$。该算法不是原地算法，因为它需要额外的$\Theta(n)$空间用于计数排序。

最后我们注意到，bn是 S 中字符串的总长度（以位为单位），由于每个字符需要$\log\sigma$位来表示，所有总长度为$N\log\sigma$。

推论 7.1　最低有效位优先基数排序在$O(N\log\sigma/\log n)$的时间和$O(N\log\sigma)$的空间内，解决了从大小为σ的字母表中生成的n个字符串的排序问题。

如果$d=\Theta(N)$且σ是一个常数〔这里由于字符串的不同，$N=\Omega(n\log n)$〕，那么基于比较的下界（引理 7.1）变为$\Omega(N)$。因此，最低有效位优先基数排序超过了这个下界，这并不奇怪，因为这个排序在整数字母表上操作，并使用了计数排序，所以它不是一个基于比较的字符串排序算法。

将基于字典树的最高有效位优先基数排序算法（定理 7.1、定理 7.2）与最低有效位优先基数排序算法进行比较，我们得出结论，对于$d=O(N/\log n)$，前者始终优于后者，这在大多数实际情况下都是正确的。实际上，无论字符串的组成如何，最低有效位优先基数排序都需要扫描整个字符串集合，而字典树构造可以在$d\ll N$时跳过一些字符串的后缀。然而，最低有效位优先方法避免了字典树构造所带来的动态内存分配以及字典树结构存储所占用的额外空间。在实践中，这些额外的空间和工作是不可忽视的，并且可能对最高有效位优先基数排序的实际性能产生不利的影响，甚至可能因为内存大小 M 的限制而无法在大型字符串集上使用。

7.3　多键快速排序

这是快速排序算法的一种变体，扩展了对可变长度项的处理，它是一个基于比较的字符串排序算法，并与引理 7.1 中给出的$\Omega(d+n\log n)$的下界相匹配。关于快速排序的概述，建议读者参阅第 5 章。在这里，我们只需要记住快速排序所依赖两个主要因素：选择中心点的过程和根据选择的中心点对输入数组进行划分的算法。在本书中，我们限制中心点的选择为随机选择，并且对输入数组进行了三分区。在第 5 章讨论的所有其他变体也可以很容易地适应到字符串场景中。

关键在于，不将排序项视为原子的，而是视为由多个字符组成的字符串来处理。现在中心点是一个字符，而输入字符串的分区是根据占据给定位置的单个字符来进行的。算法 7.1 详细描述了多键快速排序（multi-key QuickSort）算法的伪代码，其中假设输入字符串集合 R 是没有前缀的，因此 R 中的任何字符串都不是另一个字符串的前缀。假设R中的字符串是唯一的，并且在逻辑上用一个比字母表中的任何其他字符都小的虚拟字符填充，可以轻松地保证这个条件。这保证了 R 中任意一对字符串都存在一个有界的最长公共前缀（Longest Common Prefix，LCP），并且在 LCP 之后存在的不匹配字符在两个字符串中都存在。

算法 7.1 多键快速排序算法：MultikeyQS(*R*,*i*)

```
1: if |R| ⩽ 1 then
2:     return R;
3: else
4:     选择一个中心点字符串 p ∈ R;
5:     R< = {s ∈ R | s[i] < p[i]};
6:     R= = {s ∈ R | s[i] = p[i]};
7:     R> = {s ∈ R | s[i] > p[i]};
8:     A = MultikeyQS(R<, i);
9:     B = MultikeyQS(R=, i + 1);
10:    C = MultikeyQS(R>, i);
11:    return 串联后的序列 A, B, C;
12: end if
```

算法 7.1 接收一个要排序的字符串序列 R 和一个非负整数参数$i \geqslant 0$，该参数表示驱动 R 进行三分区的字符的偏移量。中心点字符为$p[i]$，其中 p 是在 R 中随机选择的一个字符串。在实际中，这个三分区可以遵循第 5 章中的 Partition 程序。MultikeyQS (R,i)假设输入参数满足以下不变量：R 中的所有字符串在它们长度为$(i-1)$的前缀上是按字典序排序的。因此，调用 MultikeyQS $(S,1)$来获得输入字符串集合$S[1,n]$的排序，对于初始序列S来说，该调用确保了不变量成立。步骤 5～7 将通用字符串序列 R 划分为三个子集，它们的命名清晰地表示了它们的内容。这三个子集都被递归排序，然后它们的有序序列最终被连接起来，以获得有序的 R。这里的关键问题是对三个递归调用传递的参数进行定义。

- 对$R_<$和$R_>$中的字符串进行排序，仍然需要重新考虑第i个字符，因为我们仅仅检查它是否小于 / 大于$p[i]$不足以确定这些字符串的顺序。因此，递归调用并不会增加 i 的值，它取决于不变量当前的有效性。
- 在$R_=$中，字符串的排序可以向前移动i，因为根据不变量，这些字符串在它们长度为$(i-1)$的前缀上已经排序，并且根据$R_=$的构造，它们的第 i 个字符是相同的。这个字符实际上等于$p[i]$，所以$p \in R_=$。

图 7.5 所示为多键快速排序算法的运行示例，读者也可以通过这里的讨论理解其正确性。因此，我们剩下的问题是计算 MultikeyQS 时间复杂度的期望值。让我们集中在单个字

符串上，比如$s \in R$，并计算在递归调用过程中涉及其某个字符的比较次数。一般递归调用 MultikeyQS(R,i) 有两种情况：要么$s \in R_< \cup R_>$要么$s \in R_=$。在第一种情况下，字符$s[i]$与中心点字符串$p[i]$的对应字符进行比较，然后s被包含在一个较小的集合$R_< \cup R_> \subset R$中，偏移量i保持不变。在另一种情况下，$s[i]$与$p[i]$进行比较，但由于它们相等，s 被包含在$R_=$中，偏移量i增加。如果中心点选择得当（参见第 5 章），三分区是平衡的，那么$|R_< \cup R_>| \leqslant \alpha n$，其中$\alpha < 1$是一个适当的常数。因此，这两种情况都需要$O(1)$的时间，但一种会将字符串集合减少一个常数因子，而另一种会增加i。由于初始集合$R = S$的大小为n，并且 i 的上界是字符串长度$|s|$，因此涉及s的比较次数是$O(|s| + \log n)$。对 S 中的所有字符串的比较次数求和，我们得到时间复杂度的上界是$O(N + n\log n)$。仔细观察第二种情况，可以发现 i 可以由属于 s 区分前缀的字符数d_s限制上界，因为这些字符将导致 s 位于单独的集合中。

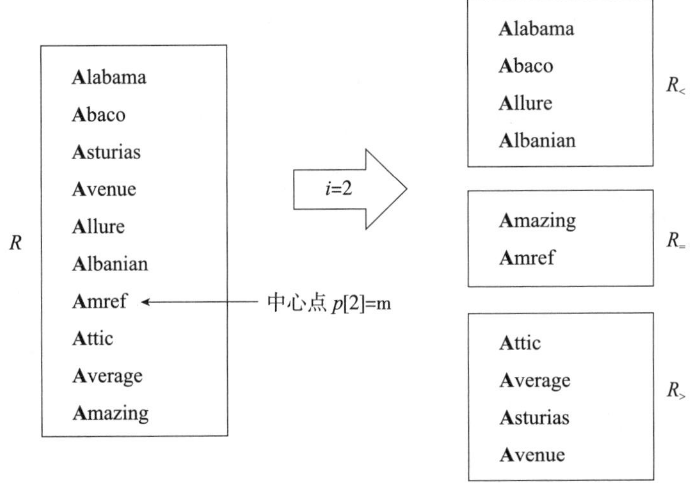

图 7.5　多键快速排序算法的运行示例。根据需要保证的不变量，用粗体表示在 R 中所有字符串共享的长度为 1 的前缀。随机选择的中心点字符串是 p=Amref，因此用于将字符串集合 R 进行三向划分的字符是 p[2]=m

定理 7.4　使用多键快速排序解决字符串排序问题需要的字符比较次数的期望值是$O(d + n\log n)$，该界在比较模型下是最优的。采用最坏情况的线性时间算法将 R 的中位数作为中心点，可以将该界转化为最坏情况的界。

与前几节使用字典树的排序算法相比，多键快速排序在实践中更为实用，因为它更简单，无需额外的数据结构（如哈希表或σ大小的数组），而且其时间复杂度的大 O 表示中隐藏的常数非常小。

我们在本节中指出了多键快速排序和三叉搜索树之间的一个有趣的类比[4]。三叉搜索树是搜索数据结构，每个节点包含一个分割字符以及三种类型的指针：低指针、相等指针和高指针（或左指针、中间指针和右指针）。从某种意义上说，三叉搜索树可以看作通过将字典树中前缀边上第一个字符小于或大于分割字符的子节点合并在一起得到的。三叉搜索树之所以优雅且高效，是因为它采用了这种三分支的结构，这明显简化了经典字典树的$\sigma-$叉分支，并且还减少了每个节点分支未命中缓存的情形。

如果某个节点在第 i 个位置上以字符 c 进行分割，那么从左子节点（或右子节点）下降的字符串是其第 i 个字符小于（或大于）c 的字符串。而中间子节点指向的字符串第 i 个字符等于 c。此外，与多键快速排序类似，当下降到左 / 右子节点时，迭代器 i 不会变化，而下降到中间子节点时，迭代器 i 会增加。

三叉搜索树可以通过随机顺序插入字符串或应用各种已知方案来实现平衡。搜索过程中，根据遇到的节点的分割字符来沿着边进行。图 7.6 所示为一个用于 12 个双字母字符串的三叉搜索树的示例。对于模式 $P=$"ir" 的搜索从根节点开始，根节点标记着字符 i，并初始化迭代器 $i=1$。由于$P[1]=i$，搜索向下移动到中间子节点，i 增加到 2，并到达分割字符 s 的节点。在这里，$P[2]=r<s$，因此搜索到左子节点并保持 i 不变。在该节点处，搜索停止，因为它是一个指向字符串 in 的叶子节点。因此，搜索得出结论，P 不在由三叉搜索树索引的字符串集合，并且实际上还可以确定 P 的字典序位于 in 的右边。

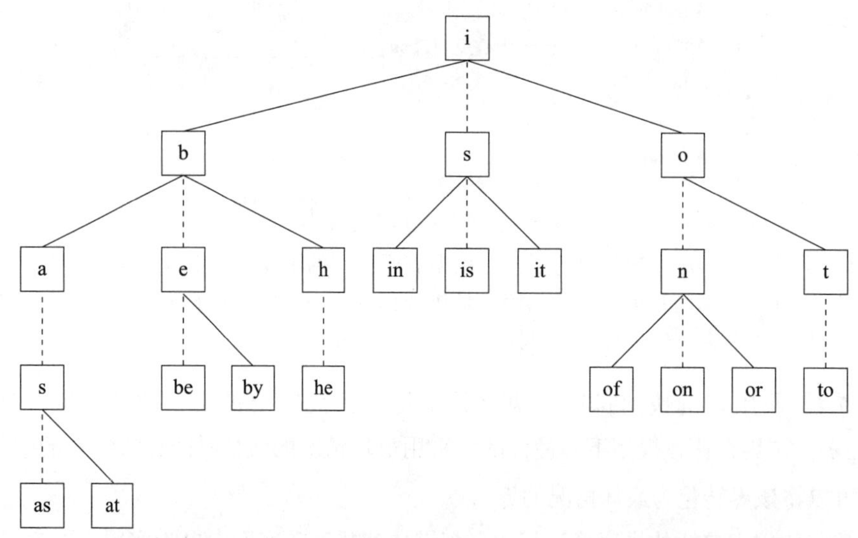

图 7.6　一个用于 12 个双字母字符串的三叉搜索树的示例。图中实线表示低指针和高指针，虚线表示指向相等分割字符子节点的指针。内部节点显示了分割字符

定理 7.5　在表示n个字符串的平衡三叉搜索树中搜索模式$P[1,p]$需要$O(p+\log n)$次字符比较。这在基于比较的模型中是最优的。

7.4　关于两级存储模型的观察$^{\infty}$

在磁盘上对字符串进行排序并不像在内存中那样简单，文献中引入了许多复杂的字符串排序算法，这些算法实现了高效的 I/O 操作 [1-2]。在磁盘上排序的难点在于字符串的长度可变，在排序过程中对它们进行暴力比较可能会导致大量的 I/O 操作。接下来我们使用如下符号：n_s 表示小于磁盘页大小 B 的字符串数量，其总长度为 N_s，n_l 表示大于 B 的字符串数量，其总长度为 N_l。显然，$n=n_s+n_l$ 且 $N=N_s+N_l$。

已知的算法可以根据它们在排序过程中处理字符串的方式进行分类。我们可以设计出三种主要的计算模型 [1]：

- 模型 A：字符串被视为不可分割的整体（即字符串整体移动，不能拆分为字符），唯一的例外是长字符串可以被划分成大小为 B 的块。
- 模型 B：放宽了模型 A 中不可分割的假设，允许将字符串分割为单个字符，但这种操作只能在内存中进行。
- 模型 C：完全放弃不可分割性的假设，允许在内存和外存中分割字符串。

模型 A 强制使用基于合并的排序算法，实现了以下 I/O 界，这些界被证明是最优的。

定理 7.6　在模型 A 中，字符串排序需要$\Theta\left(\frac{N_s}{B}\log_{M/B}\left(\frac{N_s}{B}\right)+n\log_{M/B}n_l+\frac{N_s+N_l}{B}\right)$次 I/O 操作。

界中的第一项是排序短字符串的成本，第二项是排序长字符串的成本，最后一项则考虑了读取整个输入的成本。结果表明，排序短字符串的困难程度与排序它们的单个字符的困难程度相同，即 N_s，而排序长字符串的困难程度与排序它们的前 B 个字符的困难程度相同。定理 7.6 中短字符串的下界通过扩展第 5 章中使用的技术，并考虑所有 n_s 个短字符串具有相同长度 N_s/n_s 的特殊情况来证明。长字符串的下界通过考虑由其前 B 个字符构成的 n_l 个短字符串来证明。定理 7.6 中的上界是通过使用特殊的多分归并排序算法获得的，该算法利用内存中存储的惰性字典树（lazy trie）来影响字符串之间的合并操作。

模型 B 提出了一个更复杂的情况，导致长字符串和短字符串被分开处理。

定理 7.7　在模型 B 中，排序短字符串需要$O\left(\min\left\{n_s\log_M n_s,\frac{N_s}{B}\log_{M/B}\left(\frac{N_s}{B}\right)\right\}\right)$次 I/O 操作，

排序长字符串需要$\Theta\left(n_1\log_M n_1+\dfrac{N_1}{B}\right)$次 I/O 操作。

长字符串的界是最优的，而短字符串的界是否最优尚不确定。将长字符串的最优界与定理 7.6 中对应的界进行比较，我们注意到它们在对数的底数上有所不同：一个是以 M 为底，另一个是以 M/B 为底。这表明，在内存中分割长字符串对外部字符串排序是有帮助的。将字符串 B 树结构（在第 9 章中描述）与适当的缓冲技术结合起来，可以获得其上界。对于短字符串，当平均长度N_s/n_s为$O\left(\dfrac{B}{\log_{M/B} M}\right)$时，我们注意到 I/O 的界与在字符串中排序所有字符的成本相同。在实践中，对于区间 $\dfrac{B}{\log_{M/B} M}<\dfrac{N_s}{n_s}<B$，排序短字符串的成本为$O(n_s\log_M n_s)$。在这个区间内，模型 B 的排序复杂度低于模型 A 的排序复杂度，这表明在内存中分割短字符串也是有帮助的。

出人意料的是，针对模型 C 的最优确定性算法源自为模型 B 设计的算法。然而，由于模型 C 允许在磁盘上分割字符串，因此我们可以利用随机化技术和哈希技术。其主要思想是通过对字符串的某些部分进行哈希以减少字符串的长度。由于哈希不保留字典序，这些算法必须通过精心设计的排序过程来选择要进行哈希的字符串部分，以便最终可以计算出正确的排序顺序。在本章参考文献 [2] 中证明了以下结果，该结果也可以扩展到更强的缓存无关模型上：

定理 7.8 在模型 C 中，字符串排序问题可以通过一种随机化算法解决，且算法的 I/O 操作复杂度以极高概率等于$O\left(\dfrac{n}{B}\left(\log_{M/B}\left(\dfrac{n}{M}\right)\right)\left(\log\left(\dfrac{N}{n}\right)\right)+\dfrac{N}{B}\right)$。

参考文献

[1] Lars Arge, Paolo Ferragina, Roberto Grossi, and Jeff S. Vitter. On sorting strings in external memory. In *Proceedings of the 29th ACM Symposium on Theory of Computing (STOC)*, pp. 540–8, 1997.

[2] Rolf Fagerberg, Anna Pagh, and Rasmus Pagh. External string sorting: Faster and cacheoblivious. In *Proceedings of the 23rd Symposium on Theoretical Aspects of Computer Science (STACS)*, Lecture Notes in Computer Science 3884, Springer, 68–79, 2006.

[3] Tomas H. Cormen, Charles E. Leiserson, Ron L. Rivest, and Cliff Stein. *Introduction to Algorithms*. The MIT Press, third edition, 2009.

[4] Robert Sedgewick and Jon L. Bentley. Fast algorithms for sorting and searching strings. *Proceedings of the 8th Annual ACM-SIAM Symposium on Discrete Algorithms (SODA)*, 360–9, 1997.

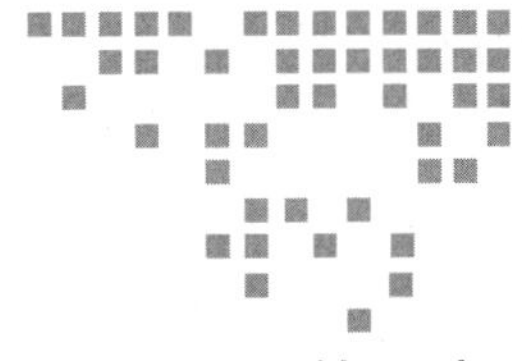

第 8 章 Chapter 8

字典问题

"'不可能'这个词，只会出现在愚人的字典里。"

——拿破仑·波拿巴（Napoleone Bonaparte）

在本章中，我们将探讨一系列以随机性为基础的数据结构。这些数据结构不仅设计简洁，而且构思巧妙，它们针对传统的字典问题提供了高效的解决方案。通过这些工具，我们能够对现有算法进行优化，进而解决那些在基础算法课程中往往被忽略或者仅被简单概述的问题。字典问题的正式定义如下：

问题 假设 $\mathcal{D}$ 是一个由 n 个对象组成的集合，这个集合被称作字典，这些对象的唯一标识来自全集 U 中提取的键。字典问题的核心在于设计一种数据结构，以高效地支持以下三种基本操作：

- 查找`Search`(k)：检查字典 $\mathcal{D}$ 是否包含一个键为$k=\texttt{key}[x]$的对象 x，并根据情况返回真（true）或假（false）。在某些情况下，目标是返回与这个键关联的对象（如果存在的话），否则返回空值（null）。
- 插入`Insert`(x)：将键$k=\texttt{key}[x]$关联的对象 x 插入字典 $\mathcal{D}$ 中。通常假设在插入操作之前，$\mathcal{D}$ 中不存在具有键 k 关联的对象，这个条件可以通过执行预查询`Search`(k) 来进行检查。
- 删除`Delete`(k)：从字典 $\mathcal{D}$ 中删除键为 k 的对象（如果存在）。

如果数据结构需要同时支持以上三种操作，那么这类数据结构被称为动态（dynamic）字典；如果只需要支持查询操作，则被称为静态（static）字典。

请注意，在许多应用中，对象 x 的结构通常由一对$\langle k,d\rangle$组成，其中 $k\in U$ 是对象 x 在字典 $\mathcal{D}$ 中的索引键，而 d 是对象 x 的关联数据。为了方便讨论，在本章的后续部分，我们将省略关联数据和字典符号 $\mathcal{D}$，只使用索引键集合 $S\subseteq U$，该集合包含了 $\mathcal{D}$ 中所有对象的索引键。这样一来，我们将讨论简化为对键（而不是整个对象）进行字典查找和更新操作。但是，当需要使用关联数据时，我们将再次讨论对象和实现对象的序对。此外，不失一般性，由于键在计算机中以二进制字符串的形式表示，因此我们将$U=\{0,1,2,\cdots\}$ 的元素设置为非负整数。字典 $\mathcal{D}$ 中的对象示例如图 8.1 所示。

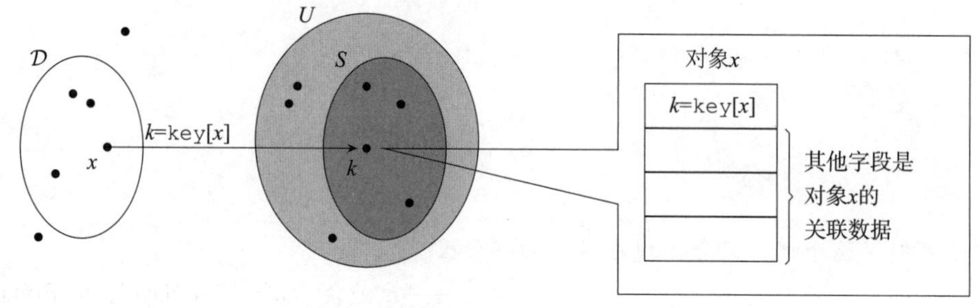

图 8.1　字典 $\mathcal{D}$ 中的对象示例，它们的索引键 k = key[x] 形成了大集合 U 的一个子集 S，索引键关联了对象 x 的关联数据

接下来，我们分析三种主要的数据结构：直接寻址表（或数组）、哈希表（以及一些复杂的变体）和布隆过滤器。直接寻址表主要用于教学，我们通常可以通过这种简单的数据结构高效地解决字典问题，而不需要诉诸复杂的数据结构。关于哈希表，我们首先解决在设计良好的哈希函数时会碰到的一些问题，这些问题通常在基础算法课程中只做简单的介绍；然后设计所谓的完美哈希表（perfect hash table），在处理静态字典问题时，这些表在最坏的情况下都是最优的；最后我们介绍优雅的布谷鸟哈希表，它们能够高效地管理字典更新，同时保证最坏情况下的常数查询时间。8.7 节将介绍布隆过滤器，在大型字典和网络应用程序中，布隆过滤器是最常用的数据结构之一。它的特性是能够保证查询和更新操作在常数时间内完成，更令人惊讶的是，它的空间需求取决于键的数量 n，而与键的长度无关。这种惊人的“压缩”效果是因为每个键只存储了几位的指纹。由此带来的限制是在执行 Search(k) 时会出现单边错误：当 $k\in S$ 时，数据结构以正确的方式回答；但如果 k 不在字典中，则可能回答错误（即所谓的误报）。尽管如此，这种错误的概率可以通过函数从数学上加以限制，这个函数随着布隆过滤器所需空间 m 或每个键分配的位数（即它的指纹）呈指数级递减。这表明，只需将 m 设置为略大于 n 的常数因子，错误的概率就能小到可以忽略。这使得布隆过滤器非常适合用于许多有趣的应用中，例如搜索引擎的网络爬虫、存储系统、P2P 系统等。

8.1　直接寻址表

支持所有字典操作的最简单的数据结构是基于大小 $u=|U|$位的二进制表 T。键（key）和表项（table entry）之间存在一一映射，因此当且仅当键 $k \in S$ 时，表项 $T[k]$ 被设置为 1。如果需要存储某些键的关联数据，则 T 被实现为指向这些关联数据的指针表。在这种情况下，当且仅当 $k \in S$ 时，$T[k]$ 不为 NULL，并且 $T[k]$ 指向存储键 k 的关联数据的位置。

在 T 上实现字典操作非常简单，在最坏情况下也可以在常数（最优）时间内完成。这种解决方案的主要问题在于表占用的存储空间取决于全集大小 u；所以，如果 $n=\Theta(u)$，则这种方法是最优的。但如果字典相对于全集来说很小，那么这种方法将会浪费大量空间，变得不可接受。举例来说，考虑存储一个大学的学生数据，并通过学生 ID 进行索引，可能有数百万的学生，如果使用整数学号（例如，4 字节）进行编码，那么全集大小将达到 2^{32}，是十亿量级的。因此，需要设计一个相对于全集大小更加稀疏的解决方案来减少表占用的存储空间，同时仍然能够保证字典操作的高效性。在所有方案中，哈希表及其众多变体提供了一个极佳的选择。

8.2　哈希表

实现字典的最简单数据结构是数组和链表。数组提供常数时间的访问，但是更新的时间是线性的；链表则相反，对其元素的访问时间是线性的，但如果给定需要更新的位置，更新可以在常数时间内完成。哈希表结合了这两种方法的优点，最简单的实现是链式哈希表，由一个链表数组组成，就像我们在前一节中所简化的假设那样，大小为 m 的数组 T 指向字典的对象或键的链表。通过哈希函数 $h:U \to \{0,1,2,\cdots,m-1\}$ 来实现键到数组元素的映射，因此键 k 被映射到由 $T[h(k)]$ 指向的链表。图 8.2 所示为链式哈希表。

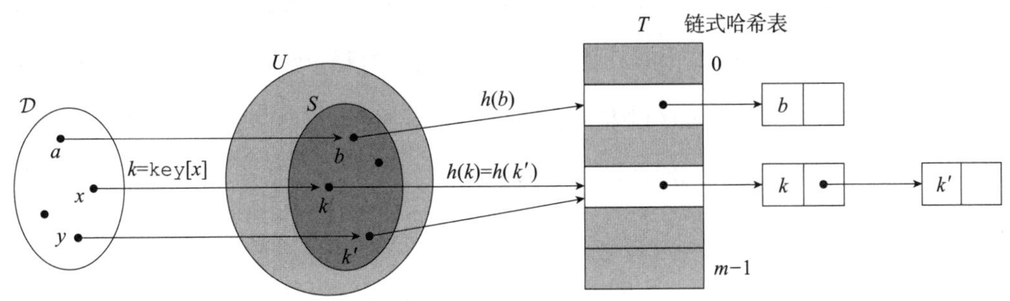

图 8.2　链式哈希表

暂时不考虑函数 h 的实现细节，假设其计算时间是常数。我们将在本章的很大一部分中专门讨论这个问题，因为方案的整体效率很大程度上依赖于函数 h 的计算效率及其在哈希表中的分布情况。

如果有一个好的哈希函数，那么字典操作就很容易在哈希表上实现，因为它们只是转换成对数组 T 及其链表进行操作。查找键 k（及其关联对象）可以看作在链表 $T[h(k)]$ 中查找键 k。插入键 k 的对象可以看作将其追加到由 $T[h(k)]$ 指向的链表的表头。删除一个带有键 k 的对象可以看作先在链表 $T[h(k)]$ 中找到 k，然后再将其删除。对于插入操作，如果计算 $h(k)$ 的时间是常数，那么字典操作序列的时间也是常数。查找和删除操作的时间取决于由 $T[h(k)]$ 指向的链表的长度，因此它们是线性的。因此，链式哈希表的效率取决于哈希函数 h 能够将键均匀地分布在表 T 的 m 个项中：分布越均匀，需要扫描的链表就越短。最糟糕的情况是所有键都被哈希到 T 的同一个项时，从而形成一个长度为 n 的链表。在这种情况下，哈希表将退化为一个单链表，查找的成本变成$\Theta(n)$。

这就是为什么我们需要好的哈希函数，即那些能够将键随机分布在哈希表中的函数（也称为简单均匀哈希 [6]）。这意味着对于这样的哈希函数，每个键$k \in S$被哈希到 T 中的任何一个槽位m的概率都是相等的，并且与其他键被哈希到的位置是无关的。如果哈希函数 h 提供了这种强保证，那么就可以很容易地证明以下结论：

定理 8.1 在简单均匀哈希的假设下，存在一个大小为m的链式哈希表，在字典包含n个对象时，执行查找操作Search(k)的时间的期望值为$\Theta(1+n/m)$。其中，$\alpha = n/m$通常被称为哈希表的装载因子。

证明 在查找失败的情况下（即$k \notin S$），查找操作Search(k)所需的时间等于完全扫描链表 $T[h(k)]$ 所需的时间，因此等于链表的长度。由于哈希函数 h 可以均匀地将键分布在哈希表中，因此链表$T[i]$的长度期望值为$\sum_{k \in S} \mathcal{P}\big(h(k)=i\big) = |S| \times \frac{1}{m} = n/m = \alpha$。时间复杂度中的“加 1”，是因为$h(k)$的计算是常数时间。

在查找成功的情况下（即$k \in S$），证明就不那么简单了。假设k是插入字典 S 中的第j 个键，并且其插入在链表$\mathcal{L}(k) = T\big[h(k)\big]$ 的尾部：我们需要对每个链表有一个额外的指针来指向其尾节点。在查找操作Search(k)中检查的元素数量等于链表$\mathcal{L}(k)$中存在的数量加上 k 本身。现在，考虑到 k 是第j 个要插入的键，链表$\mathcal{L}(k)$的长度期望值可以估算为$(j-1)/m$，因此成功查找所需时间的期望值为：

$$\frac{1}{n}\sum_{j=1}^{n}\left(1+\frac{j-1}{m}\right) = 1+\frac{\alpha}{2}-\frac{1}{2m}$$

可以被重写为：

$$O\left(1+\frac{\alpha}{2}-\frac{1}{2m}\right)=O(1+\alpha)$$

我们可以通过观察得出哈希表占用的空间，因为它必须索引 n 个项中的一个，所以每个链表指针需要$\Theta(\log n)$位，又因为它来自大小为u的全集 U，所以每个键需要$\Theta(\log n)$位。有趣的是，随着全集大小的增加，存储键的空间可能会占据整个表的存储空间的大部分，例如，如果将 URL 用作键，平均需要数百字节来表示。这个微妙的观察结果将引发 8.7 节中对布隆过滤器设计的讨论。

推论 8.1 链式哈希表占用$O\left((m+n)\log_2 n+n\log_2 u\right)$位的空间。在大 O 表示中，隐藏的常数非常接近 1，几乎可以忽略不计。

如果我们已知字典的大小 n，那么可以设计一个包含$m=\Theta(n)$个单元的表〔$\alpha=\Theta(1)$〕，以便所有的字典操作的时间期望值都能达到常数时间。如果 n 是未知的，那么可以在字典变得太小（删除太多）或太大（插入太多）时调整表的大小。具体做法是从大小$m=2n_0$开始，其中n_0是初始键的数量。然后，我们跟踪字典中当前键的数量 n（也就是表格 T 中的项数）。如果字典变得太小（即$n<n_0/2$），则将表的大小 m 减半并重建 T；如果字典变得太大（即$n>n_0/2$），则将表的大小 m 加倍并重建 T。表的重建包括将当前的键插入到新的大小为 m 的表中，并丢弃旧的表。

这个方案确保了在任何时候字典的大小 n 与表的大小 m 成正比。更确切地说，$n_0/2=m/4\leqslant n\leqslant m=2n_0$，这意味着$\alpha=m/n=\Theta(1)$。由于插入每个键只需 $O(1)$ 的时间，从当前表中删除并插入到新表中的重建过程需要处理 n 个项，总的重建成本为$\Theta(n)$。但是，这个成本至少需要在每进行$n_0/2=\Theta(n)$次操作时就发生一次，最坏情况是这些操作包含了在连续的表重建之间的全部插入或全部删除操作。因此，$\Theta(n)$的重建成本可以平摊到形成此更新序列的$\Omega(n)$次操作中，从而在每次更新操作的实际成本上增加了 $O(1)$ 的平摊成本。总的来说，这意味着：

推论 8.2 在简单均匀的哈希假设下，存在一个链式的动态哈希表，其查找操作的时间的期望值为常数，插入和删除操作的时间的期望也为常数，并且占用$O(n)$的空间。

我们如何设计“好”的哈希函数

简单均匀的哈希在计算上很难保证，因为很少有人知道键是按照哪种概率分布的，而且它们甚至可能不是相互独立的。由于哈希函数 h 将大小为 u 的全集映射到大小为 m 的整数范围，因此它将这些键划分为 m 个子集$U_i=\{k\in U:h(k)=i\}$。根据鸽巢原理，至少存在一个子

集的大小会超过平均负载因子u/m。现在，如果我们合理地假设全集足够大以保证$u/m \geqslant n$，那么相对地可以选择字典S为键集U_i中的一个子集，使得$|U_i| \geqslant u/m$，从而使哈希表的性能最差，退化为长度为n的单链表。

这个观点和哈希函数h无关，因此我们可以得出结论，没有一种哈希函数能够始终保证“良好”的表现。在实践中，人们使用启发式方法来创建性能良好的哈希函数。设计原则是计算哈希值时应避免依赖字典中键的任何分布模式。最简单和最著名的两种哈希方案是基于除法和乘法的（有关更多细节，请参考任何经典的算法文本，如本章参考文献 [6] 所述）。

- **除法哈希**：通过将关键字k除以表大小m的余数来计算哈希值，即$h(k) = k \bmod m$。这种方法速度很快，并且在$h(k)$依赖于k的大多数位时效果较好。因此，应避免选择 2 的幂作为m的值，而应选择不接近 2 的幂的质数。选择大质数时，有一些简单但较慢（时间复杂度呈指数增长）的算法（比如著名的埃拉托斯特尼筛法），也有某些基于（随机或确定性）质数测试的快速算法。[⊖] 总的来说，在构建哈希表的成本中，选择质数的成本可以忽略不计。
- **乘法哈希**：哈希值计算分为两步：首先，将关键字k与一个常数A相乘，其中$0 < A < 1$；然后，将kA的小数部分乘以m，并取结果的整数部分作为哈希表T的索引。这种方法的一个优点是m的选择并不是算法的关键，通常设置为 2 的幂，从而简化了乘法步骤。对于A的取值，通常建议取$A = (\sqrt{5}-1)/2 \approx 0.618$。

毫无疑问，所有这些实用的哈希方案都不能确保达到“良好”的映射行为。事实上，总有可能存在一些特定的键集合，使得哈希表最终退化为一个单链表。例如，只需选择整数键中那些m的倍数，就可以破坏除法哈希方法的性能。在下一节中，我们将展示一种足够健壮的哈希方案，无论输入字典是什么，都可以保证“良好”的性能表现。

8.3 通用哈希

首先，我们通过计数的方法来解释为什么我们所需的良好的哈希函数的均匀性在计算上很难保证。回顾一下，我们感兴趣的是将键从U映射到$\{0,1,\cdots,m-1\}$中的整数。这样的哈希函数总数是m^u，因为在哈希表的m个槽中，每个来自$u=|U|$的键都可以映射到任何一个槽中。为了保证键的均匀分布和彼此独立，我们的哈希函数应该是这些映射中的任意一个。但是，

[⊖] 最著名的随机化质数测试是米勒-拉宾算法，而近期提出了一种确定性的测试方法，可以证明这个问题在（确定的）多项式时间内解决。详见 http://en.wikipedia.org/wiki/Prime_number。

在这种情况下，它的表示需要$\Omega\left(\log_2 m^u = \Omega(u\log m)\right)$位，这会占用太多的空间和时间。以 64 位内存的计算机为例，这意味着$u = 2^{64}$，我们将需要泽字节（ZB）量级的空间来存储哈希函数的编码。

而实际的哈希函数存在几个缺点，其中一些已经提到过了。在本节中，我们将介绍强大的通用哈希算法，通过适当设计可能的哈希函数类，并进行随机性选择来克服这些缺点。这类似于我们在快速排序过程中是如何更加鲁棒地选择中心点的（见第 5 章）。在快速排序中，我们不是从固定位置选择中心点，而是从待排序的基础数组中均匀随机选择。这样一来，理论上没有任何输入对中心点的选择策略有不利影响，因为随机化的选择会分散选择不利中心点的风险，从而保证大多数选择会产生一个良好的平衡分区。

在哈希函数的应用中，通用哈希采用了类似的算法思路。简单来说，我们不事先设定哈希函数（类似于固定中心点位置），而是从一个适当定义的哈希函数集合中随机均匀地选择哈希函数（类似于随机选择中心点）。这个集合的定义使得在当前输入键集合 S 上选择一个好的哈希函数的可能性非常高（类似于平衡分区）。一个良好的哈希函数是指可以在常数时间内计算，并且尽量减少键的碰撞数量。由于随机性的存在，即使键的集合 S 是固定的，该算法在不同的执行中也有不同的表现，但通用哈希的优势在于，平均而言，性能将达到预期的水平。现在是时候将这些想法进行形式化的说明了。

定义 8.1 设 H 是将键的全集 U 映射到整数 $\{0,1,\cdots,m-1\}$ 的一个有限哈希函数集合。当且仅当任意一对固定的键 $x,y\in U$（x,y 不同）满足$\left|\{h\in H: h(x)=h(y)\}\right| \leqslant \frac{|H|}{m}$时，$H$ 被称为通用哈希函数类。

换句话说，类 H 的定义是，从 H 集合中随机选择一个哈希函数 h，需要满足两个固定不同的键 x 和 y 发生碰撞的概率不超过 $1/m$。[⊖] 这正是我们在设计基于链表的哈希时所依赖的基本属性（详见定理 8.1 的证明）。事实上，在定理 8.2 中，我们将展示如何通过用有效的通用哈希替代理想的简单均匀哈希来重新表述定理 8.1、推论 8.1 及推论 8.2。这里的“有效”指的是在 8.3 节中，我们将提供一个真正可行的通用哈希类，将所有这些数学理论具体化。

定理 8.2 假设$T[0,m-1]$是一个带有链表的哈希表，并且哈希函数 h 是从一个通用类 H 中均匀随机选择的。无论输入键的集合S是什么，T 中链表的平均长度仍然不超过$1+\alpha$，其中α是 T 的装载因子。

证明 我们注意到这里的期望值是针对 H 中 h 的选择进行的，并且它不依赖于S中键的分布。对于S中的每一个键对$x,y\in S$，我们定义了随机变量指示函数I_{xy}，如果这两个

⊖ 这个概念可以通过引入松弛程度 $c \geqslant 1$ 来扩展，使得碰撞概率的上限变为 c/m，因此产生了所谓的 c- 通用哈希（c-universal hashing）。

键根据给定的$h \in H$发生碰撞，即$h(x)=h(y)$，则I_{xy}取值为1，否则取值为0。根据通用哈希类的定义，对于随机选择的$h \in H$，$P(I_{xy}=1)=P\big(h(x)=h(y)\big)\leqslant 1/m$。因此，我们有$E\left[I_{xy}\right]=1\times P(I_{xy}=1)+0\times P(I_{xy}=0)=P(I_{xy}=1)\leqslant 1/m$，其中期望值是基于$h$的随机选择计算的。

现在我们为每个键$x \in S$定义了随机变量N_x，它表示除了x以外，哈希到$T[h(x)]$并与x发生碰撞的其他键的数量。我们可以写成$N_x=\sum_{y\in S, y\neq x} I_{xy}$。根据期望的线性性质，$T[h(x)]$指向的链表的长度期望值为$E\left[N_x\right]=\sum_{y\in S, y\neq x} E[I_{xy}]=(n-1)/m<\alpha$。因为集合包含了$x$，所以不等式再加上1，定理得证。

需要注意的是，对于链式哈希表给出的时间的界是一个期望值，因此可能会存在一些非常长的链表，这些链表可能包含多达$\Theta(n)$个项。这虽然满足了定理8.2，但显然并不理想，因为查找操作可能会偏向于那些超长的链表，从而导致所需时间的界明显超过期望值。为了避免这个问题，还应该确保T中最长链表的长度有一个较小的上限，这就是定理8.3所要证明的。

定理 8.3 假设$T\left[0,n-1\right]$是一个从通用类$\mathcal{H}$中均匀随机选择哈希函数索引的链式哈希表。我们向T中插入了一个包含n个键的字典S，那么T中最长链表的长度至少以$1-\frac{1}{n}$的概率是$O\left(\frac{\log n}{\log\log n}\right)$。

证明 设h是从$\mathcal{H}$中均匀随机选择的哈希函数，$Q(k)$表示字典S中恰好有k个键被h哈希到表T的某个特定槽位的概率。由于选择h是均匀的，因此一个键被分配到某个固定槽位的概率上限为$1/n$，因此每个槽位上预期的键的数量为1。

设X_j表示映射到槽位j的键的随机变量，其中$j=0,1,\cdots,n-1$。从字典S中选择k个键有$\binom{n}{k}$种方式，因此槽位至少有k个键的概率上界为：$Q(k)=\binom{n}{k}\left(\frac{1}{n}\right)^k\leqslant\left(\frac{n\mathrm{e}}{k}\right)\left(\frac{1}{n}\right)^k\leqslant\left(\frac{\mathrm{e}}{k}\right)^k$，其中我们使用了二项式系数的著名上界：$\binom{n}{k}\leqslant\left(\frac{n\mathrm{e}}{k}\right)^k$。

由于$Q(k)$对于$k>\mathrm{e}$是递减的，我们的目标是找到一个值k_0，使得当$k\geqslant k_0$时，$Q(k)\leqslant 1/n^2$。我们将证明这个值是$k_0=\frac{c\ln n}{\ln\ln n}$，其中$c$是某个常数，且$c\geqslant 4$。实际上，我们只需注意到$Q(k)\leqslant 1/n^2$等价于$(\mathrm{e}/k)^k\leqslant 1/n^2$，$(\mathrm{e}/k)^k\leqslant 1/n^2$等价于$(k/\mathrm{e})^k\geqslant n^2$，然后两边取对数，得到$k\ln(k/\mathrm{e})\geqslant\ln n^2$。通过简单的代数运算，我们发现对于$k_0$，这个不等式成立。

最后，我们可以得出结论，定理的描述是成立的。通过对T的n个槽位使用联合界

（union bound），可以证明任何槽位获得超过 k_0 个键的概率最多是 $nQ(k_0)\leqslant n\left(\frac{1}{n^2}\right)=1/n$。

此时有两点需要注意。第一，T 中链表的最大长度的界是在高概率情况下给出的，但可以通过一个简单的论证转化为最坏情况下的界。我们首先从 H 中均匀随机选择一个哈希函数 h；然后将 S 的每个键哈希到 T 中，并检查最长链表的长度是否不超过 $2\log n/\log\log n$。如果满足这个条件，我们就可以使用 T 进行后续的查找操作；否则我们重新选择 $h\in H$，并重新将字典的所有键插入 T。只需要少量的尝试就足以满足该界[⊖]，因此可以保证构建时间的期望是 $O(n)$，并且在最坏情况下的查找时间为 $O(\log n/\log\log n)$。

第二个需要注意的地方是，使用两个或更多（假设为 d 个）哈希函数 h_i 和一个哈希表 T（其中槽位是容纳所有哈希到该槽位的键的桶）可以进一步改进这个结果。这种方案的特殊之处在于如何使用 d 个哈希函数来填充表的桶。插入操作 Insert(k) 测试 d 个槽位 $T\left[h_i(k)\right]$ 的负载情况，然后将 k 插入最空的槽位。如果槽位的负载相等，则算法选择 $T\left[h_1(k)\right]$。查找操作 Search(k) 查找所有 d 个链表 $T\left[h_i(k)\right]$，因为如果 k 存在，我们无法知道每个槽位在插入时的负载情况。由于其算法结构，这种方案也被称为 d – 选择哈希。插入操作 Insert(k) 的时间复杂度是 $O(d)$，而查找操作 Search(k) 的时间复杂度取决于被查找的 d 个链表的总长度。我们可以将这个长度的上界设为 d 乘以 T 中最长链表的长度。令人惊讶的是，对于$d\geqslant 2$，已经证明该值是 $\frac{\log\log n}{\log d}+O(1)$ [5]。文献中提供了一些这种思想的变体，d – 左哈希（d-left hashing）是其中最著名和最有效的方案之一。在这种方案中，使用大小为 m/d 的 d 个表，每个表由一个不同的哈希函数索引，如果出现负载相等的情况，则将键插入最左边的表。

值得注意的是，两次选择哈希相比于任何其他 $d>2$ 的 d – 选择哈希更合适，因为它在 T 中最长链表的长度上达到了$O(\log\log n)$，而且无论 d 取什么常数，在渐近意义上这个界都无法改进；同时，较大的 d 将查找操作的速度降低为原来的 $1/d$。此外，如果我们将两次选择哈希的界与定理 8.3 中链式哈希（即 $d=1$）的界进行比较，我们会注意到两次选择哈希仅通过使用一个额外的哈希函数就实现了指数级的改进。这个令人惊讶的结果在文献中也被称为“两次选择的力量”，因为在两个随机选择的槽位之间选择负载最小的槽，可以将 T 中最长链表的长度指数级地减少。

作为一个推论，我们可以利用这个结果来设计一个哈希表，它节省了指针空间，并且增加了查找和更新操作的引用局部性（因此减少了缓存或 I/O 未命中的情况）。具体思路是在一

⊖ 我们只需使用马尔可夫不等式（Markov's inequality，见 https://en.wikipedia.org/wiki/Markov's_inequality）来说明，最长链表长度超过平均长度两倍的情况发生的概率≤1/2。

个较小的固定大小的桶表上采用两次选择哈希技术。如果我们将桶的大小设为$\gamma \log\log n$，其中 γ 是一个略大于 1 的小常数，那么我们就能高概率地确保：①任何桶都不会溢出；②任何查找和更新操作最多只会产生两次缓存未命中。

通用哈希函数存在吗

这个问题的答案是肯定的，并且令人惊讶的是，通用哈希函数的构造非常简单。我们将在本节中通过三个具体的例子来展示这一点。假设表的大小 m 是一个质数，键是用 $\log_2|U|$ 位串表示的整数。[⊖] 令$r=\dfrac{\log_2|U|}{\log_2 m}$，并假设它是一个整数。我们将每个键 k 分解为 r 个部分，每部分有$\log_2 m$位，即$k=[k_0,k_1,\cdots,k_{r-1}]$。显然，每个部分$k_i$都是小于 m 的整数，因为它是用$\log_2 m$位表示的。对于通用哈希函数 H 的参数也做同样的处理，即$a=[a_0,a_1,\cdots,a_{r-1}]\in[1,|U|-1]$，并定义哈希函数为$h_a=\sum_{i=0}^{r-1}a_i k_i \bmod m$，$H$ 的大小是$|U|-1$，因为对于每个 $a>0$ 都有一个函数。

定理 8.4 一个通用哈希函数类是具有以下形式的哈希函数集合：$h_a(k)=\sum_{i=0}^{r-1}a_i k_i \bmod m$，其中 m 是质数，a 是一个小于$|U|=m^r$的正整数。

证明 假设 x 和 y 是两个不同的键，它们至少在一个位上有所差异。为了方便起见，我们假设这个不同的位落在它们最高有效的($\log m$)位块中，即$x_0\neq y_0$。根据定义 8.1，我们需要计算有多少种形式为 $h_a(k)=\sum_{i=0}^{r-1}a_i k_i \bmod m$ 的哈希函数会导致这两个键碰撞；或者说，有多少个 $a>0$ 会导致 $h_a(x)=h_a(y)$。由于 $x_0\neq y_0$，并且我们在一个模质数 m 的运算中，因此x_0-y_0的乘法逆元必须存在且是范围在$[1,|U|-1]$内的整数。我们将这个逆元表示为 $(x_0-y_0)^{-1}$。因此，我们可以写成：

$$
\begin{aligned}
h_a(x)=h_a(y) &\Leftrightarrow \sum_{i=0}^{r-1}a_i x_i \equiv \sum_{i=0}^{r-1}a_i y_i \mod m\\
&\Leftrightarrow a_0(x_0-y_0)\equiv -\sum_{i=1}^{r-1}a_i(x_i-y_i) \mod m\\
&\Leftrightarrow a_0 \equiv \left(-\sum_{i=1}^{r-1}a_i(x_i-y_i)\right)(x_0-y_0)^{-1} \mod m
\end{aligned}
$$

最终的方程实际上表明，无论选择的$[a_1,a_2,\cdots,a_{r-1}]$是什么（它们有 $m^{r-1}-1$ 种选择，因为我们

⊖ 可以通过在键前面添加 0 来实现，这样可以保持键不变。

排除了空配置)，只有上面方程中最后一行指定的选择使得 $a_0 \neq 0$，从而让 x 和 y 发生碰撞。因此，有$m^{r-1}-1$种选择使得 $x \neq y$ 发生碰撞，而$m^{r-1}-1=(m^r/m)-1=(|U|/m)-1 \leqslant (|U|-1)/m=|H|/m$。所以 H 的通用哈希类的定义满足了定义 8.1 的条件。

我们可以调整之前的定义，使其适用于任意大小为 m 的表，而不仅仅是质数大小的表。关键思想是通过一个大于 $|U|$ 的大质数 p 和一个我们希望的大小 m（$m \ll |U|$）进行嵌套模运算。然后我们可以定义一个有两个整数参数的哈希函数，其中两个参数满足 $a \neq 0$ 和 $b \geqslant 0$：$h_{a,b}(k)=[(ak+b) \bmod p] \bmod m$。然后，定义集合 $H_{p,m}=\bigcup_{a>0,b\geqslant 0}\{h_{a,b}\}$，可以证明这个集合是通用的。

这两个通用哈希函数类中的函数需要对任意整数进行模运算。但事实上，还有其他的通用哈希类，计算速度更快，因为它们仅涉及 2 的整数次幂的模运算，这可以通过寄存器移位快速实现。一个有趣并且有效的例子是乘加移位方案 [7, 12]。它假设$|U|=2^w$，并取表大小 $m=2^\ell<|U|$。然后定义类 $H_{w,\ell}$ 包含形式为 $h_{a,b}(k)=[(as+b) \bmod 2^w]/2^{w-\ell}$ 的哈希函数，其中a是小于$|U|$的奇整数，$b \geqslant 0$。值得注意的是，$h_{a,b}(k)$ 首先选择了 w 位（因为对 2^w 取模运算）的最低有效位，然后选择了 ℓ 位（因为对 $2^{w-\ell}$进行除法运算）的最高有效位。在某种意义上，这些 ℓ 位处于整数 $(ak+b)$ 的“中间”，对应于一个小于 $2^\ell(=m)$ 的非负整数。可以证明 $H_{w,\ell}$ 类是通用的，并且可以通过寄存器移位操作在长度为$2w$位的内存字上高效实现，从而避免任何模运算。

8.4　简单的（静态）完美哈希表

在处理哈希表时，我们通常认为它们在实践中非常高效，但在理论上，它们的界是一个期望值，并且取决于底层的通用哈希函数的特性和字典中键的分布情况。然而，这种观念是错误的，因为如今有许多哈希表设计是优雅且易于实现的，并且确保在查询和更新操作的最坏情况下都是非常高效的。设计这种有效的哈希函数将成为本章剩余部分的重点内容。这使得每当进行查找操作，即当我们需要知道字典 S 中是否存在某个键时，这种哈希方案都是正确的选择。

让我们从一个静态字典 S 的情况开始，其中的键不进行任何插入和删除操作，并引入以下关键定义。

定义 8.2　如果对于字典 S 中的任意一对不同的键 k'、$k'' \in S$，只要 $h(k') \neq h(k'')$，那么称哈希函数 $h:U \to \{0,1,\cdots,m-1\}$ 相对于字典 S 中的 n 个键是完美的。

一个简单的计数论证可以表明，为了实现完美哈希，我们需要 $m \geqslant n$。当$m=n$时，即最小可能的值时，完美哈希函数被称为最小完美哈希函数（Minimal Perfect Hashing Fuction,

MPHF)。使用 MPHF h 的哈希表 T 在最坏情况下保证了 $O(1)$ 的查找时间，同时也不会浪费存储空间，因为它的大小等于字典 S 的大小，键可以直接存储在表的槽（slots）中。因此，完美哈希实际上是直接寻址表的一种“完美”变体（参见第 8.1 节），因为它实现了常数查找时间，并且和 S 一样的大小，从而实现了最优的线性空间利用率。

当且仅当一个（最小）完美哈希函数对于任意的$\forall k' < k'' \in S$，都有$h(k')<h(k'')$时，我们称该哈希函数具有保序性（Order Preserving），简称 OP(MP)HF。显然，如果 h 是最小的，则 $m=n$，那么 $h(k)$ 返回的就是有序字典 S 中键的序数。很明显，完美哈希函数的保序性严格依赖于通过 h 构建的字典 S：通过改变 S，我们可能破坏这个性质，因此在动态场景下，要维持这个性质是困难的。

在本节的其余部分，我们仅讨论静态字典的情况，因此 S 是固定的。在 8.5 节中，我们将这个设计扩展到动态字典的情况。在第 8.6 节中，我们再次回到静态字典的情况，并提出一个完美的、静态的、最小的、保持顺序的哈希方案。

设计静态完美哈希算法的关键是采用一个两级方案，该方案中使用了一组表和一个通用哈希函数类，在哈希函数类中选择一个哈希函数用于方案中第一个层级，其他的哈希函数用于方案的第二级。具体来说，第一级是一个大小为$m=n$的哈希表 T_1，根据第一级中使用的通用哈希函数对键进行映射，例如$h_1(k):U\to\{0,1,\cdots,n-1\}$。为了管理碰撞到同一个槽$T_1[j]$的键（其中$j=0,1,\cdots,n-1$），我们设计了一个次级哈希表$T_{2,j}$，它使用另一个通用哈希函数$h_{2,j}$进行映射，这个函数必须对于碰撞在$T_1[j]$的键进行完美处理，从而在$T_{2,j}$中不会引起任何碰撞。因此，总体上我们最多需要$1+n$个通用哈希函数：$h_1$ 用于第一级，n个哈希函数$h_{2,j}$用于第二级。关键的数学结果是，每个$h_{2,j}$都可以设计成保证在$T_{2,j}$中没有碰撞，并且所有第二级的哈希表占用的整体空间的上界为$O(n)$。在查询效率方面，对于键k的查找包括两次表查找〔因此在最坏情况下，时间是$O(1)$〕：一次在$T_1[j]$中，其中$j=h_1(k)$；另一次在表$T_{2,j}$中（由$T_1[j]$指向）。查找操作的伪代码见算法 8.1。

下面的定理对于确定第二级哈希表（secondary hash table）的大小至关重要。

定理 8.5 如果我们使用通用哈希函数将 q 个键存储在大小为$s=q^2$的哈希表中，那么这些键之间碰撞次数的期望值小于 1/2。因此，在该表中至少发生一次碰撞的概率小于 1/2。

算法 8.1 在完美哈希表 T 中执行 Search(k)

1: 设 h_1 和 $h_{2,j}$ 为定义哈希表 T 的通用哈希函数；

2: $j = h_1(k)$;

3: **if** $T_1[j]$ = `NULL` **then**

4: **return** `false`; // $k \notin S$

```
end if
T_{2,j} = T_1[j];
i = h_{2,j}(k);
if T_{2,j}[i] = NULL or T_{2,j}[i] ≠ k then
    return false; // k ∉ S
end if
return true; // k ∈ S
```

证明　因为有 q 个键，所以有$\binom{q}{2}<\frac{q^2}{2}$对可能发生碰撞。如果我们从一个通用哈希函数类中随机均匀选择哈希函数 h，那么根据定义 8.1 每对给定的键的碰撞概率是 $1/s$。因此，设置 $s=q^2$，碰撞次数的期望的上界为$\binom{q}{2}\frac{1}{s}<q^2/(2q^2)=1/2$。为了证明定理的第二个陈述，应用马尔可夫不等式$P\left(X\geqslant 2E\left[X\right]\right)\leqslant 1/2$就足够了，其中 X 是一个随机变量，表示哈希表 T 中发生碰撞的总次数。

假设第一级哈希函数 h_1 映射到 $T\left[j\right]$ 的字典键是S_j，定义 $n_j=\left|S_j\right|$。定理 8.5 证明了如果将哈希表 T_j 的大小设置为 $(n_j)^2$（即哈希到 $T\left[j\right]$ 中键的数量的平方），那么随机选择的第二级通用哈希函数 $h_{2,j}$对于 S_j 是高概率完美的，其中 $j=0,1,\cdots,n-1$。因此，我们可以反复随机选择 $h_{2,j}$，直到这个性质得到保证。实际上，定理 8.5 保证平均只需两次选择就足以确保这一性质。

我们还需要证明，第二级中哈希表的总大小的上界为 $O(n)$，这样这个两级哈希方案的总大小是 $n+O(n)=\Theta(n)$。

定理 8.6　如果我们使用通用哈希函数将 n 个键存储在大小为 $m=n$ 的哈希表中，那么 $E\left[\sum_{j=0}^{n-1}(n_j)^2\right]<2n$，其中期望值是通过在通用哈希函数类中随机选择计算得出的。就两级哈希方案而言，在为每个 $j=0,1,\cdots,n-1$ 设置 $m_j=(n_j)^2$ 时，意味着所有第二级哈希表 $T_{2,j}$ 总大小的期望值小于 $2n$。

证明　让我们考虑恒等式$a^2=a+2\binom{a}{1}$，对于任何正整数a都成立，并且注意到$n=\sum_{j=0}^{m-1}n_j$，因

为每个键都被 h_1 映射到一个哈希表。我们将在接下来的步骤中使用这两个等式。

算法 8.2 构建一个完美哈希表

1: 从一个通用类中随机选择一个哈希函数 h_1：$U \to \{0,1,\cdots,n-1\}$；
2: 初始化 $n_j=0$，$S_j=\phi$，其中 $j=0,1,\cdots,n-1$；
3: **for** $k \in S$ **do**
4: 　将 k 添加到集合 S_j 中，其中 $j=h_1(k)$；
5: 　　$n_j = n_j + 1$;
6: **end for**
7: $L=\sum_{j=0}^{n-1}(n_j)^2$;
8: **if** $L \geqslant 2n$ **then**
9: 　　重复算法步骤 1；
10: **end if**
11: **for** $j = 0,1,\cdots, n-1$ **do**
12: 　　分配大小为 $m_j = (nj)^2$ 的表 $T_{2,j}$；
13: 　　从一个通用类中均匀随机选择 $h_{2,j}:U \to \{0,1,\cdots,m_j-1\}$；
14: 　　**for** $k \in S_j$ **do**
15: 　　　$i = h_{2,j}(k)$;
16: 　　　**if** $T_{2,j}[i] \neq$ `NULL` **then**
17: 　　　　销毁 $T_{2,j}$ 并从步骤 12 开始重复；
18: 　　　**end if**
19: 　　　$T_{2,j}[i] = k$;
20: 　**end for**
21: **end for**

$$
\begin{aligned}
E\left[\sum_{j=0}^{n-1}(n_j)^2\right] &= E\left[\sum_{j=0}^{n-1}\left(n_j+2\binom{n_j}{2}\right)\right] \\
&= E\left[\sum_{j=0}^{n-1}n_j\right]+2E\left[\sum_{j=0}^{n-1}\binom{n_j}{2}\right] \\
&= n+2E\left[\sum_{j=0}^{n-1}\binom{n_j}{2}\right]
\end{aligned}
$$

由于一次碰撞涉及一个键对，发生在槽$T[j]$中的碰撞次数等于映射到$T[j]$中键对的数量，即$\binom{n_j}{2}$。因此，最后一个等式中的求和反映了由第一级哈希函数 h_1 引起的总碰撞次数。借鉴定理 8.5 的证明过程，假设键的数量为 $q=n$，表 T_1 的大小为 $s=n$，碰撞的总数的期望值是$\binom{n}{2}\frac{1}{n}=\frac{n(n-1)}{2n}<\frac{n}{2}$。将这个上界代入到求和$\sum_{j=0}^{n-1}\binom{n_j}{2}$中，我们得出了该定理的结论。

需要注意的是，每个二级哈希函数 $h_{2,j}$ 都是独立选择的，因此，如果它在$T_{2,j}\left[0,(n_j)^2-1\right]$中映射的$n_j$个键之间引发了碰撞，它可以从通用类中重新选择，而不会影响其他二级哈希函数。对于一级哈希函数 h_1 也是如此。算法 8.2 给出了这种二级哈希方案构建过程的伪代码，而定理 8.5 和定理 8.6 则确保了每个哈希函数的重选次数的期望是一个较小的常数，因此总的构建时间是 $O(n)$。

图 8.3 所示为一个包含 9 个（即 $n=9$）整数键的集合 S 的二级哈希方案示例。该示例使用了形如$h(k)=[(ak+b)\bmod 19] \bmod s$的通用哈希函数，其中 s 是由此哈希函数对应的哈希表的大小。对于一级哈希表 T_1，我们设置 $m=n=9$，哈希参数为 $s=m,a=1,b=0$；对于二级哈希表 $T_{2,j}$，我们设置 $m_j=(n_j)^2$，并在左侧显示了计算$h_{2,j}$所涉及的三个参数（即$s=m_j$、a_j、b_j），在右侧显示了$T_{2,j}[0,m_j-1]$的内容。在运行示例中，满足了定理 8.6 中对于二级哈希表总大小的条件：实际上，$L=1+1+4+4+1+4=15<2n=18$。

要查找键 $k=14$，我们按照算法 8.1 的伪代码进行操作，因此得出 $j=h_1(14)=[(1\times14+0)\bmod 19]\bmod 9=5$。于是我们访问$T_1[5]$并发现它是 NULL，因此可以得出结论$14\notin S$。现在假设我们查找$k=13$，计算 $j=h_1(13)=[(1\times13+0)\bmod 19]\bmod 9=4$。表项$T_1[4]$指向表$T_{2,4}$，并且访问的是$h_{2,4}(13)=[(1\times13+2)\bmod 19]\bmod 4=3$，不是 NULL，即 $T_{2,4}[3]=13$，因此算法已经验证了$13\in S$。最后一个要考虑的情况是键 $k=18$，它访问一级哈希表中的 $T_1[0]$，以及二级哈希表 $T_{2,0}[0]=9\neq18$，因此查找算法可以得出结论$18\notin S$。

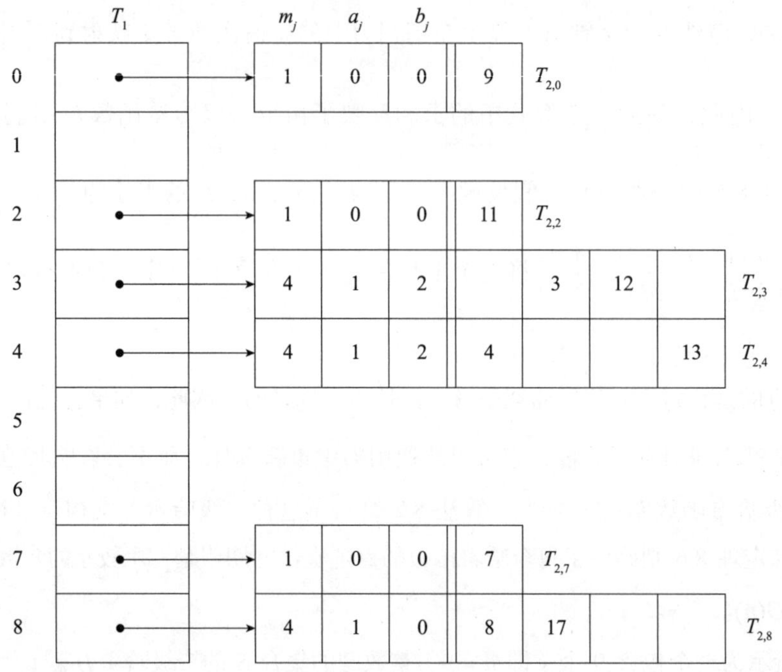

图 8.3 集合 $S=\{3,4,7,8,9,11,12,13,17\}$ 的二级哈希方案示例，其中采用形如 $h(k)=[(ak+b) \bmod 19] \bmod s$ 的通用哈希函数，这里 s 表示由该哈希函数决定的哈希表的大小。详细解释请见正文

8.5 布谷鸟哈希

当字典是动态的时，我们就需要设计不同的完美哈希方案。在这里，我们介绍一种高效而优雅的解决方案，被称为布谷鸟哈希（cuckoo hashing）[10]，它在更新操作上的平均时间复杂度是一个常数时间，并在最坏情况下实现了常数时间的查找操作。该方法在最初的构想中唯一的缺点是需要使用两个 $O(\log n)$ - 独立的哈希函数。⊖ 然而，最近的研究结果已经明显放宽了这一要求，仅需要 2- 通用哈希 [1]，但简单起见，我们仍然坚持使用原始方案进行说明。

简单来说，布谷鸟哈希将 8.3 节的 d- 选择哈希与适当地在表项之间移动键相结合以避免碰撞。在其最简单的形式中，布谷鸟哈希由两个哈希函数 h_1 和 h_2 以及大小为 m 的表 T 组成。

⊖ 参阅 https://en.wikipedia.org/wiki/K-independent_hashing，以获取 k- 独立哈希（k-independent hashing）的正式定义。实际上，我们在 8.3 节介绍的通用性质可以重新描述为成对独立或 2- 独立哈希（2-independent hashing），因为它适用于成对的键，因此 k=2。

任何的键k要么存储在$T[h_1(k)]$，要么存储在$T[h_2(k)]$，因此查找和删除操作都很简单：我们只需在这两个表项中查找k，并且在删除操作时，最终将其移除。插入操作键稍微复杂一些，因为它可能会触发表中键的级联移动，这个过程正是给这种方法命名的原因之一，灵感来自某些品种的布谷鸟在孵化时会把其他鸟蛋或幼鸟推出巢穴的行为。插入键k时，算法查看表T中的位置$h_1(k)$和$h_2(k)$：如果其中一个为空〔如果两者都为空，则选择$h_1(k)$〕，则将键存储在该位置，并完成插入过程；否则，通过移出这两个表项中的一个键〔通常是移出$T[h_1(k)]$中存储的键〕，并用k来替换它。最后，被移出的键重新扮演k的角色，然后重新开始插入过程。

这里有一个需要考虑的问题。如果被移出的键（比如y）存储在$T[h_1(k)]$中，那么对于$i=1$或$i=2$，都有$T[h_i(y)]=T[h_1(k)]$。这意味着，如果位置$T[h_1(y)]$和$T[h_2(y)]$都被占用，则在第二步要移出的键不能选择来自存储$T[h_1(k)]$中的表项，因为那个键是k，这将导致在键k和y之间产生无限循环。因此，算法始终避免移出先前插入的键。然而，循环仍然可能会出现〔例如，考虑这样一个简单的情况：$\{h_1(k),h_2(k)\}=\{h_1(y),h_2(y)\}$〕。因此，算法必须定义一个有效的退出条件来检测这种情况，在这种情况下，将重新对两个哈希函数进行抽样并对所有的键重新进行哈希构建（类似于前一节的完美哈希）。定理 8.7 证明了一个关键性质，即循环发生的概率是有限的，因此通过将每次插入操作计入$O(1)$的时间，可以得到重新哈希的成本$O(n)$。

算法 8.3　使用布谷鸟哈希技术将键 $k(k\notin S)$ 插入表 $T[0,m-1]$ 的字典中

```
if T[h1(k)] = NULL then
    T[h1(k)] = k; return;
end if
if T[h2(k)] = NULL then
    T[h2(k)] = k; return;
end if
count = 0;
s = 2; // 对于插入的键 k，我们将在以下步骤使用 h1
while count < m do
    d = {1, 2} − {s}; // s 是在表 T 中键 k 的（源）哈希函数的索引
                      // d 是在表 T 中键 k 的（目标）哈希函数的索引
    pos = hd(k); // k 应该存储在 T 中的位置
    用 T[pos] 交换 k ; // k 是需要重新安置的新键
    if k = NULL then
        return;
```

16: **end if**

17: 将 s 定义为 $h_s(k)$=pos; // 这里 s 是键 k 在表 T 中的（源）哈希函数索引

18: count = count + 1;

19: **end while**

20: 通过两个新的哈希函数重新调整表 T 中的，可能会将 m 加倍；

21: 从步骤 7 重新尝试插入键 k。

算法 8.3 给出了插入操作的伪代码，如前一段所述，虽然可能存在更简洁的伪代码，但出于教学目的，我们选择了一种详细的编码方式。步骤 1～6 检查是否至少有一个用于存储 k 的候选表项为空，如果是，键将存储在该位置。否则，开始一个 while 循环，该循环代码的前一段描述了逐次移出过程。循环停止的条件要么是遇到一个空的表项（步骤 14～16），要么是执行了超过 m 步（意味着我们陷入了一个无限循环）。步骤 10 中的编码技巧在于确保被移出的键会移动到由 $h_s(k) \rightarrow h_d(k)$ 指向的表项中，我们将这个过程建模为一个被适当构造的图的有向边布谷鸟哈希的图形表示如图 8.4 所示。

实际上，为了分析这种情况，引入布谷鸟图是有用的，其中节点表示表 T 的表项，边与键相关联，并连接两个表项，其中键可以由两个通用哈希函数 h_1 和 h_2 存储。边是有向的，用来记录键存储的位置（源），以及键可能被替代存储的位置（目的地）。图 8.4 描述了一个包含 10 个表项的表的布谷鸟图，并存储了 6 个键，即 $\{A, B, C, D, E, F\}$。

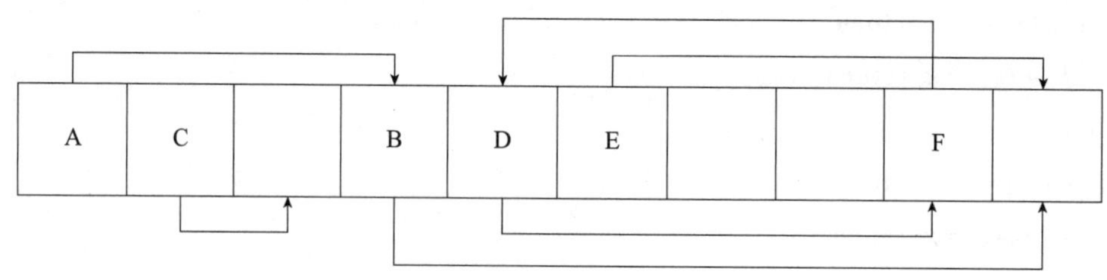

图 8.4 布谷鸟哈希的图形表示

移出键 k 会触发一个从表项（节点）$T[h_1(k)]$或$T[h_2(k)]$开始的级联遍历，有向边提供了一种简单的方法来识别这个遍历序列（节点路径）。我们称这条路径为键 k 的桶。它与链式哈希表中与表项 $T[h(k)]$ 关联的链表类似（见第 8.2 节），但由于布谷鸟图可能包含循环，因此这条路径可能具有更复杂的结构，它可能形成环，就像键 D 和 F 形成的循环一样。

现在让我们考虑将键 G 插入到图 8.4 中的布谷鸟图中，如图 8.5 所示。假设$h_1(\mathrm{G}) = 3$，$h_2(\mathrm{G}) = 0$（即从 0 开始计算表项），因此 G 会移出 A 或 B。我们将键 G 放入$T[0]$，从而移出 A，A 根据有向边试图存储在已经存储有B的$T[3]$处。然后A移出B，B根据相应的有向边被移动到表的最后位置。由于该表项为空，因此将 B 存储在那里，插入过程成功完成。

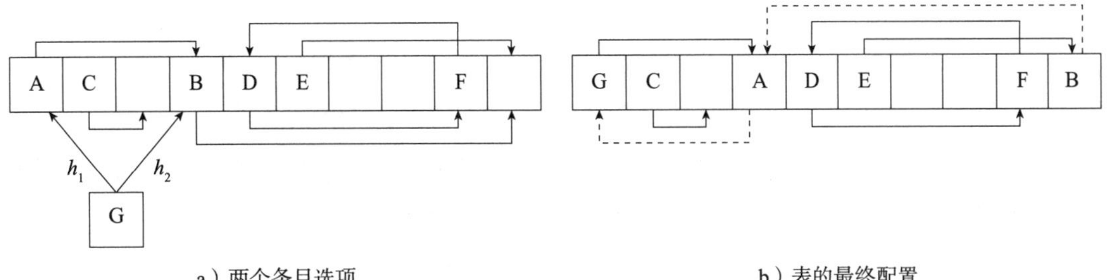

a）两个条目选项　　b）表的最终配置

图 8.5 插入键 G 时，请注意移动键关联的边（即 A 和 B）是虚线，并且交换了位置，图 b 反映了这两个键的最终位置

现在让我们考虑一个包括键 Z 的更复杂的插入情况，如图 8.6 所示。我们研究两个可能的哈希$h_1(\mathrm{Z})$ 和$h_2(\mathrm{Z})$的映射，这说明布谷鸟有向图中循环的存在与是否可以完成插入操作之间的关系。

在图 8.6a 中，键 Z 被映射到表项$T[1]$或表项$T[4]$。这些表项分别存储键C和键D。由于插入过程更倾向移出键 $T[h_1(\mathrm{Z})] = \mathrm{D}$，因此键Z替换了D，D根据其有向边移动到F位置，F又移动到Z的位置。因此，算法出现了一个循环（在图 8.6a 中用粗边表示），但是这个循环并不会导致无限循环，因为移出Z后，算法会检查它的第二个可能位置，即$T[h_2(\mathrm{Z})] = T[1] = \mathrm{C}$，然后C移动到空闲的表项$T[2]$。我们得出结论，即使存在（单个）循环，插入操作也能成功完成。

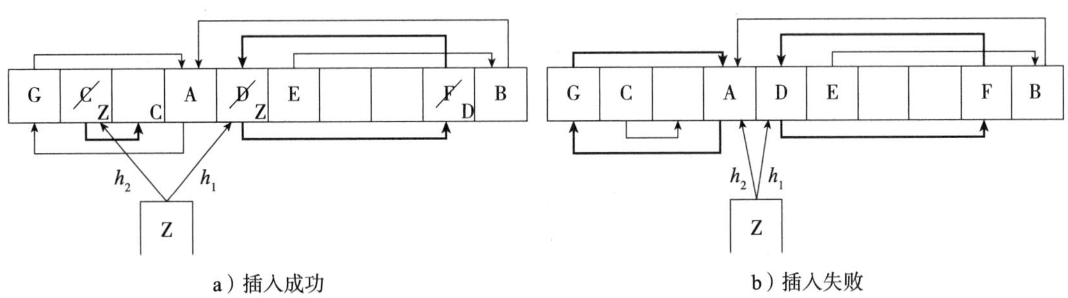

a）插入成功　　b）插入失败

图 8.6 插入键值 Z，粗边表示插入过程中经过的边

在图 8.6b 中，我们只改变了$h_2(\mathrm{Z})$的第二个映射，将其改为表项 3 而不是 1。这种变化导致插入失败，因为表项$T[3]$ 和$T[4]$都是两个有向循环的一部分（用粗边表示），前者涉及表项$\{0,3\}$，后者涉及表项$\{4,8\}$。在这种情况下，算法将陷入一个无限循环的移出过程，从一个循环到另一个循环无法停止。这意味着插入算法必须检查布谷鸟图的遍历是否最终陷入了无限循环：这可以通过将移出的步骤数限制为与表的大小相同来高效地实现。如果发生这种情况，如算法 8.3 的步骤 20 所述，表将从头开始重建，最终使用两个新的哈希函数，并根据表

的当前负载因子选择一个更大或更小的尺寸。

现在我们准备分析插入操作的时间复杂度，这不可避免地需要研究布谷鸟图的一些性质。我们假设这个图由 m 个节点组成，每个节点对应一个表项，并且有 n 条边，每条边对应一个键。需要注意的是，这两个参数的作用与图论中的经典符号表示相反，通常情况下，在图论中 n 是节点的数量，而 m 是边的数量。布谷鸟图是一个随机图，边的端点是根据两个通用哈希函数 h_1 和 h_2 定义的。在接下来的讨论中，为了更容易地计算事件的概率，我们考虑布谷鸟图的无向图版本，即边没有方向性：这样一来，我们可以说，如果在布谷鸟图中存在一条无向路径连接两个节点（即表项），那么这两个节点就参与了插入操作。定理 8.7 阐述并证明了插入操作效率的关键性质。

定理 8.7 对于任意节点对 i 和 j，以及任意常数 $c>1$，如果 $m \geqslant 2cn$，则在具有 m 个节点和 n 条边的无向布谷鸟图中，从 i 到 j 存在长度为 $L \geqslant 1$ 的最短路径的概率至多为 c^{-L}/m。

证明 我们通过归纳来证明路径长度 $L \geqslant 1$ 的情况。对于基础情况，$L=1$ 对应于节点 i 和 j 之间存在无向边。每个键生成这条边的概率不超过 $2/m^2$，因为边是无向的，而且考虑到这些哈希函数的一般性，$h_1(k)$ 和 $h_2(k)$ 是在 m 个表项中均匀随机选择的。对所有 n 个键求和，并且回忆 $m \geqslant 2cn$，我们得到了上界 $\sum_{k \in S} 2/m^2 = 2n/m^2 \leqslant c^{-1}/m$。

在归纳步骤中，我们必须计算长度 $L>1$，并且计算从 i 到 j（或者从 j 到 i）的最短路径长度没有比 L 更小的最短路径存在的概率的界。这种情况仅发生在某个满足以下两个条件的表项 z 上：①存在从 i 到 z 长度为 $L-1$ 的最短路径（显然，不经过 j）；②从 z 到 j 存在一条边。

根据归纳假设，第一个条件为真的概率的界是 $c^{-(L-1)}/m = c^{-L+1}/m$。第二个条件的概率已经在基础情况中计算过，并且界是 c^{-1}/m。因此，存在这样一条最短路径（经过 z）的概率最多为 $\left(1/(cm)\right) \times \left(c^{-L+1}/m\right) = c^{-L}/m^2$。对所有 m 个表项 z 求和，我们得到了 i 和 j 之间长度为 L 的最短路径的概率最多为 c^{-L}/m。

换句话说，这个定理说明了，如果布谷鸟图中节点数 m 相对于边数 n 足够大（即 $m \geqslant 2cn$），那么任意两个节点 i 和 j 被长路径连接的概率会很低，因此参与一个长的级联移出操作序列的概率也会很低。实际上，这个概率随着路径长度 L 的增加呈指数级下降。对于长度为 $L=\Theta(1)$ 的常数路径情况，其发生概率为 $O(1/m)$，这非常重要。这意味着，即使在这种受限的情况，发生非常数移出数量的概率也很小。我们可以借助在 8.3 节中引入的“桶”的概念，将这个概率与链式哈希中的碰撞概率相联系。具体来说，我们将在桶中包含通过布谷鸟图中无向路径连接的表项中存储的所有键。

如果将越来越多的键插入到字典中，表 T 最终会变满，进而无法进行更多的插入操作。实际上，在表 T 变满之前，就可能会遇到这种无法进行更多插入操作的情况，因为定理 8.7 仅适用于布谷鸟哈希表的负载因子$\alpha = n/m \leqslant 1/(2c) < 50\%$的情况。最近的研究结果显著改善了这个较差的界，从而使布谷鸟哈希成为其他哈希方案的可行、实用且有效的替代方案。因此，在本节最后，我们总结了对存储在表 T 中的键进行重新哈希的成本，以及该过程对单个插入操作的时间复杂度所产生的影响。

让我们考虑一个由 ϵn 次键插入操作组成的序列，其中 ϵ 是一个较小的正常数，并且假定表的大小 m 足够大，以便在这些插入操作后仍满足定理 8.7 的条件，即 $m \geqslant 2cn + 2c(\epsilon n) = 2cn(1+\epsilon)$。只有当某个关键字插入操作导致布谷鸟图中出现无限循环（即算法 8.3 的第 20 步）时，T 才会进行重新哈希。为了限制这种情况发生的概率，我们考虑所有 ϵn 个键都已经插入后的最终布谷鸟图，该图包含 m 个节点和 $n(1+\epsilon)$ 条边。在这个图中存在循环这一事件必然包含插入这些键时导致的无限循环事件，因此这个事件发生的概率为不成功的插入提供了一个简单（但重要）的上界。我们可以通过两步来估算这个概率。首先，我们计算布谷鸟图中一个节点成为无限循环的一部分的概率：根据定理 8.7，因为我们假设 $m \geqslant 2cn(1+\epsilon)$，所以这个概率最多为$\sum_{L=1}^{\infty} c^{-L}/m = \frac{m^{-1}}{c-1}$。其次，注意到在布谷鸟图中出现循环的概率可以通过对所有 m 个表项的之前的界求和得到，即$\frac{m}{m(c-1)} = \frac{1}{c-1}$。

推论 8.3　如果设定$c = 3$，在一个大小为n的字典中使用布谷鸟哈希插入ϵn个键，当表的大小$m \geqslant 6n(1+\epsilon)$时，每次插入需要的时间的期望为$\Theta(n)$。

证明　设$c = 3$，通过之前的讨论，我们可以推导出一个包含至少$m \geqslant 6n(1+\epsilon)$个节点和$n(1+\epsilon)$个键的布谷鸟图中存在循环的概率最多为$1/2$。因此，只需要进行常数次的重新哈希操作就足以确保在该布谷鸟哈希表中成功插入ϵn个键。插入的时间期望值为 $O(1)$，这是因为桶的大小的期望是一个常数，我们可以推导出重新哈希$n(1+\epsilon)$个键需要的时间的期望是 $O(n)$。因此，我们可以得出结论，插入ϵn个键的时间期望值为 $O(n)$。

为了让这个算法对每个n和ϵ都适用，我们可以采用在本章推论 8.1 之后介绍的链式哈希技术，将这种技术称为全局重建技术（global rebuilding technique）。具体来说，当字典的大小相对于哈希表的大小太小时，就会创建一个新的、更小的哈希表；相反，当哈希表变得太满时，就会创建一个新的、更大的哈希表。为了使这一方法高效运行，哈希表的大小会以一个常数倍数（大于 1）倍增或减小（如加倍或减半）。使用一个非常小（即常数）的额外空间——被称为存储区（stash）——可以进一步降低重新哈希的成本。一旦在插入键 k 时检测到失败情况（即 k 导致无限循环），那么这个键就会被存储在存储区（无须重新哈希）。这将重新哈希的概率降低到 $\Theta(1/n^{s+1})$，其中 s 是存储区的大小。参数 s 的选择与布谷鸟图和通用哈希函数的一些结构特性相关，这些特性涉及的内容太多，无法在此进行详细讨论，详见本章参考文献 [1] 及该文献中的参考文献。

8.6 更多关于静态哈希和完美哈希：最小化和有序化

我们回顾一下最小有序完美哈希函数是一种能够避免键之间冲突的哈希函数，映射到一个大小与字典大小匹配的值域（即$m=n$），并且在哈希值中保留键的顺序，即$\forall k'<k''\in S$，有$h(k')<h(k'')$。最小意味着，对于给定的键 $k\in S$，整数$h(k)$ 对应于 k 在有序字典 S 中的序数。

哈希函数 h 的设计完全取决于字典 S：S 的改变可能会破坏“完美”或“有序”的特性，甚至两者都可能被破坏。因此，在动态情况下保持这些特性是困难的。此外，即使 U 有序，保持顺序的属性也仅是针对键保证的，因此如果我们选择了键$\hat{k}\notin S$，我们便无法对$h(\hat{k})$的值以及 $\hat{k}$ 在有序集合 S 中的位置做出任何断言：我们只能确定它是 $\{0,1,\cdots,m-1\}$ 中的一个值。然而，对于键，我们可以使用 h 来实现一个直接访问表，而不会受到 8.1 节中提到的空间占用限制的影响：只需要分配一个大小为 n 的表，并将键 k 和其相关信息存储在 $T[h(k)]$ 中。键将被存储在不同的表项中（h 是完美的），并且在 T 内有序（h 是有序的），而且没有任何额外的空间浪费（h 是最小的）。这些哈希函数的一个有趣之处在于，$h(k)$的值可以被用作键 k 的字典序（整数）名称；因此，我们可以采用哈希值之间的大小比较来替代键之间的字典序比较，从而利用整数之间比较的高效率特性提高键之间比较操作的性能。

在深入探讨构建 h 的技术细节之前，我们要对以下情况进行更微妙的思考。如果键被编码为可变长度的位串，那么我们可以通过使用字典树结构为每个键分配序数（参见定理 9.7），但这会带来两个主要限制：①分配序数的操作在最坏情况下可能会在字典树查找中引发多次 I/O 操作，而不像哈希表仅需 $O(1)$ 的 I/O 操作；②空间占用将与字典的总长度线性相关，而不是与字典的基数（即字典中元素的个数）线性相关。这是因为提出的最小有序完美哈希函数不需要存储字典 S，只需$\Theta(n)$个整数。然而，读者必须记住，这些哈希函数无法为不属于字典 S 的键提供字典序的序数，因此它们只能解决所谓的查找问题。相反，如果还需要支持字典 S 中的字典序查询，那么字典树是必不可少的，它们会带来更大的时间和空间成本（参见第 7 章）。

有趣的是，h 函数的设计基于三个辅助函数，分别是 h_1、h_2 和 g：前两个是通用哈希函数，作用于一个适当的整数值域，值域的大小大于 n，而第三个函数 g 则由前两个函数通过解析一组包含两个变量的模 n 方程推导而来，这实际上相当于解决了一个涉及无向且无环的随机图标记问题。同样，随机图也被用来解决一些似乎与图的形式有些不相关的具体问题，之前介绍了随机图用于设计和分析布谷鸟哈希，而现在我们则用它们来设计和分析最小有序完美哈希函数。

现在让我们详细了解一下三个辅助函数 h_1、h_2 和 g 的正式定义：

- 我们将 h_1 和 h_2 定义为两个通用哈希函数，将来自全集 U 的键映射到整数集合 $\{0,1,\cdots,m'-1\}$ 中，其中 m' 被设置为一个大于字典大小 $n=|S|$ 的值。值得注意的是，h_1 和 h_2 并不是最小的（实际上，$m'>n$），而且它们也不一定是完美的，因为它们可能会导致 S 中的键发生碰撞。在从通用哈希函数类中选择了 h_1 和 h_2 后，算法构建了一个由n条边和 m' 个节点组成的适当的无向图G[⊖]，并检查它是否成环。如果成环，则重新选择 h_1 和 h_2；否则（即G是无环的），它将继续按照下面的步骤构造函数 g。m' 的选择会影响重新选择的次数的期望值，因此也影响了构建过程的效率：通常情况下，我们设置 $m'=cn$，其中 $c\geqslant 3$ 是一个常数[⊖]。
- 我们定义了一个函数 g，它将范围在 $\{0,\cdots,m'-1\}$ 的整数映射到$\{0,\cdots,n-1\}$的整数范围内。由于$m'>n$，这个映射不可能是单射的，因此 g 的一些输出值可能会重复。然而，我们设计了函数 g，使其能够与 h_1 和 h_2 正确结合，以满足我们对 h 的定义。通过一种巧妙的算法构建 g，它能够为图的节点分配适当的整数标签，这些标签与 g 的定义域对应。如果 G 是无环的，那么总是存在这样一种分配，并且可以通过遍历其路径在线性时间内计算 G 的大小（稍后在本节中介绍）。
- 我们将 h_1、h_2 和 g 组合起来，定义$h(k)$如下：$\left[g\left(h_1(k)\right)+g\left(h_2(k)\right)\right] \bmod n$，对于每个 $k\in S$。显然，h 是最小的，因为它返回的值在$\{0,\cdots,n-1\}$的范围内，接下来我们将证明它的构造是完美且有序的。

就评估 h 的时间和空间复杂度而言，我们观察到了以下情况。函数 g 被编码成一个包含m'个元素的整数数组，而通用哈希函数 h_1 和 h_2 占用常数空间（参见第 8.3 节）。由于$m'=\Theta(n)$，总共所需的空间是$\Theta(n)$，因此 h 的时间和空间复杂度与字典的基数呈线性关系，而不是与字典的长度呈线性关系。计算$h(t)$只需要常量时间：我们需要计算哈希函数 h_1 和 h_2，并需要对数组 g 进行两次访问，最后执行两次求和和一次取模操作。图 8.7 所示为一个完美、最小且有

⊖ 与布谷鸟图情况类似，符号 n 和 m' 分别表示边的数量和节点的数量。

⊖ 选择 $c\geqslant 3$ 可以确保在$\left\lceil\sqrt{\frac{m'}{m'-2n}}\right\rceil$次试验中生成一个无环图 G。如果我们设 $c=3$，则大约需要两次试验（参见本章参考文献 [11]）。

序的哈希函数示例，其中m'被设置为质数 13。

我们需要详细描述函数 g 的算法，以确保根据我们给出的公式正确定义$h(k)$。实际上，这个公式在 n 个键 $k \in S$ 上提供了 n 个等式约束。对于每个这样的约束，$h(k)$、$h_1(k)$ 和 $h_2(k)$ 都是已知的，因此未知变量是 $g()$ 的两次调用：

- 第一个键 abacus 设定等式 $0 = [g(1) + g(6)] \bmod 9$。
- 第二个键 cat 设定等式 $1 = [g(7) + g(2)] \bmod 9$。
- 如此继续，直到最后一个键 zoo，设定等式 $8 = [g(5) + g(3)] \bmod 9$。

键 k	$h(k)$	$h_1(k)$	$h_2(k)$	x	$g(x)$
abacus	0	1	6	0	0
cat	1	7	2	1	5
dog	2	5	7	2	0
flop	3	4	6	3	7
home	4	1	10	4	8
house	5	0	1	5	1
son	6	8	11	6	4
trip	7	11	9	7	1
zoo	8	5	3	8	0
				9	1
				10	8
				11	6
				12	0

图 8.7　一个完美、最小且有序的哈希函数示例。字典 S 包含n=9个键（以可变长度字符串形式），这些键按字母顺序列出。列$h(k)$显示了每个键在 S 中的字典顺序。哈希函数h基于三个函数构建：两个随机哈希函数$h_1(k)$和$h_2(k)$，对于$k \in S$，并且其值域为$\{0,1,\cdots,m'-1\}$，其中$m'=13>9=n$；一个适当派生的函数$g(x)$，对于$x \in \{0,1,\cdots,m'-1\}$，实现为一个数组，其设计在正文中有解释

从图 8.7 中我们注意到，这些方程可能会多次涉及相同的“变量”：例如，$g(1)$出现在 abacus、home 和 house 的方程中。因此，这组方程是否存在解并不明显。但令人惊讶的是，g的计算非常简单，其过程是构建一个无向图$G=(V,E)$，其中包含 m' 个节点，标记为$\{0,1,\cdots,m'-1\}$（与 h_1 和 h_2 的值域、g的定义域相同），以及 n 条边（与字典 S 中的键一样多）。每个键都有一条（无向）边，因此每个方程也有一条（无向）边：对于每个键 $k \in S$，都有一条边 $(h_1(k), h_2(k))$。我们还用预期的 $h(k)$ 标记每条这样的边。图 8.8 所示是与图 8.7 中的字符串字典对应的图。参考图 8.8，并根据我们给出的方程，我们注意到：

- 第一个键 abacus 等式设置 $0 = \left[g(1) + g(6)\right] \bmod 9$，这创建了无向边 (1,6) 并标记为 0。
- 第二个键 cat 等式设置 $1 = \left[g(7)+g(2)\right] \bmod 9$，这创建了无向边 (2,7) 并标记为 1。
- 如此继续，直到最后一个键 zoo 对应的等式为 $8 = \left[g(5) + g(3)\right] \bmod 9$，这创建了无向边 (3,5) 并标记为 8。

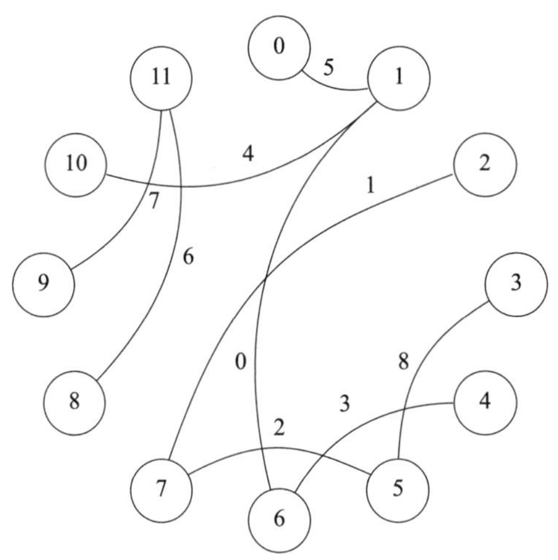

图 8.8　与图 8.7 中的字符串字典对应的图。我们没有展示节点 12，因为这个值不在哈希函数 h_1 和 h_2 的值域中

很明显，G 的拓扑结构仅取决于 h_1 和 h_2，根据这两个哈希函数的随机性可知它是一种随机拓扑结构。现在的问题是我们如何解这组方程。这里有一个巧妙而简单的想法，它依赖于 G 是无环的特性（如图 8.8 中的图）；如果不是这种情况，正如我们已经说明的，h_1 和 h_2 将被重新选择直到对应的图中不再有任何环。

这个算法的思路是从任意一个节点开始（比如图 8.8 中的节点 0），并赋予一个任意的值（比如 0）。这相当于设定了 $g(0) = 0$。然后，我们选择与该节点相连的一条边，比如 (0,1)，标记为 5。这条边对应于与键 house 相关联的第六个方程：$5 = \left[g(0) + g(1)\right] \bmod 9$。由于 $g(0) = 0$，根据方程，我们可以轻松得出 $g(1) = 5$。然后我们继续这样做，选择另一条与已经标记了某个值的节点相连的边。例如，我们选择了边 (1,10)，标记为 4，这对应于与键 home 相关联的第五个方程：$4 = \left[g(1) + g(10)\right] \bmod 9$。由于之前已经得到 $g(1) = 5$，而 $g(10)$ 尚未设定，因此我们将其设为 $g(10) = 8$，这样方程成立。我们继续这样做，选择一条边 (u,v)，标记为秩 $R(u,v)$，其中 v 被标记为值 $g(v)$，但 $g(u)$ 尚未设定，然后推导出 $g(u)\geqslant 0$，使得

$g(u) = [R(u,v) - g(v)] \bmod 9$。只要 $g(u)$ 在之前没有被分配过，这种分配就是可能的，而如果图是无环的，那么这总是成立的。如果有一条边与两个未标记的节点相连，那么我们会给其中一个分配一个任意的值（比如简单起见，设为值 0），然后继续之前的操作。

此处概述的伪代码参见算法 8.4 和算法 8.5。第一个算法触发了从一个最初未标记且设为值 0 的节点 v 开始的图节点标记。在这个图遍历中，如果算法遇到一个已经访问过的节点，就会检测到一个循环，并停止构建 g。否则，它会根据我们指定的方式，通过解相应的 $g(u)$ 方程确定 u 的正确值。数组 g 的构建是正确的，而这个过程的时间复杂度只是对 G 的一次访问。因此，我们证明了以下结论。

算法 8.4　LabelGraph(*G*) 过程

```
for v ∈ V do
    g[v] = undef
end for
for v ∈ V do
    if g[v] = undef then
        Label(v, 0)
    end if
end for
```

算法 8.5　Label(*v*, *c*) 的过程

```
if g[v] ≠ undef  and g[v] ≠ c then
    return 图中存在环路；终止
end if
g[v] = c
for u ∈ Adj[v] do
    Label(u, R(u, v) − g(v) mod n)
end for
```

定理 8.8　对于一个包含 n 个键的字典，构造一个最小的有序完美哈希函数的时间复杂度和空间复杂度的期望是$O(n)$。在最坏情况下，哈希函数的执行时间为$O(1)$，执行空间为$O(n)$。

读者可以将算法 8.4 应用于图 8.8 来验证，从而得到图 8.7 中指定的数组 g 的值。

8.7　布隆过滤器

在某些情况下，键的全集可能非常庞大，无论是其基数还是其长度，因此哈希解决方案可能会受到限制，不仅哈希表及其指针所需要的存储空间〔需要$(n+m)\log n$位，参见推论 8.1〕受限，键的存储（需要 $n\log_2 u$ 位）也受限。例如，对于搜索引擎中网络爬虫管理的 URL 字典，URL 可能有数百个字符，如果我们尝试存储整个 URL，内存中可索引字典的大小会很快受到限制 [4]。实际上，爬虫并不使用布谷鸟哈希或链式哈希，而是使用一种被称为布隆过滤器（Bloom filter）[2] 的简单、随机且高效的数据结构。

布隆过滤器的一个特性是，它并不直接存储键本身，只存储了键的一个微型“指纹”，这意味着数据结构所需的空间取决于键的数量，而不是它们的总长度；因此这种方法在空间效率上有显著优势。然而，这种方法的弊端是在成员查询时会产生误报。尽管如此，在涉及字典键的查询中，布隆过滤器能够正确验证成员资格，此过程中不会产生误报，这体现了布隆过滤器只产生单侧错误的特性。至于误报错误，它们可以被控制，并且随着与键关联的指纹大小的增长呈指数级下降。在实际应用中，每个指纹仅需要几十位（即几个字节）就足以保证极低的错误率 [⊖] 和较小的空间占用，这使布隆过滤器在处理大规模数据时极具吸引力。在这一点上，我们需要重申一下使用布隆过滤器的基本原则：“在任何使用链表或集合且考虑空间的场合，都应该考虑使用布隆过滤器。在使用布隆过滤器的过程中，必须对潜在的误报有所预期并加以考量。”

假设 $S=\{x_1,x_2,\cdots,x_n\}$ 是一个包含 n 个键的集合，B 是长度为m位的向量。最初，B 中的所有位都被设置为 0。我们假设有 r 个通用哈希函数 $h_i:U\to\{0,\cdots,m-1\}$，其中 $i=1,\cdots,r$。正如预期的那样，每个键 k 并不是在 B 中显式表示的，而是通过将 B 中的 r 位设置为 1 来进行指纹标记的：$B[h_i(k)]=1$，$\forall 1\leqslant i\leqslant r$。因此，向布隆过滤器中插入一个键需要 $O(r)$ 的时间，并且最多设置 r 位（可能会发生一些哈希冲突，这被称为标准布隆过滤器）。对于查找，当且仅当键 y 指纹的所有位都被设置为 1，即 $B[h_i(y)]=1$，$\forall 1\leqslant i\leqslant r$ 时，我们称键 y 属于字典 S。查找和插入的时间复杂度都为 $O(r)$。布隆过滤器不支持删除操作。在布隆过滤器中查找键 y 的过程如图 8.9 所示，其中 4 个箭头指向 4 个校验位$B[h_i(y)]$，我们可以确定$y\notin S$，因为有 3 位被设置为 1，但最右边的校验位被设置为 0。

⊖ 有人可能会提出异议，认为错误仍可能发生。但是程序员会认为这些错误可以比数据中心或个人计算机中硬件 / 网络故障引起的错误更小，因此可以忽略不计。

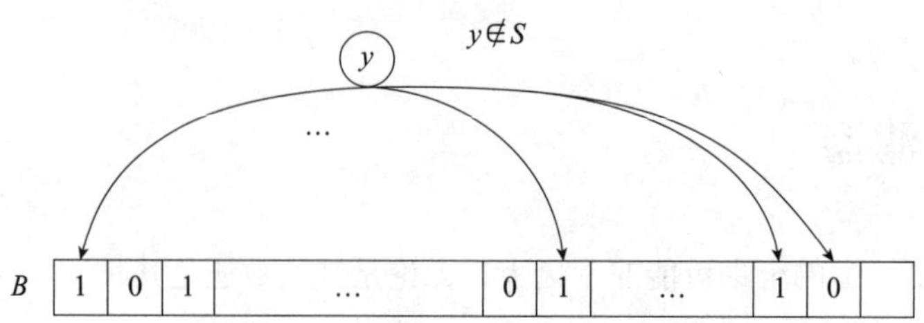

图 8.9 在布隆过滤器中查找键 y 的过程。四个箭头分别指向四个被检查的条目 $B[h_i(y)]$，因为在这个例子中，$r=4$，所以 i 的取值为 1,2,3,4。由于其中一个被检查的条目为 0，所以可以确定键 $y \notin S$

显然，如果 $y \in S$，则布隆过滤器可以正确检测到；但也可能存在 $y \notin S$ 的情况，由于其他哈希和键的设置，所有 r 位检查仍然被设置为 1（可能不止一个）。这就是我们提到的误报结果，因为它导致布隆过滤器对成员查询时返回了一个属于集合中的结果，但实际上该元素并不在集合中，因此是一个误报。我们自然要关心误报错误的概率，这个概率的上界可以用一个非常简单的公式表达。

在插入键 $k \in S$ 后，$B[j]$ 为空的概率等于哈希函数 $h_i(k)$ 的返回值与 j 不同的概率，即 $\left(\frac{m-1}{m}\right)^r$。对于足够大的 m，这个值可以近似为 $\mathrm{e}^{-\frac{r}{m}}$。在插入 n 个键之后，假设这些哈希函数之间是独立的，那么可以估算出 $B[j]$ 仍为空的概率 $p_0 \approx (\mathrm{e}^{-\frac{r}{m}})^n = \mathrm{e}^{-\frac{rn}{m}}$。⊖ 因此，误报的概率（误报率）相当于对于一个不在当前字典中的键，所有检查的 r 位都被设置为 1 的概率，即 $p_{\mathrm{err}} = (1-p_0)^r \approx \left(1-\mathrm{e}^{-\frac{rn}{m}}\right)^r$。

不出所料，误报率取决于定义布隆过滤器时的三个参数：哈希函数的数量 r、键的数量 n 和二进制数组 B 的位数 m。正如预期的那样，字典 S 的总大小（包括键的长度）不出现在该公式中。有趣的是，$f=m/n \geqslant 1$ 可以解释为在 B 中为每个键分配的平均位数，因此我们称之为其指纹大小 f。f 越大，概率 p_{err} 越小，但为 B 分配的空间越大。我们可以通过一阶导数求极值的方法来计算得到指纹大小 f 的 p_{err} 最优值 $r_{\mathrm{opt}} = \left(\frac{m}{n}\right)\ln 2 = f\ln 2$。对于这个 r 值，B 中的一位是空值的概率是 $p_0 = 1/2$；这实际上意味着数组一半填满了 1，一半填满了 0。事实上，这个结

⊖ 虽然可以进行更精确的分析，但这需要涉及许多细节，而且不会改变渐近结果，因此我们更倾向于坚持这些更简单（虽然粗糙）的计算 [3,8]。另外，值得一提的是布隆过滤器还有另一种版本，称为分区（或经典）布隆过滤器 [2]，它通过考虑大小为 m/r 的 r 个哈希表来确保由单个键设置的所有 r 个设置为 1 的位是不同的。这两种类型的布隆过滤器的渐近行为是相同的；尽管经典版本由于存在更多的 1，往往具有更高的误报率。

果是必然的：更大的 r 会在 B 中引入更多的 1，从而导致更大的 p_{err}；而更小的 r 则会在 B 中引入更多的 0，从而导致更多的空间浪费。最优选择 r_{opt} 位于两者之间。对于最优值 r_{opt}，我们有 $p_{err} = (1/2)^{r_{opt}} = (0.693)^{m/n}$，这个值随着指纹大小 $f = m/n$ 的变大以指数速度下降。

有趣的是，为了实现极小的误报率，我们需要取较小的 f 值：实际上，对于 32 位的指纹（即 $m = 32n$），误报率为 $p_{err} = 8 \times 10^{-6}$；对于 64 位的指纹（即 $m=64n$），误报率为 $p_{err} = 6.4 \times 10^{-11}$。当使用 $m=32n$ 位空间时，布隆过滤器的误报率 p_{err} 与哈希函数数量 r 之间的关系如图 8.10 所示，其中每个键的指纹为 $f = 32$ 位。我们注意到，采用 $r = 23$ 个哈希函数时误报率最小，大约为 10^{-7}；对于 $r \geqslant 16$，误报率变化不大；对于 $16 < r < 23$，虽然不是最优的，但是能够在实际应用中加快成员查询的速度。

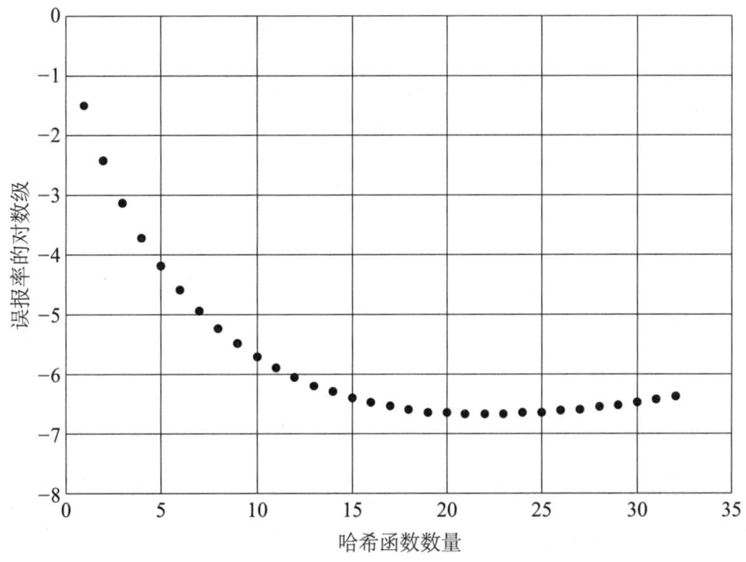

图 8.10　当使用 $m = 32n$ 位空间时，布隆过滤器的误报率 p_{err} 与哈希函数数量 r 之间的关系（最小值出现在 $r = 23$ 处）

文献中提到了许多布隆过滤器的变种，其中两个著名的变种是压缩布隆过滤器（compressed Bloom filter）和光谱布隆过滤器（spectral Bloom filter）。前者致力于进一步减小其空间占用，因为在许多 Web 应用中，布隆过滤器是一种需要在代理服务器之间传输的数据结构，这样可以节省传输带宽和传输时间 [9]。后者解决了有多个重复元素的集合管理问题，因此该变种允许存储和计数重复出现的元素，前提是它们需要在给定的阈值内（实际上是一个光谱）。

假设我们希望在压缩后发送的位数 $z \leqslant m$ 的限制下优化布隆过滤器的误报率。我们可以使用算术编码（见第 12 章）作为压缩工具，它很好地逼近了要压缩的字符串的熵。令人惊讶的是，结果表明，使用更大但更稀疏的布隆过滤器可以在传输位数更少的情况下获得相同的误报率；换句话说，布隆过滤器可以以更小的误报率传输相同位数。例如，在 $m=16n$ 的标准布隆过滤器中，最优的哈希函数数量为 $r_{\text{opt}}=11$，误报率为 0.000 459；制作一个稀疏的布隆过滤器（其中 $m=48n$ 且只有 $r=3$ 个哈希函数）可以将结果压缩到每个项不到 $f=16$ 位，将误报率减少大约一半。因此，通过压缩，布隆过滤器在误报率、空间占用和查询速度方面实现了三赢。然而，需要注意的是，压缩布隆过滤器可能会增加运行时的内存使用量（因为需要解压缩），并且需要额外的压缩 / 解压缩成本。尽管如此，仍然可能存在一些复杂的压缩索引方法，允许直接访问压缩的数据而无须完全解压缩它们：一个例子是 FM 索引（FM-index）数据结构，它可以构建在二进制数组 B 上，具体内容见第 14 章。

光谱布隆过滤器旨在支持对包含重复键的查询，并有较小的误报率，同时支持对键的插入和删除操作。具体而言，设 $f(k)$ 是键 $k\in S$ 的重复个数，这个整数可以是一个在流中出现的 k 的次数，也可以只是与 k 关联的值。光谱布隆过滤器采用了一个包含 m 个计数器的数组 C替换了位向量B〔大小为 $\Theta(m\log u)$，其中 u 是 S 中键可能出现的最大重复个数〕。将键 k 插入字典 S 的操作包括将值 $f(k)$ 添加到由 r 个哈希函数$h_i(k)$标识的所有计数器中。删除操作与插入操作是对称的。查询键k的重复个数包括计算存储在计数器$C[h_i(k)]$中的最小值，其中 $i=1,2,\cdots,r$。之所以进行最小值计算，是因为不同键的哈希可能发生冲突，每个计数器$C[i]$对于映射到它的键的重复个数提供了一个上限的估计：因此对于$i=1,2,\cdots,r$，有$f(k)\leqslant C[h_i(k)]$。这个观察还允许我们轻松证明最小值与 $f(k)$ 不同的概率，从而导致估计错误的概率等于所有计数器 $C[h_i(k)]$上发生冲突的概率，而这又等于使用相同参数 m、n、r 的标准布隆过滤器的错误率。文献提供了光谱布隆过滤器的变体，允许减少其空间占用率或其错误率。其中可能最著名的是采用了第二级布隆过滤器，其中存储了键 k，其最小值在计数器 $C[h_i(k)]$ 中仅出现一次，其中 $i=1,2,\cdots,r$。这种重复最小值的属性强化了判断的准确性，否则就需要使用另一个更小的光谱布隆过滤器来修正与单个最小判断相关的潜在错误答案。

8.7.1 空间占用的下界

问题是，为了确保从大小为 u 的全集 U 中抽取的 n 个键的字典具有给定的错误率ϵ，数组 B 能有多小。我们将证明，任何提供这些特性的数据结构都必须占用至少 $n\log_2(1/\epsilon)$ 位。这个结果使我们得出结论，布隆过滤器在这个空间下界的对数因子 $\log_2 \mathrm{e}\approx 1.44$ 内是渐近最优的。

证明如下，我们用 $F(m,\epsilon,X)$ 表示任何需要 m 位空间，并且需要在字典 $X\subseteq U$ 上进行成员查询的数据结构，其误报率为 ϵ。因此，上一节介绍的布隆过滤器就是这样的数据结构之一，其

中 $B=F(m,\epsilon,S)$，S 是被索引的字典。显然，数据结构必须适用于每一个可能的子集 $X\subset U$，子集的数量是 $\binom{u}{n}$。如果 X 包含 k，我们说数据结构 $F(m,\epsilon,X)$ 接受键 k；否则我们说它拒绝 k。

现在让我们考虑一个具有 n 个元素的特定字典 S。用于表示 S 的任何数据结构都必须接受所有的 n 个键，因此不会有错误的否定结果；同时还可能最多接受 U 中 $(u-n)\epsilon$ 个其他键，因为其误报率是 ϵ。因此，这样的数据结构最多接受 $n+\epsilon(u-n)$ 个键，可以用来表示元素大小为 n 的 $w=\binom{n+\epsilon(u-n)}{n}$ 个子集中的任何一个，但不能用于表示任何其他集合。

由于存在 2^m 个这样的 m 位数据结构，我们可以得出它们最多代表 $2^m\times w$ 个由 n 个键组成且误差率最多为 ϵ 的 U 的子集。为了确保存在一个我们期望的 m 位的数据结构，从 u 中抽取的字典数量 $\binom{u}{n}$ 以及组成字典的键数 n 必须满足以下不等式：

$$2^m\times\binom{n+\epsilon(u-n)}{n}\geqslant\binom{u}{n}$$

对 m 进行求解，我们得到：

$$m\geqslant\log_2\left(\binom{u}{n}\bigg/\binom{n+\epsilon(u-n)}{n}\right)\geqslant\log_2\left(\binom{u}{n}\bigg/\binom{\epsilon u}{n}\right)\approx\log_2(1/\epsilon)^n=n\log_2(1/\epsilon)$$

其中我们使用了在实践中对参数 u（全集大小）和 n（字典大小）成立的近似值 $\binom{a}{b}\approx\frac{a^b}{b!}$，$a\gg b$。

现在让我们考虑一个具有相同配置的布隆过滤器：误差率为 ε，字典大小为 n，空间占用 m 位。我们知道，在其最佳配置中，设置 $r_{\text{opt}}=(m/n)\ln 2$，对应误差率 $\epsilon=(1/2)^{(m/n)\ln 2}$。解关于 m 的方程，我们得到：

$$m=n\frac{\log_2(1/\epsilon)}{\ln 2}\approx 1.44n\log_2(1/\epsilon)$$

这个公式的意思是，布隆过滤器在空间利用上趋近于最优，与空间最优的界相比差一个 1.44 的常数因子。

8.7.2 简单的应用

布隆过滤器可以用来通过交换少量位近似计算存储在两台不同机器 M_A 和 M_B 上的两个集合

A 和 B 的交集。典型的应用场景包括数据复制检查和分布式搜索引擎。通过执行以下步骤可以有效实现这一目标：

1）机器 M_A 构建了大小为 $m_A = \Theta(|A|)$位、采用 $r_{\text{opt}} = (m_A / |A|)\ln 2$ 个哈希函数的布隆过滤器 BF(A)。

2）机器 M_A 将 BF(A) 发送给机器 M_B。

3）机器 M_B 构建集合 Q，作为 BF(A) 回答为"是"的 B 元素的子集。

显然，$A \cap B \subseteq Q$，因此 Q 包含了 $|A \cap B|$ 个键，加上那些属于 B 但不属于 A 的元素数量，这些元素被布隆过滤器 BF(A) 错误地识别为属于A。因此，我们可以得出$|Q| = |A \cap B| + |B|\epsilon$ 的结论，其中 $\epsilon = 0.618\,5^{m_A/|A|}$ 是 BF(A) 设计的错误率。这意味着这三个步骤定义了一个单轮协议，使得机器 M_B能够计算出$A \cap B$的近似值，误差率为 ϵ。m_A 越大，ϵ越小，但交换的位数越多。

将下面两个步骤添加到这个协议中，我们就得到了一个两轮协议，可以让机器 M_A 计算出正确的交集 $A \cap B$：

4）机器M_B 将 Q 发送回给 M_A。

5）机器M_A计算 $Q \cap A$。

第 2 步交换了 m_A 个位，第 4 步交换了 $|Q|\log|U|$ 个位，因此两轮协议总共交换的位数为 $m_A + (|A \cap B| + |B| \times 0.693^{m_A/|A|})\log|U|$。同理，将整个集合 A 发送给 M_B 交换的位数为 $|A|\log|U|$ 。因此，当 $m_A = c|A|$ 时，两轮协议更优，其中 c 是一个远小于 $\log|U|$ 的常数，但是 c 也不会太小，这是布隆过滤器的大小 m 和其错误率 ϵ之间的关系导致的。

参考文献

[1] Martin Aumüller, Martin Dietzfelbinger, and Philipp Woelfel. Explicit and efficient hash families suffice for cuckoo hashing with a stash. In *Proceedings of the 20th European Symposium on Algorithms (ESA)*, Lecture Notes in Computer Science 7501, Springer, 108–20, 2012.

[2] Barton H. Bloom. Space/time trade-offs in hash coding with allowable errors. *Communications of the ACM*, 13(7): 422–6, 1970.

[3] Prosenjit Bose, Hua Guo, Evangelos Kranakis *et al*. On the false-positive rate of Bloom filters. *Information Processing Letters*, 108(4): 210–13, 2008.

[4] Andrei Z. Broder and Michael Mitzenmacher. Survey: Network applications of Bloom filters: A survey. *Internet Mathematics*, 1(4): 485–509, 2003.

[5] Yossi Azar, Andrei Z. Broder, Anna R. Karlin, and Eli Upfal. Balanced allocations. *SIAM Journal on Computing*, 29(1): 180–200, 1999.

[6] Tomas H. Cormen, Charles E. Leiserson, Ron L. Rivest, and Clifford Stein. *Introduction to Algorithms*. The MIT Press, third edition, 2009.

[7] Martin Dietzfelbinger, Torben Hagerup, Jyrki Katajainen, and Martii Penttonen. A reliable randomized algorithm for the closest-pair problem. *Journal of Algorithms*, 25(1): 19–51, 1997.

[8] Fabio Grandi. On the analysis of Bloom filters. *Information Processing Letters*, 129: 35–9, 2018.

[9] Michael Mitzenmacher. Compressed Bloom filters. *IEEE/ACM Transactions on Networks*, 10(5): 604–12, 2002.

[10] Rasmus Pagh and Flemming F. Rodler. Cuckoo hashing. *Proceedings of the 9th European Symposium on Algorithms (ESA)*. Lecture Notes in Computer Science, 2161, 121–33, 2001.

[11] Ian H. Witten, Alistair Moffat, and Timothy C. Bell. *Managing Gigabytes: Compressing and Indexing Documents and Images*, second edition. Morgan Kaufmann, 1999.

[12] Philipp Woelfel. Efficient strongly universal and optimally universal hashing. *Proceed- ings of the 24th International Symposium on the Mathematical Foundations of Computer Science*, Lecture Notes in Computer Science, 1672, 262–72, 1999.

Chapter 9 第9章

字符串前缀搜索

“即便在今天，大部分的发现仍然是偶然与探索的结合。”

——悉达多·穆克吉（Siddhartha Mukherjee）

字符串前缀搜索问题因为在搜索引擎上的新应用而在算法领域重新获得了关注。例如，谷歌和必应这样的主流搜索引擎提供的自动补全功能使用查询语句作为搜索字符串，并且基于Web用户的查询历史，在百万量级字符串上进行即时前缀搜索。这个问题由于字典的大小以及用户可以容忍的等待时限而变得非常有挑战性。[⊖] 在本章中，我们将从时间复杂度、空间复杂度和I/O复杂度等视角来介绍多种不同的解决方案，用于提高这类问题的解决效率。

> **前缀搜索问题** 给定一个由 n 个字符串组成的字典 $\mathcal{D}$，总长度为 N，字母表大小为 σ，要解决的问题是：在 $\mathcal{D}$ 的预处理阶段建立一种机制，以便检索（或计数）$\mathcal{D}$ 中以 P 为前缀的字符串。

我们提到过另外两种常见的字符串查询：在字符串字典 $\mathcal{D}$ 中进行精确搜索和子串搜索。第一个问题可以通过哈希得到最优的解决，它简单、实用并且速度快，第8章已经详细介绍了几种哈希解决方案。第二个问题更为复杂，举几个例子，子串搜索可以应用在计算基因组学和亚洲区域使用的搜索引擎中。子串搜索问题主要是找出查询模式 P 作为子串出现在字符

⊖ 我们将简化该问题的形式，并且忽略了基于用户特征的答案排序，这些特征包括查询的频率、发起查询的用户地理位置以及搜索引擎为最匹配用户需求而定义的其他特征等。

串字典中的所有位置。令人惊讶的是，存在一个简单的转换算法，可以将子串搜索问题简化为在字符串字典的后缀上进行前缀搜索。这一转换算法将在第 10 章中讨论，其中涉及后缀数组和后缀树两种数据结构。因此，我们可以得出结论，前缀搜索是其他字符串搜索问题的重要基础，所以接下来介绍的数据结构不仅可以应用于本章讨论的场景，还适用于更复杂的应用。

9.1　字符串指针数组

我们从一个解决前缀搜索问题的常见方法开始，该方法包括一个指针数组，这个指针数组中的每个指针元素都指向一个字符串，该字符串可以存储在内存（或磁盘）上的任意位置。我们称这个指针数组为$A[1,n]$，指针数组根据元素指向的字符串进行间接排序。我们假设每个指针占据 w 字节的内存，w 通常是 4 字节（32 位）或 8 字节（64 位）。在第 11 章我们将对一些其他的指针表示方法进行讨论，例如变长指针，并使用更加高效的整数编码对其进行处理。

图 9.1 所示为未排序的字符串数组 S 和指向 S 中字符串（间接排序）的指针数组 A。

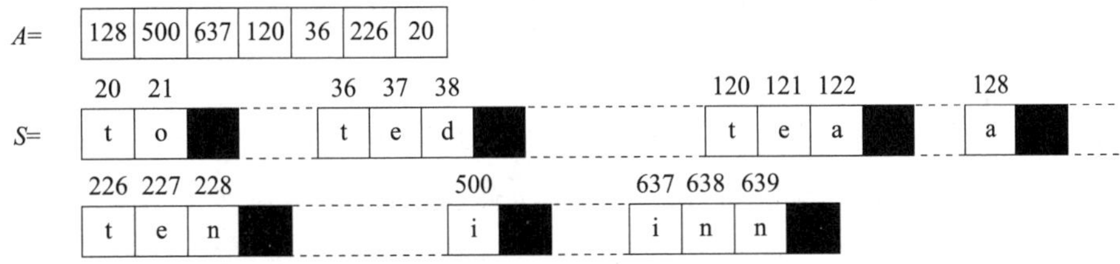

图 9.1　未排序的字符串数组$S=[\text{to},\text{ted},\text{tea},\text{a},\text{ten},\text{i},\text{inn}]$和指向 S 中字符串（间接排序）的指针数组 A

指针数组 A 指向的字符串（已排序）满足两个关键性质：

- 当按字典序排序时，所有以 P 为前缀的字符串字典在数组 A 中都是连续出现的。因此，可以用 A 的一个子数组来表示匹配到的字符串，设为$A[l,r]$，如果 P 不是字典中任何字符串的前缀，则该子数组为空。
- 字符串 P 的字典序位于$A[l-1]$和$A[l]$之间。

前缀搜索要么返回以 P 为前缀的字符串字典的数量，即 $n_{\text{occ}}=r-l+1$，要么返回包含前缀 P 的字符串本身，因此解决这个问题的关键在于高效地确定位置 l 和 r。为此，我们将前缀搜索问题转换为在字符串集合 $\mathcal{D}$ 中搜索适当的模式字符串 Q 的字典序的位置问题，并称其为字典序搜索问题。Q 的构造很简单：Q 或者是模式串 P，或者是模式串 $P\#$，其中 # 是一个假定的特殊符号，并假定其大于字母表中任何字符。显而易见的是，如果$Q=P$，则 Q 位于字符串

$A[l]$之前；如果$Q=P\#$，则 Q 在字符串$A[r]$之后。这实际上意味着，对少于$p+1$个字符的模式串，通过两次字典序搜索就可以解决前缀搜索问题。

我们可以通过对数组 A 进行（间接的）二分查找来实现在 $\mathcal{D}$ 的字符串中对 Q 的字典序搜索的操作。二分查找包括$O(\log n)$个步骤，每个步骤都需要对 Q 和指针数组 A 中指向的字符串进行比较。

因为比较是按字典序进行的，在最坏的情况下需要扫描 Q 所有的$\Theta(p)$个字符，因此需要$O(p)$的时间和$O(p/B)$次 I/O 操作。这种糟糕的时间和 I/O 复杂度来源于指针对字符串的间接引用，这会导致二分查找在内存 / 字符串访问中无法利用程序局部性原理。如果我们希望得到以 P 为前缀的所有 n_{occ} 个字符串，而不仅仅是计算它们，这种糟糕的性能就更明显了。因为$A[l,r]$指向的字符串在 S 中可能是不连续的，因此在识别子数组$A[l,r]$后，在每次获取字符串时可能都会导致一次 I/O 操作。

定理 9.1 对字符串指针数组进行前缀搜索的时间复杂度是$O(p\log n)$，I/O 复杂度是$O\left(\frac{p}{B}\log n\right)$，空间复杂度是 $N+(1+w)n$。检索以 P 为前缀的 n_{occ} 个字符串需要$\Omega(n_{\text{occ}})$次 I/O 操作。

证明 时间复杂度和 I/O 复杂度可以从之前的讨论结果中得到。对于空间复杂度：A 需要 n 个指针，每个指针占用 w 个内存字节，字典中所有字符串一共占用 N 个字节，再加上每个字符串后边跟着的结束符（在 C 语言中通常是 \0），因此空间复杂度是$N+(1+w)n$。

如果返回的字符串的数量很大，$\Omega(n_{\text{occ}})$的界可能会成为一个主要瓶颈，这通常发生在如下场景中，首先使用前缀搜索作为初始步骤查询一组候选答案，然后通过适当的后置处理对得到的候选答案列表进行过滤。一个例子是带有通配符的搜索，P 中可能出现很多的通配符号“*”。通配符的语义是它匹配任意子串。在这种情况下，如果 $P=\alpha*\beta*\cdots$，其中$\alpha,\beta,\cdots$是非空字符串，那么实现带有通配符的搜索可以首先在 $\mathcal{D}$ 中对 α 进行前缀搜索，然后通过暴力搜索，检查在 P 中存在通配符的情况下，是否可以匹配返回的字符串。当然，采用这种方法的代价可能是非常大的，尤其是当 α 是一个非可枚举的前缀情况下，字典中可能会匹配到许多字符串并作为候选返回。更进一步，当通配查询出现在有磁盘交互的环境中时，如果使用以上简单的解决方案，查询可能会更慢。

9.1.1 字符串的连续分配

一个简单的可以绕过一些之前限制的技巧是在磁盘上将字符串字典按字典序排序并存储在连续的磁盘空间中。这样，A 中的指针顺序就会和 S 中的字符串的顺序保持一致。这主要有两个优势：

- **速度**：当二分查找被限制在少数字符串内时，它们将在 A 和 S 中连续存储，因此很可能已经被操作系统存储在缓存中。
- **空间**：S 中连续的字符串通常共享一些前缀，可以对它们进行压缩。

考虑到 S 存储在磁盘上，我们可以采取的第一个策略是将字符串分块，使每个块包含 B 个字符，并且使 A 中每个指针分别指向每个块的首个字符串。

每个块中包含的字符串由 $\mathcal{D}_B \subseteq \mathcal{D}$ 标记，块中字符串的数量用 n_B 表示，我们从每个块中最多选择一个字符串作为该块代表，所以块的数量上限为 N/B。数组 A 也被压缩到最多只能索引 $n_B \leqslant n$ 个字符串，因此，我们必须调整数组 A 的搜索策略，从而可以在由数组 A 和字符串块形成的两层结构上进行搜索。方法是对 Q 的字典序位置的搜索分解成两个阶段：第一阶段，我们在 $\mathcal{D}_B$ 中搜索 Q 的字典序位置；第二阶段，利用第一个阶段得到的 Q 字典序位置来确定包含 Q 的块，以便可以扫描此分块中的字符串，并与 Q 进行前缀匹配。为了实现前缀搜索，我们必须对字符串 P 和 $P\#$ 重复此过程。因此我们证明了以下定理：

定理 9.2　在 $\mathcal{D}$ 上进行前缀搜索需要 $O\left(\frac{p}{B}\log\frac{N}{B}\right)$ 次 I/O 操作。检索以 P 为前缀的所有字符串需要 N_{occ}/B 次 I/O 操作，其中 N_{occ} 是匹配到的字符串的个数。总空间为 $N+n+n_B w$。

证明　一旦匹配到以 P 为前缀的字符串 $A[l,r]$，我们可以扫描 S 中连续包含这些字符串的部分，通过 $O(N_{\text{occ}}/B)$ 次 I/O 操作来获取所有的匹配字符串。对于空间复杂度，数组 A 仅存储了 n_B 个指针元素，其中 $n_B \leqslant N/B$，因此占用空间为 $N+n+n_B w$。

通常，集合中字符串的长度小于 B，因此 $N/B \leqslant n$，这个方案比之前的更快。此外，它可以有效地与被称为前端编码（Front Coding, FC）[⊖] 的压缩技术结合使用，进一步降低空间复杂度和 I/O 复杂度，我们将在下一节中讨论这一点。

9.1.2　前端编码

在一个排序后的字符串序列中，通常相邻字符串会共享相同的前缀。如果 ℓ 是公共前缀的字符数量，那么我们可以通过适当的可变长二进制编码替换它们，相比于 4 字节或 8 字节固定大小的编码，这样做可以节省一些存储空间。第 11 章中将详细介绍一些编码方案，在这里，我们介绍一个简单的编码器，以满足读者的好奇心。编码器将 ℓ 编码成二进制，并将其二进制位数对齐（填充）到字节的整数倍，位数不足的使用 0 填充，然后将填充部分的前两位

⊖ Front Coding 与 prefix coding 不同，因此这里没有译为前缀编码。——译者注

设置为用于编码已使用字节的个数（如果用于填充的位数小于两位或者没有填充的部分，则新增一个字节用于记录使用的字节个数）。[⊖] 这种编码是前缀无关（prefix-free，也可以理解为前缀无冲突）的，因此它保证了解码的唯一性；而且字节对齐操作可以保证在现代处理器中进行更快的解码。在编码前，公共前缀字符需要$\Theta(\ell \log_2 \sigma)$位表示；使用前端编码后，仅使用$O(\log \ell)$位编码便可以表示公共前缀[⊜]，因此在空间上是有优势的。显然，这种解决方案的最终效果取决于共享字符的数量，在某些 URL 字典中，共享字符可能高达 70%。

前端编码是一种增量压缩算法：给定一个字符串序列$(s_1,\cdots,s_n)$，可以使用一个序对$(\ell_i,\hat{s}_i)$来编码 s_i，其中ℓ_i是字符串 s_i 和它前一个字符串s_{i-1}之间公共前缀的长度（如果 $i=1$，则ℓ_i为 0），$\hat{s}_i = s_i\left[\ell_i+1,|s_i|\right]$是字符串 s_i 除公共前缀外的剩余子串。例如，考虑字典$\mathcal{D}=${alcatraz, alcool, alcyone, anacleto, ananas, aster, astral, astronomy}；它的前端编码表示是 (0,alcatraz),(3,ool),(3,yone),(1,nacleto),(3,nas),(1,ster),(3,ral),(4,onomy)。

解码字符串序对$(\ell,\hat{s})$的过程是对称的：我们需要从前面的字符串复制ℓ个字符，然后拼接上剩余的后缀子串$\hat{s}$。当前一个字符串存在时，这个过程需要$O(|s|)$时间和$O(1+|s|/B)$次 I/O 操作。通常，重建一个字符串 s_i 需要逆向扫描输入序列直到第一个完整可用的字符串 s_1。所以，我们可能需要扫描$(\ell_{i-1},\hat{s}_{i-1}),\cdots,(\ell_1,\hat{s}_1)$并重建 $s_1,\cdots,s_{i-1}$以解码$(\ell_i,\hat{s}_i)$。因此，解码 s_i 的时间成本可能远高于$\Theta(|s_i|)$。[⊜]

为了克服这个缺点，我们通常会对字符串分块使用前端编码，并采用了 9.1.1 节介绍的两层方案。其思想是在每个分块的开始进行前端编码，因此每个分块的第一个字符串是未压缩存储的。这对于前缀搜索有两个好处：①未压缩的字符串需要参与二分查找，因此在与 Q 比较时不需要解压缩；②每个分块都是单独压缩的，因此在按字典序搜索 Q 的过程中可以将扫描和解压缩字符串一起进行，而不会导致速度变慢。我们将这种存储方案称为桶前端编码（front coding with bucketing），并用 FC_B 表示。图 9.2 所示为字符串集合 $\mathcal{D}$ 的两层索引，其中字符串 alcatraz、alcyone、ananas 和 astral 是各自分块的第一个字符串，因此没有进行压缩存储。

⊖ 我们假设ℓ可以用 30 位进行编码，即$\ell < 2^{30}$。

⊜ 例如"abcd""abce"，其公共前缀是"abc"，设字母表大小是 256，因此一个字符需要 8 位来表示，abc 共有三个字符，因此需要 8×3=24 位来表示，当使用前端编码后，abc 长度是 3，其二进制表示是 11，按字节补齐后是 00000011，使用前两位表示编码的二进制使用的字节数即 1，因此编码表示是 01000011，共 8 位。——译者注

⊜ 因为只有前ℓ个字符会参与 s_i 的重建，一个更巧妙的解决方案是只重建字符串$s_1,s_2,\cdots,s_{i-1}$的前ℓ个字符。

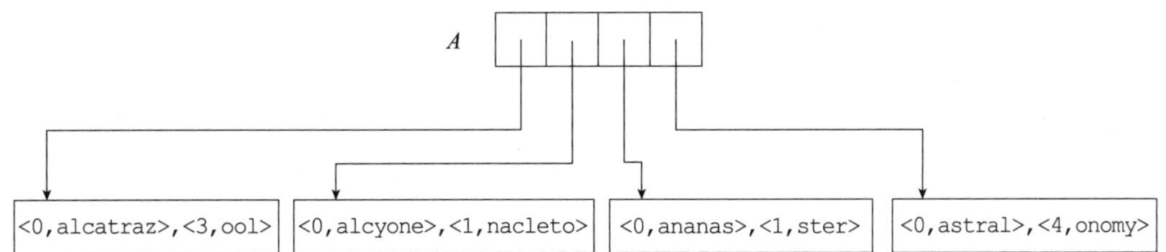

图 9.2　字符串集合 $\mathcal{D}$={alcatraz, alcool, alcyone, anacleto, ananas, aster, astral, astronomy}的两层索引。字符串被划分为两个块；每个块存储在一个磁盘页中并通过FC_B进行了压缩处理。每个块中第一个字符串是未压缩的（事实上，对于该字符串，其$\ell=0$）

上述方案还会带来其他的积极作用，该方案减少了需要索引的字符串数量，因为该方案能够增加在一个磁盘页中存储的字符串数量[⊖]：我们从 s_1 开始，按顺序对$\mathcal{D}$中的字符串进行前端压缩；每当一个字符串 s_i 的压缩超出当前分块时，就会开始一个新的分块，并且最后一个字符串在存储时不会进行压缩。需要索引的字符串的数量从 N/B 减少到 $FC_B(\mathcal{D})/B$个，其中$FC_B(\mathcal{D})$是采用分块大小为 B 的桶前端编码，存储了字典中所有字符串所需的空间。因为我们是对索引字符串进行二分查找的，所以显然减少了前缀搜索所需的 I/O 操作次数。由于$FC_B(\mathcal{D})$强制每个分组的第一个字符串以未压缩的形式进行存储，因此$FC_B(\mathcal{D})$的空间占用与$FC(\mathcal{D})$相比增加了，但是，因为 $B \gg 1$，这种增加是可以忽略的。

定理 9.3　对$\mathcal{D}$进行前缀搜索需要$O\left(\frac{P}{B}\log\frac{FC_B(\mathcal{D})}{B}\right)$次 I/O 操作。检索以 P 为前缀的字符串需要 $O\left(\frac{FC_B(\mathcal{D}_{occ})}{B}\right)$次 I/O 操作，其中 $\mathcal{D}_{occ} \subseteq \mathcal{D}$是匹配到的字符串子集。

总的来说，压缩字符串是一个好的方法，它可以减少存储字符串所需的空间，并且减少 I/O 操作次数。但是，我们必须注意到前端编码压缩（FC-compression）可能会将扫描数据分块的时间复杂度从$\Theta(B)$增加到$\Theta(B^2)$，这是因为要对数据分块进行解压缩。考虑字符串序列（$a, aa, aaa, \cdots$），其前端编码为 $(0,a),(1,a),(2,a),(3,a),\cdots$，在一个磁盘页中可以存储$\Theta(B)$个这样的序对，它们代表$\Theta(B)$个字符串，其总长度为$\sum_{i=0}^{B}\Theta(i)=\Theta(B^2)$。

尽管存在较坏的情况，但在实践中空间压缩通常是一个常数因子，因此分块扫描引起的时间增加可以忽略不计。因此，这种方法需要根据时间和空间的折中来考虑块组的大小。B 越大，压缩率越好，二进制搜索越快，但分块扫描越慢。分块大小的选择还会影响数组 A 的大小，以

⊖　因为分块中的字符串有了压缩，因而可以存储更多的额字符串。

及影响到 A 中指针指向未压缩的字符串在内存中的复制（会减少二分查找的 I/O 操作次数）。

为了解决这种权衡带来的问题，我们将搜索和压缩分开执行。需要注意的是，我们提出的数据结构由两层组成："上层"包含对索引字符串 $\mathcal{D}_B$ 的引用，"下层"以分块存储的方式存储了字符串本身。在这两个层中需要独立选择所使用的算法和数据结构，显然，这种对字符串字典进行搜索和存储的两层方案对于具有两级存储（例如缓存和内存）结构的系统是非常适用的。这在网页搜索中是很典型的，其中 $\mathcal{D}$ 是用户要搜索的词条字典，为了能够支持毫秒级的关键词搜索，必须避免对磁盘的访问。

接下来，我们将介绍四种基于两级数据结构的优化方案：第一种方案涉及对字符串字典的压缩存储，其目标是使字符串的解压缩操作达到最优的 I/O 复杂度；其他三种方法涉及对索引字符串的高效索引。这些方案本身很有趣，读者也可以在本章所描述的内容之外使用它们。

9.2 局部保持的前端编码$^{\infty}$

局部保持的前端编码（Locality-Preserving Front Coding，LPFC）是前端编码的一种优雅变体，它提供了在存储空间和字符串解码时间之间的可控权衡 [2]。该算法的关键思想很简单，也比较容易实现，但要证明其保证的界却具有比较大的挑战性。背后的算法思想如下：字符串 a 只有在其解码时间与其长度成正比的情况下才进行前端编码，否则就以非压缩的形式存储。我们只有在解码最优的情况下才进行压缩，因此时间复杂度是明确的。但令人惊讶的是，即使我们专注于解码时间的最优化，其"比例常数"（constant of proportionality）也控制着压缩字符串存储的空间。这看起来就像魔法一样！

形式上，我们假设已经将前$i-1$个字符串$(s_1,\cdots,s_{i-1})$编码成了压缩序列$\mathcal{F}=(0,\hat{s}_1),(\ell_2,\hat{s}_2),\cdots,(\ell_{i-1},\hat{s}_{i-1})$。如果想要压缩$s_i$，那么我们需要最多反向扫描 $\mathcal{F}$ 中的 $c|s_i|$ 个字符来检查这些字符是否足以重建s_i。实际上，因为s_i的第一个字符可用，所以这意味着这些字符中包含一个未压缩的字符串。如果是这样，我们就通过前端压缩技术将s_i压缩为$(\ell_i,\hat{s}_i)$；否则，s_i以未压缩的形式复制到 $\mathcal{F}$ 中，输出$(0,s_i)$。图 9.3 所示为使用 LPFC 压缩字符串 s 时出现的两种情况。

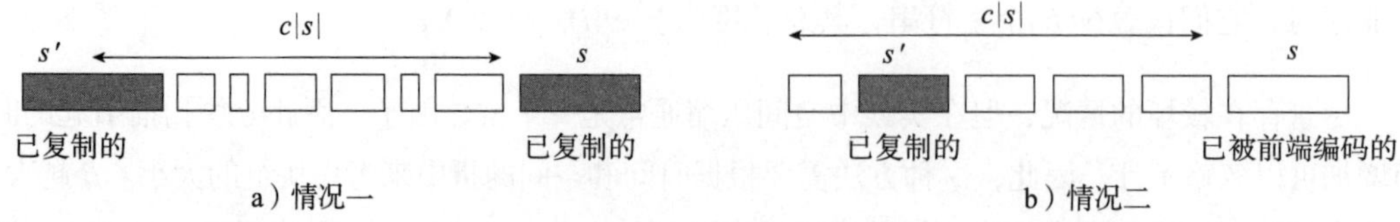

图 9.3　使用 LPFC 压缩字符串 s 时出现的两种情况。灰色矩形代表复制的，未压缩的字符串（特别的，s' 是位于 s 之前的复制的字符串）；白色矩形代表前端编码的字符串

主要难点在于证明那些未被压缩（即被复制）的字符串实际上是被经典的前端编码压缩了，其长度可以通过参数 c 来控制〔$\epsilon = c/(c-2)$〕，正如下述定理所阐述的那样：

定理 9.4　LPFC 最多占用 $(1+\epsilon)\mathrm{FC}(\mathcal{D})$的存储空间，并且能够以最优的$O\left(\frac{|s|}{\epsilon B}\right)$次 I/O 操作解码任何字符串字典 s。

证明　我们将任何未经压缩的字符串 s 称为复制字符串，并将反向扫描的$c|s|$个字符称为 s 的左范围。如果 s 是一个复制字符串，那么不存在另一个从其左范围开始的位于 s 之前的复制字符串，否则它将会被前置编码。此外，位于 s 之前的复制字符串的尾部可能也会在 s 的左范围内（见图 9.3a）。为了方便表述，已被前端编码的字符串 s 的输出后缀子串$\hat{s}$被称为 FC 子串（FC-character）。

显然，已被前端编码的字符串所占用的存储空间的上限是 $\mathrm{FC}(\mathcal{D})$。我们希望那些可能在经典的前端编码中被压缩，但在此处被复制的未被压缩的字符串所占用的空间总和为$\epsilon\mathrm{FC}(\mathcal{D})$，其中$\epsilon = c/(c-2)$，我们将在证明结束时指出这一点。

我们在两种不同的情况下考察两个复制字符串之间出现的 FC 子串的长度，如图 9.4 所示。第一种情况为非紧凑的复制，这种情况下 FC 子串的长度至少为$c|s|/2$（如图 9.4b 所示）；第二种情况为紧凑的复制，这种情况下 FC 子串的长度最多为$c|s|/2$(如图 9.4a 所示)。从图 9.4 可以看出，如果复制的字符串 s 是紧凑的，那么$|s'| \geqslant c|s|/2$，因为 s' 的起始字符在 s 的左范围之前（否则 s 不会被复制），并且其结束字符的位置距离该范围结束位置最多有$c|s|/2$个字符（否则 s 将是未拥挤的）。相反，再次参考图 9.4，我们可以得出，如果 s 是非紧凑的，则它之前至少有 $c|s|/2$个已被前端编码的字符（即 FC 子串的长度至少为$c|s|/2$）。

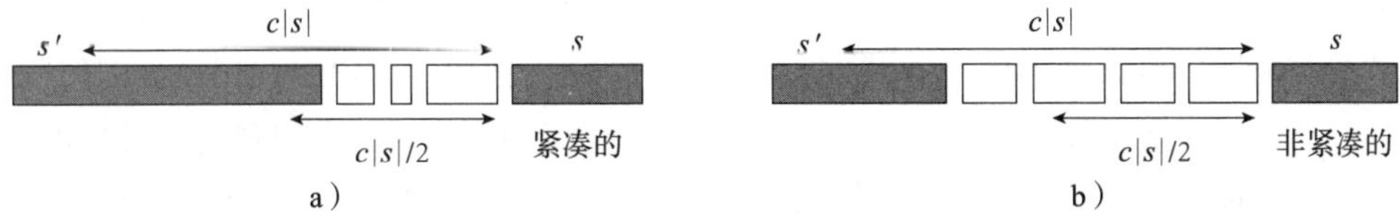

图 9.4　在 LPFC 中发生的两种情况。白色矩形表示已被前端编码的字符串及其 FC 子串，灰色矩形表示两个连续复制的，未压缩的字符串，图 9.4a 表示紧凑的复制，图 9.4b 表示非紧凑的复制

我们现在限定复制（未压缩）字符串的总长度，将它们划分为“链”（chain），链由一个非紧凑复制字符串后跟一个紧凑复制字符串的最大序列组成。根据定义，$\mathcal{D}$ 中的第一个字符串被假定为非紧凑的，因此它总是被复制。我们证明了每个链中字符的总数与其第一个复制字符串的长度成正比，该字符串根据定义是非紧凑的。确切地说，考虑连续的复制字符串链

$w_1 w_2 \cdots w_x$，其中 w_1 是非紧凑的，接下来的 w_i 是紧凑的。对于任何紧凑的 w_i，$i>1$，我们知道它满足刚刚证明的关于紧凑字符串的不等式，即对所有的 $i=2,3,\cdots,x$，$|w_{i-1}| \geqslant c|w_i|/2$，等价地，$|w_i| \leqslant 2|w_{i-1}|/c = \cdots = (2/c)^{i-1}|w_1|$。取 $c>2$，我们推导出紧凑复制字符串按一个常数因子缩小。因此，我们可以限定一个链的字符总数的上限。

$$\begin{aligned}\sum_{i=1}^{x}|w_i| &= |w_1| + \sum_{i=2}^{x}|w_i| \leqslant |w_1| + \sum_{i=2}^{x}(2/c)^{i-1}|w_1| \\ &= |w_1|\sum_{i=1}^{x}(2/c)^i < |w_1|\sum_{i\geqslant 0}(2/c)^i < \frac{c|w_1|}{c-2}\end{aligned}$$

根据非紧凑字符串的定义，w_1 前面至少有 $c|w_1|/2$ 个 FC 子串。这些 FC 子串的长度总数被限制在 $\mathrm{FC}(\mathcal{D})$ 以内，因此我们可以得到非紧凑字符串的总长度上限为 $(2/c)\mathrm{FC}(\mathcal{D})$。将此值代入之前关于链总长度的上界中，我们得到 $\frac{c}{c-2} \times \frac{2\mathrm{FC}(\mathcal{D})}{c} = \frac{2}{c-2}\mathrm{FC}(\mathcal{D})$。设 $\epsilon = \frac{2}{c-2}$，定理得证。

LPFC 是一种字符串压缩存储方案，可以替代普通的字符串存储，而不影响对字符串的访问速度，并且仍然能够保证其与经典的前端编码的存储空间相差一个常数因子。在这个意义上，它可以被视为一种空间增强的字符串索引技术。

结合前一节描述的两级索引数据结构，将 A 指向 LPFC 的复制字符串（未压缩的）可以进一步优化 LPFC。由这些字符串分割的桶长度可变，但是任何这样的字符串都可以在最优的时间和 I/O 操作次数内解压缩。因此，结合后的上界仍然是定理 9.3 中指出的上界，但不存在比较坏的情况〔参考之前经典的 $\mathrm{FC_B}$ 中关于 $\Theta(B^2)$ 大小的讨论〕。二分查找搜索以 P 为前缀的字符串所需的 I/O 和时间仍然与它们的总数量成正比，因此它仍然是最优的。

因此，剩下的问题就是如何对数组 A 进行加速搜索。我们看到的限制主要有两个：①二分查找步骤的时间复杂度取决于 N 或 n；②如果数组 A 指向的字符串和程序员分配的内存空间不匹配，或者无法在缓存中容纳，那么二分查找就会产生很多次 I/O 和缓存未命中的情况，这些操作可能成本比较大。在 9.3 至 9.5 节中，我们提出了三种解决方法，这些方法利用了字典里字符串的分布对其进行了一些更复杂的索引。

9.3 插值搜索

让我们考虑一个字典中字符串的长度都小于 b 的情况，字符串中的字符是从一个大小为 σ 的字母表中选取的。我们可以将这些字符串映射到一个大小为 σ^b 的整数空间中。在一些应用中，键可能是一些较短的并且可以在一个内存字中存储的二进制字符串，其中$b=4$字节或$b=8$字节，且$\sigma=256$。

在 $\mathcal{D}$ 中对字符串 P 进行字典序查找可以归结为如下问题：将字符串字典进行整数编码，并在有序整数集合中查找 P 的整数编码。我们必须小心处理字符串转换到整数的过程，事实上，我们需要假定所有的字符串长度相同，对于较短的字符串，需要用一个假定的比字母表中其他字符都小的字符进行填充。P 和 $P\#$ 的搜索可以转化为查找两个适当的整数，如果字符串字典编码成整数集合后服从某些分布，那么就存在比二分查找更快的搜索方案。接下来，我们将描述经典插值搜索的一个变体，它提供了一些额外的有趣属性（详见本章参考文献 [4]）。

设$X[1,m]=x_1\cdots x_m$是一个整数数组，该数组编码了字符串字典并经过了排序，如果我们编码整个字典 $\mathcal{D}$，则$m=n$，如果我们仅编码一个抽样字典 $\mathcal{D}_B$，则$m=n_B$。我们将范围$[x_1,x_m]$均匀地划分成 m 个分区$B_1,\cdots,B_m$，每个分区占用的大小是 $b=(x_m-x_1+1)/m$。因此，我们有与字典中字符串数量一样多的分区，即$B_i=[x_1+(i-1)b,x_1+ib]$。为了阐述方便以及可以在常数时间内访问到这些分区，我们需要一个额外的数组$S[1,m]$，s 中的每个元素包含了两个指针，这两个指针分别指向 B_i 的第一个和最后一个整数。

图 9.5 所示为在集合上进行插值搜索的例子，我们有$m=12$个整数（分区）。第一个整数是 $x_1=1$，最后一个整数是$x_{12}=36$，因此每个分区的大小是 $b=(36-1+1)/12=3$。图 9.5 中只显示了非空的分区，并且通过长竖杠将 X 中的非空分区里的整数分隔开来。

B_1			B_3		B_6	B_7		B_{10}		B_{11}	B_{12}
1	2	3	8	9	17	19	20	28	30	32	36

图 9.5　一个包含 12 个整数的集合上进行插值搜索的例子。各个分区通过长竖杠分隔，一些分区是空的，因此没有显示，例如B_2,B_4,B_5,B_8和B_9

给定一个将要在字符串字典中进行字典序搜索的字符串 P，计算它对应的整数 y，然后执行以下两个步骤：首先，我们计算出 y 所在的分区索引 $j=\left\lfloor\frac{y-x_1}{b}\right\rfloor+1$；接着，我们通过访问 $S[j]$ 中存储的两个指针确定 X 的子数组范围，并在 B_j 中通过二分查找确定 y 的位置。这两个步骤需要 $O(1+\log|B_j|)=O(\log b)$ 的时间。b 的大小取决于索引字典中存储的整数数量，在任何情况下，$|B_j|\leqslant n$，因此得出在最坏情况下 $O(\log b)=O(\log n)$，所以，这种方法并不比二分查找更快。

在接下来的部分，我们将证明这种方法的两个有趣性质，这些性质涉及 X 中整数的分布以及对时间复杂度的影响。我们首先将参数 $\varDelta$ 定义为输入字典中两个连续整数之间的最大间隔与最小间隔之比，即：

$$\Delta=\frac{\max\limits_{i=2,\cdots,m}\left(x_i-x_{i-1}\right)}{\min\limits_{i=2,\cdots,m}\left(x_i-x_{i-1}\right)}$$

有趣的是，算法对于 Δ 的值本身并不敏感；但是，下面的定理表明，该算法时间复杂度的界可以用这个值来表示。这个界表明插值搜索不会比二分查找慢，并根据字典键的分布会更快。

定理 9.5 在最坏情况下，对一个由 m 个整数组成的字典执行插值搜索需要 $O(\log\min\{\Delta,m\})$ 时间和$O(m)$的额外空间。

证明 正确性是显而易见的。对于时间复杂度，我们证明任何一个分区里所能包含整数的最大数量不超过b/g，其中 g 被定义为 X 中连续整数之间的最小间隔 ㊀，然后我们如果能够证明 $b/g\leqslant\Delta$，就可以证明该定理的正确性。

首先，通过观察可以知道，对于一个整数序列，其最大值至少与它们的平均值一样大。在这里，我们将 X 中相邻两个元素的差x_i-x_{i-1}看成一个整数序列，因此，

$$\max_{i=2,\cdots,m}(x_i-x_{i-1})\geqslant\frac{\sum\limits_{i=2}^{m}x_i-x_{i-1}}{m-1}\geqslant\frac{x_m-x_1+1}{m}=b \tag{9.1}$$

其中，后一个不等式来源于以下算术性质：当 $a'\geqslant a''>0$时，$\frac{a'}{a''}\geqslant\frac{a'+1}{a''+1}$。解不等式可以证明该性质确实成立。因为，$X$ 中的整数都是正数并且互不相同，式（9.1）中的后一个不等式满足上述性质，所以不等式关系也成立，即 $x_m-x_1\geqslant m-1$。

将第一步证明的$|B_i|\leqslant b/g$，代入式（9.1）和 Δ 的定义，我们可以得出

$$|B_i|\leqslant\frac{b}{g}\leqslant\frac{\max\limits_{i=2,\cdots,m}(x_i-x_{i-1})}{\min\limits_{i=2,\cdots,m}(x_i-x_{i-1})}=\Delta$$

在 X 的整数是均匀分布的特殊情况下，我们可以得到一个非常有趣的关于最大分区的大小的界，这个界会以很高的概率被满足。实际上，这个问题可以重新表述为：在均匀分布下，我们将 m 个球（即 X 的整数）分配给 m 个分区（即 B_i）时，某个分区最多可以分到的球的个数。我们在定理 8.3 中证明过，这个最大值等于 $O(\log m/\log\log m)$。

引理 9.1 如果集合 X 中的整数是从 $[0,U-1]$中均匀随机抽取的，那么插值搜索的时间复

㊀ b 代表一个区间范围，一个区间最多能包括多个整数呢？实际上是 b/g，举个例子，一个区间大小的容量是 12，这个区间中相邻两个整数之间差最小是 3，那么这个区间最多能包含 4 个整数。

杂度以高概率等于 $O(\log\log m)$。

但这里的问题是，在实际中，输入通常不是均匀分布的。尽管如此，如果我们的查询操作仅是一个成员查询（而不是原先的整数查询），那么在构建需要的数据结构之前，可以通过随机选择一个排列 $\pi:U\to U$ 重新对 x 进行排列来强制输入服从均匀分布。在查询时必须小心，因为我们不是要搜索 y，而是要在 $\pi(X)$ 中搜索 $\pi(y)$。在索引集 X 上执行成员查询，其性能将以很高的概率满足引理 9.1。对于 π 的选择，我们推荐读者阅读本章参考文献 [8]。

如果将插值搜索应用于我们的字符串集合，并假设 $\mathcal{D}_B$ 中索引的字符串是均匀分布的（如果 B 的选择不是太小，那么索引后的字符串可能就会服从均匀分布），那么在它们中对 P 进行前缀搜索需要 $O\left(\frac{p}{B}\log\log\frac{N}{B}\right)$ 次 I/O 操作。根据定理 9.2，与使用二分查找的前缀搜索相比，该方法在时间复杂度和 I/O 复杂度上有指数级的提升。

9.4　压缩字典树

在第 7 章中，我们讨论过字典树。在这里，我们将进一步探讨它们作为一种高效的字符串搜索结构所具有的特性。在本节中，字典树用来在内存中索引字符串集合 $\mathcal{D}_B$，这将加速在第一阶段对字符串 Q 进行字典序搜索过程（无论是 P 还是 $P\#$），并将时间从 $O(\log(N/B))$ 缩短到 $O(p)$。这个加速过程与字典的大小无关，其原因在于 RAM 模型允许以常数时间寻址和管理 $\Theta(\log N)$ 位的内存单元。接下来让我们更深入地探讨字典树在前缀搜索中的用途。

字典树是一棵多叉树，树的边表示索引字符串中的字符。内部节点 u 关联一个字符串 $s[u]$，$s[u]$ 是字符串字典的前缀。字符串 $s[u]$ 可以通过拼接从根节点到 u 节点路径上的边的字符得到。一个叶子节点与字符串字典中的一个字符串相对应。以节点 u 为父节点的叶子节点对应的字符串都以子串 $s[u]$ 作为前缀。字典树有 n 个叶子节点，并且最多有 N 个节点（当集合中的字符串的每个字符都对应一个节点时）[㊀]。图 9.6 所示为包含 7 个字符串的字典树。这种形式的字典树通常被称为非压缩字典树，因为它存在单一路径，例如表示字符串inn的路径。[㊁]

如果想检查字符串 P 是否是字典中某个字符串的前缀，我们只需从字典树的根节点开始，检查树中是否存在一条能够拼接出字符串 P 的路径即可，匹配到的路径的尾节点的所有后代叶子结点对应的字符串都是字典中以 P 为前缀的字符串。因此，当整个字典 $\mathcal{D}$ 被索引时，字

㊀ 我们说“最多”是因为一些（前缀）路径会被一些字符串共享。

㊁ 当一个字符串是另一个字符串的前缀时，字典树无法对字符串进行索引。实际上，前一个字符串会最终位于一个内部节点中。为了避免这种情况，每个字符串都会添加一个不在字母表中的特殊字符作为扩展，这个特殊字符通常用 $ 表示。

典树不需要像二分查找那样设法减少字典序的搜索步骤。

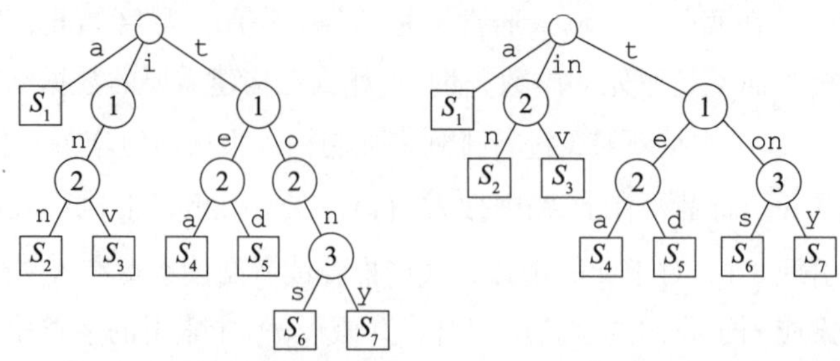

a）包含7个字符串的未压缩字典树　　b）包含7个字符串的压缩字典树

图 9.6　包含 7 个字符串的字典树。对于每个内部节点 u，连接从根节点到该节点的每条边上的字符可以得到一个字符串，节点 u 中的整数表示该字符串的长度。在未压缩字典树中，这些整数没有实际上的用处，因为它们实际上对应的就是节点的深度。但在压缩字典树中，边对应的是可变长的子串，可以使用一个整数三元组来表示边对应的子串。例如，第六个字符串 tons 包含了位置 2 到位置 3 的子串 on，因此可以将其编码为 $\langle 6, 2, 3 \rangle$

在搜索存储在磁盘上的 $\mathcal{D}$ 中的字符串时，为了找到以 P 为前缀的字符串所在的磁盘页，我们需要实现两极索引并使用未压缩字典树来索引字典 $\mathcal{D}_B$，我们需要在 $\mathcal{D}_B$ 上构建的未压缩字典树，并且构建合适的字符串 Q，在 Q 上执行字典序搜索。搜索会出现两种情况：第一种情况，Q 被完全匹配，搜索会在遍历到某个内部节点 u 时结束；第二种情况，在还未完成对 Q 的扫描时，遍历就停止在了某个节点 v 处，比如停在了字符 $Q[\ell]$ 处。在第一种情况下，Q 的字典序位置可以通过遍历以 u 为根节点的最左子树得到；在第二种情况下，ℓ为我们提供了 Q 和 $\mathcal{D}_B$ 中字符串的最长公共前缀，并且可以从节点 v 的出边中定位到字符 $Q[\ell]$，从而确定 Q 在 $\mathcal{D}_B$ 中的字典序位置，因此 Q 位于节点 v 的子树中。

作为一个例子，在图 9.6a 中，我们考虑未压缩字典树中模式$Q = \texttt{to}$的字典序搜索。Q 是字符串 s_6 和 s_7 的前缀，事实上，Q 是通过遍历字典树中最右侧的标识为 2 的子节点匹配得到的。我们将这个节点称为 v，并假设字典序搜索的模式串为$Q = \texttt{tod}$。因此，向下遍历仍然会到达节点 v，然后检查它是否有一个以 d 为标识的出边，从图 9.6a 中可以看出节点 v 并没有一个以 d 为标识的出边。因为 d 小于 v 中出边标识为 n 的字符，所以 Q 的字典序位于子字典树的左侧。

一个重要的问题是如何在字典树的向下遍历过程中高效地找到“要跟随的边”，这会影响到搜索模式串的整体效率。这个过程依赖于采用合适的方式对节点的出边（及其标记字符）进行存储。最简单的数据结构是链表。它的空间存储是最优的，即与边的数量成正比，但在最坏情况下，每遍历一个节点都会产生$\Theta(\sigma)$的成本。结果就是在最坏情况下前缀搜索的时间复杂度为$O(p\sigma)$，这对于大型的字母表来说时间成本太高了。如果我们将标识边的字符用一个排序数组存储，那么我们可以通过二分查找搜索每个节点，时间复杂度为$O(\log \sigma)$。一个更快的方法是使用一个有σ个元素的数组，数组中非空的元素是一个指针，该指针指向分支字符（branching character）的子节点。在这种情况下，从一个节点出边的时间为$O(1)$，因此模式串 Q 的搜索时间是$O(p)$；但是字典树的存储空间将增长到$O(N\sigma)$，这种存储空间的增长对于大型字母表来说可能是不可接受的。最优的方法是采用一个完美哈希表，它只存储分支字符及其关联的指针。这在最坏的情况下保证了$O(1)$的分支时间和最优的存储空间，能够得到前两种解决方案的最优结果。关于完美哈希的介绍，我们推荐读者阅读第 8 章。

定理 9.6　未压缩字典树解决前缀搜索问题需要$O(p+n_{occ})$的时间，以及$O(p+n_{occ}/B)$次 I/O 操作，其中 n_{occ} 是以 P 为前缀的字符串的数量。检索这些字符串的时间复杂度是$O(N_{occ})$，特别地，如果叶子节点和字符串在磁盘上是按字母顺序并且是连续存储的，则需要$O(N_{occ}/B)$次 I/O 操作。未压缩字典树由$O(N)$个节点和 n 个叶子节点组成，因此占用$O(N)$的空间。最后，未压缩字典树还支持在索引字符串中对模式 P 进行字典序搜索，在最坏情况下需要$O\left(p+\log\sigma\right)$的时间和 I/O 操作。

证明　设 u 是满足$s[u]=P$的节点。所有从 u 开始的字符串都以 P 为前缀，访问以 u 为根的子树可以将它们可视化。遍历到节点 u 的 I/O 复杂度是$O(p)$，这是因为通过哈希表可以在常数时间内对字典树中的节点进行访问。从 P 对应的节点开始遍历到所有的叶子在最优情况下需要$O(N_{occ}/B)$次 I/O 操作，这是因为我们假设字典树的叶子节点在磁盘上是连续存储的，并且每个节点都保留指向其最左侧和最右侧叶子节点的指针。另外，返回与这些叶子节点相关联的字符串需要额外的$O(N_{occ}/B)$次 I/O 操作，前提是索引字符串是有序的，而且在磁盘上连续存储的。从分支字符中检索出 P 中未匹配到的字符（如$Q[\ell]$）的位置需要$O(\log \sigma)$的时间（第 15 章将介绍更快的压缩解决方案）。

如果集合中存在长字符串，并且这些长字符串之间有较短的公共前缀，那么这将在字典树中产生大量的单一节点，从而造成字典树在空间上的很多浪费。我们可以将单一节点的路径收缩成一条单独的边来节省空间。边的标签随后就变成了（可能很长的）子串，而不是单个字符，所产生的字典树被称为压缩字典树。图 9.6b 展示了一个压缩字典树的例子。显然，每个边的标签都是字符串字典中的一个子串，比如$s[i,j]$可以通过一个三元组$\langle s,i,j\rangle$来表示。每个节点至少有两个分支，内部节点和边的数量都是$O(n)$〔对照未压缩字典树中的$O(N)$〕。所以，一个压缩字典树占用的总空间也是$O(n)$。

定理 9.7 压缩字典树在$O(p+n_{occ})$的时间和$O(p+n_{occ}/B)$的 I/O 操作中解决了前缀搜索的问题，其中 n_{occ} 是以 P 为前缀的字符串数量，并且要求字符串在磁盘上是按字典序连续存储的。检索这些字符串需要$O(N_{occ})$的时间，还需要：$O(N_{occ}/B)$次 I/O 操作。压缩字典树由$O(n)$个内部节点和叶子结点组成，因此其存储占用$O(n)$的空间。并且，字典树还需要存储用于解析其边标签（edge label）的字符串字典，因此需要大小为 N 的额外空间。最后，在最坏情况下，压缩字典树可以在$O(p+\log\sigma)$的时间和 I/O 操作内完成对索引字符串的字典序搜索。

证明 前缀搜索的实现方式与未压缩字典树类似。不同之处在于，它轮流地对内部节点的字符分支和边标签进行子字符串匹配。如果内部节点的分支字符和关联的边使用完美哈希表实现，则可以得出上述关于时间和 I/O 操作的界。

为了在索引字符串中搜索模式字符串 Q 的字典序位置，我们可以采用与未压缩字典树相似的方法。只需要从 Q 开始尽可能地遍历其子路径，直到遇到一个不匹配的字符，或者完全匹配了 Q。与未压缩字典树不同的是，遍历可能会在某条边上停止，但是对于未压缩字典树得出的结论在这里仍然适用（更快的压缩方案参见第 15 章）。

因此，压缩字典树可以用于替代 9.1.1 节中介绍的两级索引结构中的数组 A，并且能够支持搜索模式串 P 出现的候选列表，在最坏情况下需要$O(p+\log\sigma)$的时间。由于遍历每条边时都需要获取该边对应的子串并与 P 进行比较，因此每次遍历边的操作都可能引起一次 I/O 操作，如果字典树及其索引字符串可以存储在内存中，那么这种方法就可以避免 I/O，从而变得非常有效。否则（由于 σ 通常不会太大），它有两个主要缺点：① I/O 操作将会线性依赖模式串的长度；②所需存储空间将依赖于磁盘页大小（影响从 $\mathcal{D}$ 中对 $\mathcal{D}_B$ 进行索引）和索引字符串的长度。

下一节中介绍的 Patricia 字典树可以解决第一个问题，而 Patricia 树与 LPFC 相结合可以解决这两个问题。

9.5 Patricia 字典树

在字符总数为 N，包含了 n 个字符串的字典 $\mathcal{D}$ 上构建的 Patricia 字典树是压缩字典树，其边上的标签只包含初始的单个字符，在内部节点中存储关联的字符串的长度。图 9.7 所示为将压缩的字典树转换成 Patricia 字典树。

虽然 Patricia 字典树比压缩字典树少了一些信息，但它依然能够在已排序的字符串集合中搜索模式串 P 的字典序位置，并且具有更大的优势。在压缩字典树中，搜索可能会因为边的遍历而产生 p 次 I/O 操作，而在 Patricia 字典树中，搜索只需访问单个字符串，因此通常只需执行一次 I/O 操作。这种算法在本章参考文献 [5] 中被称为盲搜索（blink search）。它比经典的字典树中的前缀搜索要复杂一些，因为每个边标签只有一个字符。从技术上讲，盲搜索包含三个阶段：

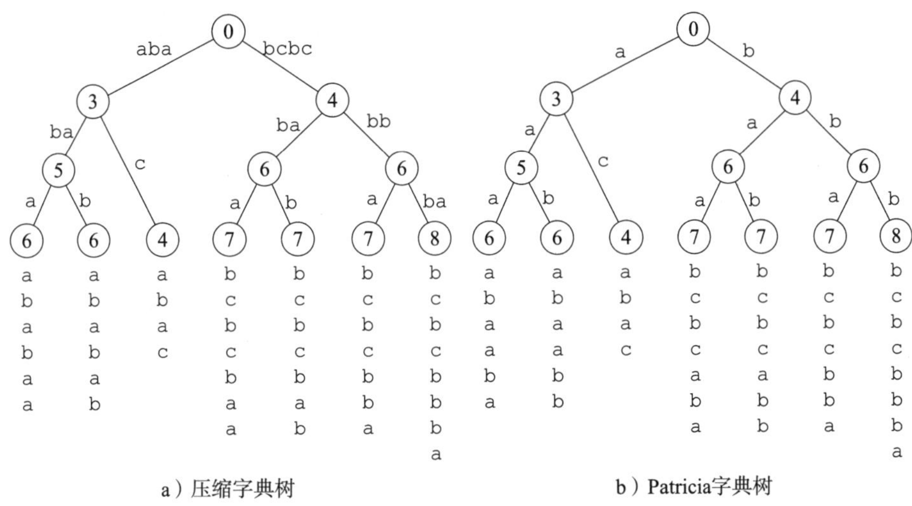

a）压缩字典树　　　　b）Patricia字典树

图 9.7　将压缩的字典树转换成 Patricia 字典树

- **阶段 1——向下遍历**：在 Patricia 字典树中追踪一条向下的路径，定位到一个叶子节点 l，它指向索引字典中的一个“感兴趣”的字符串。这个字符串不一定能标识出 P 在字典中的字典序位置（这是我们要解决的目标），但它提供了足够的信息可以用来在后续阶段找到目标位置。从根节点开始遍历 Patricia 字典树，将 P 中的字符与遍历到的边标签上的单字符进行比较，来搜索感兴趣的叶子节点 l，当到达叶子节点或者在某个内部节点无法进一步遍历时，停止遍历，在后一种情况中，我们选择最后遍历到的内部节点的任意叶子节点作为 l。
- **阶段 2——LCP 计算**：比较字符串 P 与叶子节点 l 指向的字符串，确定它们的 LCP。设公共前缀的长度为ℓ，同时考虑 Patricia 字典树索引的字符串集合中与字符串 P 有着最长公共前缀的字符串可以构成一个子集，可以证明（详见本章参考文献 [5]）l 指向的字符串是该子集中的一个元素，并且用$P[\ell+1]$和$s[\ell+1]$表示它们之间不匹配的字符。
- **阶段 3——向上遍历**：从 l 开始向上遍历 Patricia 字典树，确定不匹配字符$s[\ell+1]$所在的边$e=(u,v)$。这很简单，因为向上路径上的每个节点都存储了一个整数，表示 s 对应的前缀的长度，所以我们有$|s[u]|<\ell+1\leqslant|s[v]|$。如果$s[\ell+1]$是一个分支

字符（即$\ell=|s[u]|$），那么我们就可以确定$P[\ell+1]$在节点u的分支字符中的字典序位置。假设是u的第i个子节点，因此，P的字典序紧邻第i个子节点的子树左侧；否则（即$\ell>|s[u]|$），字符$s[\ell+1]$位于边e上，并且在其第一个字符之后。如果$P[\ell+1]>s[\ell+1]$，那么P的字典序紧邻e的子树右侧；否则，它紧邻e的子树左侧。

图9.8所示为在包含7个字符串的字典中对P进行盲搜索的三个阶段。阶段1向下遍历Patricia字典树，匹配最右侧的路径（以粗体显示），并到达最右侧的叶子节点s_7 = bcbcbbba，这是因为路径中边的标签字符与位置1,5,7处的模式串字符匹配。请注意，这些数字相对于遍历路径中节点的标签来说是“+1”的，因为它们表示分支字符的位置。阶段2计算P = bcbabcba与s_8之间的最长公共前缀，其长度为3，并且$s_7[4]=c$和$P[4]=a$不匹配。阶段3从s_7的叶子节点向上遍历Patricia字典树，并在图9.8b中箭头指向的边停止遍历，此时P位于这条边的左侧，因此位于它的子树的左侧。这正是模式串在索引字符串字典中的字典序位置。

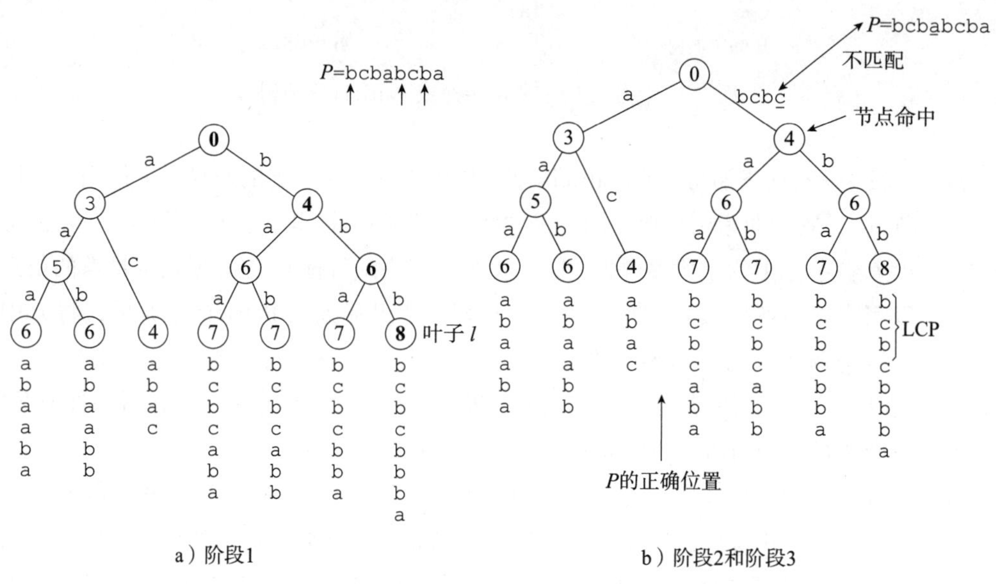

图9.8 在包含7个字符串的字典中对P进行盲搜索的三个阶段

如果要搜索的模式串是P = ababbb，那么在阶段1中，遍历会停止在根的最左子节点，因为它的所有分支字符都和$P[4]=b$不同。然后，它选择那个节点的任意叶子节点作为l，假设选择了指向s_1的叶子节点。然后，它计算出s_1和P之间的最长公共前缀的长度为3。最后，阶段3从s_1开始向上遍历，并在根节点的最左子节点停止，发现$P[4]=b$的位置出现在那个节点的两个边之间，因此P的字典序位置位于这两个边连接的子树之间，也就是说，位于字符

串 s_2 和 s_3 之间。

为了理解算法的正确性，我们首先找出 P 和字典中的字符串之间的最长公共前缀$P[1,\ell]$对应的路径，此时有两种情况：要么我们到达了一个内部节点 u，使得$|s[u]|=\ell$；要么我们位于一条边(u,v)上，即 $|s[u]|<\ell<|s[v]|$。在第一种情况下，节点 u 以下的所有字符串与模式串共享ℓ个字符，并且字符串字典中没有其他字符串能和 P 有更长的公共子串（根据 LCP 的定义）。因此，字符串 P 的字典序要么位于它们中间，要么与这些字符串相邻，因此仅查看节点 u 的分支字符便可确定。盲搜索正是通过这样的三个步骤来保证的，它停在 u 节点（阶段 1），计算长度ℓ（阶段 2），最后比较节点 u 的分支字符与$P[\ell+1]$来确定 P 的正确位置（阶段 3）。

在第二种情况下，盲搜索跳过边标签 (u,v) 上不匹配的字符到达节点 v，并且，如果后续遍历的边上的分支字符与模式 P 的字符相匹配，那么可能会继续向下遍历，最终到达或者选择 v 的一个叶子节点 l（阶段 1），并计算最长公共前缀的长度ℓ，因为 v 的所有叶子节点共享$|\mathrm{s}[v]|>\ell$个字符，因此与 P 共享ℓ个字符（阶段 2）。所以在阶段 3 中从叶子节点 l 向上遍历时会正确地遍历到边 (u, v)，并且有 $|s[u]|<\ell<|s[v]|$，此时，我们使用不匹配的字符$s_l[\ell+1]$和$P[\ell+1]$来确定 P 的字典序位置：当$P[\ell+1]<s_l[\ell+1]$时，这个位置在 v 的叶子节点左边；当$s_l[\ell+1]<P[\ell+1]$时，该位置在 v 的叶子节点右边。

因此，我们从数学上证明了盲搜索算法的正确性，实际上，盲搜索在空间、时间和 I/O 复杂度方面都有出色的表现。

定理 9.8　假设字符串字典包含 n 个字符串，用于索引该字符串字典的 Patricia 字典树可以存放在内存中，但是字符串集合本身因为过大必须存储在磁盘上。Patricia 字典树需要的内存大小是$\Theta(n)$，索引每个字符串仅需常数大小的空间（与字符串的总长度无关）。

在字符串字典中使用盲搜索，查找模式串$P[1,p]$的字典序位置需要$O(p+\log\sigma)$的时间，并且在阶段 1 和阶段 3 遍历字典树的过程中没有 I/O 操作，在阶段 2 中对于单个字符串的获取和比较需要$O(p)$的时间，以及$O(p/B)$次 I/O 操作。

使用盲搜索策略搜索 P 和 $P\#$，与使用盲搜索确定以 P 为前缀的索引字符串的范围，有相同的时间和 I/O 操作确界。

该定理实际上表明，如果$p\leqslant B$且$n<M$（这通常是合理的条件），那么在字典 $\mathcal{D}$ 中搜索前缀 P 只需要一次 I/O 操作。如果必须对集合进行压缩，那么结合 Patricia 字典树与 LPFC 能够达到定理 9.9 所述的性能。

定理 9.9　两级索引数据结构由 Patricia 字典树和 LPFC 组成，Patricia 字典树存储在内存中并作为两层数据结构的上层索引，需要$O(n)$的内存空间；LPFC 作为下层的数据结构，用于对字符串字典进行压缩存储，需要$O\big((1+\epsilon)\mathrm{FC}(\mathcal{D})\big)$的磁盘空间，其中$\epsilon$是由 LPFC 用于权衡 I/O 与存储空间的参数。

对模式串$P[1,p]$的前缀搜索需要$O\left(\frac{p}{B}+\frac{|s|}{B\epsilon}\right)$次 I/O 操作，其中 s 是盲搜索第 1 阶段确定的“感兴趣字符串”。搜索以该前缀开头的字符串需要$O\left(\frac{(1+\epsilon)\mathrm{FC}(\mathcal{D}_{\mathrm{occ}})}{B}\right)$次 I/O 操作，其中$\mathcal{D}_{\mathrm{occ}}\subseteq\mathcal{D}$是返回的字符串集合。

证明 I/O 操作主要发生在盲搜索的阶段 2，为了计算ℓ，需要从 LPFC（定理 9.4）中解码选定的字符串 s，这需要$O(|s|/(\epsilon B))$次 I/O 操作。

在$n=\Omega(M)$的情况下，字符串字典过大，可能会导致无法在内存中使用 Patricia 树索引整个字符串集合，因此我们必须采用桶策略对字符串集合进行处理，并在 Patricia 树中仅索引每个磁盘页的第一个字符串。如果$N/B=O(M)$，那么 Patricia 树可以在内存中索引所有的索引字符串[⊖]，因此仅需增加一次 I/O 操作（该 I/O 操作用于扫描包含 P 的磁盘页）就可以在定理 9.9 所述的界内完成对 P 的前缀搜索。上述条件可以重写为$N=O(MB)$，这在实践中通常是合理的，由于当前$M\approx 32\mathrm{GB}$，$B\approx 32\mathrm{KB}$，这使得$M\times B$可以达到数百 TB 的量级。

9.6 管理海量字典$^{\infty}$

本章最后要探讨的问题是：如果 $N=\Omega(MB)$会怎样？在这种情况下，构建的 Patricia 字典树太大了，以至于无法将其完全放入计算机内存中。我们希望将 Patricia 字典树存储在磁盘上，同时不必过多关注树中的节点在磁盘中的存储布局。但遗憾的是，在盲目搜索的阶段 1 和阶段 3 所执行的从根到叶子节点的遍历中，一次模式串的搜索可能就需要$\Theta(p)$次 I/O 操作。另一种方案是，我们可以设想一种“打包”策略，将 Patricia 字典树打包到磁盘中，尽量减少从根节点到叶子节点遍历时所需的 I/O 操作。这种方案的想法是，通过反复添加尚未打包到磁盘页的某些节点来递增地扩展根页面，至于选择打包哪个节点可能有多种方法，这些方法取决于节点访问概率或者节点的深度。当根页面包含的节点数达到 B 个时，这 B 个节点会被写入磁盘，接着算法递归地打包树的其余部分。令人惊讶的是，这种打包方案离最优解仅差一个$\Omega\left(\frac{\log B}{\log\log B}\right)$因子，该因子一定小于$O(\log B)$。

⊖ 即每个磁盘页上的第一个字符串。

在接下来的内容中，我们将描述两种不同的最优方法来解决大型字符串集合的前缀搜索问题：第一个方案是基于一种称为字符串 B- 树（String B-tree）[5] 的数据结构，它本质上是一棵 B- 树，树中每个节点都是一棵 Patricia 树；第二个解决方案是使用合适的磁盘布局存储 Patricia 树的结构。接下来我们将介绍这两种方案。

9.6.1　字符串 B- 树

该算法的核心思想是将巨大的 Patricia 树分割成一系列较小的 Patricia 树，使每棵子树都能够存储到单个磁盘页中，然后通过 B- 树结构将它们全部连接起来。在这一小节中，我们将概述字符串 B- 树的定义，有关该数据结构的详细信息，请读者阅读本章参考文献 [5]。

字符串字典 $\mathcal{D}$ 中的元素按字典序连续地存储在磁盘上。在字符串 B- 树叶子节点中，我们将其存储的指向字典中字符串的指针记为$\mathcal{D}^0=\mathcal{D}$。这些指针被划分成一系列较小的、大小相等的块$\mathcal{D}_1^0,\cdots,\mathcal{D}_m^0$，每个块都包含$\Theta(B)$个字符串指针，因此$m=n/B$。我们可以为每个$\mathcal{D}_i^0$构建一个 Patricia 树，使其恰好能够存储到一个磁盘页中，并将其嵌入到 B- 树的一个叶子节点中。为了能够在叶子节点的集合中对 P 进行搜索，我们从每个$\mathcal{D}_i^0$中取出两个字符串s_i^f和s_i^l，其中s_i^f和s_i^l分别是$\mathcal{D}_i^0$中按字典序排序的第一个和最后一个字符串，然后，我们定义集合$\mathcal{D}^1=\left\{s_1^f,s_1^l,\cdots,s_m^f,s_m^l\right\}$。

回想一下，对 P 的前缀搜索可以转换为对模式串 Q 的字典序搜索，而 Q 是由 P 定义的：$Q=P$ 或 $Q=P\#$。如果我们在$\mathcal{D}^1$中搜索 Q，则会出现以下三种情况之一：

1）如果$Q<s_1^f$，则 Q 位于$\mathcal{D}^1$的第一个字符串之前；如果 $Q>s_m^l$，则 Q 位于$\mathcal{D}^1$的最后一个字符串之后。

2）如果$s_i^l<Q<s_{i+1}^f$，则 Q 位于$\mathcal{D}_i^0$和$\mathcal{D}_{i+1}^0$之间，我们可以确定 Q 在整个数据集 $\mathcal{D}$ 的字典序位置位于这两个相邻的数据块之间。

3）如果 $s_i^f\leqslant Q\leqslant s_i^l$，则 Q 位于某个$\mathcal{D}_i^0$指向的字符串集合中。因此，搜索将继续在索引$\mathcal{D}_i^0$对应的 Patricia 字典树中进行。

为了确定会发生哪种情况，我们需要高效地确定 Q 在$\mathcal{D}^1$中的字典序位置。如果$\mathcal{D}^1$能够加载到内存中，我们就可以在其上构建一个 Patricia 字典树（参见定理 9.8）；否则，我们需要继续对$\mathcal{D}^1$进行分割处理，构建出一个更小的集合$\mathcal{D}^2$，在$\mathcal{D}^2$中，和之前类似，从每个 B 中取出两个字符串，因此$\left|\mathcal{D}^2\right|=\dfrac{2\left|\mathcal{D}^1\right|}{B}$。我们继续进行 k 次这种划分，直到$\left|\mathcal{D}^k\right|=O(B)$，此时我们就可以将构建在$\mathcal{D}^k$上的 Patricia 字典树存储到一个磁盘页中了。

需要注意的是，在对$\mathcal{D}^0,\cdots,\mathcal{D}^k$进行划分时，每个磁盘页会存储相同数量的字符串。对于每个$\langle s_i^f, s_i^l\rangle$对，我们将关联一个指针，该指针指向分区过程中更低层的字符串块。这个分区过程的最终结果是一个包含字符串指针的B-树。因为我们在每个单独的节点中索引了$\Theta(B)$个字符串，所以该树的度是$\Theta(B)$。字符串B-树的节点存储在磁盘上。因此，字符串B-树的高度为$k=\Theta(\log_B n)$。图9.9所示为由15个字符串构建的高度为2的字符串B-树。

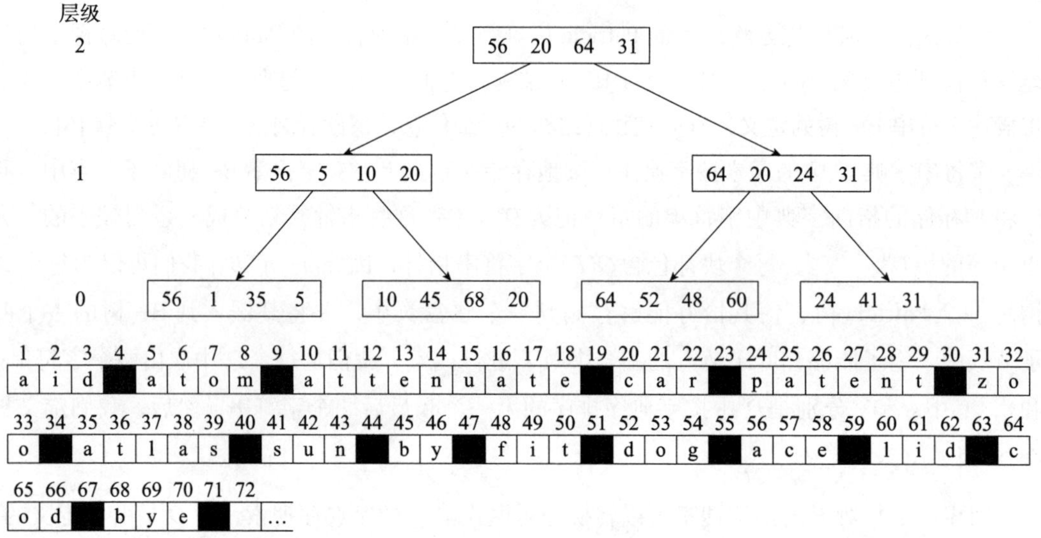

图9.9 由15个字符串构建的高度为2的字符串B-树。该字符串B-树是根据一个存储在磁盘上的字符串集合构建的，该集合包含15个字符串元素，磁盘中存储的字符串是未排序的。指向这些字符串的逻辑指针存储在字符串B-树的叶子节点中，叶子节点在存储这些指针时，是按其指向的字符串的字典序进行存储的。对磁盘上的字符串进行排序可以改善扫描它们时的I/O性能，实际上我们的定理也是假设字符串在磁盘上是有序存储的。然而，本示例并未强制要求字符串排序，这是为了展示该数据结构在字符串插入和删除时的灵活性

在字符串B-树中对字符串Q进行搜索（前缀搜索），只需要在遍历B-树节点时，在每个节点存储的Patricia字典树中对Q进行字典序搜索。搜索时将遇到之前提到三种情况，具体如下：

- 情况1只能发生在根节点，它已经确定了Q位于字典$\mathcal{D}$的开头或结尾，所以搜索会停止。
- 情况2已经确定了Q位于字典$\mathcal{D}$中两个相邻的字符串s_i^l和$s_{(i+1)}^f$之间，所以字符串B-树的搜索也会停止。

- 情况 3 意味着我们需要在更低的层继续搜索，即需要在节点指针指向的$\langle s_i^f, s_i^l \rangle$区间中继续搜索。

我们刚刚定义的数据结构有很好的 I/O 性能：由于 B- 树的度是$\Theta(B)$，深度是$\Theta(\log_B n)$，所以一次搜索会遍历$\Theta(\log_B n)$个节点。因为我们需要将每个节点对应的磁盘页加载到内存中，并在其 Patricia 字典树上执行一次 Q 的盲搜索（在内存中），这需要$O(1+p/B)$次 I/O 操作。因此在字典 $\mathcal{D}$ 中对 Q 进行前缀搜索整体需要$O[p/B \log_B n]$次 I/O 操作。

定理 9.10 在包含 n 个字符串的字典 $\mathcal{D}$ 上构建的字符串 B- 树中，对模式串$P[1,p]$的前缀搜索需要$O\left(\frac{p}{B}\log_B n+\frac{N_{\text{occ}}}{B}\right)$次 I/O，其中 N_{occ} 是字典中以 P 为前缀的字符串的总数量。字符串 B- 树占用$O(n/B)$个磁盘页，存储在磁盘上的字符串集合是排序的、未压缩的，而且连续的。

上述结果虽然不错，但还不是最优的解决方案。我们需要解决模式串的重复扫描问题才能达到最优解：每当进行盲搜索时，我们都会从第一个字符开始比对查询串 Q 和当前访问的 B- 树节点中的字符串。实际上，当我们在字符串 B- 树中向下遍历时，可以利用已经在 B- 树上层对比过的 Q 中的字符，从而避免在后续的 LCP 计算时重新扫描这些字符。因此，如果在之前的某些 LCP 计算中已经匹配了 Q 中的 c 个字符，那么下一次的 LCP 计算可以从字典中字符串的第$(c+1)$个字符开始和 Q 进行比对。这种方法的 I/O 操作是最优的；缺点是字符串必须以未压缩的形式存储，以便能高效地访问到第$(c+1)$个字符。由本章参考文献 [5] 中的细节可以得到：

定理 9.11 在包含 n 个字符串的字典 $\mathcal{D}$ 上构建的字符串 B- 树中，对模式串$P[1,p]$的前缀搜索需要$O\left(\frac{p}{B}+\log_B n+\frac{N_{\text{occ}}}{B}\right)$次 I/O 操作，其中 N_{occ} 是以字典中 P 为前缀的字符串的总数量。字符串 B- 树占用$O(n/B)$个磁盘页，存储在磁盘上的字符串集合是经过排序的、未压缩的，而且连续的。

如果我们想要将字符串以压缩形式存储在磁盘上，可以采用定理 9.10 中提出的次优解决方案，并在字符串字典 $\mathcal{D}$ 上使用 LPFC 方案；或者，我们可以继续保证最优的 I/O 操场，但需要采用更复杂的解决方法，比如本章参考文献 [2, 6] 中提到的方案。有兴趣的读者可以参考这些论文进行深入研究。

9.6.2 在磁盘上打包树的结构

在设计和管理大型树结构在磁盘上的存储方案时，为非平衡树找到一个合适的磁盘页

（每页大小为 B）布局方式将会带来非常大的好处。实际上，尽管平衡树在映射到磁盘时节省了$O(\log B)$的空间，但在非平衡树映射中，其节省的磁盘占用会随着分布的不平衡性而增加，在极端情况下，即线性形状的树（也就是非常像路径的树）中，即使是简单的存储布局，也可以节省$\Theta(B)$的空间。

这个问题在文献中被称为树打包问题。其目标是找到一种在磁盘上存储树节点的方式，能够最小化从根节点到叶子节点进行遍历时的 I/O 操作次数。最小化涉及两个方面：一个是加载到内存中的所有的页总数（即 I/O 操作次数）；另一个是访问过的不同的页面数（即工作集大小，如果有部分页会被重新访问，则工作集可能会更小）。这样，我们可以模拟两种极端情况；一种是只有一个页面内存（即小缓冲区）的情况；另一种是有无限大小内存（即无限缓冲区）的情况。令人惊讶的是，树打包问题的最优解不依赖于可用的缓冲区大小，因为当 I/O 操作次数最少或工作集最小时，没有磁盘页会被访问两次。此外，最优解有很好的可分解性：最优的树打包方案是通过树的形式来组织磁盘页的。这两个事实使我们能够将注意力集中在 I/O 最小化的问题上，因此我们将为大小为 B 的磁盘页设计一种树分解的最优递归方案。

在本小节的其余部分，我们介绍了两种解决方案，这两种解决方案的复杂程度依次增加，它们分别针对两种不同情景：在第一种场景下，其目标是最小化从根节点到叶子节点遍历过程中执行的最大 I/O 操作次数；在第二种场景下，我们假设对树的叶子节点的访问服从某种分布，从而可以假设可能的树的遍历方式，的目标是在此假设下最小化平均 I/O 操作次数。这两种解决方案都假设 B 是已知的，实际上，文献中提供了缓存无关的树打包问题的解决方案，但它们过于复杂，在这里不予讨论（有关细节请参见本章参考文献 [1, 7]）。

（1）min-max 算法 这个解决方案 [3] 采用贪心策略并且采用自底向上的方法对待打包的树进行操作，旨在最小化从树的根节点开始的向下遍历过程中的最大 I/O 操作次数。我们假设树是二叉树，这对于 Patricia 字典树并不是一个问题：使用二进制字符串对字母表中的字符进行编码可以绕开这个限制。该算法为每个叶子节点分配自己的磁盘页，并将该页的高度设置为 1。然后，自底向上地对每个节点应用算法 9.1，直到树的根节点。

算法 9.1 在二叉树上执行 min-max 算法（一般步骤）

设 u 是当前访问的节点；

if u 的两个子节点有同样的页面高度 d **then**

  if 两个子节点页中的节点总数 $<B$ **then**

    合并两个磁盘页并添加节点 u;

    设置这个新页的高度为 d（像它的子节点那样）；

else

  关闭 u 的子节点页；

```
    为 u 创建一个新的页并设置高度为d +1；
  end if
else
  关闭 u 的较小高度的子节点页；
  如果可能，合并 u 的其他子节点页并保持高度不变；
  否则，为 u 创建一个高度为d +1的新节点页，并关闭 u 的两个节点页；
end if
```

尽管最终的打包结果可能会导致较差的磁盘页填充率，但是在实际应用的场景中，我们可以通过一些优化方法来缓解这个问题，例如：

1）当一个页面关闭时，可以从最小的子页面开始扫描，以检查它们是否可以与它们的父页面进行合并。

2）设计一种逻辑磁盘页，并将其中的某些逻辑页打包到一个物理磁盘页中。在将逻辑页面打包到物理磁盘时，可以忽略物理页面的边界。

可以证明，一个节点数量为 n，高度为 H 的二叉树，如果使用算法 9.1 提供的算法打包该二叉树，那么每条从根节点到叶子节点的路径仅需遍历$O\left(\frac{H}{\sqrt{B}}+\log_B n\right)$个磁盘页。

（2）已知分布的树打包问题　我们假定对 Patricia 字典树叶子节点的访问分布是已知的。由于这个访问分布通常倾向于某些叶子节点，这些节点相比于其他节点会被更频繁地访问，因此使用 min-max 算法会有比较差的性能。下面的算法基于一种动态规划的方案，目标是最小化 Patricia 字典树中遍历根节点到叶子节点所产生的 I/O 操作次数的数学期望[7]。

我们用 τ 表示这种最优的树打包（从树节点到磁盘页）方案，$\tau(u)$表示节点 u 被映射到的磁盘页。设 $w(f)$ 为叶子节点 f 的访问概率，此处，我们对树节点的概率分布进行了简化处理，在树结构中，一个内部节点的概率可以通过对其所有后代叶子节点的访问概率求和来确定。这种计算方法使我们可以获知树中每个节点的访问概率。我们假定树的根节点 r 总是映射到一个固定的磁盘页$\tau(v)=R$。集合 V 是由页面 R 中节点的后代节点里那些不存储在页面 R 的节点组成的。我们可以观察到，打包方案 τ 引入了树结构组织的磁盘页，因此，如果 τ 对当前树 T 是最优的，那么对所有以 $v\in V$ 为根节点的子树 T_v 来说，τ 也是最优的。

这一结果使我们为 τ 提出一个递归算法，该方法首先确定哪些节点位于 R 中，然后对所有的$v\in V$的子树 T_v 进行递归处理。这个想法可以通过动态规划来高效实现。算法定义：$i-$ 受限打包（i-confined packing）是树 T 的一个打包方案，其中页面 R 正好包含 i 个节点，且 $i\leqslant B$。现在，在最优打包 τ 中，根页面 R 将会包含树 T 的根节点 r、来自左子树$T_{\text{left}(r)}$的i^*个节点和来自右子树$T_{\text{right}(r)}$的$(B-i^*-1)$个节点（当$i^*<B$时）。结果就是，对$T_{\text{left}(r)}$来说，τ 是一个最优的 $i-$ 受

限打包，同时，对$T_{\mathrm{right}(r)}$来说，τ也是一个最优的$(B-i^*-1)$－受限打包。

算法 9.2 磁盘上树的分布式感知打包

对于所有的叶子节点 v，初始化$A[v,i]=w(v)$，且整数$i\leqslant B$；
while 存在未做记号的节点 v **do**
    为 v 做记号；
    更新$A[v,1]=w(v)+A[\mathtt{left}(v),B]+A[\mathtt{right}(v),B]$；
    for $i=2$到 B **do**
        根据文本中特定的动态编程规则，更新$A[v,i]$；
    end for
end while

这一性质是动态规划的基础，对于节点 v 和整数 $i\leqslant B$，计算子树 T_v 的最优 i－受限打包的成本$A[v,i]$。本章参考文献 [7] 的作者表示，$A[v,i]$可以以下方式计算：$w(v)$加上下述三个值中的最小值，其中$w(v)$表示节点 v 的访问概率，它预估了访问页面 v〔即$1\times w(v)$〕的 I/O 操作次数。

- $A[v,1]=w(v)+A[\mathtt{left}(v),B]+A[\mathtt{right}(v),B]$这个值代表了一种不平衡的情形，其中节点 v 的 i－限制打包通过将$i-1$个来自 $T_{\mathrm{left}(v)}$ 的节点存储到磁盘页 v 中，将 right(v)存储到另一个磁盘页中来实现。
- $A[\mathtt{right}(v),i-1]+w(\mathtt{left}(v))+A[\mathtt{left}(v),B]$与前一种情况类似，不过这里是计算节点 v 的右子节点的情况。
- $\min_{1\leqslant j<i-1}\{A[\mathtt{left}(v),j]+A[\mathtt{right}(v),i-j-1]\}$将来自左子树$T_{\mathrm{left}(v)}$的 j 个节点和来自右子树 $T_{\mathrm{right}(v)}$ 的 $i-j-1$个节点存储到节点 v 的磁盘页中，以形成最优的 i－受限打包。（$i=1$的特殊情况可以通过公式$A[v,1]=w(v)+A[\mathtt{left}(v),B]+A[\mathtt{right}(v),B]$进行计算）

可以证明，算法 9.2 可以在$O(nB^2)$的时间复杂度和$O(nB)$的空间复杂度下生成最优的树打包方案。这里的最优是指，执行任何从根节点到叶子节点的遍历时所需的 I/O 操作次数的最优期望值。这种打包方案将二叉树映射到最多$2\left\lceil\frac{n}{B}\right\rceil$个磁盘页中。

参考文献

[1] Stefan Alstrup, Michael A. Bender, Erik D. Demaine et al. Efficient tree layout in a multilevel memory hierarchy, 2003. Personal communication: corrected version of a paper that appeared in *Proceedings of the 10th European Symposium on Algorithms (ESA)*, 2002.

[2] Michael A. Bender, Martin Farach-Colton, and Bradley C. Kuszmaul. Cache-oblivious string B-trees. In *Proceedings of the 25th ACM Symposium on Principles of Database Systems*, 223–42, 2006.

[3] David R. Clark and J. Ian Munro. Efficient suffix trees on secondary storage. *Proceedings of the 7th ACM-SIAM Symposium on Discrete Algorithms (SODA)*, pp. 383–391, 1996.

[4] Erik D. Demaine, Thouis Jones, and Mihai Pătraşcu. Interpolation search for nonindependent data. In *Proceedings of the 15th ACM–SIAM Symposium on Discrete Algorithms*, 529–30, 2004.

[5] Paolo Ferragina and Roberto Grossi. The String B-tree: A new data structure for string search in external memory and its applications. *Journal of the ACM*, 46(2): 236–80, 1999.

[6] Paolo Ferragina and Rossano Venturini. Compressed cache-oblivious String B-tree. *ACM Transactions on Algorithms*, 12(4): 52:1–52:17, 2016.

[7] Joseph Gil and Alon Itai. How to pack trees. *Journal of Algorithms*, 32(2): 108–32, 1999.

[8] Michael Luby and Charles Rackoff. How to construct pseudorandom permutations from pseudorandom functions. *SIAM Journal on Computing*, 17: 373–86, 1988.

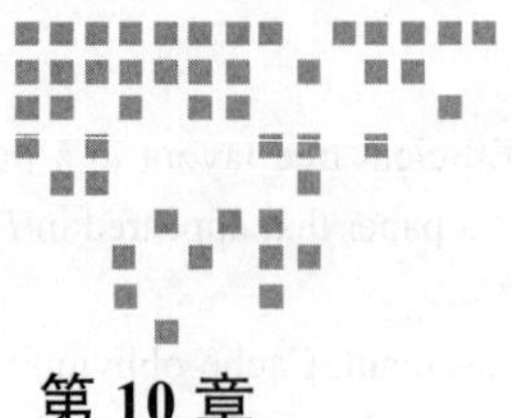

Chapter 10 第10章

子串搜索

在本章中，我们将探讨如何解决全文搜索或子串搜索的问题。

子串搜索问题 给定一个文本字符串$T[1,n]$，它是从一个大小为σ的字母表中得到的。对文本T进行预处理，可以高效地检索（或计数）模式串$P[1,p]$作为文本T的子串出现的所有位置。

这个问题显然可以通过将P与T的每个子串进行暴力比较的方法来解决，但这种方法在最坏情况下需要$O(np)$的时间。显然，用这种基于扫描的方法在海量的文本中进行大量查询时（例如涉及基因组数据库或搜索引擎的场景），会慢得让人难以接受。因此，在检索开始前，对文本T构建一个索引数据结构的“预处理”步骤变得至关重要。这个构建过程会有一定的初始化成本，但是这个成本会分摊到后续的模式搜索中，因此在一个文本T基本上不会发生变化的准静态环境中可以方便地进行后续处理。

在本章中，我们将探讨两种主要的子串搜索方法，一种是基于数组的方法，另一种是基于树结构的方法，这些都借鉴了我们在前缀搜索问题上的成果。这两种方法均依赖于两个基本的数据结构：后缀数组（Suffix Array，SA）和后缀树（Suffix Tree，ST）。我们将深入介绍这些数据结构，它们的应用范围远不止全文搜索，还具有更广泛的用途。

10.1 符号与术语

我们假设文本 T 以一个特殊字符$T[n]=\$$结尾，该字符小于字母表中任何其他字符。这确保了没有任何一个后缀是另一个后缀的前缀。我们使用suff_i表示文本 T 的第 i 个后缀，即子串$T[i,n]$。以下观察十分重要：

如果$P=T[i,i+p-1]$，那么模式 P 出现在文本的第 i 个位置，因此我们可以说 P 是第 i 个文本后缀的前缀，也就是说，P 是字符串 suff_i 的前缀。

字符串 T 的示例如图 10.1 所示，如果 P=siss 且 T=mississippi\$，那么 P 出现在文本的第 4 个位置，并且是后缀 $\text{suff}_4=T[4,12]$=sissippi\$ 的前缀。基于历史原因以及为了阐述方便，我们将使用这个文本作为示例，注意，文本可能是任意字符序列，不一定非得是一个单词。

SUF(*T*)	位置
mississippi$	1
ississippi$	2
ssissippi$	3
sissippi$	4
issippi$	5
ssippi$	6
sippi$	7
ippi$	8
ppi$	9
pi$	10
i$	11
$	12

排序的SUF(*T*)	SA	lcp
$	12	0
i$	11	1
ippi$	8	1
issippi$	5	4
ississippi$	2	0
mississippi$	1	0
pi$	10	1
ppi$	9	0
sippi$	7	2
sissippi$	4	1
ssippi$	6	3
ssissippi$	3	–

图 10.1 字符串 T= mississippi\$ 的示例

根据这一观察，我们可以利用所有的文本后缀构造后缀字典SUF(T)，并指出在文本 T 中搜索子串 P 可归结为在SUF(T)中搜索以 P 为前缀的某个字符串。此外，由于在以 P 为前缀的文本后缀和模式串 P 在 T 中的出现位置存在一一对应的关系，因此：

- 以 P 为前缀的后缀也会在 SUF(T) 的字典序中连续出现。
- 在 SUF(T) 中，P 的字典序位置紧邻以 P 为前缀的后缀的起点。

细心的读者可能已经注意到，这些性质正是我们在第 9 章中用来支持高效前缀搜索的技术。事实上，文献中已知的用于高效解决子串搜索问题的方案都是基于数组的数据结构（即

后缀数组）或者基于字典树的数据结构（即后缀树）。因此，在模式搜索中使用这些数据结构是直接并且自然的。具有挑战性的是如何高效地构建这些数据结构以及如何将它们映射到磁盘上以实现高效的 I/O 操作性能。这将是接下来几节讨论的主要问题。

10.2 后缀数组

文本 T 的后缀数组是指向所有文本后缀的指针数组，并以字典序排序 [14]。我们用符号SA(T)表示构建在文本 T 上的后缀数组，当上下文中索引的字符串文本明确时，简记为 SA，因为 SA 中的元素按字典序排序，所以SA$\left[i\right]$是第 i 个最小的文本后缀，并且 $\text{suff}_{\text{SA}[1]} < \text{suff}_{\text{SA}[2]} < \cdots < \text{suff}_{\text{SA}[n]}$，这里的“<”是指字符串的字典序比较。出于对存储空间的考虑，每个后缀都是通过它在 T 中的起始位置（即一个整数）来表示的，因此 SA 包含了 n 个区间在$\left[1,n\right]$内的整数，并需要$\Theta(n\log n)$位。

另一个有用的概念是两个连续后缀$\text{suff}_{\text{SA}[i]}$和$\text{suff}_{\text{SA}[i+1]}$之间的 LCP，这一概念我们在第 9 章已经介绍并使用过。我们将这些公共前缀的长度存储在一个长度为 $n-1$ 的数组 `lcp[i]` 中，该数组中每个元素是一个小于 n 的值。图 10.1 显示了输入文本 T=mississippi$ 的 `lcp` 数组和 SA 数组。我们将在 10.2.3 小节详细介绍一种可以在线性时间构建 `lcp` 数组的算法，该算法理解起来有一定的困难。LCP 在设计高效的（或最优的）字符串搜索和字符串挖掘问题的解决方案时有很高的实用性，我们将在 10.4 节中介绍 LCP 的一些用法。

10.2.1 子字符串搜索问题

我们注意到，子串搜索问题可以对应为在字符串字典SUF(T)上进行前缀搜索，因此可以在字典序排序的文本后缀数组SA(T)上使用二分查找来查找模式串 P。算法 10.1 实现了经典的二分查找，此处该算法被实现为专门用于比较字符串而不是数字。因此，它需要进行$O(\log n)$次字符串比较，在最坏情况下每次比较需要 $O(p)$ 的时间。因此，我们证明了以下结论：

算法 10.1 SubStringSearch（*P*，*T*，SA）

$L=1, R=n$;
while $L \neq R$ **do**
    $M=\lfloor (L+R)/2 \rfloor$;
    if strncmp(P, suff_M, p) > 0 **then**
        $L=M+1$;

```
    else
        R = M;
    end if
end while
if strncmp(P, suff_L, p) = 0 then
    return L;
else
    return - 1;
end if
```

引理 10.1 给定文本$T[1,n]$及其后缀数组，在最坏情况下需要花费$O(p \log n)$的时间和$O(\log n)$的内存空间来计算模式串$P[1,p]$在文本 T 中出现的次数。假设出现的次数是 occ 次，则检索这 occ 次出现的位置需要额外的时间 $O(\text{occ})$。所需的总空间是$\Theta\left(n(\log n+\log \sigma)\right)$位，其中第一项是后缀数组需要的空间，第二项是文本需要的空间。

由于每次模式串后缀的比较需要$O(p / B)$次 I/O 操作，因此这种方法在计算模式串$P[1,p]$在文本 T 中出现的次数时，需要$O\left(\frac{p}{B}\log n\right)$次 I/O 操作，获取所有的模式串出现的位置需要额外的$O(\text{occ} / B)$次 I/O 操作。

图 10.2 所示为二分查找示例，该示例有一个有趣的特性：P 和 suff_M 之间的比较并不需要从它们的初始字符开始。实际上，我们可以利用后缀字典的排序，跳过在之前已经完成的字符比较，为此，我们需要三个数组：

- 数组$\text{lcp}[1,n-1]$，它在 $\text{lcp}[i]$ 中存储了后缀$\text{SA}[i]$和$\text{SA}[i+1]$之间 LCP 的长度。我们用$\text{lcp}\left(\text{suff}_{\text{SA}[i]},\text{suff}_{\text{SA}[i+1]}\right)$表示这个长度的计算函数。
- 针对在区间$[1,n]$上进行二分查找时产生的每个三元组(L,M,R)，定义两个数组 $\text{Llcp}[1,n-1]$ 和 $\text{Rlcp}[1,n-1]$。我们定义 $\text{Llcp}[M]=\text{lcp}\left(\text{suff}_{\text{SA}[L]},\text{suff}_{\text{SA}[M]}\right)$ 和 $\text{Rlcp}[M]=\text{lcp}\left(\text{suff}_{\text{SA}[M]},\text{suff}_{\text{SA}[R]}\right)$：也就是说，$\text{Llcp}[M]$表示二分查找当前查找区间内的最左侧后缀$\text{suff}_{\text{SA}[L]}$和中间后缀$\text{suff}_{\text{SA}[M]}$的 LCP 长度；$\text{Rlcp}[M]$表示该区间内的最右侧后缀$\text{suff}_{\text{SA}[R]}$和中间后缀$\text{suff}_{\text{SA}[M]}$的 LCP 长度。

```
==>  $                 $                   $                    $
|    i$                i$                  i$                   i$
|    ippi$             ippi$               ippi$                ippi$
|    issippi$          issippi$            issippi$             issippi$
|    ississippi$       ississippi$         ississippi$          ississippi$
|->  mississippi$      mississippi$        mississippi$         mississippi$
|    pi$          ==>  pi$                 pi$                  pi$
|    ppi$         |    ppi$                ppi$                 ppi$
|    sippi$       |    sippi$              sippi$               sippi$
|    sissippi$    |->  sissippi$           sissippi$            sissippi$
|    ssippi$      |    ssippi$        ==>  ssippi$         ==>  ssippi$
==>  ssissippi$   ==>  ssissippi$     ==>  ssissippi$           ssissippi$
     第1步             第2步               第3步                第4步
```

图 10.2　二分查找示例。用于确定模式 P=ssi 在文本字符串 mississippi$ 的后缀中的字典序位置，双向右箭头表示指针 L 和 R，单向右箭头表示指针 M

注意，每个三元组(L,M,R)都由其中点 M 唯一标识，因为二分查找实际上是将数组 SA 以 M 为中心，将(L,R)的区间划分为越来越小的子区间来执行的。因此，我们总共有$\Theta(n)$个三元组，而三个数组总共需要$\Theta(n)$的空间。

我们可以通过两种不同的方法在 $O(n)$ 时间内构建数组 Llcp 和 Rlcp。前一种方法利用了这样一个观察结果：对于任何两个后缀$\text{suff}_{\text{SA}[i]}$和$\text{suff}_{\text{SA}[j]}$（其中$i<i$），它们之间的 LCP 长度可以由一系列的 LCP 值中的最小值计算得出，即$\texttt{lcp}[i,j] := \min_{k=i,\cdots,j-1}\text{lcp}\left(\text{suff}_{\text{SA}[k]},\text{suff}_{\text{SA}[k+1]}\right) = \min_{k=i,\cdots,j-1}\text{lcp}[k]$。min 操作符的结合性可以将计算拆分为 $\text{lcp}[i,j]=\text{lcp}[L,R]=\min\{\text{lcp}[L,M],\text{lcp}[M,R]\}$，其中 k 是区间 $[i,j]$ 中的值，因此我们可以设置 $\text{lcp}[L,R]=\min\{\text{lcp}[L,M],\text{lcp}[M,R]\}$。这意味着数组 Llcp 和 Rlcp 可以在$O(n)$的时间通过自底向上的遍历三元组 (L, M, R) 计算得出。另一种方法是通过在数组 lcp 上构建的区间最小查询数据结构来动态计算$\text{lcp}[i,j]$，这种方法将在 10.4.2 小节中详细介绍。这两种方法都需要 $O(n)$ 的时间和空间，因此它们都是渐近最优的。

接下来，我们将展示如何使用SA、Llcp和Rlcp这三个数组来加速二分查找。考虑在子数组$\text{SA}[L,R]$中进行二分查找，并设 M 为该区间的中点，因此$M=\lfloor (L+R)/2 \rfloor$。在算法 10.1 的步骤 4 中执行的 P 和$\text{suff}_{\text{SA}[M]}$之间的字典序比较，其目的是在$\text{SA}[L,M]$和$\text{SA}[M,R]$之间选择下一个搜索区间。在那里，字符串比较从 P 和$\text{suff}_{\text{SA}[M]}$的第一个字符开始，这里我们利用之前的二分查找跳过一些字符来比较它们。

令人惊讶的是，我们除了需要知道 Llcp 和 Rlcp 之外，还可能需要知道$l = \mathrm{lcp}\left(P, \mathrm{suff}_{\mathrm{SA}[L]}\right)$和$r = \mathrm{lcp}\left(P, \mathrm{suff}_{\mathrm{SA}[R]}\right)$的值，它们表示模式 P 与二分查找所搜索的当前区间两端字符串共享的字符数。初始的时候（即$L = 1$和$R = n$），这两个值可以通过显式地逐字符比较所涉及的字符串，并在 $O(p)$ 时间内计算出来。在一般步骤中，我们假设已经通过归纳得到了 l 和 r，接下来将展示二分查找如何有效地在执行$\mathrm{SA}[L,M]$或$\mathrm{SA}[M,R]$之前重新计算它们。[⊖]

实际上，我们知道 P 位于$\mathrm{suff}_{\mathrm{SA}[L]}$和$\mathrm{suff}_{\mathrm{SA}[R]}$之间，所以 P 与$\mathrm{SA}[L,R]$内的所有后缀共享$\mathrm{lcp}[L,R]$个字符，这个区间内的任何字符串都必须共享这些数量的字符（因为它们是按字典序排序的）。因此，我们可以得出结论，l 和 r 大于或等于$\mathrm{lcp}[L,R]$，并且模式 P 与$\mathrm{suff}_{\mathrm{SA}[M]}$共享的字符数 m 也大于或等于$\mathrm{lcp}[L,R]$。因此，我们可以利用最后一个不等式，从它们的第（$\mathrm{lcp}[L,R]+1$）个字符开始，将 P 与$\mathrm{suff}_{\mathrm{SA}[M]}$进行比较。

但实际上，我们可以做得更好，因为我们知道 l 和 r 的值可能明显大于$\mathrm{lcp}[L,R]$，因此可能在之前已经比较过 P 的更多字符，并且这些值是已知的。我们通过假设 $l \geq r$ 来区分三种情况（其他情况 $l<r$ 是对称的），我们的目的是不重新扫描已经比较过的 P 的字符（即$P[1,l]$中的字符）。我们通过比较 $P[l+1, n]$ 中的字符，或者比较 l 和$\mathrm{Llcp}[M]$的值来推断 P 和$\mathrm{suff}_{\mathrm{SA}[M]}$之间的顺序来设计算法。

- 如果$l<\mathrm{Llcp}[M]$，那么 P 大于$\mathrm{suff}_{\mathrm{SA}[M]}$，并且我们可以设置$l = m$。实际上，通过归纳可知$P > \mathrm{suff}_{\mathrm{SA}[L]}$，它们的不匹配字符位于 $l+1$ 处。根据$\mathrm{Llcp}[M]$的定义和假设（即$l<\mathrm{Llcp}[M]$），$\mathrm{suff}_{\mathrm{SA}[L]}$与$\mathrm{suff}_{\mathrm{SA}[M]}$共享字符的个数要比 l 多。因此$\mathrm{suff}_{\mathrm{SA}[M]}[l+1]=\mathrm{suff}_{\mathrm{SA}[L]}[l+1]$，于是 P 与这两个后缀匹配失败的位置是相同的，与它们的比较会给出相同的答案，即 $P> \mathrm{suff}_{\mathrm{SA}[M]}$。搜索可以在子区间$\mathrm{SA}[M,R]$中继续，而不会产生任何字符比较。
- 如果$l>\mathrm{Llcp}[M]$，则这种情况与之前类似。我们可以得出结论 $P<\mathrm{suff}_{\mathrm{SA}[M]}$，并且 $m= \mathrm{Llcp}[M]$。因此，搜索会在子区间$\mathrm{SA}[L,M]$中继续，而不会产生任何字符比较。
- 如果$l=\mathrm{Llcp}[M]$，那么 P 与$\mathrm{suff}_{\mathrm{SA}[L]}$和$\mathrm{suff}_{\mathrm{SA}[M]}$共享 l 个字符，因此 P 与$\mathrm{suff}_{\mathrm{SA}[M]}$之间

[⊖] 为了简化演示，我们使用右区间 $[M, R]$ 而不是算法 10.1 中的 $[M+1, R]$。由于中间元素 $\mathrm{SA}[M]$ 被左右区间共享，因此当 $R-L=1$ 时，我们可能会陷入无限循环。然而，我们可以改变算法中的 while 条件 $R-L=1$，然后再显式地检查这两个字符串。

的比较可以从它们的第（l+1）个字符开始。最终，我们通过执行一系列的字符比较确定了 m 和它们之间的字典序，同时也会将 P 的字符比较向前移动。

很明显，每一次二分查找要么将 P 的字符比较向前移动，要么不比较任何字符，但将区间$[L,R]$减半。第一种情况最多可能出现 p 次，第二种情况可能出现$O(\log n)$次。因此，我们得到了以下结论：

引理 10.2 给定三个数组lcp、Llcp 和Rlcp，除了构建文本$T[1,n]$的后缀数组 SA 外，最坏情况下可以在$O(p+\log n)$的时间计算得到模式$P[1,p]$在文本 T 中的出现次数，返回匹配到的位置需要$O(\mathrm{occ})$的时间，所需的总空间为$O(n)$。以上复杂度的界在基于比较的模型中是最优的。

证明 搜索所有以模式 P 为前缀的字符串需要两次字典序搜索：一次搜索 P，另一次搜索 $P\#$，其中 # 是大于字母表中任何其他字符的特殊字符。因此，经过$O(p+\log n)$个字符的比较就可以得到以 P 作为前缀的后缀区间$\mathrm{SA}[i,j]$。然后，我们可以很容易地在常数时间内计算出模式串出现的次数：$\mathrm{occ}=j-i+1$，或者在 $O(\mathrm{occ})$ 的时间内返回所有匹配模式串的位置。

10.2.2 LCP 数组及其构建$^{\infty}$

有一个简单且高效的构建 LCP 数组$\mathrm{lcp}[1,n-1]$的方法：扫描 SA 中的 $n-1$ 个连续文本的后缀对，并逐个地对字符进行比较[⊖]。这需要$\Theta\left(\sum_{i=1}^{n-1}(\mathrm{lcp}[i]+1)\right)$的时间，其中加 1 来自$\mathrm{SA}[i]$和$\mathrm{SA}[i+1]$之间不匹配字符的比较。对于某些输入$T=a^n$，所需的时间可能达到$\Theta(n^2)$。在这种情况下，$\mathrm{SA}[i]$（$i$=1,2,⋯,$n$）指向$T[n-i+1,n]$，因此$\mathrm{lcp}[i]=i$，时间复杂度为$\Theta\left(\sum_{i=1}^{n-1}(\mathrm{lcp}[i]+1)\right)=\Theta\left(\sum_{i=1}^{n-1}(i+1)\right)=\Theta\left(n^2\right)$。一般情况下，算法的时间复杂度为$O(n\ell)$，其中$\ell$是 T 中所有后缀的平均 LCP 的长度。

让人惊讶的是，在 2001 年，Kasai 及其同事提出了一个十分简单且优雅的算法，该算法在已知后缀数组的条件下，可以在最优的线性时间内计算得到 lcp 数组。该算法之所以能够有线性的时间复杂度，是因为在算法设计中利用了输入文本的一些特性，从而避免了重新扫描文本字符。我们将在本小节的其余部分对此进行讨论。

⊖ 对于 $i<n$，$\mathtt{lcp}[i]=\mathrm{lcp}\left(\mathrm{suff}_{\mathrm{SA}[i]},\mathrm{suff}_{\mathrm{SA}[i+1]}\right)$。

为了方便解释，我们参考图 10.3，它清晰地展示了算法的主要思想。我们先关注文本 T 中出现两个连续后缀的情况，比如，$\text{suff}_{i-1}=T[i-1,n]$和$\text{suff}_i=T[i,n]$，它们分别出现在后缀数组 SA 中的 p 和 q 位置上。也就是$\text{SA}[p]=\text{suff}_{i-1}$和$\text{SA}[q]=\text{suff}_i$。现在，我们考虑字典序位于$\text{SA}[p]$之前的文本后缀，对于某个 j，$\text{SA}[p-1]=\text{suff}_{j-1}$，我们假设已经通过归纳知道了$\texttt{lcp}[p-1]$的值，即$\text{SA}[p-1]$和$\text{SA}[p]$之间的 LCP 长度。类似地，对于某个 k，我们将$\text{SA}[q-1]=\text{suff}_k=T[k,n]$表示为字典序位于$\text{SA}[q]$之前的文本后缀，根据 lcp 数组的定义，元素$\text{lcp}[q-1]$存储了它们的 LCP 长度。

排序的后缀	SA	SA的位置
abcdef……	j-1	p-1
abchi……	i-1	p
⋮	⋮	⋮
bcdef……	j	
⋮	⋮	
bch……	k	q-1
bchi……	i	q

图 10.3　Kasai 算法中后缀字符串与 LCP 之间的关系。为了描述简便，后缀字符串仅显示其起始字符，其余部分用…表示

Kasai 的算法从左到右扫描文本后缀（见算法 10.2），因此在处理$T[i-1,n]$之后，它会检查$T[i,n]$。我们的目标是，根据$T[i-1,n]$对应的$\text{lcp}[q-1]$可以高效地推导出$T[i,n]$对应的$\text{lcp}[q-1]$。在这里，高效意味着$\text{lcp}[q-1]$的计算不需要从$T[i,n]$的第一个字符开始重新扫描，而是利用我们所知的$\text{lcp}[p-1]$信息，从$\text{SA}[p-1]$和$\text{SA}[p]$比较结束的位置开始。这可以避免文本字符的重复扫描，因此，我们能够得到一个最优的线性时间复杂度。

算法 10.2　LCP-Build (T，SA)

```
h = 0;
for (i = 1; i ≤ n, i++) do
    q = SA^{-1}[i];
    if q > 1 then
```

```
        k = SA[q − 1];
        if h > 0 then
            h = h − 1;
        end if
        while T[k + h] = T[i + h] do
            h = h + 1;
        end while
        lcp[q − 1] = h;
    end if
end for
```

我们将在后缀数组的上下文中重新解释之前在讨论前缀搜索时提到的那些特性。

事实 10.1 连续的两个后缀$\mathrm{SA}[y-1]$与$\mathrm{SA}[y]$的 LCP 不会短于$\mathrm{SA}[y]$与$\mathrm{SA}[x]$的 LCP，其中$\mathrm{SA}[x]$是任何$\mathrm{SA}[y]$之前的后缀，且$x=1,\cdots,y-1$。

证明 SA 中的后缀是按字典序排序的，因此，当离$\mathrm{SA}[y]$越远时，它们之间的 LCP 长度越短。

在图 10.3 中，对于 Kasai 算法中的一般步骤 i 而言，该步骤已经比较了一对后缀$\mathrm{SA}[p-1]=\mathrm{suff}_{j-1}$和$\mathrm{SA}[p]=\mathrm{suff}_{i-1}$，然后比较另一对后缀$\mathrm{SA}[q-1]=\mathrm{suff}_j$和$\mathrm{SA}[q]=\mathrm{suff}_i$。这里有两种可能的情况：要么$\mathrm{lcp}[p-1]>0$，这样两个相邻的后缀$\mathrm{SA}[p-1]$和$\mathrm{SA}[p]$在其前缀中会共享部分字符（见图 10.3）；要么它们不共享任何字符，即$\mathrm{lcp}[p-1]=0$。

对于前者，我们可以得出如下结论：由于在字典序上，suff_{j-1}在suff_{i-1}之前，并且它们在 T 中的下一个后缀会保持这种字典序；所以 suff_j 会在 suff_i 之前。此外，由于 suff_j（相应地，suff_i）是通过从suff_{j-1}去掉其第一个字符得到的，所以$\mathrm{lcp}\left(\mathrm{suff}_j,\mathrm{suff}_i\right)=\mathrm{lcp}\left(\mathrm{suff}_{j-1},\mathrm{suff}_{i-1}\right)-1=\mathrm{lcp}[p-1]-1$。在图 10.3 中，我们有$\mathrm{lcp}[p-1]=3$且共享的前缀是 abc；因此，当我们考虑下一个后缀时，它们的 LCP 是 bc，长度为 2，并且因为 suff_j 出现在 suff_i 之前，所以它们的顺序保持不变。

因此，我们证明了以下性质，并在这里使用$j=\mathrm{SA}[p-1]+1$ 和$i=\mathrm{SA}[p]+1$重新表示。

事实 10. 2 如果$\mathrm{lcp}\left(\mathrm{suff}_{\mathrm{SA}[p-1]},\mathrm{suff}_{\mathrm{SA}[p]}\right)>0$，那么$\mathrm{lcp}\left(\mathrm{suff}_{\mathrm{SA}[p-1]+1},\mathrm{suff}_{\mathrm{SA}[p]+1}\right)=\mathrm{lcp}\left(\mathrm{suff}_{\mathrm{SA}[p-1]},\mathrm{suff}_{\mathrm{SA}[p]}\right)-1$。

接下来的一个关键是，尽管suff_{j-1}和suff_{i-1}在 SA 中是连续的，但它们的下一个后缀 suff_j 和 suff_i 可能并非如此，如图 10.3 所示。因此，通过事实 10.1 和事实 10.2，我们可以推导如下关键性质：$\text{lcp}[q-1] \geqslant \max\{\text{lcp}[p-1]-1, 0\}$。通过 Kasai 算法，我们可以充分利用计算$\text{lcp}[p-1]$时所进行的比较来计算$\text{lcp}[q-1]$。

算法的伪代码如算法 10.2 所示，其中我们使用了逆后缀数组，记作 SA^{-1}，它为每个后缀返回其在 SA 中的位置。参考图 10.3，$\text{SA}^{-1}[i]=q$，$\text{SA}^{-1}[i-1]=p$。算法 10.2 的关键在于 for 循环，该循环从左到右扫描文本后缀 suff_i，并为每个后缀检索其在 SA 中的位置，即 $q=\text{SA}^{-1}[i]$，最后设置`lcp`$[q-1]$的内容（见算法 10.2 中步骤 12）。为了使初始化条件保持一致，步骤 4 检查 suff_i 是否是后缀数组的第一个位置（即$q=1$），如果是的话，则 suff_i 与上一个后缀的 LCP 是未定义的，因此算法会跳过 LCP 的计算并继续下一个 i 循环。否则（即$q>1$时），步骤 5 计算字典序上在 suff_i 之前的后缀$k=\text{SA}[q-1]$，然后算法从偏移$h=\text{lcp}[p-1]$开始，通过逐个字符比较来扩展$\text{SA}[q-1]$和 $\text{SA}[q]$ 之间的 LCP，根据事实 10.2，在步骤 6 中 h 的值将会减 1。

对于时间复杂度，我们注意到 h 最多减少 n 次（每次 for 循环一次），并且根据步骤 9，它不能移动到 T 之外，这是因为 T 是由特殊字符（如 C 语言中的 \0）终止的。这就意味着 h 最多增加到 $2n$，因此这也是算法 10.2 执行的字符比较次数的上界。所以，总的时间复杂度是 $O(n)$。显然，因为该算法以任意顺序计算 lcp 数组中的元素，所以它在 I/O 操作上并不是高效的。我们已经知道有一些启发式方法可以减少上述计算所产生的 I/O 操作次数，但最优可以达到$O(n/B)$次 I/O 操作的算法还有待发现。

定理 10.1　给定一个字符串$T[1,n]$及其后缀数组 SA_T，我们可以在 $O(n)$ 的时间和空间内得到相应的 lcp 数组。该算法在两级存储模型中可能是较为低效的，需要 $O(n)$ 次 I/O 操作。

10.2.3　后缀数组的构建

由于后缀数组是一个排序后的后缀序列，因此构建 SA 的最直接方法是使用高效的基于比较的排序算法，并使用某种专门的比较函数用于计算字符串之间的字典顺序。算法 10.3 采用了 C 语言风格的代码实现，它使用内置的 Qsort 函数作为排序方法，并定义了一个合适的用于比较后缀的子程序 Suffix_cmp：

```
Suffix_cmp(char *p, char **q){return strcmp(*p, *q);};
```

算法 10.3　Comparision_Based_Construction(char * T, int n, char ** SA)

```
for (i = 0; i < n; i ++ ) do
    SA[i] = T + i;
end for
Qsort(SA, n, sizeof(char *), Suffix_cmp);
```

注意，后缀数组是通过指针进行初始化的，指针指向待排序的后缀在内存中的实际起始位置，而不是像 10.2 节开始时那样，将 SA 形式化地描述为从 1 到 n 的整数偏移量。这样做的原因是，Suffix_cmp 不需要知道 T 在内存中的位置（这需要使用全局参数），它在调用过程中的实际参数直接提供了待比较后缀的内存起始位置。此外，后缀数组 SA 的索引从 0 开始，这也是 C 语言中的典型做法。

这种方法的一个主要缺点是它不是 I/O 高效的，主要有两个原因：最优的$O(n\log n)$次比较涉及了可变长度的字符串，这些字符串可能包含$\Theta(n)$个字符；由于排序是针对字符串指针而不是字符串本身的，因此 SA 中的局部性并不能转化为后缀比较中的局部性。这两个问题都会引发 I/O 操作，从而使算法变慢。

定理 10.2　在最坏情况下，使用基于比较的排序方法来构建字符串$T[1,n]$的后缀数组需要$O\left(\left(\frac{n}{B}\right)n\log n\right)$次 I/O 操作和$O(n\log n)$位空间。

在本小节的其余部分中，我们将描述两种 I/O 操作的高效后缀数组构建方法：一种是基于分治思想的算法——Kärkkäinen 和 Sanders 提出的 DC3 算法 [11]，该算法优雅、易于编码，并且足够灵活，可以在各种计算模型中实现最优的 I/O 界；另一种是 Gonnet、Baeza-Yates 和 Snider 提出的基于扫描的算法 [10]，该算法虽然会产生更多的 I/O 操作，但它有一些积极的特性，可以对输入数据以分批处理的方式（类似流）进行处理，这种方法允许预取、压缩，因此比较适合低速磁盘。

1. Skew 算法

2003 年，Kärkkäinen 和 Sanders[11] 表明，后缀数组的构建问题可以转化为对一组三元组进行排序的问题，这些三元组中的元素是$[1,O(n)]$区间内的整数。令人惊讶的是，这种转换只需要线性的时间和空间，从而将构建后缀数组的复杂度转换为对三元组进行排序的复杂度，这是一个我们在前面章节中深入讨论过的问题，并且我们已经知道了针对分级存储和多个磁盘的最优算法。除此之外，由于要排序的三元组中元素是一个受到 $O(n)$ 限制的整数，因此在基于 RAM 模型中对三元组进行排序需要 $O(n)$ 的时间，所以我们知道如何在 RAM 中构造一个具有线性时间复杂度的后缀数组。多么令人印象深刻的结论！

这种算法的优点在于，它可以在任何包含有效排序方法的计算模型中工作。它依赖于一种分治的方法，该方法按 2 : 1 的比例进行分割，这对于简化最终的合并步骤至关重要。以前的方法使用了更自然的 1 : 1 的比例[4]，然而，这些方法需要更复杂的合并步骤，具体来说，它们依赖于后缀树的结构（如 10.3 节所述）。由于底层分治方案的不平衡性，该算法最初被命名为 skew，后来被命名为 DC3（Difference Cover Modulo 3，模 3 的差异覆盖）。

为了方便演示，我们使用$T[1,n]=t_1t_2\cdots t_n$来表示输入字符串，并假设字符是从一个大小为$\sigma=O(n)$的整数字母表中抽取的。如果 T 不满足这样的假设，我们可以先对 T 中的字符进行排序，并使用$[0,n-1]$中的整数对 T 中的字符重新映射以满足假设，以上转换在最坏情况下需要$O(n\log\sigma)$的时间。因此，我们可以假设 T 是一个由整数组成的文本，每个整数使用$O(\log n)$位来表示，我们在后续构建后缀数组的过程中都使用以上方式来表示文本。此外，我们还假设 t_n=\$ 是一个小于字母表中其他字符的特殊符号，并在逻辑上可以使用无限个 \$ 来填充 T。

根据这种表示法，我们可以将 Skew 算法概述为三个主要步骤：

步骤 1　从下述位置后缀开始构建后缀数组$\mathrm{SA}^{2,0}$。

$$P_{2,0}=\{i:i \bmod 3=2,\mathrm{or}\ i \bmod 3=0\}$$

这包括以下三个子步骤：

①构建一个长度为$(2/3)n$的特殊字符串$T^{2,0}$，并对 T 中从$P_{2,0}$位置开始的所有后缀进行压缩编码。

②递归地构建$T^{2,0}$的后缀数组 SA′。

③从 SA′ 中导出后缀数组$\mathrm{SA}^{2,0}$。

步骤 2　从满足以下表达式的位置开始构建剩余后缀的后缀数组 SA^1。

$$P_1=\{i:i \bmod 3=1\}$$

这包括以下三个子步骤：

①假设我们已经预先计算出数组 pos 中每个元素的值，其中$\mathtt{pos}[j]$表示第 j 个文本后缀$T[j,n]$在$\mathrm{SA}^{2,0}$中的位置。

②对于每个$i\in P_1$，使用序对〈$T[i],\mathtt{pos}[i+1]$〉来表示其后缀$T[i,n]$，其中$i+1\in P_{2,0}$。

③使用基数排序对$O(n)$个序对进行排序。

步骤 3　通过以下子步骤将两个后缀数组$\mathrm{SA}^{2,0}$和 SA^1 合并成一个。

采用 2 : 1 的比例来确保任何一对后缀都可以进行常数时间的字典序比较（详见本小节后

续内容）。

下文将详细介绍这种算法，并通过字符串$T[1,12]=$ mississippi$ 来说明，这个字符串的后缀数组是$SA=(12,11,8,5,2,1,10,9,7,4,6,3)$。在这个例子中，$P_{2,0}=\{2,3,5,6,8,9,11,12\}$，$P_1=\{1,4,7,10\}$。

步骤 1 第一步是步骤最多且最复杂的部分，这一步骤构成了整个递归过程的框架。这一步按字典序对从位置$P_{2,0}$开始的后缀进行排序。排序后得到的数组用$SA^{2,0}$表示，由于这个数组是仅从位置$P_{2,0}$开始的后缀，因此它实质上是最终的后缀数组 SA 的一个抽样版本。

为了高效地获得$SA^{2,0}$，我们将此问题转换为构造一个长度为$2n/3$的字符串 $T^{2,0}$ 的后缀数组。这个文本由“字符”组成，这些“字符”是整数，其最大值约为$2n/3$。现在我们再次面对一个长度按比例小于 n 的整数文本，可以通过相同的递归调用构造过程来构造其后缀数组。

关键的难点在于如何定义 $T^{2,0}$，以便可以使用其后缀数组来方便地推导出$SA^{2,0}$，即从位置 $P_{2,0}$ 开始的文本后缀的排序序列。本章参考文献 [11] 中提出了一个优雅的解决方案，该方案考虑两个文本后缀 $T[2,n]$ 和$T[3,n]$，并用特殊符号 $ 填充它们，以便使长度成为 3 的倍数，然后将生成的字符串分解为 3 个字符一组的元组序列，即$T[2,\cdot]=[t_2,t_3,t_4][t_5,t_6,t_7][t_8,t_9,t_{10}]\cdots$以及$T[3,\cdot]=[t_3,t_4,t_5][t_6,t_7,t_8][t_9,t_{10},t_{11}]\cdots$，其中点号表示我们正在考虑比 n 大的最小整数，这样可以使这些字符串的长度为 3 的倍数。

参考之前的例子，我们有：

$T[2,\cdot]=$ [i s s][i s s][i p p][i $ $] (2, 5, 8, 11)　　$T[3,\cdot]=$ [s s i][s s i][p p i][$ $ $] (3, 6, 9, 12)

然后，我们将这两个字符串连接起来，并构建字符串 $R=T[2,\cdot]T[3,\cdot]$：

$R=$ [i s s][i s s][i p p][i $ $][s s i][s s i][p p i][$ $ $] (2, 5, 8, 11, 3, 6, 9, 12)

Skew 算法的第一步依赖以下关键性质：

性质 1 每个从位置$i\in P_{2,0}$开始的后缀$T[i,n]$都可以与 R 中的一组三元组字符序列组成的字符串后缀相对应。具体来说，如果$i \bmod 3=0$，那么$T[i,n]$恰好与 R 的一个后缀重合；如果 $i \bmod 3=2$，那么$T[i,n]$是 R 的某一个以符号 $ 为结尾的后缀的前缀。

根据前面的示例，取$i=6\in P_{2,0}$，因为$i \bmod 3=0$，并且后缀$T[6,12]=$ ssippi$出现在$T[3,\cdot]$的第二个三元组中，同时也是 R 的第六个三元组。同样，取$i=8\in P_{2,0}$，因为$i \bmod 3=2$，同时后缀$T[8,12]=$ ippi$出现在$T[2,\cdot]$的第三个三元组中，同时也是 R 的第三个三元组。注意，$T[8,12]$是以两个尾界定符 \$ 结束的，它并不是 R 的完整后缀。

从形式上看，这一性质的正确性可以很容易地根据观察推出：显然任何从位置$i \in P_{2,0}$开始的后缀$T[i,n]$都是$T[2,\cdot]$或$T[3,\cdot]$的后缀，因为 $i>0$，所以 $i \bmod 3$ 要么为 0 要么为 2。并且由于 $i \in P_{2,0}$，因此对于某些 $k \geqslant 0$，必然有$i = 3+3k$或$i = 2+3k$，因此$T[i,n]$出现在 R 中的某个三元组的开始位置。

最后的操作是通过对这些三元组进行整数编码来获得包含$(2n/3)$个整数的字符串 $T^{2,0}$。编码的实现必须满足如下要求：比较编码的整数来得到两个三元组之间的字典序。在文献中，这种编码称为字典序命名（lexicographic naming），并且对 R 中的三元组使用基数排序，以及将每个不同的三元组与其字典序中的秩（rank）相关联可以很容易地实现字典序命名。由于我们有$O(n)$个三元组，每个三元组都由$[0,n]$区间内的整数组成，因此它们的基数排序需要$O(n)$的时间。

在上面的例子中，已排序的三元组会按以下顺序排列：

[\$ \$ \$]	[i \$ \$]	[i p p]	[i s s]	[i s s]	[p p i]	[s s i]	[s s i]	已排序的三元组
0	1	2	3	3	4	5	5	已排序的秩

这使我们能够构建如下字符串：

$R=$	[i s s]	[i s s]	[i p p]	[i \$ \$]	[s s i]	[s s i]	[p p i]	[\$ \$ \$]	三元组
	3	3	2	1	5	5	4	0	$T^{2,0}$

作为对 R 中三元组重命名的结果，我们得到了新的文本：$T^{2,0}=33215540$，其长度为 $2n/3$。这里的关键是，我们又得到了一个像 T 一样的整数文本$T^{2,0}$，每个整数占$O(\log n)$位（与之前一样），但$T^{2,0}$的长度比 T 更短，因此我们可以递归地在它上面调用后缀数组的构造过程。

从这里的讨论可以明显地看出，由于是按其三元组的字典序来分配秩的，因此 R（对应到三元组）的后缀之间的字典序比较与$T^{2,0}$的后缀之间的字典序比较是等价的。这里利用了性质 1 的结论，它定义了与 R 对应的三元组开始处的后缀之间的双向映射，即$T^{2,0}$的后缀与始于$P_{2,0}$的文本后缀之间的双向映射。这一对应关系随后被用来从$T^{2,0}$的后缀数组中推导出$\mathrm{SA}^{2,0}$。

在上面的示例中，我们递归地使用后缀数组构造算法来构造$T^{2,0}$ =33215540 的后缀数组，并得出其后缀数组为$(8,4,3,2,1,7,6,5)$。我们将$T^{2,0}$中的位置转换为 T 中的位置，从而将$T^{2,0}$的后缀数组转换为$\mathrm{SA}^{2,0}$，根据$T^{2,0}$的三元组的布局，使用简单的算术计算就可以完成转换。在我们的示例中，后缀数组$\mathrm{SA}^{2,0}=(12,11,8,5,2,9,6,3)$。

在结束第一步之前，我们还需要补充两点说明。第一，如果$T^{2,0}$中的所有字符都不相同，那么我们就不需要递归，因为只需查看后缀的第一个字符就可以对它们进行排序。第二，将$T^{2,0}$中的后缀位置转换为 T 中的后缀位置以获取最终的$\mathrm{SA}^{2,0}$时，程序员需要特别小心考虑 R 中三元组的布局。

步骤 2　一旦完成了递归构建后缀数组$\mathrm{SA}^{2,0}$，算法就可以以一种简单的方式对 T 的其余后缀（即以文本位置$i \bmod 3 = 1$开始的后缀）进行字典排序。我们将后缀$T[i,n]$用一个序对来表示，其中第一个元素由其第一个字符 $T[i]$ 表示，第二个元素由剩余的后缀$T[i+1,n]$组成。由于$i \in P_1$，$i+1 \in P_{2,0}$，因此后缀$T[i+1,n]$将在$\mathrm{SA}^{2,0}$中出现。然后，我们可以用一个整数对$\langle T[i],\mathrm{pos}[i+1]\rangle$来编码后缀$T[i,n]$，其中$\mathrm{pos}[i+1]$表示$\mathrm{SA}^{2,0}$中后缀$T[i+1,n]$的字典序位置。如果$i+1=n+1$，我们将$\mathrm{pos}[n+1]$设置为 0，因为假定字符 \$ 比任何其他字符都小。

根据这一观察，从 P_1 位置开始的两个文本后缀的比较可以通过比较它们对应的序对来完成，这个比较可以在常数时间内完成。因此，经过编码的$O(n)$个后缀序列对可以使用基数排序，并在$O(n)$的时间内计算出 SA^1。

图 10.4 所示为基数排序示例。在我们的示例中，这可以归结为使用基数排序对$\langle T[i],\mathrm{pos}[i+1]\rangle$序对进行排序，从而得到后缀数组$\mathrm{SA}^1=(1,10,7,4)$。

P_1中的起始位置	1		4		7		10
序对：字符+文本后缀	$\langle T[1], T[2,\cdot]\rangle$ $\langle$m, $T[2,\cdot]\rangle$		$\langle T[4], T[5,12]\rangle$ $\langle$s, $T[5,12]\rangle$		$\langle T[7], T[8,12]\rangle$ $\langle$s, $T[8,12]\rangle$		$\langle T[10], T[11,12]\rangle$ $\langle$p, $T[11,12]\rangle$
序对： 字符+在$\mathrm{SA}^{2,0}$中的后缀位置	$\langle$m, pos[2]$\rangle$ $\langle$m, 4$\rangle$		$\langle$s, pos[5]$\rangle$ $\langle$s, 3$\rangle$		$\langle$s, pos[8]$\rangle$ $\langle$s, 2$\rangle$		$\langle$p, pos[11]$\rangle$ $\langle$p, 1$\rangle$
排序后的序对	$\langle$m, 4$\rangle$	$<$	$\langle$p, 1$\rangle$	$<$	$\langle$s, 2$\rangle$	$<$	$\langle$s, 3$\rangle$
SA^1	1		10		7		4

图 10.4　基数排序示例

步骤 3　最后一步通过一个有趣的观察（该观察启发了 2 ∶ 1 的分割想法）实现了在$O(n)$的时间内合并两个已排序的数组 SA^1 和 $\mathrm{SA}^{2,0}$。我们取两个后缀$T[i,n]\in\mathrm{SA}^1$和$T[j,n]\in\mathrm{SA}^{2,0}$，希望通过对它们进行字典序比较从而实现合并。它们属于两个不同的后缀数组，因此我们不知道它们的字典序关系，并且我们不能逐个字符地比较它们，因为那样做会产生非常高的成本。我们采用与步骤 2 中类似的分治思想，该思想将后缀视为由一个或两个字符加上按字典序排序后的剩余后缀。如果所比较后缀的剩余后缀位于同一后缀数组中，则可以根据它们的秩在常数时间内得到它们的顺序，因此这种分解就会变得高效。我们可以优雅地通过 2 : 1 的分割实现这一点，但无法通过 1 : 1 的分割来实现。这一观察结果的实现如下所示：

1）如果 $j \bmod 3 = 2$，那么我们将 $T[j,n]$ 和 $T[i,n]$ 看作序对 $\langle T[j], T[j+1,n]\rangle$ 和 $\langle T[i], T[i+1,n]\rangle$，并通过序对来比较它们。两个后缀 $T[j+1,n]$ 和 $T[j+1,n]$ 都出现在 $SA^{2,0}$ 中（因为它们的起始位置模 3 后的值等于 0 或者等于 2），因此我们可以通过比较序对 $\langle T[i], pos[i+1]\rangle$ 和 $\langle T[j], pos[j+1]\rangle$ 得出其字典序。如果数组 pos 是已知的，则此比较仅需花费 $O(1)$ 时间。⊖

2）如果 $j \bmod 3 = 0$，那么我们通过比较三元组 $\langle T[j], T[j+1], T[j+2,n]\rangle$ 和 $\langle T[i], T[i+1], T[i+2,n]\rangle$ 来比较 $T[j,n]$ 和 $T[i,n]$。两个后缀 $T[j+2,n]$ 和 $T[i+2,n]$ 都出现在 $SA^{2,0}$ 中（因为它们的起始位置模 3 分别等于 0 或 2），所以我们可以通过比较三元组 $\langle T[i], T[i+1], pos[i+2]\rangle$ 和 $\langle T[j], T[j+1], pos[j+2]\rangle$ 来得出其字典序。如果数组 pos 是已知的，则此比较仅需花费 $O(1)$ 时间。

在下面的示例中，$T[8,11] < T[10,11]$，实际上 $\langle i,5\rangle < \langle p,1\rangle$。同样，$T[7,11] < T[6,11]$，实际上 $\langle s,i,5\rangle < \langle s,s,2\rangle$。图 10.5 所示为 SA^1 中涉及比较的所有可能的序对和三元组，其中 (⋆) 和 (⋆⋆) 分别表示上述规则 1 和规则 2 对应的序对和三元组。事实上，由于我们在合并过程中并不知道 $SA^{2,0}$ 的哪个后缀将与 SA^1 的哪个后缀进行比较，因此对于后者中的每个后缀，我们都需要计算 (⋆) 和 (⋆⋆) 这两种表示形式，既作为序对也作为三元组⊜。在合并步骤结束时，我们得到了最终的后缀数组：$SA = (12,11,8,5,2,1,10,9,7,4,6,3)$。

SA^1				$SA^{2,0}$								
1	10	7	4	12	11	8	5	2	9	6	3	后缀的位置
⟨m, 4⟩	⟨p, 1⟩	⟨s, 2⟩	⟨s, 3⟩		⟨i, 0⟩	⟨i, 5⟩	⟨i, 6⟩	⟨i, 7⟩				(⋆)
⟨m, i, 7⟩	⟨p, i, 0⟩	⟨s, i, 5⟩	⟨s, i, 6⟩	⟨s, s, −1⟩					⟨p, p, 1⟩	⟨s, s, 2⟩	⟨s, s, 3⟩	(⋆⋆)

图 10.5　SA^1 中涉及比较的所有可能的序对和三元组

从我们的讨论中可以清楚地看出，每一步都可以通过排序或扫描一个包含 n 个原子项的集合来实现，这些原子项可能是由整数元素构成的三元组，其中整数元素由 $O(\log n)$ 位表示，仅占用 $O(1)$ 个存储字。因此，所提出的方法可以看作将后缀数组的构造问题通过算法归纳为对 n 个项进行排序的问题。

⊖ 当然，可以在线性时间内从 $SA^{2,0}$ 中推导出数组 pos，因为它是 $SA^{2,0}$ 的逆序。

⊜ 我们知道 $pos[n]=0$，为了确保字典序的正确性，对于所有的 $j>n$，我们设定 $pos[j]=-1$。

在 RAM 模型中，Skew 算法的时间复杂度可以通过递归关系式$T(n)=T\left(\frac{2n}{3}\right)+O(n)$来建模，因为步骤 2 和步骤 3 的耗时是$O(n)$，并且递归调用是在长度为$(2/3)n$的字符串$T^{2,0}$上执行，因此这个递归关系有最优解：$T(n)=O(n)$。对于两级存储结构，Skew 算法可以在$O\left(\frac{n}{B}\log_{M/B}\frac{n}{M}\right)$的 I/O 操作复杂度下实现，即排序 n 个原子项的 I/O 操作复杂度。

定理 10.3 Skew 算法能够在$O(\text{Sort}(n))$的 I/O 操作内，使用$O(n/B)$个磁盘页构建字符串$T[1,n]$的后缀数组。如果字母表大小 σ 是 n 的多项式，那么 CPU 的使用时间是$O(n)$。

2. 扫描式算法[∞]

在 Skew 算法出现之前，基于磁盘的最著名算法是由 Gonnet、Baeza-Yates 和 Snider 于 1992 年 [10] 提出的。它也是一种基于分治的算法，但这种算法采用的分割非常不平衡，因为它进行了平方数量级的后缀比较，从而导致了立方数量级的时间复杂度。然而，该算法采用分批处理数据的方法，利用了现代磁盘高吞吐的特性，因而在实际的应用中执行速度很快。

假设ℓ是一个正数，且$\ell<1$，用于在内存中构建一个由$m=\ell M$个字符组成的文本的后缀数组。然后，假设文本$T[1,n]$在逻辑上被分成若干块，每个块包含 m 个字符，从左向右进行编号：即$T=T_1T_2\cdots T_{n/m}$，其中 $T_h=T[hm+1,(h+1)m]$，$h=0,1,\cdots$。该算法在$\Theta(n/M)$个阶段里逐渐完成 T 的后缀数组的计算，而不是像 Skew 算法那样在对数数量级的阶段里完成对后缀数组的计算。在 h 阶段的开始，我们假设在磁盘上有一个数组 SA^h，它包含 T 的前 hm 个后缀的排序序列。初始情况下，$h=0$，SA^0 是一个空数组。在第 h 个阶段，算法将下一个文本段T^{h+1}加载到内存中，构建 SA' 作为从T^{h+1}开始的后缀的排序序列，然后通过合并序列 SA^h 和 SA' 来计算新的 SA^{h+1}。

在实现这个算法时，主要考虑两个问题：

1）如何高效构建 SA'，因为它的后缀是从T^{h+1}开始的，并可能在 T 的结尾扩展到该文本段之外。

2）如何有效地合并两个已排序的数组 SA^h 和 SA'，因为它们包含的后缀长度可能达到$\Theta(n)$个字符。

对于第一个问题，算法没有采用任何特殊的技巧，它只是在$O(n)$时间和$O(n/B)$次 I/O 操作中逐个字符地比较后缀，因此可能会在没有加载到内存的文本块上进行后缀比较。这意味着在所有的$O(n/M)$个阶段的执行过程中，构造 SA' 需要$O\left(\frac{n}{B}\frac{n}{m}m\log m\right)=O\left(\frac{n^2}{B}\log m\right)$次 I/O

操作。

对于第二个问题，该算法采用了一种巧妙的方法来合并 SA′ 和 SA^h。算法使用了一个辅助数组$C[1,m+1]$，该数组在 $C[j]$ 中存储 SA^h 中字典序大于$SA'[j-1]$且小于$SA'[j]$的后缀的数量，其中我们在逻辑上设定$SA'[0]$为空字符串，$SA'[m+1]$是大于其他字符串的特殊字符串。由于 SA^h 的大小可能会一直增长，并且可能会增长到无法完全加载到内存中，因此我们采用类似流（streaming-like）的处理方式，通过从开始处向右扫描文本 T，然后二分查找 SA′ 中的每个后缀。如果搜索到后缀的字典序位置是 j，则增加 $C[j]$。当前的文本段T^{h+1}是存储在内存中的，但是 SA^h 中的二分查找可能会在T^{h+1}的外部进行一些后缀比较，所以在最坏情况下，在二分查找的每个步骤中需要$O(n/B)$次 I/O 操作。在所有n/M个阶段中，计算数组 C 需要

$$O\left(\sum_{h=0}^{n/m-1}\frac{n}{B}(hm)\log m\right)=O\left(\frac{n^3}{MB}\log M\right)$$

次 I/O 操作（注意$m=\ell M$）。

在接下来的步骤中，辅助数组 C 被用于快速合并两个数组 SA′（位于内存中）和 SA^h（位于磁盘上）：$C[j]$ 表示 SA^h 中字典序大于 $SA'[j-1]$ 并且小于$SA'[j]$的后缀的数量。因此，仅需要一次磁盘扫描就可以在$O(n/B)$的 I/O 操作中完成合并过程。

定理 10.4　采用扫描式算法可以在$O\left(\frac{n^3}{MB}\log M\right)$次 I/O 操作内，使用$O(n/B)$个磁盘页完成字符串$T[1,n]$的后缀数组的构建。

由于在最坏情况下，算法需要三次方数量级的 I/O 复杂度，因此对算法进行纯粹的理论分析没有多少意义。然而在实践中，我们通常可以合理地假设，在二分查找中，每次参与后缀比较的所有字符都已经加载到内存中了。事实上，算法需要的 I/O 操作可以使用公式$O\left(\frac{n^2}{MB}\right)$更好地描述。此外，在分析中，所有的 I/O 操作都是顺序进行的，并且实际的随机搜索次数只有$O(n/M)$次（即每个阶段最多为常量次数）。因此，该算法可以充分利用现代磁盘的带宽和 CPU 速度。最后要说明的是，后缀数组 SA^h 和文本 T 都是顺序扫描的，因此可以采用某种形式的压缩来减少 I/O 操作，从而进一步优化算法。

在详细阐述对先前方法的重大改进之前，让我们使用与上一节中用于描述 Skew 算法的相同示例来说明扫描式算法的工作原理，参考以下文本字符串：

$$T[1,12]=\begin{matrix}1&2&3&4&5&6&7&8&9&10&11&12\\ \mathrm{m}&\mathrm{i}&\mathrm{s}&\mathrm{s}&\mathrm{i}&\mathrm{s}&\mathrm{s}&\mathrm{i}&\mathrm{p}&\mathrm{p}&\mathrm{i}&\$\end{matrix}$$

假设 m=3，并且在 h=1 阶段的开始时，算法已经处理了文本块$T^0 = T[1,3]$ = mis，并且已经在磁盘上计算并存储了数组$\mathrm{SA}^1 = (2,1,3)$，该数组对应于以该文本块开始的三个文本后缀的字典顺序，即mississippi\$,ississippi\$和ssissippi\$。在第 1 阶段的第 1 步中，算法将下一个文本串$T^1 = T[4,6]$ = sis加载到内存中，并将从位置 [4, 6] 开始到 T 结尾处的文本后缀按字典序排序。扫描式算法的第 1 阶段如图 10.6 所示。请注意，在第 2 步中，仅文本片段$T[4,6]$加载到内存中，因此文本后缀$T[4,12]$ = sissippi\$和$T[6,12]$ = ssippi\$还涉及没有加载到内存中的字符比较，因此它们的比较会导致 I/O 操作。在第 3 步中，通过合并磁盘上存储的$\mathrm{SA}^1 = (2,1,3)$与内存中的$\mathrm{SA}' = (5,4,6)$来计算新的数组 SA^2。图 10.6 展示了数组$C[1,4] = [0,2,0,1]$的合并过程：实际上$C[2] = 2$，因为后缀$T[1,12]$ = mississippi\$和 $T[2,12]$ = ississippi\$，它们位于$\mathrm{SA}'[1]$的后缀$T[5,12]$ = issippi\$和$\mathrm{SA}'[2]$的后缀$T[4,12]$ = sissippi\$之间。$C[4]$=1，因为后缀$T[3,12]$ = ssissippi\$位于$\mathrm{SA}'[3]$的后缀$T[6,12]$ = ssippi\$之后。

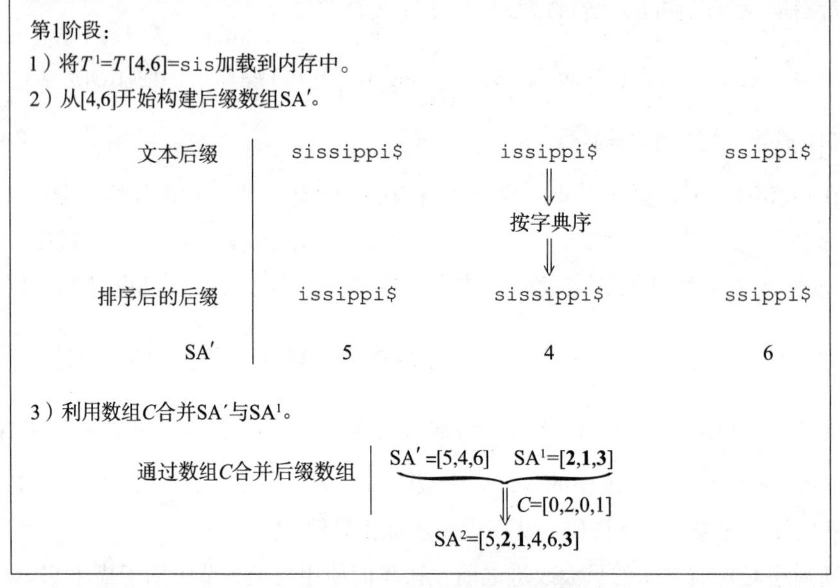

第1阶段：
1）将T¹=T[4,6]=sis加载到内存中。
2）从[4,6]开始构建后缀数组SA′。
文本后缀
sissippi$
issippi$
ssippi$
按字典序
排序后的后缀
issippi$
sissippi$
ssippi$
SA′
5
4
6
3）利用数组C合并SA′与SA¹。
通过数组C合并后缀数组
SA′=[5,4,6]
SA¹=[2,1,3]
C=[0,2,0,1]
SA²=[5,2,1,4,6,3]

图 10.6 扫描式算法的第 1 阶段

图 10.7 和图 10.8 展示了文本子串$T^2 = T[7,9]$ = sip和$T^3 = T[10,12]$ = pi\$的两个处理阶段。第 2 阶段将$T^2 = T[7,9]$加载到内存中，并从位置$[7,9]$开始的后缀构建后缀数组SA'。然后，将此后缀数组与磁盘上的 SA^2 数组（包含从$T[1,6]$开始的后缀，如图 10.6 所示）进行合

并。第 3 阶段也是最后一个阶段，如图 10.8 所示，将$T^3=T[10,12]$加载到内存中，并为从位置$[10,12]$开始的后缀构建后缀数组SA′。然后，将此后缀数组与磁盘上的 SA^3 数组（包含从 $T[1,9]$ 开始的后缀，如图 10.8 所示）进行合并。合并后的数组是整个字符串 $T[1,12]$ 的后缀数组。

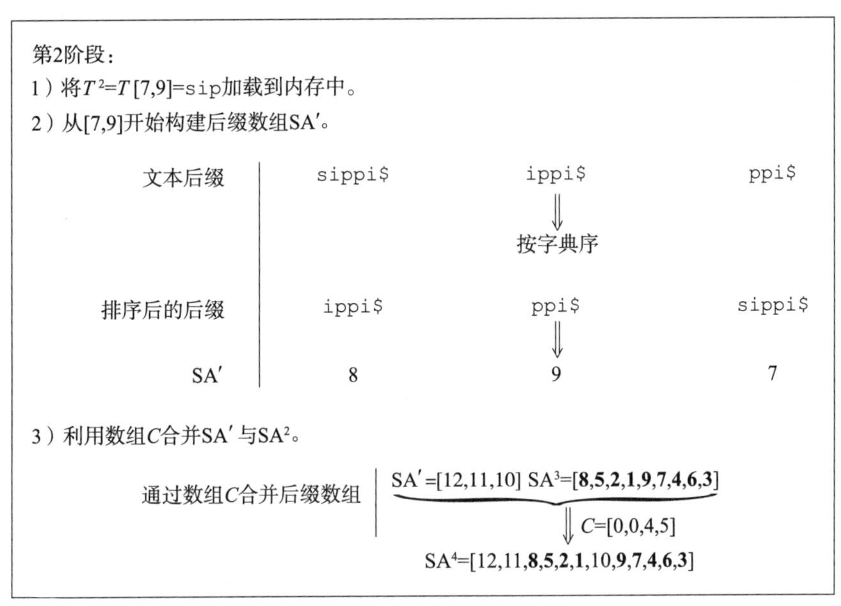

第2阶段：
1）将$T^2=T[7,9]$=sip加载到内存中。
2）从[7,9]开始构建后缀数组SA′。
文本后缀
sippi$
ippi$
ppi$
按字典序
排序后的后缀
ippi$
ppi$
sippi$
SA′
8
9
7
3）利用数组C合并SA′与SA^2。
通过数组C合并后缀数组
SA′=[12,11,10] SA^3=[**8,5,2,1,9,7,4,6,3**]
C=[0,0,4,5]
SA^4=[12,11,**8,5,2,1**,10,**9,7,4,6,3**]

图 10.7　扫描式算法的第 2 阶段

可以通过下述观察来改进定理 10.4 中描述的扫描式算法的渐近性能。假设在阶段 h 开始时，除了 SA^h 数组外，我们在磁盘上还有一个位数组，称之为 gt_h，当且仅当后缀$T[(hm+1)+i,n]$大于后缀$T[(hm+1),n]$时，$gt_h[i]=1$。也就是说，当且仅当 T^h 中从第 i 个字符开始的后缀大于 T^h 中从第一个字符开始的后缀时，$gt_h[i]=1$。gt 的计算是 I/O 高效的，相关细节请参考原始论文 [7]，此处不再详述。

在第 h 个阶段，算法将子串$t[1,2m]=T^hT^{h+1}$（先前方案的两倍大小）和二进制数组$gt_{h+1}[1,m-1]$（加载到内存中的第二个文本子串）加载到内部内存中。一个重要的发现是，除了加载$t[1,2m]$和$gt_{h+1}[1,m-1]$所需的 I/O 操作之外，我们可以利用这两个数组来为从 T^h 开始的后缀构建SA′，而无须执行任何 I/O 操作。这是令人惊讶的，但它源自这样一个事实：T^h 中从位置 i 和 j（$i<j$）开始的任意两个文本后缀，可以通过先查看 t 中的某些字符来进行字典排序，例如查看子串$t[i,m]$和$t[j,j+m-i]$。这两个子字符串长度相同，并且都完全在 $t[1,2m]$（即在

内存）中。如果这些字符串不同，则它们的顺序是确定的，我们的排序就完成了；否则，这两个后缀之间的顺序由从$t[m+1]$和$t[j+m-i+1]$开始的其余后缀的顺序确定。该顺序由也存储在内存里的$gt_{h+1}[j-i]$中的值给出。综上所述，数组 t 和gt_{h+1}包含了可以完全在内存中构建SA^{h+1}所需的所有信息，因此无须执行任何 I/O 操作。

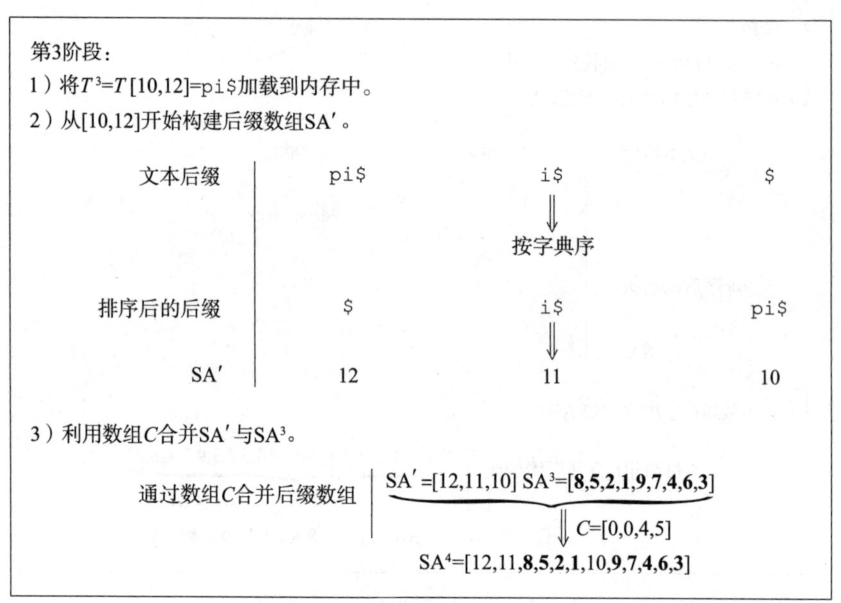

第3阶段：
1）将$T^3=T[10,12]$=pi$加载到内存中。
2）从[10,12]开始构建后缀数组SA′。
文本后缀
pi$
i$
$
按字典序
排序后的后缀
$
i$
pi$
SA′
12
11
10
3）利用数组C合并SA′与SA^3。
通过数组C合并后缀数组
SA′=[12,11,10] SA^3=[8,5,2,1,9,7,4,6,3]
C=[0,0,4,5]
SA^4=[12,11,8,5,2,1,10,9,7,4,6,3]

图 10.8　扫描式算法的第 3 阶段

定理 10.5　新的扫描式算法变体使用了$O(n/B)$磁盘页，并可以在$O\left(\frac{n^2}{MB}\right)$的 I/O 复杂度下构建字符串$T[1,n]$的后缀数组。

以 h=1 阶段为例，在该阶段中，将子串$t=T^1T^2=T[4,9]=$sis sip和数组$gt_2=(0,0)$加载到内存中。gt_2 中的值如下：因为$T^2[1+1,\cdot]=$ippi$$<T^2[1,\cdot]=$sippi$，因此$gt_2[1]=0$；因为$T^2[1+2,\cdot]=$pi$$<T^2[1,\cdot]=$sippi$，因此$gt_2[2]=0$。现在考虑 t 中$i=1$和$j=2$的位置，我们可以首先比较从子串$t[1,3]=T[4,6]=$sis和$t[3,5]=T[6,9]=$ssi开始的文本后缀。这两个字符串是不同的，因此我们无须访问磁盘即可获得它们的顺序。现在考虑 t 中 i=3 和 j=4 的位置，由于子串的大小为 3，因此算法不会处理它们，出于解释算法的目的，我们介绍一下其原因，首先比较从子串$t[3,3]=$s和$t[4,4]=$s开始的文本后缀。这两个字串没有区别，因

此$\mathrm{gt}_2[j-i]=\mathrm{gt}_2[1]=0$，由于剩余的$(j-i)$个后缀$T[8,\cdot]=$ `ippi$`在字典序上小于第一个后缀$T[7,\cdot]=$ `sippi$`，因此这可以在不需要任何 I/O 操作的情况下确定。

10.3　后缀树

在很多处理可变长度字符串的算法中，后缀树是这些算法所使用的基本数据结构[9]。从本质上讲，它是一种压缩的字典树，用于存储输入字符串的所有后缀，其中每个后缀都用字典树的根到其某个叶子的（唯一）路径表示。我们已经在第 9 章中讨论过压缩的字典树；现在，我们将在由单个字符串后缀构成的字典场景中进行讨论。

将输入字符串$T[1,n]$构建的后缀树表示为 ST_T（或者当输入上下文明确时可简写为 ST），并假设（与后缀数组的做法一样）T 的最后一个字符是特殊符号 \$，它小于字母表中任何其他的字符。后缀树具有以下性质：

1）T 中的每个后缀都由 ST 的一条从根到某个叶子节点的唯一路径表示；因此有 n 个叶子节点，每个文本后缀对应一个叶子节点，并且每个叶子节点中都标有其对应的文本后缀在 T 中的起始位置。

2）由于 ST 是一种压缩的字典树，每个内部节点都至少有两条出边；因此，内部节点少于 n 个，边数少于 $2n-1$ 条。每个内部节点 u 对应于一个文本子串（用 $s[u]$ 表示），该子串是后缀树中以 u 节点为根的所有后缀的前缀。通常，值$|s[u]|$作为节点 u 的辅助信息存储，我们使用 $\mathrm{occ}[u]$ 来表示以 u 为根节点的子树中的叶子（及其对应的文本位置）节点。

3）边标签是 T 的非空子串。每个从分支节点输出的边标签都是以不同的字符开头的，被称为分支字符。我们假定出边是按照其分支字符的字母顺序进行排序的。因此，每个节点最多有 σ 条出边。[⊖]

图 10.9 所示为字符串$T[1,12]=$ `mississippi$`的后缀树。特殊符号$T[12]=$ `$`的存在确保了 T 中没有任何一个后缀是另一个后缀的前缀，因此每对后缀都可能在某些字符上有所不同，并且每个后缀都有一个与之关联的叶子节点。因此，从根节点到两个不同的叶子节点的路径表示两个不同的后缀，它们的 LCP 会在某一个内部节点处重合。

⊖　特殊字符 \$ 包含在字母表 Σ 中。

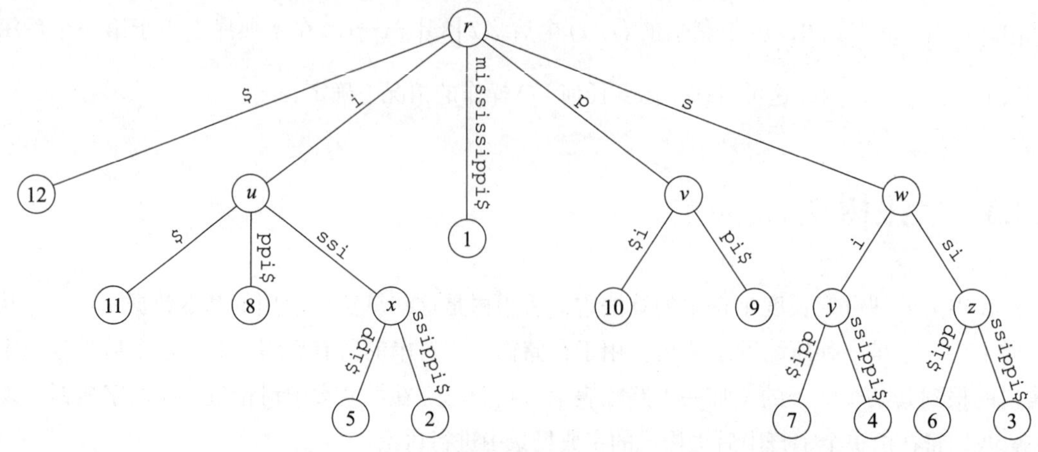

图 10.9　字符串$T[1,12]$= mississippi$的后缀树

显然，我们不能显式地存储用于标记后缀树的边的子串，因为这可能需要 $\Theta(n^2)$ 的存储空间：我们将 T 视为由 n 个不同的字符组成的字符串，那么可以得到后缀树是由根节点、n 个叶子节点和代表着所有后缀的边相连接组成的。

我们可以通过使用一个整数对来编码边的标签，整数对由子串的起始位置和子串的长度构成，从而避免了空间存储过大的问题。参考图 10.9，指向叶子节点 5 的边（即子串 $T[9,12]$= ppi$）标签可以用整数对 $\langle 9,4 \rangle$ 进行编码，其中 9 是子串在 T 中的起始位置，4 是边标签的长度。我们也可以使用其他显式的编码方式，例如，表示边标签的起始位置和结束位置的对 $\langle 9,12 \rangle$，我们不会在此对这些方式进行详细介绍。但是，无论采用何种编码方式对边的标签进行编码，它都仅占用常量空间；因此，存储所有的边标签会占用 $O(n)$ 大小的空间，与其索引的字符串本身无关。

事实 10.3　字符串 $T[1, n]$ 的后缀树由 n 个叶子节点和最多 $n-1$ 个分支节点以及最多 $2n-2$ 条边组成。如果采用适当且定长的边标签编码方法，它占用$\Theta(n)$的空间。

最后介绍一些术语的定义，文本子串 t 的“位点”（locus）对应一个节点 v，通过该节点拼接得到的字符串（spelled string）恰好是文本 t，即$s[v]=t$。文本子串 t' 的“扩展位点”（extended locus）是指在 ST 中定义的扩展位置中的最短位置。也就是说，在 ST 中，如果字符串 t' 对应的路径的结束边使用 (u, v) 标签表示。那么 $s[u]$ 就是 t' 的前缀，而 t' 又是 $s[v]$ 的前缀。当然，如果 t' 在 ST 中有一个位置，那么它就与其扩展位点重合。例如，图 10.9 中的后缀树中节点 z 就是子串 ssi 的位置和子串 ss 的扩展位点。

后缀树还有一些其他的重要性质，大多数使用后缀树的算法中都会依赖于这些性质。我们将在下面进行一些总结：

性质 2 设 α 是文本 T 的子串。当且仅当 T 中至少存在两个 α 且其后跟有不同的字符时，存在一个内部节点 u，使得$s[u]=\alpha$（u 是 α 的位点）。

例如，图 10.9 中的节点 x：子串$s[x]=$`issi`，在 T 中的位置 2 和位置 5 分别出现，并且其后分别跟有两个不同的字符 `i` 和 `p`。

性质 3 设 α 是文本 T 的一个子串，如果它在后缀树中有一个对应的扩展位点，那么 T 中的每一个 α 后都跟有相同的字符。

例如，图 10.9 中，x 作为子串 `iss` 的扩展位点。子串 `iss` 分别在 T 中的位置 2 和位置 5 出现，并且其后都跟有字符 `i`。

性质 4 每个内部节点 u 都可以拼出 T 中的一个在$\text{occ}[u]$位置的最长子串 $s[u]$，最长是指无法再对该位置的子串进行字符扩展了。

现在我们在树中引入“最近公共祖先”（Lowest Common Ancestor，LCA）的概念，它是针对叶子节点的序对定义的，表示输入中两个叶子节点的最近祖先节点。例如，在图 10.9 中，u 是叶子节点 8 和 2 的 LCA。现在，我们将叶子节点之间的 LCA 问题转化为求它们对应的后缀之间的 LCP。

性质 5 设$a(i,j)$是后缀$T[i,n]$和$T[j,n]$对应的两个叶子节点在后缀树中的 LCA，则$s[a(i,j)]$等于$\text{lcp}(T[i,n],T[j,n])$的长度。

例如，后缀$T[11,12]=$`i$`、$T[5,12]=$`issippi$`。它们的 LCP 是字符 `i`。相应地，它们叶子的 LCA 节点 u 对应的字符串是$s[u]=\text{i}$。

10.3.1 子字符串查找问题

要利用后缀树 ST 在文本$T[1,n]$中搜索模式串$P[1,p]$，可以从树的根节点开始对树进行遍历，并对模式中的字符与树中标识边的字符进行匹配。在为文本 banana 构建的后缀树上进行的两个子字符串搜索示例如图 10.10 所示。请注意，由于被遍历到的节点的每条出边的字符是不同的，因此仅会选择一条向下的路径对 P 进行匹配。如果遍历过程中找到了一个不匹配的字符，则模式串 P 未匹配到 T 的子串；否则，模式串 P 可以完全匹配到一个 T 的子串，并且可以得到 P 的扩展位点。假设扩展位点对应节点 u，从 u 分支出来的后缀树的所有叶子节点都标识了以 P 为前缀的所有文本后缀。occ[u] 关联的叶子节点中标记了模式串 P 在 T 中出现的位置。沿着 u 节点向下访问子树可以在线性时间内获取到位置。因为子树由 occ 个叶子节点组成，并且树中每个分支节点至少有两个出度（fan-out）的边，因此时间复杂度是 $O(\text{occ})$。

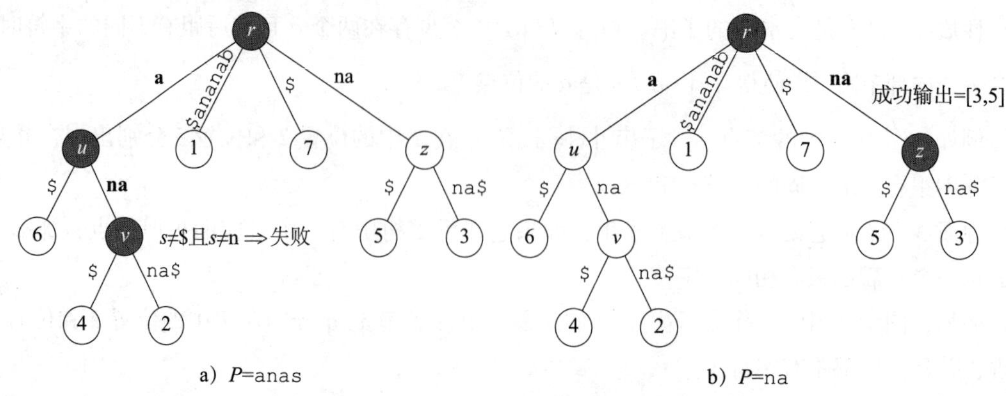

图 10.10 在为文本 banana 构建的后缀树上进行的两个子字符串搜索示例。在图 10.10a 中搜索模式$P=$anas在节点 v 失败；在图 10.10b 中搜索模式$P=$na在节点 z 成功

在图 10.10 中，模式 P=na 在 T 中出现了两次，在 ST 的遍历过程中完全匹配到了 P，并且停在了节点 z（P 的位置），该节点有两个叶子节点，分别标记为 3 和 5。这就是 P 在 T 中出现的位置，可以看到，P 是字符串$T[3,12]=$nana$和$T[5,12]=na的前缀。

在最坏情况下，搜索模式串的时间成本是 $O(pt_\sigma+\text{occ})$，其中 t_σ 是在树中遍历单个节点分支的时间。这个时间取决于字母表的大小 σ 和用于存储标记每个节点出边字符的数据结构。我们在第 9 章中使用压缩字典树解决前缀搜索问题时讨论过这个问题。当时我们观察到，如果使用索引分支字符的完美哈希表，那么$t_\sigma=O(1)$；而如果我们使用普通数组存储并且通过二分查找来搜索分支字符，那么$t_\sigma=O(\log\sigma)$。在这两种情况下，存储空间都是最优的，即与边的个数呈线性关系，因此总体上为 $O(n)$。我们还提到了完美哈希表无法支持有效的字典序搜索。

事实 10.4 在输入文本 T 上构建的后缀树中，通过使用完美哈希表对每个节点的分支字符进行索引，可以在$O(p+\text{occ}]$的时间和 $O(n)$ 的空间内找到模式$P[1,p]$在文本$T[1,n]$中出现的总次数。

10.3.2 基于后缀数组的构建与反向构建

不难发现，文本 T 的后缀数组 SA 和对应的 lcp 数组可以通过对后缀树 ST 的顺序访问获得：每次遇到一个叶子节点时，就将存储在该叶子节点中的后缀索引写入后缀数组 SA 中；每次遇到一个内部节点 u 时，将其关联的值（即$|s[u]|$）写入 lcp 数组中。

事实 10.5 给定字符串$T[1,n]$的后缀树，我们可以在 $O(n)$ 的时间和空间里得到相应的后缀数组 SA 和最长公共前缀数组 lcp。

反之，我们也可以根据数组 SA 和 lcp 在 $O(n)$ 时间内得到后缀树 ST。该算法从一棵仅包含表示空字符串的根节点和标记为$\mathrm{SA}[1]$的叶子节点（表示 T 中最小的后缀）的树 ST_1 开始逐步构建 ST。假设在第$i>1$步，我们已经递归构建了 T 中所有按字典顺序排列的$(i-1)$个最小后缀对应后缀子树ST_{i-1}，即已经构建了$\mathrm{SA}[1,i-1]$对应的后缀子树。在第 i 步中，算法将在ST_{i-1}中插入第 i 个最小后缀$\mathrm{SA}[i]$。这需要插入一个标记为$\mathrm{SA}[i]$的叶子节点，并且（稍后我们将证明）最多插入一个内部节点，该节点将成为所插入叶子节点的父节点。这样在 n 步过后，将最终构建完成字符串$T[1,n]$对应的后缀树 ST_n。

这里的关键问题是如何在常数的均摊时间内将叶子节点$\mathrm{SA}[i]$插入到ST_{i-1}中。这将保证整个构建过程总的时间复杂度为 $O(n)$。这里主要的困难是如何找到叶子节点$\mathrm{SA}[i]$的父节点 u。当节点 u 在ST_{i-1}中存在时，直接将$\mathrm{SA}[i]$作为 u 的叶子节点进行插入；否则，必须在ST_{i-1}中拆分出一条边来创建 u。从叶子节点$\mathrm{SA}[i-1]$向上（而非向下）遍历ST_{i-1}可以发现节点 u 是否存在，基于字典序，叶子节点$\mathrm{SA}[i-1]$位于ST_{i-1}的最右侧，遍历从$\mathrm{SA}[i-1]$开始，当遇到一个满足$\mathrm{lcp}[i-1]\leqslant|s[x]|$的节点 x 时停止。回想一下，$\mathrm{lcp}[i-1]$是当前插入的文本后缀 $\mathrm{suff}_{\mathrm{SA}[i]}$与先前插入的文本后缀$\mathrm{suff}_{\mathrm{SA}[i-1]}$共享的字符个数。并且，在 ST 的顺序访问中，对这两个后缀对应的叶子节点的顺序访问也是连续的。此时，如果$\mathrm{lcp}[i-1]=|s[x]|$，那么节点 x 就是标记为$\mathrm{SA}[i]$的叶子节点的父节点，我们将两个节点连接起来，就得到了新的 ST_i。否则，如果$\mathrm{lcp}[i-1]<|s[x]|$，则必须通过插入一个有两个子节点的节点 u 来拆分连接到 x 的边：节点 u 的左子节点是 x，而右子节点是$\mathrm{SA}[i]$，因为它在字典顺序上比$\mathrm{SA}[i-1]$大，并将这个节点与值$\mathrm{lcp}[i-1]$相关联。读者可以使用此算法构建字符串$T[1,12]=$`mississippi$`对应的后缀树，并可以验证最终得到的树同样是图 10.9 中的那棵树。

计算向上遍历过程中涉及的边的个数可以得到该算法的时间复杂度，由于后缀$\mathrm{suff}_{\mathrm{SA}[i]}$在字典顺序上大于后缀$\mathrm{suff}_{\mathrm{SA}[i-1]}$，因此标记为 SA[$i$] 的叶子节点位于$\mathrm{SA}[i-1]$的右边。所以，每当遍历一条边时，我们要么在下一次遍历时忽略它并继续向上，要么拆分它并插入一个新的叶子节点。特别地，从$\mathrm{SA}[i-1]$到 x 的所有边都不会被再次遍历，因为它们位于新插入的边 (u, SA[i]) 的左侧。ST 中边的总数限定了遍历这些边所需要的总次数，即 $O(n)$（事实 10.3）。边的拆分总数等于插入的叶子节点的总数，同样是 $O(n)$。

定理 10.6 给定一个字符串$T[1,n]$的后缀数组和 LCP 数组，我们可以在 $O(n)$ 时间和空间内得到相应的后缀树。

因此，在构建字符串$T[1,n]$对应的后缀树时，我们首先可以通过使用 Skew 算法在 $O(n)$ 时间内构建 T 的后缀数组（定理 10.3，其中我们使用 RAM 模型中的 RadixSort），然后在 $O(n)$ 时间内构建 T 的 lcp 数组（定理 10.1），最后通过本节描述的算法得到 ST（定理 10.6）。对于整数（或常数大小的）字母表，能够在最优的 $O(n)$ 时间和$O(\text{Sort}(n))$（基于比较的模型中）个步骤完成整个处理过程。

下一小节将介绍一种直接构建后缀树的经典算法，该算法的时间复杂度为$O(n \log \sigma)$，如定理 10.7 所述，从 I/O 复杂度的角度来看该算法并不高效。如今，由于后缀数组存储空间较小的特性和 Skew 算法的出现，使程序员在很多情况下会通过后缀数组来构建后缀树。但是，如果文本后缀的平均 LCP 较小，那么直接构建后缀树可能仍然会在内存和磁盘的占用上具有优势。感兴趣的读者可以阅读本章参考文献 [6]，以便对这些问题进行更深入的分析。本章参考文献 [4] 介绍了最优 I/O 操作的后缀树的直接构建方法，但该方法过于复杂，本文不进行讨论。

10.3.3 McCreight 算法∞

一种构建字符串$T[1,n]$的后缀树的朴素算法是，从一个空的字典树开始，然后迭代地一个接一个地插入文本后缀。它维护了一个字典树，该字典树保留了每个插入操作的中间状态，这是对已插入后缀进行压缩后的字典树的一个特性。在最坏情况下，会有大量重复的字符串，如$T[1,n]=\mathrm{a}^{n-1}\$$，该算法的时间复杂度将达到$O(n^2)$。出现这种较差情况的原因是重复扫描，即之前插入后缀时已经检查过的子串会被再次扫描。1976 年，McCreight 提出了一种现在已经广为人知的算法 [15]，该算法通过使用在后缀树中添加的一些特殊指针来避免重复扫描。

这些特殊的指针被称为后缀链接（Suffix Link，SL），定义如下：后缀链接$\text{SL}(z)$连接节点 z 和节点 z'，使得$s[z]=\mathrm{a}s[z']$，其中 a 是字母表中的任意字符。因此，z'表示的字符串可以通过从 $s[z]$ 中删除第一个字符而获得。但是在 ST 中，要直接观察到节点z'的存在却并不容易：当然，当 $s[z]$ 是 T 的子串时，$s[z']$当然也是 T 的子串，因此 ST 中存在一条可以到达$s[z']$扩展位点的路径；但这似乎无法保证 ST 中一定会有$s[z']$的扩展位点，因此也无法保证节点z'一定存在。这个性质是通过对节点 z 考察得到的：节点 z 的存在意味着至少有两个后缀，设两个后缀为 suff_i 和 suff_j，它们在 ST 中是以节点 z 作为 LCA，因此 $s[z]$ 是它们的 LCP（见性质 5）。

此时，去掉 $s[z]$ 的第一个字符就可以得到$s[z']$，根据构造，$s[z']$一定是suff_{i+1}和suff_{j+1}这两个后缀的 LCP。因此，节点z'将是这两个后缀对应的叶子节点的 LCA。

观察图 10.9，我们选择节点 z 及$s[z]=$ `ssi`，然后选择后缀 suff_3 和 suff_6（它们实际上是 z 的子节点），它们以 z 作为 LCA。现在考虑 suff_3 和 suff_6 的两个后继后缀，即图 10.9 中的 suff_4 和 suff_7。由于我们删除了它们的第一个字符，因此它们将共享 si 作为它们的 LCP，并且在后缀树有一个节点 y（相当于先前讨论的节点 z'），$s[y]=\text{si}$，它是它们的 LCA。总之，每个节点 z 都有一个正确定义的后缀链接；更微妙的是，可以观察到所有后缀链接形成了一棵以 ST 的根作为根的树：这是因为$|s[z']|<|s[z]|$，因此它们不会成环并最终结束于后缀树的根（拼出空字符串）。

McCreight 算法分 n 个步骤进行。它从后缀树 ST_1 开始，该后缀树由一个表示空字符串的根节点和一个标记为$\text{suff}_1=T[1,n]$（即整个文本）的叶子节点组成。在第$i>1$个步骤中，当前的后缀树ST_{i-1}是建立在已有的文本后缀 suff_j 上的压缩字典树，其中$j=1,2,\cdots,i-1$。因此，后缀是依次从最长到最短插入 ST 的，并且在每个步骤中，ST_{i-1} 都会索引 T 的（$i-1$）个最长后缀。

为了简化算法的描述，我们需要引入符号 head_i，它表示在后缀树ST_{i-1}中出现的 suff_i 的最长前缀。由于 ST_{i-1} 是后缀树的一部分，head_i 是 suff_i 与 T 中在 suff_i 之前的任何后缀 suff_j（$j=1,2,\cdots,i-1$）之间的 LCP。因为 suff_i 还未被插入，我们用 h_i 表示字符串 head_i 在当前的后缀树ST_{i-1}中的扩展位点。当 suff_i 插入后，在 ST_i 中，$\text{head}_i=s\left[h_j\right]$，所以 h_i 对应 head_i 的扩展位点，h_i 被设置为后缀 suff_i 相关联的叶子节点的父节点。McCreight 算法在字符串 T=`abxabyabz$` 的应用步骤如图 10.11 所示，在图 10.11 中的部分后缀树 ST_4 中插入后缀 $\text{suff}_5=$ `byabz$`。suff_5 与其前四个后缀仅共享字符 b，因此在 ST_4 中$\text{head}_5=\text{b}$，并且在 ST_4 中 head_5的扩展位点是节点为 2 的叶子节点。但是，插入 suff_5 后，我们得到新的后缀树 ST_5，其中 $h_5=v$，对应 head_5 的位点。

现在，我们将详细描述 McCreight 算法。为了生成 ST_i，我们必须在 ST_{i-1} 中找到 head_i 的位置（或扩展位点）h_i。如果该位置是一个扩展位点，则插入一个内部节点（对应于 h_i）来分割该节点上的边事件，并将 suff_i 的叶子节点连接起来，从而拼接出 head_i。在朴素算法中，沿着后缀树 ST_{i-1} 的向下路径，对 suff_i 进行逐个字符匹配来找到 head_i 和 h_i，但是，我们分析过这种方法在最坏情况下会导致平方级的时间复杂度。而 McCreight 算法是通过归纳字符串 head_{i-1}、它的位点 h_{i-1}，以及 ST_{i-1} 中已经得到的后缀链接来确定 head_i 和 h_i 的。

事实 10.6 在ST_{i-1}中，对所有的$u\neq h_{i-1}$节点定义了后缀链接$\text{SL}(u)$。另外，可能还定义了

$SL(h_{i-1})$，因为节点在插入ST_{i-1}之前已经存在于 $suff_{i-1}$ 中了。

证明 事实 10.6 中的第一个陈述直接来源于ST_{i-1}的归纳构造过程。而关于$SL\left(h_{i-1}\right)$的存在性问题，来自这样的观察：h_{i-1} 是 $head_{i-1}$ 的扩展位点，而 $head_{i-1}$ 是$suff_{i-1}$的前缀。因此，$head_{i-1}$ 的第二个后缀从位置 i 开始，并且是后缀 $suff_i$ 的前缀。我们用$head_{i-1}^{-}$来表示第二个后缀，并表示我们实际上已经从 $head_{i-1}$ 中去掉了第一个字符。根据定义，字符串 $head_i$ 是 $suff_i$ 与先前文本后缀之间共享的最长前缀；因此，字符串$head_{i-1}^{-}$是 $head_i$ 的前缀，在 ST_{i-1} 中，它已经存在于该压缩字典树中，并且可能有一个扩展位点。

McCreight 算法从 ST_1 开始，它包含两个节点：根和 $suff_1$ 的叶子节点。在第 1 步中，$head_i$ 是空字符串，h_1 是根，并且SL(root)指向根本身。在步骤 i>1 中，我们知道 $head_{i-1}$ 及其位点 h_{i-1}（即$suff_{i-1}$的父节点），我们希望确定 $head_i$ 及其位点 h_i，以便将$suff_{i-1}$的叶子节点作为 h_i 的子节点插入。这些位置的数据通过以下三个子步骤找到：

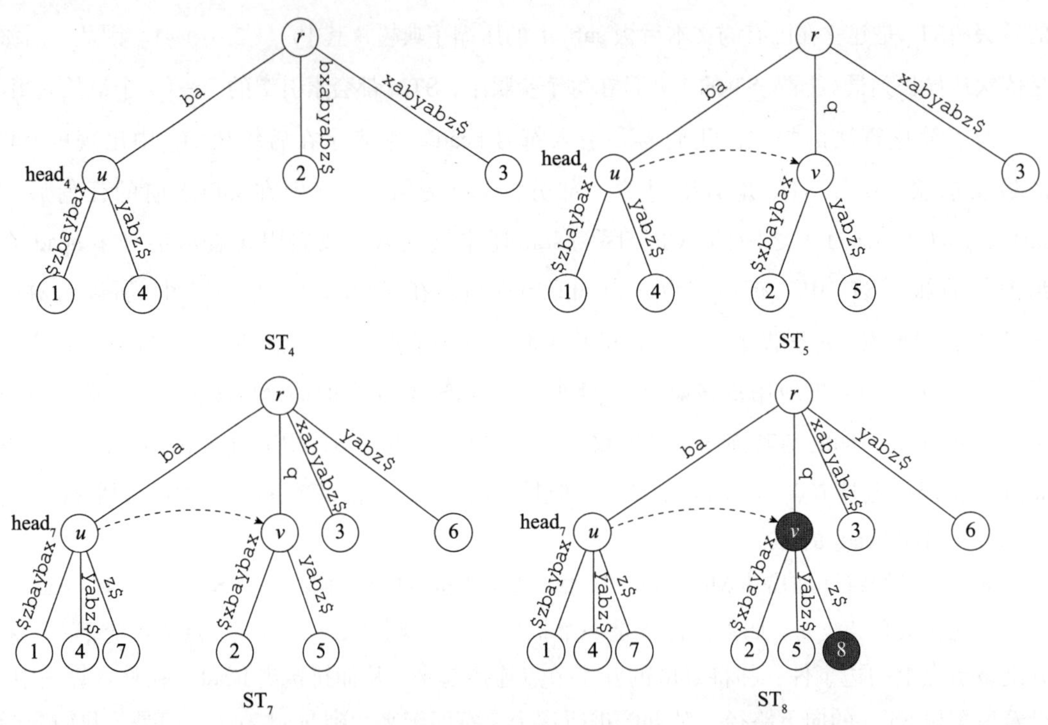

图 10.11 McCreight 算法在字符串T = abxabyabz$的应用步骤

1）如果 $SL(h_{i-1})$ 有定义，我们设置$w = SL\left(h_{i-1}\right)$，然后转到子步骤 3。

2）否则，我们需要执行重新扫描来找到或创建通过从 $head_{i-1}$ 中删除第一个字符而获得的

字符串的位点 w，使用head_{i-1}^{-}表示。给定 w，我们可以设置相应的后缀链接$\text{SL}\left(h_{i-1}\right)=w$。通过$h_{i-1}$的父节点$f$来搜索 w，通过其后缀链接$f'=\text{SL}(f)$跳转（根据事实 10.6 定义），然后从f'开始沿着一条向下的路径，该路径从 suff_i 的第$\left(\left|s\left[f'\right]\right|+1\right]$个字符开始。由于我们知道$\text{head}_{i-1}^{-}$存在于 T 中，并且是 suff_i 的前缀，因此在向下遍历时可以通过仅比较head_{i-1}^{-}与遍历的边的分支字符。如果此遍历停止的节点是head_{i-1}^{-}的位点，那么此节点就是搜索到的 w；否则，停止的节点是head_{i-1}^{-}的扩展位点，因此我们拆分遍历时在最后的边并插入节点 w，使得 $s[w]=\text{head}_{i-1}^{-}$。因此，在所有情况下，我们都设置 $\text{SL}(h_{i-1})=w$。

3）我们从 w 开始来找到 head_i 的位置，并扫描 suff_i 的其余部分。如果 head_i 的位点已经存在，则我们将其设置为 h_i；否则，head_i 的扫描会停止在某条边上，此时我们插入 h_i 作为 head_i 的位点。我们插入 suff_i 的叶子节点作为 h_i 的子节点来完成该过程。

图 10.11 显示了一个使用后缀链接获得优势的例子。在步骤 8，我们拥有部分后缀树 ST_7，其中$\text{head}_7=\text{ab}$，位点 $h_7=u$，我们需要插入后缀 suff_8=bz$。使用 McCreight 算法，我们发现$\text{SL}\left(h_7\right)$已定义，并且等于 v，因此我们跟随后缀链接（无须重新扫描head_{i-1}^{-}）到达该节点。然后，我们扫描 suff_8 的其余部分（即 $z\$$），搜索 head_8 的位点，但我们发现实际上$\text{head}_8=\text{head}_7^{-}$，所以 $h_8=v$，我们可以在那里插入叶子节点 8。

从时间复杂度的角度来看，重新扫描和扫描执行了两种不同类型的遍历：前者通过仅比较分支字符来遍历边，因为它正在重新扫描在先前步骤中已经知道的字符串head_{i-1}^{-}；后者通过比较边的标签来遍历边，因为它们必须确定 head_i。后一种类型在 T 中总是向前遍历，所以扫描的成本是 $O(n)$。难点在于证明重新扫描的成本也是 $O(n)$。这一证明来自对后缀链接和后缀树结构的一个观察：如果$\text{SL}(u)=v$，那么 u 的所有祖先都指向 v 的一个不同的祖先。这来自事实 10.6（所有这些后缀链接确实存在），以及后缀链接的定义（确保祖先关系）。因此，树的深度 $v=\text{SL}(u)$（记为$d\left[v\right]$）大于$d\left[u\right]-1$（其中减 1 是由于去掉了第一个字符）。所以，重新扫描最多执行当前深度减 2 的次数〔一次用于到达 h_{i-1} 的父节点，另一次用于穿过$\text{SL}\left(h_{i-1}\right)$〕。由于 ST 的深度最多为 n，并且每次 SL 跳跃最多减少两层，因此重新扫描所经历的边的数量是 $O(n)$，并且因为仅匹配分支字符，每条边的遍历只需要 $O(1)$ 的时间。

最后需要考虑的是在重新扫描和扫描步骤中从节点外分支的成本。之前我们指出，在 ST 中每个内部节点的分支字符上构建完美哈希表，可以保证常数时间的访问。但是在后缀树的构建中，后缀树实际上是动态的；因此我们应该采用动态的完美哈希表，这是一个非常复杂的解决方案。一个更简单的方法是在二叉搜索树中保留分支字符及其相关联的边，从而可以在$O\left(\log\sigma\right)$的时间内进行分支。在实际应用中，程序员通常会放宽对最坏情况下的时间复杂

度要求，并且通常会使用带有链表的哈希表，或布谷鸟哈希（在第 8 章中描述），或采用整数（因为字符可以表示为位序列，因此也可以视为整数）的字典数据结构〔例如 van Emde Boas 树，其搜索复杂度为$O(\log\log\sigma)$时间〕。

定理 10.7 在最坏情况下，McCreight 算法构建字符串$T[1,n]$的后缀树需要$O(n\ \log\sigma)$的时间和 $O(1)$ 的空间。

该算法在有外部存储的环境中效率比较低，因为在遍历每条边时都可能会引起一次 I/O 操作。然而，正如我们观察到的，head_i 的长度分布可能偏向于长度较小的值，因此这种构造可能会是 I/O 高效的，因为后缀树的顶部可以缓存在内存中，从而在扫描和重新扫描步骤中不会引发任何 I/O 操作。关于这个问题的详细介绍，请读者参阅本章参考文献 [6]。

10.4 一些有趣的问题

10.4.1 近似模式匹配

近似模式匹配的问题可表述为：查找文本$T[1,n]$中与模式$P[1,p]$最多有 k 个匹配错误的子串。在本小节中，我们将讨论限制在最简单的匹配错误类型场景下，即不匹配或替换。这里，文本子串（长度为 p）的“k- 不匹配”（k-mismatch）是指，除了最多 k 个字符以外，所有字符与要匹配的模式 P 中的字符一致。近似模式匹配示例如图 10.12 所示，展示了由四个核苷酸碱基$\{A,T,G,C\}$形成两个 DNA 字符串的匹配程度。选择这个示例的原因在于，生物信息学领域是引发人们研究近似模式匹配问题的主要原因。在图 10.12 中，模式 P 在 T 的位置 1 出现，有两个不匹配，并通过箭头指出。

```
C  C  G  T  A  C  G  A  T  C  A  G  T  A
C  C  G  A  A  C  T
         ⇑        ⇑
```

图 10.12 近似模式匹配示例，展示了一个文本字符串 T（上）和一个模式字符串 P（下）之间的匹配程度，其中有 k=2 个不匹配

一个朴素的解决方案是：尝试将 P 与 T 中所有可能的长度为 p 的子串进行匹配，通过计算不匹配的个数并返回不匹配个数最多为 k 的位置。这将花费 $O(pn)$ 的时间，且与 k 无关。这种低效来自每个模式子字符串比较都是从 P 的开头开始的，因此在最坏情况下需要 $O(p)$ 的时间。接下来，我们将描述一种精巧的针对 k- 不匹配问题的解决方案，它依赖于一种优雅的数据结构，该数据结构在整数数组上解决了一个被称为区间最小值查询（Range Minimum

Query，RMQ）的问题。该数据结构是许多其他算法方案的基础，这些算法方案解决了很多在数据挖掘、信息检索、计算生物学等领域中出现的问题。

通过进行以下基本观察，算法 10.4 在 $O(nk)$ 时间内解决了 k- 不匹配问题。如果 P 在 T 中有 $j \leqslant k$ 个不匹配，那么我们可以将模式 P 与 T 中有相同长度 p 的子串对齐，使得 j 或 $j-1$ 个子串重合，并且 j 个字符不匹配。实际上，匹配和不匹配的子串是相互交错的。例如，在图 10.12 中，模式出现在文本 T 的位置 1，有 2 个不匹配，并且实际上 P 的两个子串与 T 相应位置的子串匹配。如果 P 的两端都不匹配，那么就会有三个匹配的子串。

算法 10.4　基于 LCP 计算的近似模式匹配

```
matches = {}
for i = 1 to n do
    m = 0, j = 1;
    while m ⩽ k and j ⩽ p do
        ℓ = lcp(T[i + j − 1, n], P[j, p])
        j = j + ℓ;
        if j ⩽ p then
            m = m + 1; j = j + 1;
        end if
    end while
    if m ⩽ k then
        matches = matches ∪ {i};
    end if
end for
return matches;
```

这一观察结果让我们得出以下结论：如果能够在常数时间内比较模式和文本子串是否相等，那么我们可以使用前述的朴素算法，在 $O(nk)$ 而不是 $O(np)$ 时间内给出结果。为了方便处理，可以将这一观察结果重新表述为：如果 $T[i, i+\ell] = P[j, j+\ell]$ 是这些匹配子串中的一个，那么 ℓ 就是从匹配位置 i 和 j 开始的模式与文本后缀之间的 LCP。算法 10.4 利用这个关系来实现解决方案，只要 LCP 的计算需要 $O(1)$ 的耗时，那么该解决方案的耗时就是 $O(nk)$。在图 10.12 中，我们需要执行两次 LCP 计算，并发现 $P[1, 7]$ 出现在文本位置 1 处，因为它在有两个不匹配的情况下等于 $T[1, 7]$：

- $T[1,14]=$ CCGTACGATCAGTA和$P[1,7]=$ CCGAACT之间的 LCP 是 CCG〔即$\mathrm{lcp}(T[1,14],P[1,7])=3$〕；这意味着$T[1,3]=P[1,3]$，不匹配的位置位于位置（下标）4。
- $T[5,14]=$ ACGATCAGTA 和 $P[5,7]=$ ACT 之间的最长公共前缀是 AC〔即$\mathrm{lcp}(T[5,14],P[5,7])=2$〕；这意味着$T[5,6]=P[5,6]$，不匹配的位置位于位置 7。

对于算法 10.4，我们如何在常数时间内计算$\mathrm{lcp}(T[i+j-1,n],P[j,p])$呢？我们知道后缀树和后缀数组有一些内置的 LCP 信息，但同样也知道这些数据结构是基于单个字符串构建的。在这里，我们讨论的是 P 和 T 的后缀，但是，我们可以通过在字符串$X=T\#P$上构建后缀数组或后缀树来轻松规避这一问题，其中 # 是一个不会出现在$X=T\#P$上的新字符。P 在字符串 X 中的起始位置是 n+1，因此，形如$\mathrm{lcp}(T[i+j-1,n],P[j,p])$的计算可以转换为 X 的后缀之间的 LCP 计算，准确来说是$\mathrm{lcp}(T[i+j-1,n],P[n+1+j,n+1+p])$。因此，我们需要解决的是，无论比较哪一对后缀，都能够在常数时间内执行这些 LCP 计算。我们将在下一小节中介绍。

10.4.2 LCA、RMQ 和笛卡儿树

我们先从一个示例开始，考虑在字符串$X=\mathrm{CCGTACGATCAGTA}$上构建的后缀树 ST_X 和后缀数组 SA_X。这个字符串并不符合 X=T#P 的形式，这是因为我们希望读者知道，本小节中提出的想法和解决方案适用于任何字符串 X，而不一定是前一小节中在 k- 不匹配问题提到的字符串。

根据 10.3 节中介绍的后缀树性质 5，可以得到如下关键的观察结果：计算 X 的后缀之间的 LCP，与计算后缀树 ST_X 叶子节点之间的 LCA 之间存在密切关系。考虑$\mathrm{lcp}(X[i,x],X[j,x])$的计算问题，其中 x 为字符串 X 的长度。在后缀树 ST_X 中，节点$u=\mathrm{lca}(X[i,x],X[j,x])$拼接出了 X 中两个后缀之间的 LCP；因此节点 u 中存储的值$|s[u]|$，正是我们所要的 LCP 长度。同样，也可以通过查看后缀数组SA_X来得出相同的 LCP 长度。特别地，取这两个后缀在 SA_X 中的字典位置 i_p 和 j_p，令$\mathrm{SA}_X[i_p]=i$ 和$\mathrm{SA}_X[j_P]=j$（为简单起见，我们假设 $i_p<j_p$）。由于 X 的后缀按字典序排序，且子数组$\mathrm{lcp}[i_p,j_p-1]$中存储的是后缀树中节点

u 的子树中的节点值，因此子数组$\mathrm{lcp}\left[i_p, j_p-1\right]$中的最小值[⊖] 等于$|s[u]|$（参见第 10.3.2 小节）。我们实际上感兴趣的是最小值，它对应于该子树中最浅的节点（即子树的根节点 u），因此要进行最小值计算。我们有两种方法可以在常数时间内计算出 LCP 长度：一种是通过ST_X上的 LCA 计算，另一种是通过数组 lcp 上的 RMQ 计算（给出 SA_X）。为了便于介绍，我们为后者引入了一种优雅的解决方案：考虑到它们之间的密切关系，该方案实际上也为前者提供了一种优雅的解决方案。读者可以参阅图 10.13 的示例，我们将在下个阶段讨论该示例。

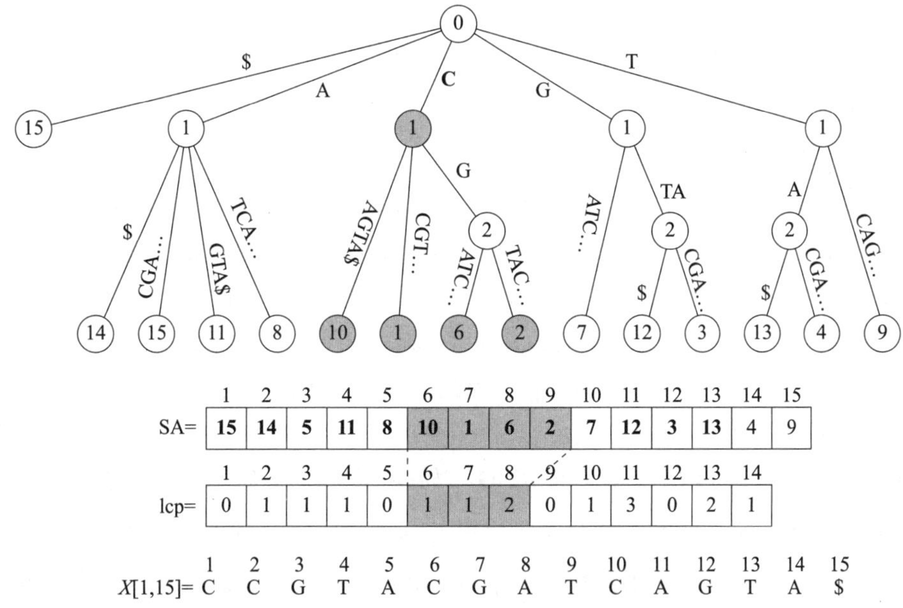

图 10.13　字符串 X 的后缀树、后缀数组和 lcp 数组。在后缀树中，我们只为一些较长的边标识了前几个字符。内部节点 u 中的数字表示 lcp，而叶子节点中的数字表示相应后缀的起始位置。图中重点显示了$\mathrm{lcp}\left(X[2,14], X[10,14]\right)=1$（即匹配字符为 C）的计算，可以转换为在叶子节点 2 和叶子节点 10 之间找到 ST_X 中 lca 节点的深度，以及在子数组$\mathrm{lcp}[6,8]$上的一个区间最小查询，因为$\mathrm{SA}_X[6]=10$ 且$\mathrm{SA}_X[9]=2$

概括来说，RMQ 问题可以描述如下：

> **RMQ** 问题给定一个有序元素构成的数组$A[1,n]$，构建一个数据结构 RMQ_A：对于任何给定的查询区间 (i,j)，它都能够高效地计算出子数组$A[i,j]$中的一个最小值的位置。我们说“子数组中的一个最小值”，是因为该子数组可能包含多个最小值的元素。

⊖　我们知道 lcp 数组的大小是 $x-1$，并且数组中的每个元素 $\mathrm{lcp}[i]$ 保存了后缀 $\mathrm{SA}[i]$ 与后缀 $\mathrm{SA}[i+1]$ 之间的 LCP 长度。这里，$i=1,2,\cdots,x-1$。

这个问题中关注的重点是查询子数组中最小元素的位置，而不是该位置的值。这更加有用，我们可以通过该位置来获取数组 A 的最小值。

在常量时间内实现 RMQ，最简单且直接的方法是创建一个表存储每个可能区间 (i, j)（其中$1 \leqslant i \leqslant j \leqslant n$）中最小元素的索引位置。构建这样的表需要$\Theta(n)^2$的空间和时间。

更好的解决方案源自以下的观察结果，即任何区间 (i, j) 都可以分解为两个（可能重叠的）大小是 2 的幂的区间：$(i, i+2^L-1)$和$(j-2^L+1, j)$，其中$L=\lfloor \log(j-i) \rfloor$。这使我们能够通过仅存储大小是 2 的幂区间来降低先前需要平方大小的表。具体来说，对每个位置 i，我们存储$\mathrm{RMQ}_A(i, i+2^\ell-1)$的结果，其中$0 \leqslant \ell \leqslant \lfloor \log_2(n-i) \rfloor$。这个表占用$O(n \log n)$的空间，并且仍可以在常数时间完成 RMQ：只需将$\mathrm{RMQ}_A(i, i+2^L-1)$和$\mathrm{RMQ}_A(j-2^L+1, j)$之间最小值的位置作为$\mathrm{RMQ}_A(i, j)$进行存储即可，其中$L=\lfloor \log(j-i) \rfloor$。

为了得到最优的空间复杂度 $O(n)$，我们需要深入研究 RMQ 问题，并在 RMQ 计算和 LCA 计算之间进行双重转换 [3]，即我们将使用两个转换步骤：①将 lcp 数组上的 RMQ 计算转换为笛卡儿树（接下来定义）上的 LCA 计算；②将笛卡儿树上的 LCA 计算转换为适当定义的二进制数组上的 RMQ 计算。最后，该问题将在 $O(n)$ 的空间和常数查询时间内得到解决。显然，转换步骤②可以应用于任何树结构，因此也可以应用于后缀树中的 LCA 查询，从而为 k- 不匹配问题提供了直接的解决方案。

步骤 1　从 RMQ 到 LCA。我们将 RMQ_A “转换为”一种在特殊的树上进行 LCA 计算的问题，这种树被称为笛卡儿树，它是基于数组$A[1, n]$中的元素构建的。笛卡儿树 C_A 是具有 n 个节点的二叉树，每个节点都通过数组 A 中的一个元素和该元素的位置进行标记。标记是递归进行的：C_A 的根由$A[1, n]$中的最小元素及其位置标记，令该标记为$\langle A[m], m \rangle$。根节点的左子树被递归定义为子数组$A[1, m-1]$的笛卡儿树，右子树被递归定义为子数组$A[m+1, n]$的笛卡儿树。一个笛卡儿树示例如图 10.14 所示，展示了一个仅有五个元素的数组构成的笛卡儿树。

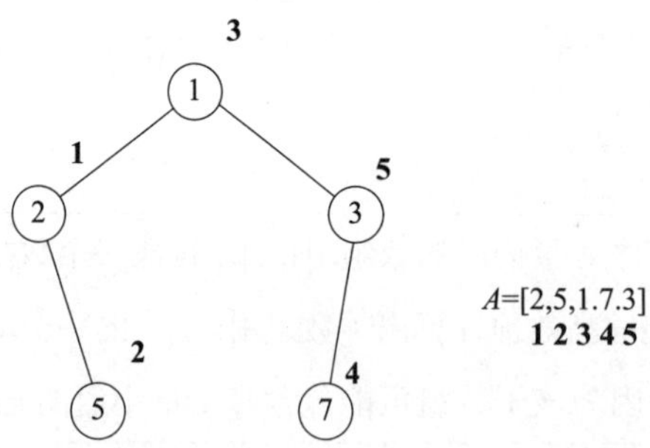

图 10.14　一个在数组 $A[1, 5]=\{2, 5, 1, 7, 3\}$上构建的笛卡儿树示例。$C_A$ 的节点标签由两部分组成：A 的值，在节点内以普通文本表示；该值在 A 中的位置，在节点外以粗体字表示

图 10.15 所示为基于图 10.13 中的 lcp 数组构建的笛卡儿树。根据构建过程，我们可以确定 lcp 数组中的区间与笛卡儿树中子树的对应关系。因此，$\text{RMQ}_A(i,j)$的计算可以归结为计算 i 和 j 对应的 C_A 中的节点之间的 LCA 查询。与 ST_X 上的 LCA 查询不同的是，笛卡儿树中查询的节点可能是内部节点，而且一个节点有可能是另一个节点的祖先，因此，在这种情况下，LCA 查询将变得很简单。例如，执行$\text{RMQ}_{\text{lcp}}(6,8)$等同于在图 10.15 的笛卡儿树 C_{lcp} 上执行lca(6,8)。查询的节点被高亮显示，这个查询的结果是节点$\langle \text{lcp}[7],7\rangle = \langle 1,7\rangle$。请注意，我们在$\text{lcp}[6,8]$中还有一个最小值$\text{lcp}[6]=1$，但算法并未"检测"到它，因为算法仅报告"一个"最小值的位置。

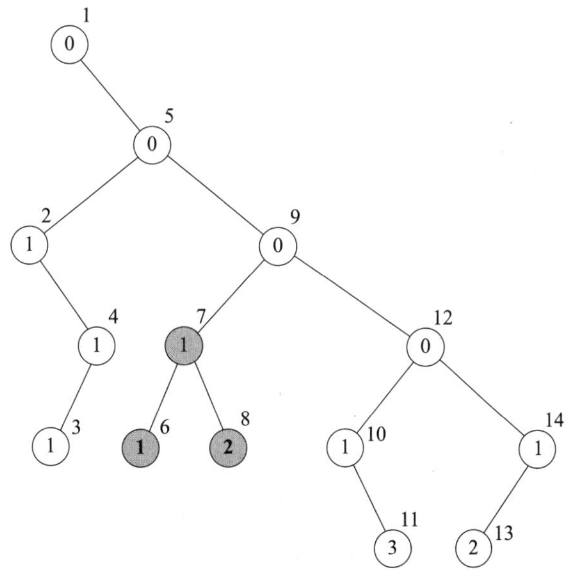

Euler tour=1 5 2 4 3 4 2 5 9 7 | 6 7 8 | 7 9 12 10 11 10 12 14 13 14 12 9 5 1
D=1 2 3 4 5 4 3 2 3 4 | 5 4 5 | 4 3 4 5 6 5 4 5 6 5 4 3 2 1

图 10.15 以图 10.13 中的 lcp 数组为基础建立的笛卡儿树。我们在节点中存储了 LCP 的值，节点外存储在 lcp 数组中相应的位置（如果出现并列，我们可以任意选择）。例如，根的子节点标记为$\langle \text{lcp}[5],5\rangle = \langle 0,5\rangle$。图的底部显示的是在笛卡儿树中欧拉通路（Euler-tour）遍历时遇到的节点位置，以及存储这些节点深度的数组 D

步骤 2 从 LCA 到 RMQ。我们将笛卡儿树 C_A 上的 LCA 问题"转换"为一个特殊的二进制数组$\Delta[1,2e+1]$上的 RMQ 问题，其中 e 是笛卡儿树中边的个数，$e=O(n)$。这种"循环"转换比较奇怪，因为这似乎又将我们带回到了 RMQ 问题。但是，步骤 2 中的 RMQ 问题与原始问题不同，它是针对一个二进制数组的，该数组允许在$O(n)$的空间获得最优解。

为了构建二进制数组$\Delta[1,2e+1]$，我们首先构建数组$D[1,2e+1]$，定义如下：笛卡儿树 C_A 的欧拉通路是在 C_A 的前序访问过程中获得的节点序列，其中每个节点在每次访问时（包括向下和向上的边遍历）都会被记录。因此，一条边会被访问两次，这解释了$D[1,2e+1]$中 $2e$ 加法项的由来，而每个节点被访问（因此被记录）的次数等于其连接的边数，除了根节点，它被记录的次数比其连接的边数多一次（这解释了 D 的大小中的加 1 项）。我们通过将笛卡儿树 C_A 的欧拉通路遍历中第 i 个节点的深度存储在 $D[i]$ 中，来构建数组$D[1,2e+1]$。

请参见图 10.15 中的示例，其中数组 A 是图 10.13 中的 lcp 数组。

根据从欧拉通路遍历中得到数组 D 的方式，我们可以得出结论，笛卡儿树 C_A 中的$\mathrm{lca}(i,j)$查询可以归结为计算子数组$D[i',j']$中深度最小的节点，其中i'、j'是节点 i、节点 j 在欧拉通路遍历中首次出现和最后出现的位置。实际上，区间(i',j')对应于从节点 i 开始到节点 j 结束的部分欧拉通路。在这个部分欧拉通路中遇到的深度最小的节点恰好是$\mathrm{lca}(i,j)$。

因此，我们将笛卡儿树 C_A 上的 LCA 查询转换为在节点深度数组 D 上的 RMQ。在图 10.15 中，这种转换将$\mathrm{lca}(6,8)$查询转换为$\mathrm{RMQ}_D(11,13)$，该查询由一个高亮的矩形表示。将节点转换为区间可以在常数时间完成，只需通过为笛卡儿树中的每个节点存储一个整数序对，序对中的两个整数表示它们在欧拉通路中的首次出现和最后出现的位置，因此需要额外的 $O(n)$ 空间。

我们再次回到了在一个整数数组上进行 RMQ 的问题，但是，当前的数组 D 是一个特殊的数组，其相邻的元素之间的差是 1，因为这些元素是欧拉通路中相邻节点的深度。事实上，欧拉通路中的两个相邻节点通过一条边相连，因此一个节点是另一个节点的父节点，因此它们深度的差值是 1。通过这一性质，我们可以通过使用下面的两个数据结构，在 $O(n)$ 空间和 $O(1)$ 时间内解决$D[1,2e+1]$上的 RMQ 问题。

首先，我们将数组 D 分割成多个子数组 D_k，每个子数组包含$d=(1/2)\log e$个元素。然后，我们在每个子数组 D_k 中找到最小的元素，并将其位置存储在新数组$M[k]$中，新数组的大小为$(2e+1)/d=O(e/\log e]$。最后，我们在数组 M 上构建先前的稀疏表，该构建方案占用$O\left(\left(\dfrac{e}{\log e}\right)\times\log\dfrac{e}{\log e}\right)=O(e)=O(n)$的空间，并在常数时间内解决了查询的区间和子数组的区间两边对齐的 RMQ。

第二个数据结构旨在高效地解决 i 和 j 位于同一块 D_k 中的 RMQ。显然，我们不能列出所有这些可能的索引对，因为这将导致$O(nd) = O(n \log n)$的存储空间。这里描述的解决方案源于两个简单巧妙的观察，其证明是直接的，留给读者自行验证。

- **二进制条目**：每个D_k都可以转换为一个由其第一个元素$D_k[1]$和一个二进制数组$\Delta_k[i] = D_k[i] - D_k[i-1]$（$i = 2,\cdots,d$）组成的序对。由于 D 的相邻元素之间的差值是 1，因此Δ_k中的值为 −1 或 +1。
- **最小值位置**：D_k中最小值的位置仅取决于二进制序列Δ_k的内容，与起始值$D_k[1]$无关。

有趣的是，尽管每个块D_k可能存在无穷多种可组合方式（这是因为我们想要发起 RMQ 的输入数组 A 的表示方式是无穷多个的），但数组Δ_k可能的构造方式的个数是有限的，数量为2^{d-1}。这里建议对所有的二进制数组Δ_k使用 four-Russians 方法，使用表来记录所有可能的二进制组合方式，并存储每种方式中最小值的位置。由于Δ_k的长度为$d-1 < d = \frac{\log e}{2}$，因此其可能的二进制构造方式的总数最多为$2^{d-1} = O\left(2^{\frac{\log e}{2}}\right) = O\left(\sqrt{e}\right) = O\left(\sqrt{n}\right)$。此外，由于查询索引 i 和 j 在 D_k 内最多有 $d=\frac{\log e}{2}$个可能值，因此我们最多有$O\left(\log^2 e\right) = O\left(\log^2 n\right)$种查询。由此，我们构建了一个查找表$T[i_o, j_o, \Delta_k]$，该查找表通过 D_k 中的查询区间 i_o 和 j_o 以及其二进制数组Δ_k进行索引查找，并且$T[i_o, j_o, \Delta_k]$存储了 D_k 中最小值的位置。我们还假设，对于每个 k，我们都已经存储了Δ_k，以便可以在常数时间内检索到 D_k 的二进制表示形式Δ_k。这些索引参数中的每一个都占用$O\left(\log^2 \mathrm{e}\right) = O\left(\log^2 n\right)$位的空间，因此占用一个内存字大小，从而可以在 $O(1)$ 的时间和空间内进行处理。总而言之，整个表 T 由$O\left(\sqrt{n}(\log n)^2\right) = O(n)$个元素组成，需要 $O(n)$ 的构建时间。现在可以明显看出，将 D_k 转换为Δ_k的巨大优势，$T[i_o, j_o, \Delta_k]$的每个元素实际上存储了无穷多个 D_k（可以转换为相同二进制表示的Δ_k来表示为同一个 D_k）的查询结果。

至此，我们已经做好了可以在常数时间内解决$\mathrm{RMQ}_D(i, j)$问题的算法准备，该算法将使用我们已经详细描述的两种数据结构。如果 i, j 位于同一个 D_k 内，则分两个步骤获取答案：首先我们计算相对于 D_k 起始位置的偏移量i_o和j_o，并根据 k 确定其二进制表示Δ_k；然后我们使用这个三元组来访问表 T 中相应的元素。否则，区间 (i, j) 将至少跨越两个不同的 D_k，因此可以分解为三个部分：$D_{i'}$ 的后缀，连续序列（可能为空）的$D_{i'+1}\cdots D_{j'-1}$以及$D_{j'}$的前缀。考虑到这些区间位于两个 D_k 内，因此可以从表 T 中得到$D_{i'}$后缀的最小值和$D_{j'}$前缀的最小值。而$D_{i'+1}\cdots D_{j'-1}$的最小值则存储在数组 M 中。所有这些信息都可以在常数时间内得到，因此也可以在常数时间内通过比较这三个中的最小值来获得最终的最小值位置。

定理 10.8 可以通过一个使用 $O(n)$ 空间的数据结构在常数时间内解决有序数组 $A[1, n]$ 上的区间最小值查询问题。

根据之前的一系列转换，我们可以得出结论，定理 10.8 也适用于通用树中的 LCA 的计算，只需要将笛卡儿树替换为输入对应的树结构就可以了。

定理 10.9 可以通过一个使用 $O(n)$ 空间的数据结构在常数时间内解决大小为 n 的任意树的 LCA 查询问题。

10.4.3 文本压缩

数据压缩是第 12～15 章的主题。尽管如此，在本小节中，我们将介绍一个简单的文本压缩算法，该算法是 gzip 的核心部分。该算法的名称是 LZ77，是以其发明者姓名的首字母（Jacob Ziv 和 Abraham Lempel[13]）及发布年份（1977 年）命名的。通过后缀树，我们可以在最优的 $O(n)$ 的时间和空间内实现 LZ77 算法（我们将在第 13 章中详细介绍有关 LZ 系列的压缩程序）。

给定字符串$T[1,n]$，LZ77 算法将 T 解析为一系列如下定义的子串。假设它已经解析了前缀$T[1,i-1]$（最初这个前缀是空的）；然后，它将剩下的文本后缀$T[i,n]$分解成三部分：最长的子串$T[i,i+\ell-1]$，该子串从 i 开始并且在之前的文本 T 中重复出现过；下一个字符$T[i+\ell]$；剩余的后缀$T[i+\ell+1,n]$。下一个要添加到 T 的解析过程中的子串是$T[i,i+\ell]$，因此它对应于从$T[1,i-1]$开始的字符串中最短的新字符串。如果还有剩余部分，解析会继续在剩下的后缀$T[i+\ell+1,n]$上进行。

压缩是通过编码整数三元组$\langle d,\ell,T[i+\ell]\rangle$进行的，其中 d 是 i 与$T[i,i+\ell-1]$的前一个副本的距离（以字符为单位）；ℓ 是副本字符串的长度；$T[i+\ell]$是要追加的字符。当我们说$T[i,i+\ell-1]$的“前一个副本”时，意味着该副本出现在位置 i 之前，但可能会扩展到位置 i 之后，因此可能会有$d<\ell$；此外，“前一个副本”可以是之前任意出现过的$T[i,i+\ell-1]$，不过从

空间的使用效率上考虑，我们应该取最近一次出现（从而得到最小的 d）的副本[⊖]。最后，在三元组中追加字符 $T[i+\ell]$ 的原因是，当无法进行复制（即 $d=0$，$\ell=0$）时，这个字符就像一种退出机制。特别地，当 LZ77 算法在解析字符串 $T=$ `mississippi` 时遇到了一个新的字符，就会发生这种情况，如图 10.16 所示。

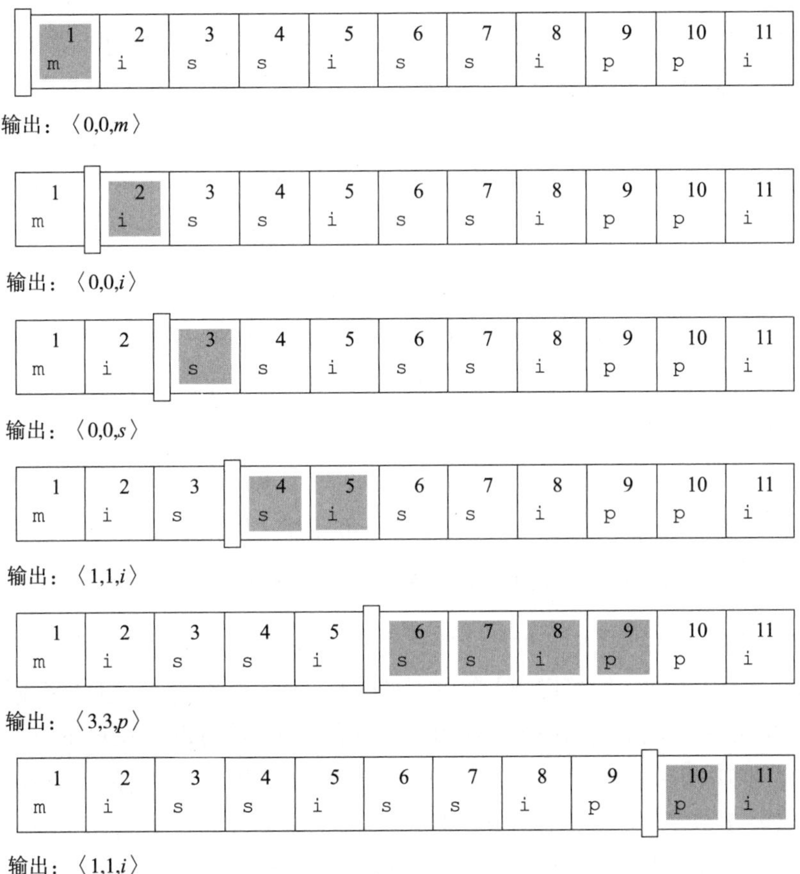

图 10.16　LZ77 算法解析字符串 T

我们可以通过一种优雅的构建文本 T 的后缀树 ST 的算法，在 $O(n)$ 时间和空间内完成计算 LZ77 的解析。难点在于找到 π_i，π_i 是一个从当前处理位置 i 开始的并且之前在 T 中重复出现过的最长子串，将前一个 π_i 字符串副本的位置到 i 的距离设为 d。因此我们有 $\ell=|\pi_i|$，并且 π_i 是

⊖ 这里，我们暂不讨论整数编码的问题，这是第 11 章的主题，我们这里只是指出，在经典的 gzip 中，高效的空间利用率是通过最右边的副本，并对 d 和 ℓ 的值进行霍夫曼编码得到的。但是，最近的研究[5, 8]表明，最优的“前一个副本”并不一定是最近的副本，事实上，谷歌开源的 Brotli[1] 压缩工具就完成了这方面的实现。

suff_i 和 suff_{i-d} 的 LCP。根据后缀树的性质，我们可以通过叶子节点 i 和 $i-d$ 的 LCA 节点得到π_i。然而，我们无法通过定理 10.9 的数据结构来计算 $\text{lca}(i, i-d)$，因为我们还不知道 d，而 d 恰恰是我们想要计算的信息。同样，我们也不能通过追踪一条沿着 ST 根节点向下的路径来匹配 suff_i，因为 T 的所有后缀都在后缀树中进行了索引，因此我们可能会检测到在一个位置 i 之后而不是之前的较长副本。

为了避免这些问题，我们通过后序遍历对 ST 进行预处理，为每个内部节点 u 计算以 u 为根节点的子树中最小的叶子节点，记为 $\min(u)$。显然，$\min(u)$ 是我们能够复制的子串 $s[u]$ 的最左边位置。基于这些信息，我们可以很容易地确定π_i：只需从 ST 的根节点开始沿着一条向下的路径扫描 suff_i，当遇到满足 $\min(v)=i$ 的节点就停止扫描。此时，我们将 u 设置为 v 的父节点，并设置$\pi_i = s[u]$，$d=i-\min(u)$。显然，π_i的副本的位置是距离 i 最远的，而不是最近的。然而，这并不会影响到 LZ77 对 T 解析时产生的词组数量，但可能会影响这些词组的距离，进而影响它们编码的简洁性。设计一种可以有效地确定每个π_i的最近副本的 LZ77 解析器并非易事，它需要更复杂的数据结构，本书不进行详细的介绍，感兴趣的读者查阅相关文献 [2, 8]。

参考图 10.16 中示例，我们引用图 10.9 中的后缀树 ST，并假设解析已经处理了前缀 `missi`，生成了如下的三元组：$\langle 0,0,m\rangle$,$\langle 0,0,i\rangle$，$\langle 0,0,s\rangle$，$\langle 1,1,i\rangle$。对后续后缀 suff_6=`ssippi$` 的追踪在节点 z 处停止，因为 $\min(z)=3<6$，且来自 suff_6 的任何其他追加的字符都会指向叶子节点 6（其不小于 6 本身）。因此，正确生成的三元组是$\langle 6-\min(z), |s[z]|, T[6+|s[z]|]\rangle = \langle 3,3,p\rangle$。

该算法的时间复杂度与 T 的长度呈线性关系，因为后缀树的遍历是沿着字符串 T 进行的，所以这最多只会遍历 n 次。后缀树节点的分支可以通过完美哈希表在 $O(1)$ 的时间内实现，正如在子串搜索问题中所观察到的那样。使用前文中描述的算法可以在 $O(n)$ 的时间里完成后缀树的构建。使用 ST 的后序遍历，我们可以在 $O(n)$ 时间计算所有节点 u 的 $\min(u)$ 值。

定理 10.10 LZ77 算法可以在 $O(n)$ 的时间和空间内完成字符串 $T[1, n]$ 的解析。该算法对每个解析的子字符串都从最远的前一次出现的位置进行复制。

10.4.4 文本挖掘

在本小节中，我们简要介绍后缀数组和 lcp 数组用于解决文本挖掘问题的两个例子。

让我们考虑以下问题：检查在$T[1,n]$中是否存在一个至少重复两次的长度为 L 的子串。用暴力计算的方法解决此问题意味着需要对每个长度为 L 的子串，计算其在 T 中的出现次数。这些子串的数量是 $\Theta(n)$，匹配每个子串都需要花费 $O(nL)$ 的时间，因此暴力计算的整体时间复杂度是 $O(n^2L)$。一个最优的解决方案是通过对文本 T 构建后缀树或 lcp 数组实现的，该方案更加巧妙，速度也更快。

使用后缀树的解决方案很简单，假设确实存在这样的字符串，并且它在 T 的位置 x 和 y 出现。找到 $suff_x$ 和 $suff_y$ 在后缀树中对应的叶子节点，并计算这两个叶子节点的 LCA，设为 $a(x, y)$。因为 $T[x, x+L-1]= T[y, y+L-1]$，所以$\left|s\left[a(x,y)\right]\right| \geqslant L$，“大于或等于”的原因是在 x 和 y 的位置可能会存在更长的共享子串，并且 L 是在问题中指定的。结论是，在后缀树 ST_T 中存在一个内部节点 u，其节点标签的值大于或等于 L，即$|s(u)| \geqslant L$。只需遍历一次后缀树，就可以找到这样的节点 u，因此仅需要 $O(n)$ 的时间。

使用后缀数组的解决方案稍微复杂一些，但其逻辑类似。后缀数组 SA 中的后缀是按字典序排序的，所以与某个后缀$SA[i]$共享的 LCP，也必然是与$SA[i]$相邻的后缀（即$SA[i-1]$或$SA[i+1]$）。这些 LCP 的长度存储在元素$lcp[i-1,i]$中。现在，如果确实存在长度为 L 的重复子串，并且它出现在文本中的某些位置（比如 x 和 y），那么我们有$lcp\left(T[x,n],T[y,n]\right) \geqslant L$。这两个后缀在后缀数组中并不一定是相邻的（当子串出现超过两次时，可能就不一定相邻）。尽管如此，但由于它们是按字典序排序的，并且所有这些后缀必定会共享一个长度为 L 的前缀。因此，如果后缀$T[x,n]$出现在后缀数组的位置 i（即$SA[i]=x$），则 $lcp[i-1] \geqslant L$，（如果 $T[y,n] < T[x,n]$）或 $lcp[i] \geqslant L$（如果$T[y,n] > T[x,n]$）。因此，我们可以通过扫描 lcp 数组，并在数组中搜索值大于或等于 L 的元素在最短的 $O(n)$ 时间解决本节提出的问题。

现在，让我们提出一个更复杂的问题：检查$T[1,n]$中是否存在长度为 L 且至少重复 C 次的子串。这是在文本挖掘场景中的一个典型问题，我们不仅对重复事件感兴趣，还会关注重复事件是否具有某些统计特征。我们可以通过暴力计算尝试所有可能的子串并计算它们的出现次数来解决这个问题。但同样，存在更快的后缀树或 lcp 数组的解决方案。根据上一个问题的解决思路，我们注意到，如果有一个长度为 L 的子串（至少）出现了 C 次，那么就会（至少）有 C 个文本后缀共享（至少）L 个字符。因此，后缀树中存在一个节点 u，使得$\left|s[u]\right| \geqslant L$，并且以 u 为根节点的子树的叶子节点数大于或等于 C。同样，存在一个长度大于或等于$C-1$的 lcp 子数组，其元素的值均大于或等于 L。这两种方法都能在 $O(n)$ 的时间内得到问题的答案。

让我们以一个在搜索引擎中常见的问题来结束本小节的讨论：给定两个模式串 $P[1, p]$ 和 $Q[1,q]$，以及一个正整数 k，检查输入文本$T[1,n]$ 中是否存在 P 与 Q，并且要求 P 和 Q 的距离最多是 k。这也被称为文本 T 的近邻搜索问题，其中输入文本 T 是提前给定的，并且可以对其进行预处理。解决方案是使用一种字符串搜索数据结构，如构建在 T 上的后缀树或者后缀数组，外加一些排序或扫描步骤。具体而言，我们在 T 上构建后缀数组或后缀树上检索 P 和 Q，得到 P 和 Q 出现的位置列表，列表中的位置是未排序的，列表中元素的个数记为 occ。然后，我们对得到的位置列表进行排序，扫描已排序的列表，并检查每一对连续出现的 P 和 Q 的位置之间的差值是否小于等于 k。整个过程需要花费$O(p+q+\text{occ}\log\text{occ}]$的时间，显然，当候选的位置集合越小时，$P$ 和 Q 的查询会越高效。

参考文献

[1] Jyrki Alakuijala, Andrea Farruggia, Paolo Ferragina et al. Brotli: A general-purpose data compressor. *ACM Transactions on Information Systems*, 37(1): article 4, 2019.

[2] Djamal Belazzougui and Simon J. Puglisi. Range predecessor and Lempel–Ziv parsing. In *Proceedings of the 27th Annual ACM–SIAM Symposium on Discrete Algorithms (SODA)*, 2053–71, 2016.

[3] Michael A. Bender and Martin Farach-Colton. The LCA problem revisited. In *Proceedings of the 4th Latin American Symposium on Theoretical Informatics (LATIN)*, 88–94, 2000.

[4] Martin Farach-Colton, Paolo Ferragina, and S. Muthukrishnan. On the sorting-complexity of suffix tree construction. *Journal of the ACM*, 47(6): 987–1011, 2000.

[5] Andrea Farruggia, Paolo Ferragina, Antonio Frangioni, and Rossano Venturini. Bicriteria data compression. *SIAM Journal on Computing*, 48(5): 1603–42, 2019.

[6] Paolo Ferragina. String search in external memory: Algorithms and data structures. In Srinivas Aluru, editor, *Handbook of Computational Molecular Biology*. Chapman & Hall/CRC Computer and Information Science Series, 35-1–35-48, 2005.

[7] Paolo Ferragina, Travis Gagie, and Giovanni Manzini. Lightweight data indexing and compression in external memory. *Algorithmica: Special Issue on Selected Papers of LATIN* 2010, 63(3): 707–30, 2012.

[8] Paolo Ferragina, Igor Nitto, and Rossano Venturini. On the bit-complexity of Lempel–Ziv compression. *SIAM Journal on Computing*, 42(4): 1521–41, 2013.

[9] Dan Gusfield. *Algorithms on Strings, Trees and Sequences: Computer Science and Computational Biology*. Cambridge University Press, 1997.

[10] Gaston H. Gonnet, Ricardo A. Baeza-Yates, and Tim Snider. New indices for text: PAT trees and PAT arrays. In B. Frakes and R. A. Baeza-Yates, editors, *Information Retrieval: Data Structures and Algorithms*, Prentice Hall, 66–82, 1992.

[11] Juha Kärkkäinen and Peter Sanders. Simple linear work suffix array construction. In *Proceedings of the 30th International Colloquium on Automata, Languages and Programming (ICALP)*, Lecture Notes in Computer Science 2791, Springer, 943–55, 2003.

[12] Toru Kasai, Gunho Lee, Hiroki Arimura, Setsuo Arikawa, and Kunsoo Park. Linear-time longest-common-prefix computation in suffix arrays and its applications. In *Proceedings of the 12th Symposium on Combinatorial Pattern Matching (CPM)*, Lecture Notes in Computer Science 2089, Springer, 181–92, 2001.

[13] Jacob Ziv and Abraham Lempel. A universal algorithm for sequential data compression. *IEEE Transactions on Information Theory*, 23(3): 337–43, 1977.

[14] Udi Manber and Gene Myers. Suffix arrays: A new method for on-line string searches. *SIAM Journal on Computing*, 22(5): 935–48, 1993.

[15] Edward M. McCreight. A space-economical suffix tree construction algorithm. *Journal of the ACM*, 23(2): 262–72, 1976.

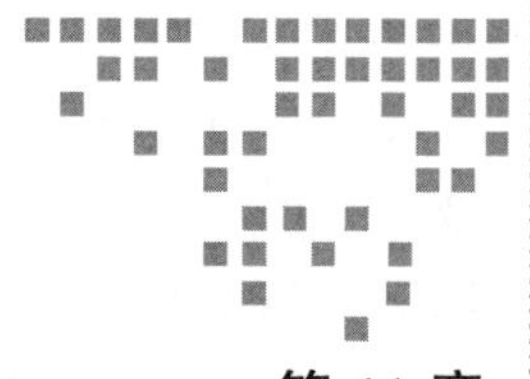

第 11 章 Chapter 11

整数编码

“整数的问题在于，我们仅研究了那些非常小的数字。也许所有令人激动的事情都发生在那些大到我们都无法想象的巨大的数字上。”

——罗纳德·格雷厄姆（Ronald Graham）

在本章中，我们将讨论一个基本的在很多场景中都有应用的编码问题[4,9]，该问题对底层应用程序的总内存占用和性能上的影响经常被忽视或低估。

> **问题** 设 $S=s_1,\cdots,s_n$ 是一个正整数序列，其中 s_i 可能存在重复。目标是将 S 中的整数表示成一个二进制序列，这些二进制序列必须是能够自定界的（self-delimiting），并且使用尽可能少的位。

请注意，原问题中对 s_i 是正整数的条件可以灵活调整，使之适用于全体整数。也就是说，如果序列 S 中含有负整数，我们可以通过找到 S 中最小的负整数，并将该最小负整数的绝对值加到序列中的每个元素上，从而满足问题的条件。

在深入研究解决此问题的算法之前，让我们先介绍该问题的几个典型应用。第一个应用是搜索引擎为每个词条 t 存储出现该词条的文档（例如，网页、博客文章、推文等）列表，该列表被称为词条 t 的倒排列表。倒排列表中通常存储的是文档的整数 ID，这些 ID 是在爬取该文档时分配的。用户的查询请求是通过一系列查询关键词序列 $t_1t_2\cdots t_k$ 组成的，回答用户的请求则需要找到所有这些关键词出现过的所有文档 ID。这是通过交叉对比这些词条的倒排列表来实现的。由于现代搜索引擎需要索引数十亿个文档，使用固定长度的二进制编码（即 4 字节或 8 字节）来表示这些文档 ID 可能需要相当大的存储空间，并需要花费更多的时间来检索它们。为了减少磁盘空间的占用和带宽的消耗，并增加内存中缓存列表的数量，整数编码通常采用两种压缩技巧：第一种是对每个倒排列表中的文档 ID 进行排序，然后将每个文档 ID 编码为和前一个文档 ID 之间的差值，这被称为间隙编码 ㊀；第二种是使用可变长度的位序列对每个间隙进行编码，它对于较小的整数比较有效 [3, 7, 9]。

第二个应用与数据压缩有关。我们在第 10 章中已经看到，LZ77 压缩算法将输入转换为一系列三元组序列，其中三元组的前两项是整数。其他常见的压缩算法（例如 MTF、MPEG、RLE、BWT 等）也会在压缩过程中有一些中间输出，这些中间输出可能是一组或多组整数，在这些输出中，越小的整数出现的概率越大，而越大的整数出现的概率越小。因此，这些压缩算法需要在最终的编码阶段将这些整数转换为位序列，并且目标是编码后的总位数最小 [4,9]。

最后一个例子是文本压缩问题，该问题更能说明整数压缩问题有非常高的通用性。文本压缩问题是将文本 T 看作一系列词元（token），词元可以是单词或单个字符，每个词元都可以用一个整数（记为 tokenID）来表示，因此文本 T 的压缩问题可以通过压缩文本 T 的 tokenID 序列来解决。为了更好地实现整数编码，我们可以按照词元在 T 中出现的频率降序排序，然后按其排序序号分配 tokenID。这样，T 中出现频率越高的词元，其 tokenID 越小，其码字（codeword）越短。在语言学中，文本中的单词遵循 Zipfian 分布 [3]：T 中第 i 个最常出现的单词具有 $c(1/i)^{\alpha}$ 的频率，其中 c 是常数因子，α 是取决于输入文本的参数。接下来介绍的任何一种整数编码方案（如第 11.1 节中的整数编码）都可以用来对 T 的 tokenID 进行编码，从而实现压缩性能接近于输入文本的熵。

因此，我们在本章解决的主要问题是，如何为（无限的）整数序列设计一种可变长的二进制编码方法，使其使用的位数尽可能少，并且是前缀无关的。即将所有这些整数的二进制编码连接起来生成一个输出位序列，该位序列需要保持对其进行解码的能力。这意味着解码器需要能够在位序列中识别出每一个单独整数表示的开始和结束位置，并借此能够还原为未压缩时的序列表示。

解决此问题的第一个简单想法是：取 $m=\max_j s_j$，然后使用 $\lceil \log_2(m+1) \rceil$ 位来编码 S 中的每个整数 s_i。当集合 S 中的值较为集中，并且在零附近时，这种固定大小的编码较为有效，但这并不是一般的场景。在一般情况下，$m \gg s_i$，因此在输出的位序列中会存在许多位浪费的情况。那么，为什么不使用 $\lceil \log_2(s_i+1) \rceil$ 位的二进制编码来存储每个 s_i 呢，原因是这种编码方式不是自定界的。实际上，如果仅是简单地连接所有 s_i 的二进制编码，那么我们无法保留区分每个码字的能力。例如，令 $S=\{1,2,3\}$，仅将对应的二进制编码 1、10 和 11 连接起来得到输出位序

㊀ 当然，倒排列表的第一个文档 ID 是正常存储的。

列 11011。显然，我们可以从 11011 中解码出许多整数序列，如$\{6,1,1\}$或$\{1,2,1,1\}$等。

显然，整数编码问题具有一定的挑战性，并且值得我们在本章专门讨论。我们首先介绍一个最简单也是最著名的整数编码方案——一元编码（unary code）方案。对于$x \geqslant 1$的整数，其一元编码 $U(x)$ 是有 $x-1$ 个 0，最后紧跟着一个 1 结束的位序列。对于所有$x \neq 0$的整数，其正确性很容易验证；而且将 x 而不是 $x-1$ 位设置为 0 也可以将这种编码方法扩展到所有的非负整数。在本章剩余部分中，我们将忽略这些微小的技术细节，只集中讨论s_i严格为正数的情况。$U(x)$ 需要 x 位，而其二进制编码的长度是$\Theta(\log x)$，显然，$U(x)$ 与 x 的二进制编码长度相差指数量级。尽管如此，当整数较小时，一元编码仍然有效，但随着整数的增大，该编码方案的空间效率将变得非常差。

根据香农编码理论，我们可以更加精确地对此进行描述，该理论指出，符号 c 的理论编码长度 $L(c)$ 等于$\log_2 \frac{1}{\mathcal{P}[c]}$，其中$\mathcal{P}[c]$是符号 c 出现的概率。如果我们知道足够多有关 c 的源信息，那么这个概率是可以事先计算得到的，或者也可以通过计算符号 c 在 S 中出现的次数来根据经验进行估计。读者需要注意的是，在本章所考虑的场景中，符号是正整数，因此整数 x 的理论编码由$\log_2 \frac{1}{\mathcal{P}[x]}$位组成。因此，通过求解关于$\mathcal{P}[x]$的等式$|U(x)| = \log_2 \frac{1}{\mathcal{P}[x]}$，我们可以得到对一元编码最优整数 x 的分布：$\mathcal{P}[x] = 2^{-x}$。就效率而言，一元编码需要大量的移位操作，而在现代处理器中移位操作较慢，这也是该编码方案比较适合较小的整数的另一个原因。

定理 11.1　正整数 x 的一元编码需要 x 位，当正整数 x 的序列服从$\mathcal{P}[x] = 2^{-x}$的分布时，该编码方法是最优的。

同样，我们还可以得出，当 S 中的整数在范围$\{1,2,\cdots,m\}$内服从均匀分布时，采用固定长度为$\lceil \log_2(m+1) \rceil$的二进制编码方法是最优的。

定理 11.2　给定一个整数集合 S，S 中的最大值为 m，当 S 中的整数服从均匀分布$\mathcal{P}[x] = 1/m$时，采用固定长度为$\lceil \log_2(m+1) \rceil$的二进制编码方法是最优的。

一般来说，整数的分布并不是均匀的，因此最终还是需要考虑使用可变长度的二进制编码来改进一元编码的方案。对此，文献中有许多建议，每一种都需要在二进制编码的存储空间和解码需要的时间之间进行权衡。接下来的各节将详细介绍常用可变长度的二进制编码方案，首先从最简单的如 γ 和 δ 编码方案开始，它们使用固定大小的编码方案；然后再介绍更复杂的插值编码和 Elias-Fano 编码，它们可以根据 S 的分布使用动态调整的复杂模型，并为其生成更加紧凑的编码。令人惊讶的是，在某些情况下，插值编码甚至可能会比“最优”的霍夫曼编码（在第 12 章中介绍）更短。这一看似矛盾的结论是因为霍夫曼编码的最优是指其在静态的前缀无关的编码家族（指在 S 中为所有重复的 x 使用固定编码的方案）中是最优的。相反，插值编码是动态的，该方案根据 x 周围的整数在 S 中的分布来编码 x，因此可能会为 S 中的每一个 x 采用不同的编码。对于某些整数分布，这种基于上下文的插值编码可能会生成更紧凑的位序列。

11.1 Elias 编码：γ 和 δ

这是两种非常简单且通用的固定编码模式，由 Elias 发表于 20 世纪 60 年代 [2]。这里的“通用”是指对于任何整数 x，其编码长度都是 $O(\log x)$。因此，它仅比长度为$\lceil \log(x+1) \rceil$的二进制编码 $B(x)$ 多一个常数因子，并且具有前缀无关的属性。

γ 编码将整数 x 表示为一个由两部分组成的二进制序列：第一部分是 $|B(x)|-1$ 个二进制值为零的序列，第二部分是 $B(x)$ 的二进制表示。第一部分中零序列的结束位置是通过第一个位值是 1 的位来界定的，该位也同时是 $B(x)$ 的二进制表示的第一位。因此，$\gamma(x)$ 可以容易地解码：计算连续的零的数量直到第一个位值为 1 的位；假设这个数量为 c。然后，获取接下来的 c+1 位（包括尾随的 1），并将长度为 c 的二进制序列解释为整数 x。图 11.1 所示为任意正整数 x 的 γ 编码，并给出了 x=9 的具体示例。γ 编码需要 $2|B(x)|-1$ 位，即 $2\lceil \log_2(x+1) \rceil -1$。实际上，整数 9 的 γ 编码需要 $2\lceil \log_2(9+1) \rceil -1=7$ 位。从香农编码理论的条件中，我们可以得出，当 S 中整数的分布服从$\mathcal{P}[x] \approx \frac{1}{x^2}$时，$\gamma$ 编码是最优的。

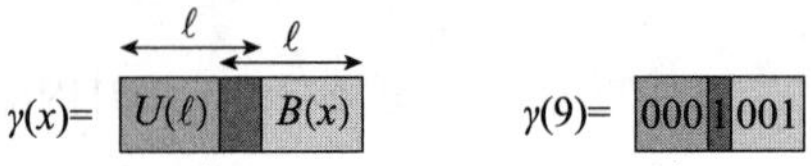

图 11.1 任意正整数 x 的 γ 编码。图 11.1a 表示 $\gamma(x)$ 编码，适合 $x>0$ 和$\ell=|B(x)|$，其中深灰色矩形表示$U(\ell)$和 $B(x)$ 之间共享的二进制位值 1；图 11.1b 表示 $\gamma(9)$ 编码，其中深灰色矩形中数字 1 为一元编码 $U(4)$ 和二进制编码 $B(9)$ 所共享

定理 11.3 对一个正整数x进行γ编码需要$2\lceil \log_2(x+1) \rceil -1$位，并且当$x$服从$\mathcal{P}[x] \approx 1/x^2$分布时，$\gamma$ 编码方案是最优的。它与 x 的二进制编码长度 $|B(x)|=\lceil \log_2(x+1) \rceil$相差两倍以内。

γ 编码的问题主要在于长度 $|B(x)|$ 是一元编码的，并且随着 x 越来越大，这种编码方式的

成本会越来越高。为了缓解这个问题，Elias 引入了 δ 编码，它在需要一元编码的部分使用了 γ 编码。因此，$\delta(x)$ 由两部分组成：第一部分对 $\gamma(|B(x)|)$ 进行编码，第二部分对 x 进行二进制编码。请注意，由于我们对 $B(x)$ 的长度使用了 γ 编码，因此第一部分和第二部分不共享任何位；此外，我们观察到 γ 是应用于 $|B(x)|$ 的，这保证了它是一个大于零的数。解码 $\delta(x)$ 很容易：首先解码 $\gamma(|B(x)|)$，然后获取接下来的 $|B(x)|$ 位，这些位以二进制的形式对 x 进行编码。有趣的是，δ 编码还可以编码零值，比如 $\delta(0)=10$，其中第一位对应于 $\gamma(1)=1$，它是数值 0 的（特殊）二进制表示的长度。图 11.2 所示为任意正整数 x 的 δ 编码，并给出了 x=14 的具体示例。

$\delta(x)=$ | $U(\ell')$ | | $B(\ell)$ | $B(x)$ (ℓ', ℓ)

a)

$\delta(14)=$ | 00 | 1 | 00 | 1110

b)

图 11.2 任意正整数 x 的 δ 编码。图 11.2a 为 $\delta(x)$ 编码，其中 $x>0$，$\ell=|B(x)|$，$\ell'=|B(\ell)|$，深灰色矩形表示 $U(\ell')$和 $B(\ell)$之间共享的二进制位值 1；图 11.2b 为 $\delta(14)$ 的编码，其中 $U(\ell')=U(3)$和 $B(\ell)=B(4)$共享位值 1，$|B(x)|=|B(14)|=4$

我们可以观察得到 $\delta(x)$ 所占用的位数是：

$$|\gamma(\ell)|+\ell=2\lceil\log_2(\ell+1)\rceil-1+\ell\approx 2\log\log x+\log x+1$$

因此，$\delta(x)$ 编码是 x 的二进制编码长度 $\ell=|B(x)|$的 $1+o(1)$ 倍，并且 $\delta(x)$ 编码具有较好的通用性。

定理 11.4 正整数 x 的 δ 编码需要占用 $1+\log_2 x+2\log_2\log_2 x$ 位，当 x 服从分布 $\mathcal{P}[x]\approx\dfrac{1}{x(\log x)^2}$ 时，δ 编码是最优的。它是 x 的二进制编码长度 $|B(x)|=2\lceil\log_2(x+1)\rceil$的 $1+o(1)$ 倍。

总之，当集合 S 中的整数集中分布在 1 附近时，γ 编码和 δ 编码都是通用的且非常有效的。此外，我们注意到这两种编码需要大量的移位操作来进行解码，因此解码大整数时速度较慢。以下各节的编码模式在存储空间和解码速度之间进行了权衡，并在实际应用中更常用。

11.2 Rice 编码

在某些情况下，整数会集中分布在某个非零值附近。这个值越大，γ 编码和 δ 编码的性能就越差。此时，Rice 编码在压缩率和解码速度方面有着更大的优势。Rice 编码的特殊之处在于它是一种具有可调参数 k 的编码模型，k 是一个正整数，可以根据集合 S 中整数的分布来确定。如果给定了参数 k 和一个大于零的整数 x，则 x 的 Rice 编码 $R_k(x)$ 由商$q=\left\lfloor \frac{x-1}{2^k} \right\rfloor$和余数 $r=x-1-2^k q$ 两部分组成。我们在商和余数的表达中都减去 1，这是为了将正整数序列转换为从零开始的序列，但对于 $x \geqslant 0$ 的序列，无须执行此减法。商通过一元编码进行存储，需要 $q+1$ 位（加 1 是因为 q 可能为 0，而一元编码是针对正整数定义的）；余数 r 在 $[0,2^k)$ 的区间，因此其二进制编码需要 k 位，用 $B_k(r)$ 表示。以上定义说明商是可变长度编码的，而余数是固定长度编码的。当 2^k 越接近 x 的值，q 的表示就越短，q 的解码速度就越快。因此，选择的 k 值要使 2^k 集中在集合 S 中元素的平均值附近。图 11.3 所示为具有参数 k 的正整数 x 的 Rice 编码，并给出了一个 x=83、k=4 的具体示例。

$R_k(x)$=	$U(q+1)$	$B_k(r)$
	$q+1$	k

a)

$R_4(83)$=	000001	0010
	q=5	r=2

b)

图 11.3　具有参数 k 的正整数 x 的 Rice 编码。图 11.3a 为参数 k 的 Rice 编码；图 11.3b 为 $R_4(83)$ 的图形表示，其中 k=4, $q=\lfloor (83-1)/2^4 \rfloor$=5, r=83−1−5 × 2^4=2

$R_k(x)$ 编码的长度是 $q+k+1$ 位。这种编码是 Golomb 编码的一种特殊情况，当待编码的值服从参数为 p 的几何分布$\mathcal{P}[x]=p(1-p)^{x-1}$时，该编码方案是最优的。在这种情况下，如果$2^k \simeq \frac{\ln(2)}{p} \simeq 0.69 \times \text{mean}(s)$，那么 Rice 编码和所有 Golomb 编码都可以生成最优的前缀编码 [9]。

事实 11.1　具有参数 k 的正整数 x 的 Rice 编码占用$\left\lfloor \frac{x-1}{2^k} \right\rfloor+1+k$位，并且当 x 服从几何分布$\mathcal{P}[x]=p(1-p)^{x-1}$时，Rice 编码方案是最优的。

11.3　PForDelta 编码

当 S 中的整数服从高斯分布时，PForDelta 编码可以支持非常快的解压缩操作，并且可以实现非常小的压缩输出。我们假设 S 中的大多数整数都落在 [base,base+2^b−2] 区间内。我们将这些整数平移到新的区间 [0,2^b−2]，以便能够使用 b 位对它们进行编码。此区间外的其他整数被称为异常值，异常值是不可以直接编码的，需要在编码序列中使用特殊的转义符号来进行编码；并且需要将这些异常值本身单独存储在一个列表中，每个异常值本身使用固定大小的 w（一个内存字大小）位来存储。转义符号可以用值 2^b−1 的二进制编码表示，这是因为根据可编码区间的定义，2^b-1 并不在可编码的区间内。使用 PForDelta 编码对序列 S 进行编码的例子如图 11.4 所示，这种编码的特性是，无论是 b 位还是 $w+b$ 位，S 中的所有整数都以固定长度进行编码，因此可以对它们进行快速解码，并且有可能将几个整数同时打包到一个内存字中进行并行解码。

事实 11.2　正整数 x 的 PForDelta 编码需要 b 或 $b+w$ 位，这取决于 x 是否落在 $[base,base+2^b-2]$ 区间内。

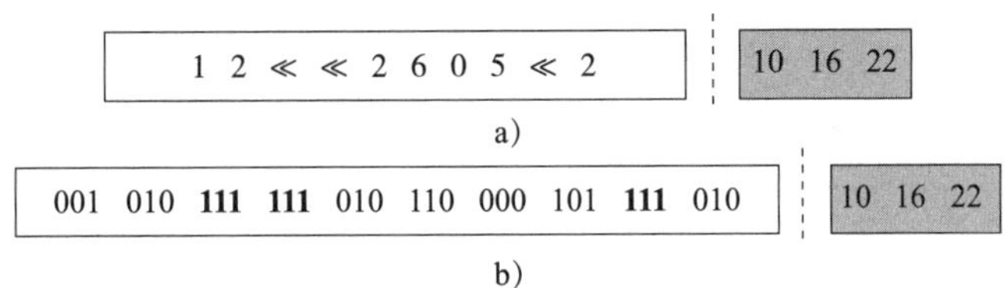

图 11.4　使用 PForDelta 编码对序列 $S=(1,2,10,16,2,6,0,5,22,2)$ 进行编码的例子，其中 $b=3$，base=0。图 11.4a 中，白色矩形区域中展示了序列 S 中在区间 $[0,2^b-2]=[0,6]$ 内明确使用 b 位进行编码的整数，而区间外的整数则需要两次编码：第一次是在白色矩形中 b 位的转义符号≪编码，第二次是在灰色矩形中值本身的编码。图 11.4b 显示了最终的编码序列，其中转义符号≪使用保留的二进制序列 $2^b-1=7=(111)_2$ 进行表示

整数序列 S 的 PForDelta 编码设计需要处理位宽 b 的选择。一个经验法则是选择一个合适的位宽 b，可以使得 S 中约 90% 的整数落在区间 $[base,base+2^b-2]$ 中；因此该 90% 的整数可以通过 b 位进行编码。另一种解决方案是对空间利用率的权衡，选择较大的 b 可能会浪费较多的空间，但是可以减少异常值的数量；而选择较小的 b 可能会节省空间，但会产生更多的异常值。本章参考文献 [8] 的作者提出了一种基于动态规划的算法，该算法可以根据所需要的压缩率来计算出对应的最大 b 值，从而在给定的存储空间下，实现最快的解压缩操作。PForDelta 的解码速度深受开发人员的青睐：事实上，它可以通过对 w/b 个整数强制进行内存对齐，来避免分支预测的错误。

11.4　可变字节编码和 (s,c) 密集编码

另一种在编码速度和编码简洁性之间权衡的编码模式是 (s,c) 密集编码。最简单的实例是可变字节编码，通常认为是由 AltaVista 搜索引擎引入的。它使用一系列的字节来表示一个整数，从而实现显著的解码速度。这种字节对齐的编码模式对于显著提高解码速度很有用。x 的可变字节编码的构造方式如下：首先使用 0 填充 x 的二进制表示 $B(x)$ 的左侧，以保证其长度是 7 的倍数；然后，将这个二进制序列进行分组，每组 7 位；最后，为每个组最

左侧附加一个标志位，用以表明该组是否表示 x 编码的最后一组（0 表示最后一组，1 表示非最后一组）。图 11.5 所示是一个任意正整数的可变字节编码，并给出了一个 $x=2^{16}$ 的具体示例。

解码过程很简单：扫描字节序列，直到找到一个值小于 128 的字节（因此，它的标志位为 0）；然后去除所有的标志位，将剩下的二进制序列解码为一个正整数。编码一个整数 x 最少需要 8 位，因为需要进行填充，所以平均会有 4 位被浪费。这种编码方法适合 x 是较大整数的情形。

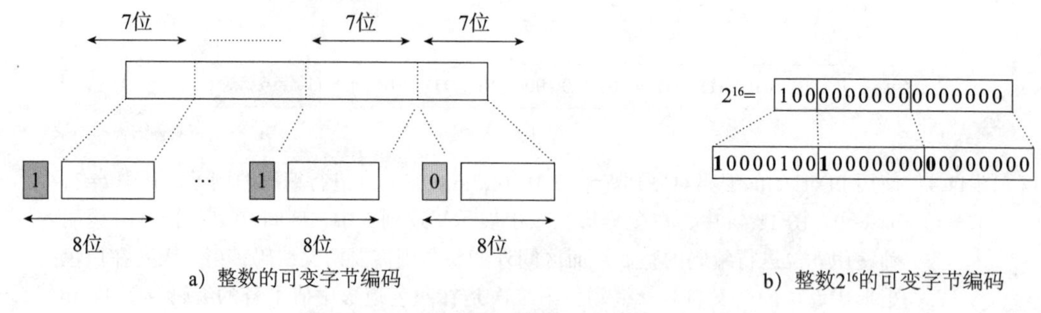

a）整数的可变字节编码　　b）整数2^{16}的可变字节编码

图 11.5　一个任意正整数的可变字节编码

事实 11.3　正整数 x 的可变字节编码占用$8\left\lceil\frac{|B(x)|}{7}\right\rceil$位，因此当 x 服从分布$\mathcal{P}[x]\approx\sqrt[7]{1/x^8}$时是最优的。

使用标志位会引入一个微妙的问题，为此我们设计了一个更加有效的整数编码家族——(s,c) 密集编码，让我们继续讨论这个问题。

标志位将每个字节的 2^8=256 种二进制组合划分为两种情况：①二进制的值小于 128 的整数（标志位等于 0）；②二进制的值大于或等于 128 的整数（即标志位等于 1）。前一种情况的二进制组合可以表示 128 个整数，这些整数集合被称为结束符集合（stoppers）（因为这些值可以用来确定整数编码的结束位置）；后一种情况的二进制组合也可以表示 128 个整数，被称为连续符集合（continuers，因为它们位于字节补齐的二进制编码的中间）。为了表述方便，我们将这两种情况分别表示为 s 和 c。在可变字节编码的情况下，$s+c=2^8=256$，$s=c=128$。在解码阶段，每当我们遇到一个字节是连续符时，我们就继续读取；否则，我们根据前面介绍的步骤停止并解码得到的二进制序列。

这种方法的缺点是，对于任何 $x<128$ 的情况，我们都需要使用 1 字节编码。因此，如果集合 S 是由非常小的整数组成的，就会有空间浪费。相反，如果 S 是由有大于 128 但小于 256 的整数组成的，则需要扩大终止符集合，以便仍然能够使用 1 字节而不是 2 字节来表示它们。这些问题促使我们研究终止符集合与连续符集合动态可变的编码设计，编码的设计仍需要满

足 $s+c=256$ 的条件。为了深入研究这个问题，我们首先分析一下，当用 1 个或者多个字节编码整数时，s 和 c 的选择是如何影响被编码整数的数量的：

- 1 字节可以编码前 s 个整数。
- 2 字节可以编码 $s\times c$ 个整数。
- 3 字节可以编码 $s\times c^2$ 个整数。
- 一个 k 字节的序列可以编码 $s\times c^{k-1}$ 个整数。

要计算 k 字节可以编码的整数数量非常简单，在 k 字节中最多可以使用 $(k-1)$ 个连续符和一个结束符，因此整数数量如下：

$$s\times\sum_{i=0}^{k-1}c^i = s\times\frac{c^k-1}{c-1}$$

根据此公式，我们能够立即得到编码整数 x 所需要的 (s,c) 编码（其中 $s+c=256$）的字节数：只需找到最小的 k，使得 $c^k>x\times((c-1)/s)+1$。

显而易见，之前的设计并不局限于字节序列，因此也可以适配位宽大于 8 的情况。实际上，可以根据位宽进行调整，位宽 b 可以为任意数值。在这种情况下，只要满足 $s+c=2^b$，2^b 种组合可以任意地划分为 s 个终止符和 c 个连续符。为了设计的简单性，就像我们在可变字节编码中所做的那样，我们假设前 s 种组合是结束符，其余的 c 种组合是连续符。s 和 c 的最佳选择取决于被编码的整数的分布。例如，假设我们想要设计一个 $b=3$（而不是 8）的 (s,c) 编码，那么我们必须确定结束符和连续符的数量，以使得 $s+c=2^3=8$（而不是 256）。图 11.6 所示为在 $s+c=8$ 的前提下，s 和 c 的两组编码示例：在第一种情况下，结束符和连续符的数量等于 4；在第二种情况下，结束符的数量为 6，连续符的数量为 2。在图 11.6 中，使用3,6,9,⋯的位宽来修改 s（相应的$c=8-s$）也将改变可以编码的整数数量。可以注意到，虽然 (4,4) 编码使用 3 位只能编码前四个整数，但 (6,2) 编码使用 3 位却可以多编码两个整数。这意味着根据$\{0,\cdots,5\}$中整数分布的偏度，后一种编码可能导致一个更压缩的整数序列。因此，根据 S 中整数的概率分布来动态调整结束符和连续符的数量是有

Values	s=c=4	s=6, c=2
0	000	000
1	001	001
2	010	010
3	011	011
4	100 000	100
5	100 001	101
6	100 010	110 000
7	100 011	110 001
8	101 000	110 010
9	101 001	110 011
10	101 010	110 100
11	101 011	110 101
12	110 000	111 000
13	110 001	111 001
14	110 010	111 010
15	110 011	111 011
16	111 000	111 100
17	111 001	111 101
18	111 010	
19	111 011	

	s=c=4	s=6, c=2
s-from	000	000
s-to	011	101
c-from	100	110
c-to	111	111

$0,\cdots,s-1$	0, ⋯, 3	0, ⋯, 5
$s,\cdots,c\times s-1$	4, ⋯, 19	0, ⋯, 17
$c\times s,\cdots,c^2\times s$	20, ⋯, 85	18, ⋯, 41

图 11.6　在 $s+c=8$ 的前提下，两组不同的 (s,c) 编码示例

用的。特别地，如果分布集中于 0 附近，那么选择较小的 s 是较为有利的；而分布越平均，我们就越考虑选择更大的 s。本章参考文献 [1] 的作者提出了一种有效的算法，用于针对给定的整数分布计算得到最佳的 s。

11.5 插值编码

这是一种应用于递增正整数序列的编码技术。这意味着我们必须修改之前对整数编码问题的表述，将其从包含重复的整数序列 S 的编码问题，表述为针对递增正整数序列 S' 的编码问题。问题的转换是简单的：只需设置$S'[i]=\sum_{j=1}^{i}S[j]$，这样 S' 中的每个整数都是从 S 中整数的前 i 项和得到的。

现在让我们将注意力集中到递增序列$S'=s'_1,\cdots,s'_n$，其中$s'_i<s'_{i+1}$。每当 S' 中的整数出现聚集现象，即子序列集中在某个小范围内时，插值编码在空间压缩上非常有效。常见的一个应用场景是存储搜索引擎的倒排列表 [8]。

插值编码方案是递归设计的，步骤如下。在每次递归过程中，算法处理（未压缩的）子序列$S'_{l,r}$，并归纳得到与之相关的四个参数：

- 左索引 l 和右索引 r，确定要编码的子序列，即$S'_{l,r}=\{s'_l,s'_{l+1},\cdots,s'_r\}$。
- 子序列$S'_{l,r}$的一个下界值 low（该值是一个比$S'_{l,r}$中最小值更小的值）和一个上界值 hi（该值是一个比$S'_{l,r}$中最大值更大的值），因此有$\text{low}\leqslant s'_l<\cdots<s'_r\leqslant\text{hi}$。low 和 hi 不一定要与$s'_l$和$s'_r$一样，它们只是表示编码器和解码器在递归调用的过程中对上下界的估计值。

最初要编码的子序列是整个序列：$S'[1,n]$，所以我们有$l=1,r=n$，$\text{low}=s'_1$，以及$\text{hi}=s'_n$。这四个值存储在压缩文件中，以便解码器可以在解压缩的开始阶段就能够读取它们。

在每次递归调用中，算法首先根据四元组〈l,r,low,hi〉中的信息来编码中间元素s'_m，其中$m=\left\lfloor\frac{1+r}{2}\right\rfloor$，然后重新为子序列$s'_l,\cdots,s'_{m-1}$和$s'_{m+1},\cdots,s'_r$计算四元组，并再次递归编码：

- 对于子序列$s'_l,\cdots,s'_{m-1}$，参数 low 与上一步相同，因为s'_l没有改变；而 hi 设置为s'_m-1，这是因为$s'_{m-1}<s'_m$，S' 中的整数严格递增的。
- 对于子序列$s'_{m+1},\cdots,s'_r$，参数 hi 与之前相同，因为s'_r没有改变；而 low 设置为s'_m+1，

这是因为$s'_{m+1} > s'_m$。

- 参数 l、r、n 都会相应地重新计算。

为了能够方便简洁地编码s'_m，算法需要从四元组〈$l,r,$low,hi〉中得到尽可能多的信息。具体而言，$s'_m \geqslant \text{low} + m - l$，因为在$s'_m$的左侧，我们有 $m-l$ 个不同的元素，并且最小的一个大于 low；同理，$s'_m \leqslant \text{hi} - (r - m)$。算法还可以推出$s'_m$位于区间 [low+$m-l$,hi$-r+m$] 内，所以$s'_m$的值可以不用显式地编码，而是被编码为$s'_m$与其下界之间的差值 (low+$m-l$)，这仅需要$\lceil \log_2 B \rceil$位，其中 B=hi−low−r+l+1 是包含s'_m的区间大小。这样，每当序列$s'_{l,r}$中的元素比较集中时，插值编码可以使用非常少的位为每个s'_m进行编码。这种编码方案的另一个特点是，当要编码的子序列具有形式 (low,low+1,⋯,low+n−1) 时，算法在编码时不需要产生任何位，从而实现了显著的压缩优势。

算法 11.1 展示了这些步骤的细节。特别地，BinaryCode(x,a,b) 过程被用于生成整数 ($x-a$) 的二进制编码，其中，生成的二进制编码占用的位数是$\lceil \log_2(b-a+1) \rceil$，$x \in \{a,a+1,\cdots,b-1,b\}$。图 11.7 所示为在 12 个正整数的递增序列上执行插值编码的示例。请注意，对于 {1,2} 和 {19,20,21} 这两种情况，算法不会生成任何位（显示为粗边框的浅灰色方框），因为这两个整数区间是完全密集的。

算法 11.1 〈S', l, r, low, hi〉的插值编码

if $r < l$ **then**
　　return 空子符串
end if
if $l = r$ **then**
　　return BinaryCode($S'[l]$,low,hi);
end if
计算$m = \left\lfloor \frac{l+r}{2} \right\rfloor$;
计算 A_1=BinaryCode($S'[m]$,low+$m-l$,hi$-r+m$);
计算 A_2=〈$S',l,m-1,$low$,S'[m]-1$〉的插值编码；
计算 A_3=〈$S',m+1,r,S'[m]+1,$hi〉的插值编码；
return A_1，A_2，A_3 的串联

在本节中，我们注意到，整数s'_i的插值编码不是固定的，其长度取决于 S' 中其他整数的分布。因此，它是一种自适应编码，而且不是前缀无关的。这两个特点使它与前面几节中的

编码模式以及接下来将要探讨的霍夫曼编码（静态前缀无关编码中最优的编码方案）有很大不同。因此，在整数密集型的序列中，插值编码可能远比霍夫曼编码更简洁，而这个结论现在已经不会再让我们感到惊讶了，因为通过上面的讲解我们已经了解了其中的原因。

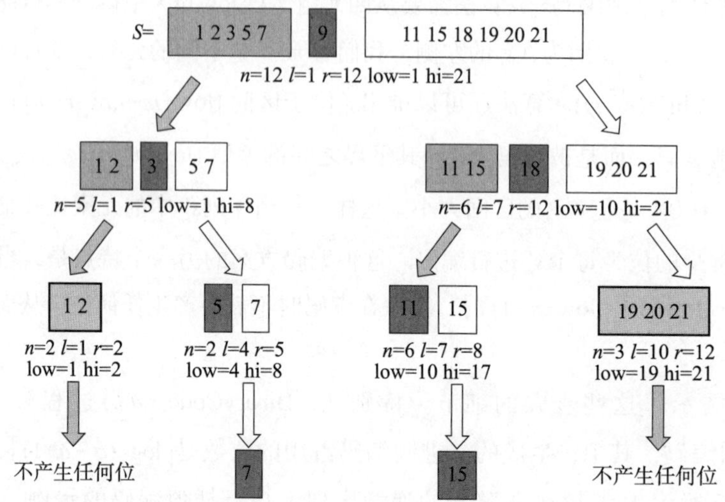

图 11.7 在 12 个正整数的递增序列上执行插值编码的示例。灰色和白色框分别代表了插值编码算法在每次递归时左侧和右侧的子序列。深灰色框突出显示了要编码的整数s'_m。出于示意目的，该图还专门显示了要编码的整数数量 $n=r-l+1$，以及每次递归调用时传递的四元组。两个浅灰色粗边框显示了在插值编码时不产生任何位的子序列情形。该过程实际上执行了一个平衡二叉树的先序遍历，其叶子节点是 S' 中的整数。该过程按以下顺序进行编码（括号内给出实际编码的数字）：9(3), 3(0),5(1),7(1),18(6),11(1),15(4)

11.6 Elias-Fano 编码

与插值编码不同，本节描述的编码方案所占用的空间不依赖输入数据的分布，更重要的是，它可以通过适当压缩的数据结构进行索引，以便对编码的整数进行高效随机访问。前一个特性在某些场景中会起到正面的作用，而在其他场景中可能会起到负面的作用。例如，在存储搜索引擎的倒排列表和大型图的邻接列表时，该特性是正面的；而在整数分布较为集中且空间利用率是应用程序首要关注的场景下，它是负面的。最近，一些研究人员提出了一种（某种程度上的）动态规划的方法，可以将 Elias-Fano 编码转变为一种分布敏感的编码，如插值编码，从而将前者在随机访问的高效性与后者在密集整数子序列的高压缩率结合了起来[6]。实验表明，插值编码仅比优化后的 Elias-Fano 编码小 2%～8%，但速度却是后者的 2/11；而可变字节编码虽然比优化后的 Elias-Fano 编码快 10%～40%，但存储空间至少大了 2.5 倍。这意味着，当必须兼顾压缩率和随机访问性能时，Elias-Fano 编码是一个非常具有竞争力的选择。

与插值编码相比，Elias-Fano 编码更适用于单调的递增序列$S' = s'_1, \cdots, s'_n$，其中$s'_i < s'_{i+1}$。为了更清楚地解释，我们假设一个最大值$u = s'_n + 1$，并假设每个整数s'_i用$b=\lceil \log_2 u \rceil$位的二进制表示。我们将s'_i的二进制表示分为两部分：一部分用$L(s'_i)$表示，由$\ell = \lceil \log_2(u/n) \rceil$个最低有效位（最右边的位）组成；另一部分用$H(s'_i)$表示，由$h = b - \ell$个最高有效位（最左边的位）组成。显然，$b = \ell + h$。

Elias-Fano 编码由两个二进制序列构成：

- 序列 L，通过按照顺序 i=1,2,⋯,n 连接各$L(s'_i)$得到，其长度为$n\ell = n\lceil \log_2(u/n) \rceil$位。
- 序列 H，通过遍历 h 位的所有可能组合得到的，即从$j=\overbrace{00\cdots0}^{h}=0$ 到$j=\overbrace{11\cdots1}^{h}=2^h-1$，并使用负一元表示方式来编码元素$s'_i$的数量 x，其中元素s'_i满足$H(s'_i)=j$。具体来说，值 x 被编码为 1^x0（即 1 重复 x 次），所以二进制 0 就代表着编码 x=0〔即不存在$H(s'_i)=j$的情况〕。我们将每个这样的负一元编码称为一个桶，因为它指的是“桶”中的整数s'_i都有一个特定的配置 j。序列 H 有 n 位设置为 1，因为每个s'_i在其负一元表示中都会生成一个值为 1 的位，以及位数和桶的数量相同的值为 0 的位，这是因为每个值为 0 的位都限定了它们的编码。现在，由于桶的最大值是$\lfloor u/2^\ell \rfloor$，因此值为 0 的数量的上界是$\lfloor u/2^{\lceil \log_2(u/n) \rceil} \rfloor$。因此，二进制序列 H 的大小是 $2n$ 位，其中序列中 0 和 1 的数量是完全平衡的。

图 11.8 所示为整数序列 S' 的 Elias-Fano 编码示例，其中元素个数 n=8，假设的最大值 u=32。因此，我们使用 $b=\lceil \log_2 32 \rceil$=5 位来表示 S' 中的整数，使用$\ell = \lceil \log_2(u/n) \rceil = \lceil \log_2(32/8) \rceil = 2$位来表示最低有效位，并使用$h = b - \ell = 3$位来表示它们的最高有效位。因为我们有 $2^3 = 8$ 个桶（即 $h = 3$），且需要对 $n = 8$ 个整数进行编码；因此，二进制序列 L 的大小为$\ell n = 2 \times 8 = 16$，二进制序列 H 包含 16 位。图 11.8 中详细描述了负一元表示序列与桶 j（即 j=0,1,⋯,7）的对应关系。具体来说，001（即 j=1）在$H(s'_i)$中出现了两次，分别对应于整数 4 和 7，因此在 H 的二进制序列中使用 110 对这两次出现进行编码；而 011（即 j=3）在$H(s'_i)$中没有出现，因此在 H 的二进制序列中使用 0 编码该事件。

Elias-Fano 解码十分简单：只需反转我们编码 S' 的过程即可。从 L 中选择包含ℓ位的分组形成 S' 中整数的最低有效部分。实际上，第 i 个组提供了s'_i的ℓ个最低有效位。对于s'_i的 h 个最高有效位，我们遍历二进制序列 H，如果第 i 个设置为 1 的位属于第 j 个负一元序列，那么我们使用 h 位对 j 进行编码。这样我们证明了以下结论：

1=	000	01
4=	001	00
7=	001	11
18=	100	10
24=	110	00
26=	110	10
30=	111	10
31=	111	11

L=0100111000101011

桶	0	1	2	3	4	5	6	7
H=	10	110	0	0	10	0	110	110

图 11.8　整数序列S' =1,4,7,18,24,26,30,31 的 Elias-Fano 编码示例

定理 11.5　无论整数序列是如何分布的，对区间 [0,u) 内单调递增的整数序列使用 Elias-Fano 编码，可以得到位数少于$2n+n\lceil\log_2(u/n)\rceil$的编码。对该整数序列进行压缩和解压缩需要 $O(n)$ 的时间。如果整数在 [0,u) 中是均匀分布的，则其需要的存储空间几乎是最优的；准确来说，除了得到最优编码需要的$\lceil\log_2(u/n)\rceil$位以外，Elias-Fano 编码对每个整数最多会消耗 2 位。

Elias-Fano 编码最有趣的特性在于，它可以通过适当的数据结构来增强，以便高效地支持以下两种操作：

- Access(i) 操作：给定索引$1\leqslant i\leqslant n$，返回s'_i。
- NextGEQ(x) 操作：给定一个整数$0\leqslant x<u$，返回大于或等于 x 的最小元素s'_i。

“增强” H 的关键思想是通过一个辅助数据结构，在时间和空间上高效地回答一个基本的原语 $\text{Select}_1(p,H)$：它返回 H 中第 p 个值为 1 的位的位置；若为 $\text{Select}_0(p,H)$，则返回 H 中第 p 个值为 0 的位的位置。这两种操作以及用于实现 Select 原语的数据结构将在第 15 章中详细介绍；我们在这里只需指出，除了 H 之外，Select 原语可以在常数时间内返回，并且只需额外的 $o(|H|)=o(n)$ 位 [5]。给定 Select 原语，Access(i) 和 NextGEQ(x) 这两种操作可以分别在 $O(1)$ 和 $O(\log(u/n))$ 时间内实现，我们将在第 15 章详细介绍它们。

现在可以说明一下本节开头提到的一个问题。Elias-Fano 编码表示的是单调整数序列，并且 Elias-Fano 编码不考虑单调序列的规律性，因此在聚集序列上的压缩效果会明显低于插值编码所能达到的效果。以序列 $S'=(1,2,\cdots,n-1,u-1)$ 为例，该序列是高度可压缩的，因为序列第一部分 $(1,2,\cdots,n-1)$ 的长度和值 $u-1$ 均可以使用 $O(\log u)$ 位进行编码。相比之下，每个元素需要$2+\lceil\log_2(u/n)\rceil$位才能实现 Elias-Fano 编码。一些学者研究了如何将 Elias-Fano 编码转化为对输入序列分布敏感的编码，以便可以利用输入序列 S' 中存在的规律性 [6]。这些学者提出了两种方法。第一种是基于两级存储方案的方法，将序列 S' 划分为 n/m 个块，每块包含 m 个整

数，其中 m 是用户自定义的参数。然后，“第一级”使用 Elias-Fano 编码对每个块的最后一个整数进行编码，因此总共编码了 n/m 个整数；接下来，“第二级”是通过对每个块使用特定的 Elias-Fano 编码创建的，这些块中的整数是间隙编码的，并且是相对于前一个块（可通过“第一级”获得）中的最后一个整数的。设 u_j 为第 j 块的第一个和最后一个整数之间的距离，则 Elias-Fano 编码将在第二级使用$2+\lceil \log(u_j / m) \rceil$位压缩其中的每个整数，这相比于 Elias-Fano 编码整个 S' 序列是有优势的，因为 (u_j/m) 是块内的平均距离，而 (u/n) 是整个 S' 的平均距离。然而，由于第一级索引所占用的空间，我们失去了一部分的优势。总体而言，这种整数编码方案相比经典的 Elias-Fano 编码（在整个 S' 上运行）最多可节省 30% 的存储空间，但会增加最多 10% 的解压缩时间。与插值编码相比，这种两级方案最多增加 10% 的存储空间，但解压缩速度可达到插值编码的 3～4 倍。第二种更为复杂的方法是由本章参考文献 [6] 的作者提出的，它将 S' 的 Elias-Fano 编码转换为适当的图最短路径计算的问题，这在存储空间上更接近插值编码，并且仍然能够实现非常快的解压缩操作。

参考文献

[1] Nieves R. Brisaboa, Antonio Farina, Gonzalo Navarro, and José R. Paramá. Lightweight natural language text compression. *Information Retrieval*, 10: 1–33, 2007.

[2] Peter Fenwick. Universal codes. In Khalid Sayood, editor, *Lossless Compression Handbook*. Academic Press, 55–64, 2002.

[3] Christopher D. Manning, Prabhakar Raghavan, and Hinrich Schütze. *Introduction to Information Retrieval*. Cambridge University Press, 2008.

[4] Alistair Moffat. Compressing integer sequences and sets. In Ming–Yang Kao, editor, *Encyclopedia of Algorithms*. Springer, 178–83, 2009.

[5] Gonzalo Navarro. *Compact Data Structures: A Practical Approach*. Cambridge University Press, New York, 2016.

[6] Giuseppe Ottaviano and Rossano Venturini. Partitioned Elias–Fano indexes. In *Proceedings of the 37th International ACM SIGIR Conference on Research and Development in Information Retrieval*, 273–82, 2014.

[7] Giulio Ermanno Pibiri and Rossano Venturini. Techniques for inverted index compression. *ACM Computing Surveys*, 53(6): 125:1–125:36, 2021.

[8] Hao Yan, Shuai Ding, and Torsten Suel. Inverted index compression and query processing with optimized document ordering. In *Proceedings of the 18th International Conference on World Wide Web (WWW)*, 401–10, 2009.

[9] Ian H. Witten, Alistair Moffat, and Timothy C. Bell. *Managing Gigabytes*. Morgan Kauffman, second edition, 1999.

Chapter 12 第 12 章

统计编码

"信息是不确定性的解决办法。"

——克劳德·香农（Claude Shannon）

本章将聚焦于对符号序列（亦称为文本）S 进行统计编码，这些符号源自一个特定的字母表 Σ。当这些符号是文字字符时，我们面对的问题通常被称为文本压缩；若符号代表 DNA 碱基，则挑战之一便是如何有效地压缩基因组数据库；而当符号是位（bit）时，我们就进入了传统数据压缩的范畴。如果待编码的符号是整数，那么我们遇到的就是前一章所讨论的整数编码问题，该问题依旧可以通过分析序列中整数的出现频率来应用统计编码技术进行解决。对于后一种情况，我们得到的编码是 S 中整数的一个最优前缀无关编码，无论如何，与上一章的解决方案相比，该方案在压缩和解压缩过程中的速度都比较慢。

从概念上讲，统计压缩包含两个阶段：建模阶段和编码阶段。在建模阶段，我们计算输入序列的统计特征并构建相应的模型。而在编码阶段，我们利用此模型为各个符号生成码字，并用它们来压缩原始序列。在本章的前几节中，我们将专注于探讨编码阶段，研究几种最著名的统计压缩编码方法：霍夫曼编码（Huffman coding）、算术编码（arithmetic coding）以及区间编码（range coding）。在 12.3 节，我们将介绍一种更为复杂的建模技术，该技术将用于引入通过部分匹配预测（prediction by partial matching，PPM）的编码器，从而提供了统计压缩技术所能实现的相对完整的画面。因此，我们将从零阶熵（0-th order entropy）界定的压缩性能转变为更紧凑的 k 阶熵（k-th order entropy）（依赖大小为 k 的符号块的概率），如马尔可夫源（Markovian source）。这里所说的零阶熵是基于单个符号独立分布概率定义的熵函数。

12.1　霍夫曼编码

霍夫曼编码自 20 世纪 50 年代初首次亮相以来，数十年间一直被誉为数据压缩的最佳方法之一。直到 20 世纪 60 年代末算术编码的出现，使得更高的数据压缩率成为可能。

霍夫曼编码基于一种贪婪算法策略，通过构建一棵二叉树来实现，其叶子节点是符号表 Σ 中的符号 σ，每个符号在待压缩输入序列中出现的概率为 $\mathcal{P}[\sigma]$。这些叶子节点构成了一个候选集合，并在构建霍夫曼树的过程中不断进行更新。在通用操作中，霍夫曼算法从候选集中选出两个具有最小概率的节点作为子节点，并创建一个新的父节点，其概率是这两个子节点概率的总和。新生成的父节点被添加回候选集，而它的两个子节点则从候选集中移除。由于每步操作都会向树中添加一个新节点，并从候选集中移除两个节点，因此在 $|\Sigma|-1$ 步之后，候选集中仅剩下树的根节点，此时该过程停止。完成这一贪婪过程后，最终的霍夫曼树将由 $t=|\Sigma|+(|\Sigma|-1)=2|\Sigma|-1$ 个节点组成，其中有 $|\Sigma|$ 个节点是叶子节点，另外 $(|\Sigma|-1)$ 个节点是内部节点。

图 12.1 所示为为字母表 Σ={a, b, c, d, e, f} 构建霍夫曼树。在第一步合并中（见图 12.1a），将符号 a 和 b 连接为节点 x 的子节点，其概率设置为 0.05+0.1=0.15。该节点随后被添加到候选集，而原本的叶子节点 a 和 b 则被移除。在第二步（见图 12.1b）中，概率最小的两个节点是叶子 c 和（刚插入的）节点 x。合并这两个节点会删除 x 和 c，并添加它们的父节点 y，从而更新候选节点集。父节点 y 的概率设置为 0.15+0.15=0.3。该算法一直持续到只剩下一个节点（根节点），当然，其概率等于 1。

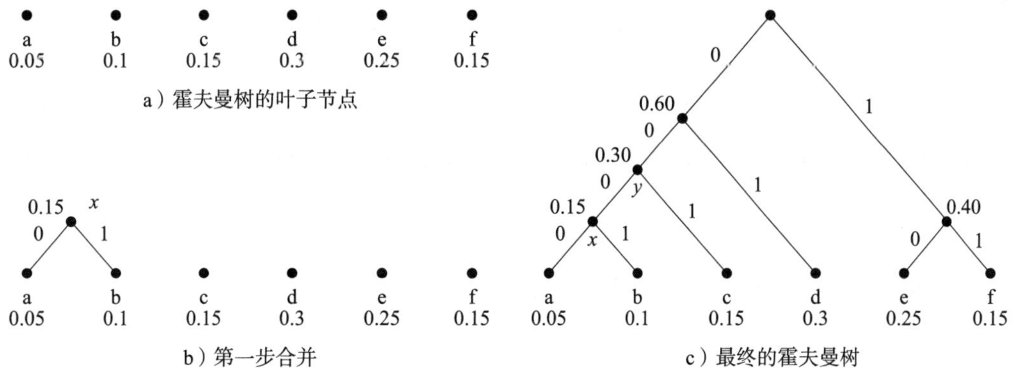

图 12.1　为字母表 Σ={a, b, c, d, e, f} 构建霍夫曼树。每个符号下方都标示了它的概率。树的边上标注了位 0（左边）和 1（右边）。最终的霍夫曼树包括 6 个叶子节点和 5 个内部节点

为了推导出Σ中符号的霍夫曼编码，我们对树的边赋予二进制标签。常见的做法是为每个内部节点的左边缘分配标记 0，右边缘分配标记 1。然而，这只是众多可能方案中的一种。实际上，对于$|\Sigma|-1$个内部节点的两条外向边，我们有两种标记选择（即 0-1 或 1-0），所以一个霍夫曼树可以生成$2^{|\Sigma|-1}$个标记树。对于一个给定标记的霍夫曼树，在连接根节点到与符号σ相关联叶子节点的下行路径上进行二进制标记，可以得出符号σ的霍夫曼编码。这个码字的长度等于霍夫曼树中叶子节点σ的深度，我们将其表示为$L(\sigma)$。霍夫曼编码具有前缀无关特性，这是因为每个符号都对应唯一的叶子节点，从而没有任何一个编码会是另一个编码的前缀。

我们注意到，在具有最小概率的两个节点的选择上可能存在不止一种可能，而实际可用的不同选择可能导致生成的编码在平均长度上是最优的，但最大长度却不尽相同。最小化这个最大长度对于减少压缩和解压缩过程中缓冲区的大小是有益的。图 12.2 所示为两个霍夫曼编码的示例。

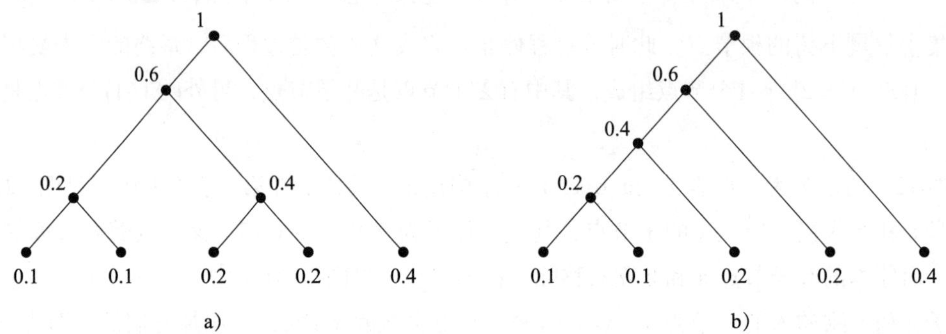

图 12.2　两个霍夫曼编码的示例。它们具有相同的平均编码字长度 2.2 位，但最大编码字长度不同，分别为 3 和 4

为了实现码字最大长度的最小化，一种策略是在当前的候选集中选择两个概率相同且最“久远”的节点。所谓最“久远”的节点，指的是这些节点的创建时间早于候选集中的其他节点，无论是叶子节点还是内部节点。这一策略可以通过维护两个队列来实现：第一个队列将所有叶子节点按概率升序排列；第二个队列则按照它们在霍夫曼算法中的创建顺序排列所有内部节点。可以观察到的是，第二个队列中的节点同样会按概率升序排列。当面临多个概率最小的节点时，算法将首先从第一个队列选取节点，其次是第二个队列。图 12.2a 为采用该策略得到的树结构，图 12.2b 为采用随机选择方法所构建的树。

霍夫曼算法生成的压缩文件由两部分组成：首先是前导码，它包含了霍夫曼树的编码和各符号的概率，因此其大小为$\Theta(|\Sigma|)$；其次是主体部分，这部分包含了输入序列S中每个符号的编码。在估算压缩文件的长度时，通常忽略前导码的大小，因为假定$|\Sigma| \ll |S|$。然而，必须指出的是，在实际应用中，当字母表规模较大时，前导码的大小是不能忽略的。在本节的

后续内容中，我们将专注于评估压缩后的正文所需的位数，并探讨通过优雅且规范的霍夫曼算法对树结构进行高效编码的方法，该方法既节省了空间又加快了解压缩速度。

设$L_C=\sum_{\sigma\in\Sigma}L(\sigma)\times\mathcal{P}[\sigma]$代表由前缀无关编码 C 生成的码字平均长度，该编码使用$L(\sigma)$位来对每个字母符号σ进行编码。接下来的定理阐述了霍夫曼编码的最优性：

定理 12.1　如果 C 是一个霍夫曼编码，那么 L_C 在所有前缀无关编码 C' 中具有最短的可能平均长度，即$L_C\leqslant L_{C'}$。

为了证明这一结果的正确性，我们首先观察到一个前缀无关编码可以看作一个二叉树（更确切地说，根据第 9 章的术语，我们应该称其为二叉字典树），因此可以将霍夫曼编码的最优性重新定义为相应二叉树的平均深度的最小化问题。这一属性可以通过应用下述关键引理来证明，其具体的证明过程将作为练习留给读者。

引理 12.1　假设 $\mathcal{F}$ 是一组带有概率的（加权）二叉树，该概率与其叶子节点相关联，并且二叉树中所有$|\Sigma|$个叶子节点的平均深度最小。那么，在 $\mathcal{F}$ 中存在一棵树 T，其中两个最小概率的叶子节点位于最大深度，并且是同一个父节点的子节点。

在 $\mathcal{F}$ 中的所有树都会在最大深度处有两个最小概率的叶子节点，尽管它们可能连接到不同的父节点。事实上，叶子节点所处的深度越大，它对整棵树平均深度的贡献越大。因此，为了实现平均深度的最小化，将最小概率的叶子节点“推”至更深的层次是有益的。具体来说，如果一个具有最小概率的叶子节点并未处于最大深度，我们可以通过将其与一个位于最深层且概率非最小的叶子节点互换位置，从而得到一棵平均深度更小的树。这意味着至少应有两个最小概率的叶子节点位于树的最大深度上。然而，并非在所有情况下这都是必需的：以一个包含四个符号的字母表$\{a,b,c,d\}$为例，其概率分别为 [0.1, 0.1, 0.1, 0.7]。在该情况下，霍夫曼树可以合并 (a,b)，然后再与 c 合并，使得这些节点出现在不同的深度上。

此外，正如预期的那样，具有最小概率的两个叶子节点可能不是同一个父节点的子节点。例如，考虑包含五个符号的字母表 $\{a,b,c,d,e\}$，其概率分布为 [0.1, 0.1, 0.11, 0.11, 0.58]。霍夫曼树会先合并 (a,b)，然后是 (c,d)，最终使它们成为同一个父节点的子节点，这个父节点是叶子节点 e 的兄弟节点。另一种构建具有最小平均深度的树的方式是先合并 (a,c)，然后是 (b,d)，最终使它们成为同一个父节点的子节点，这个父节点同样是叶子节点 e 的兄弟节点。但在后一种树结构中，尽管位于最大深度的两个最小概率叶子节点并非同一个父节点的子节点，但无论如何，在 $\mathcal{F}$ 中至少会有一棵树满足引理 12.1 中所述的两个属性。

在深入探讨定理 12.1 的证明之前，我们首先介绍另一个技术性引理。设字母表 Σ 由 n 个符号组成，而符号 x 和 y 的概率最小。假设 T_C 是由基于该字母表的编码 C 生成的二叉树，R_C 表示去掉 x 和 y 的叶子节点后得到的归约树。因此，叶子节点 x 和 y 的父节点（比如说 z）是 R_C 的一个叶子节点的概率为 $P[z]=P[x]+P[y]$。因此，树 R_C 是一棵二叉（加权）树，它具有与字母表$\Sigma-\{x,y\}\cup\{z\}$相对应的 $n-1$ 个叶子节点。图 12.3 所示为二叉树 T_C 和 R_C 之间的关系，引理 12.2 说明了它们的平均深度之间的关系。

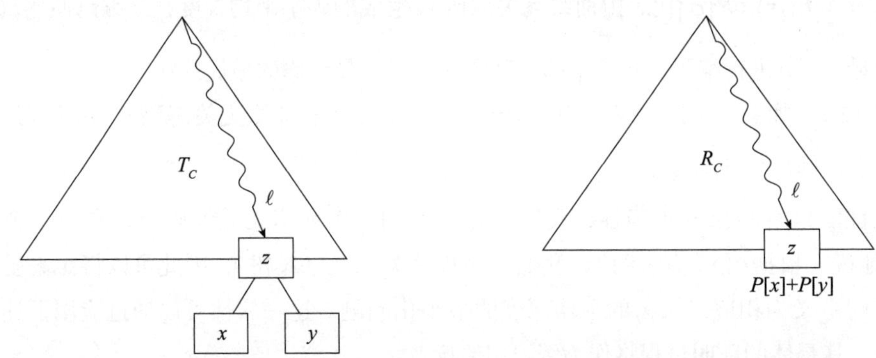

图 12.3 二叉（加权）树 T_C 与其对应的归约二叉（加权）树 R_C 之间的关系

引理 12.2 二叉（加权）树 T 的平均深度与其归约二叉（加权）树 R 的平均深度之间的关系由公式$L_T=L_R+(\mathcal{P}[x]+\mathcal{P}[y])$给出，其中 x 和 y 是两个概率最小的叶子节点。

证明 要想列出 L_T 和 L_R 的等式，需要将所有从根节点到叶子节点的路径长度乘以落在该叶子节点的概率求和。所以我们有 $L_T=\sum_{\sigma\neq x,\,y}\mathcal{P}[\sigma]\times L(\sigma)+(\mathcal{P}[x]+\mathcal{P}[y])\times(L(z)+1)$，其中 z 是 x 和 y 的父节点，因此$L(x)=L(y)=L(z)+1$。类似地，我们有$L_R=\left(\sum_{\sigma\neq x,\,y}\mathcal{P}[\sigma]\times L(\sigma)\right)+L(z)\times(\mathcal{P}[x]+\mathcal{P}[y])$，因此引理成立。

现在，我们可以通过对字母表符号数量 n 进行归纳来证明霍夫曼编码的最优性，正如定理 12.1 所声明的那样。对于 n=2 的基本情况，这种最优性是显而易见的，因为任何前缀无关编码都必须至少为 Σ 的每个符号分配 1 位；因此，霍夫曼编码是最优的，它将单个位 0 分配给一个符号，并将单个位 1 分配给 Σ 中的另一个符号。

现在我们假定$n>2$，并且通过归纳法假设霍夫曼编码对于具有$n-1$个符号的字母表是最优的。取$|\Sigma|=n$，设 C 为字母表 Σ 及其概率分布的一个最优编码。我们的目标是要证明$L_C=L_H$，这样霍夫曼编码对于 n 个符号也是最优的。显然，因为 C 被假设为 Σ 的一个最优编码，所以$L_C\leqslant L_H$。现在我们考虑两棵归约树 R_C 和 R_H，它们分别可以通过从 T_C 和 T_H 中去掉概率最小的叶子 x 和 y、留下它们的父节点 z 来得到。依据引理 12.1（对于最优编码 C）和霍夫曼算法的结构，这种归约化对于两棵树 T_C 和 T_H 都是可能的。这两棵归约树定义了一个对具有$n-1$个符号字母表的前缀无关编码；根据归纳假设，由 R_H 定义的编码对于归约化字母表$\Sigma\cup\{z\}-\{x,y\}$是最优的。因此，$L_{R_H}\leqslant L_{R_C}$在这个规约字母表上是成立的。依据引理 12.2，我们

可以得出 T_H 的平均深度是$L_H = L_{R_H} + \mathcal{P}[x] + \mathcal{P}[y]$，$T_C$ 的平均深度是$L_C = L_{R_C} + \mathcal{P}[x] + \mathcal{P}[y]$。因此$L_H \leqslant L_C$，结合之前的（相反的）不等式，由于 C 的最优性，可以得出$L_H = L_C$。这实际上意味着霍夫曼编码也是一个包含 n 个符号字母表的最优编码，因此，我们通过归纳法证明了霍夫曼编码对于任何大小的字母表都是最优的编码方式。

这句话并不意味着 C=H，实际上，有些最优前缀无关编码是无法通过霍夫曼算法得到的，如图 12.4 所示。相反，之前的论述表明了 C 和 H 的平均码字长度是相等的。接下来的基本定理为这个平均长度提供了一个定量的上限。

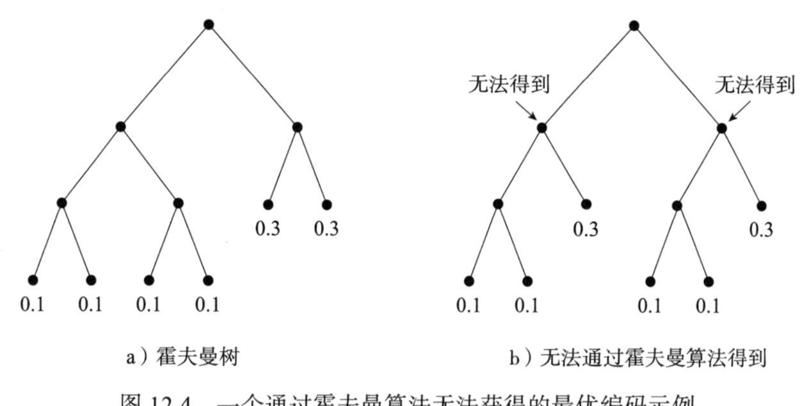

图 12.4 一个通过霍夫曼算法无法获得的最优编码示例

定理 12.2 假设$\mathcal{H}$为发出字母表 Σ 中符号的信源的熵，因此有$\mathcal{H} = \sum_{\sigma \in \Sigma} \mathcal{P}[\sigma] \log_2 \frac{1}{\mathcal{P}[\sigma]}$。霍夫曼编码的平均码字长度满足不等式$\mathcal{H} \leqslant L_H < \mathcal{H} + 1$。

证明 第一个不等式来源自香农的无噪声编码定理（Shannon's noiseless coding theorem），其详细而精妙的证明可以在香农的原始论文 [6] 或信息论的任何其他经典参考资料中找到。为了证明第二个不等式，我们定义了$\ell_\sigma = \lceil \log_2 (1/\mathcal{P}(\sigma)) \rceil$，它实际上是在给定符号$\sigma$的条件下，根据该符号的熵所导出的香农最优码字长度的最小整数上界。通过一些基础的算术操作，我们可以轻易地得出$\sum_{\sigma \in \Sigma} 2^{-\ell_\sigma} \leqslant 1$。因此，根据克拉夫特不等式（Kraft's inequality），存在一棵二叉树，其包含$|\Sigma|$个叶子节点，且每个符号σ的根节点到叶子节点的路径长度为ℓ_σ。这棵二叉树为 Σ 中的符号提供了一个编码 C，其平均码字长度为$L_C = \sum_{\sigma \in \Sigma} \mathcal{P}(\sigma) \times \ell_\sigma$。现在，根据霍夫曼编码的最优性特性（定理 12.1），我们知道$L_H \leqslant L_C$，并且根据熵$\mathcal{H}$的定义和不等式$\ell_\sigma < 1 + \log_2 (1/\mathcal{P}(\sigma))$，定理得证。

这个定理表明，与信息源的熵$\mathcal{H}$相比，霍夫曼编码在压缩每个符号时可能最多只损失 1

位。这个额外的位可能会造成相当大的差异，或者，也可能忽略不计，这取决于$\mathcal{H}$的值。显然，$\mathcal{H} \geqslant 0$，因为$\mathcal{P}(\sigma) \in [0,1]$，从而$\log_2 \frac{1}{\mathcal{P}[\sigma]} \geqslant 0$。当信息源只发出一个概率为 1 的符号，而所有其他符号的概率为 0 时，熵等于零。此外，熵是一个凹函数，当所有符号等概率出现时达到最大值，即$\mathcal{H} = \log_2 |\Sigma|$。因此，对于具有几乎等概率分布的符号的大字母表，$\mathcal{H}$可能会变得非常大。在这种情况下（即$\mathcal{H} \gg 1$），霍夫曼编码是有效的，额外的位消耗可以忽略。否则（例如$\mathcal{H} \approx 0$），当分布偏向于一个或几个字母表中的符号时，额外（可能）浪费的位可能导致霍夫曼编码的效率降低，因为像任何前缀无关编码一样，霍夫曼算法不能使用少于 1 位来表示每个符号。因此，霍夫曼编码能达到的最佳压缩率是用 1 位来编码每个符号，其完整表示为$\log_2 |\Sigma|$位。这种理想的编码会达到$1/\log_2 |\Sigma|$的压缩率。如果字母表Σ是 ASCII 码，即$|\Sigma| = 256$，则霍夫曼编码不能使任何序列 S 实现小于 1/8=12.5% 的压缩率。

为了突破这一局限，香农在他 1948 年的开创性论文 [6] 中提出了一个精妙的分块策略。这个策略涉及创建一个增广字母表，其中的符号是原始字母表中 k 个符号组成的子串。新的字母表大小为$|\Sigma|^k$，因此，如果在该字母表上应用霍夫曼编码，仅限于每个块浪费一个额外的位，而非针对每个符号。这表明这种分块技术使得每个符号仅牺牲了 $1/k$ 位，对于较大的 k 值来说，这的确可以忽略不计。那么，为什么我们不总是选择很大的 k 值呢？确实，一个较大的 k 值常常可以提高压缩率，这要归功于分块方案，该方案捕捉了相邻符号之间的相互依赖性。尽管如此，k 显然不能超过文本长度；更重要的是，一个较大的 k 值会产生一个较大的霍夫曼树，树中的叶子节点 / 符号数量随着$|\Sigma|^k$而增长，它必须存储在压缩文件的前导码中。这就是为什么一个“聪明”的压缩算法总是应该仔细地选择合适的 k 值，这个值可能会随着待压缩的文本而变化。这种策略虽然可行，但它在任何情况下都只是次优解，正如我们将在后续章节中证明的那样。

关于超长码字的情况，我们还有最后一个点需要讨论。如果码字长度超过 32 位，则不再可能将码字存储为单个机器字，操作成本可能会显著增加。因此，我们自然会问：这种特殊情况何时会发生？考虑到最优编码应该为符号σ分配一个长度为$\lceil \log_2(1/\mathcal{P}(\sigma)) \rceil$位的码字，可以得出$\mathcal{P}[\sigma]$在$2^{-33}$左右时导致$L(\sigma) > 32$，因此可以得出结论，这种不利情形只有在处理了大约$2^{33}$个符号后才会发生。遗憾的是，这个初步估计是一个过高的上界。作为例证，只需考虑一个严重左偏的霍夫曼树，其叶子节点 i 的出现频率为$F(i) < F(i+1)$。此外，我们假设$\sum_{j=1}^{i} F(j) < F(i+2)$，以促使霍夫曼算法将$F(i+1)$与最后创建的内部节点而不是与叶子节点$i+2$（或所有其他叶子$i+3$，$i+4, \cdots$)结合。

不难观察，$F(i)$ 可以被视为具有不同初始条件的斐波那契数列，例如$F(1)=F(2)=F(3)=1$。在这种情况下，$F(33)=3.01\times10^6$，并且$\sum_{i=1}^{33}F(i)=1.28\times10^7$。累计总和展示了为生成一个 33 位长度的码字必须处理的文本量。因此，这种特殊情况可能在处理了 1000 万个符号之后就出现了，这比之前的估计要少得多！如果不能避免这种特殊情况，那么有一些方法可以在保持良好压缩效率的同时减少码字长度 [8]。一种有效的策略是迭代地缩放符号概率。首先，根据输入文本中各符号的出现频率来估算概率，并据此构建标准的霍夫曼编码；然后，如果最长的码字超出了允许的最大位数（比如 L 位），则将所有符号的计数按某个常数比例（如 2 或黄金分割比 1.618）缩减，并使用新的概率分布重新构建霍夫曼编码。这个过程持续进行，直至得到一个最大码字长度不超过设定阈值的编码。在极限情况下，所有符号的计数最终将归一化至 1，导致产生一个固定长度的编码。

规范霍夫曼编码

让我们回顾一下霍夫曼编码的两个主要局限性：

- 它必须以树的形式存储数据结构，如果字母表 Σ 很大，这可能会非常耗费资源，就像在对符号块（可能是单词）进行编码时所发生的那样。
- 解码过程缓慢，这是由于每个码字的解码都需要完整地遍历整个树结构，而且路径上的每条边（即码字中的每一位）都可能导致缓存未命中。因此，缓存未命中的次数可能与压缩文件中的总位数相当。

霍夫曼编码拥有一个巧妙的改良版本，称为规范霍夫曼编码（Canonical Huffman Coding），它通过引入一种特殊的霍夫曼树重构方式，缓解了这些问题，实现了快速解码和较低的内存占用。其核心思想在于将典型的霍夫曼树转换成一个在码字长度分配上与之等效的新霍夫曼树，但构建方式确保了从最左侧叶子节点至最右侧叶子节点的路径长度不会增长。这种“重构”过程出人意料地简单，无须调整树指针，而是通过仅涉及数组和基本算术运算的五个步骤来实现，具体如下：

1）根据典型的霍夫曼算法，计算每个符号$\sigma\in\Sigma$的码字长度$L(\sigma)$。假设最大的码字长度（以位为单位）为 max。

2）构建数组`symb`[1,`max`]，在条目`symb`$[\ell]$中存储具有ℓ位霍夫曼编码的符号列表。

3）构建数组`num`[1,`max`]，在条目`num`$[\ell]$中存储拥有ℓ位霍夫曼编码的符号数量。

4）从数组 `num` 派生出（然后丢弃）数组`fc`$[1,$`max`$]$，该数组在元素`fc`$[\ell]$中存储使用ℓ位编码的所有符号的第一个编码字。这一过程颇具挑战性，它不使用霍夫曼树结构，而是依赖于算术运算，这些运算将在下文中详细阐述。

5）隐式地为symb$[\ell]$中的符号分配连续的码字，从码字fc$[\ell]$开始，并且长度为ℓ位。这里的“隐式”意味着它们并不直接存储在内存中，而是根据编码 / 解码过程的需要动态生成，正如算法 12.1 中所阐述的那样。

最终，规范霍夫曼编码只需要维护数组 fc 和 symb，对于整体空间复杂度来说，最多需要 $\max^2$ 位来存储 fc，最多需要$(|\Sigma|+\max)\log_2(|\Sigma|+1)$位对 symb 进行编码（注意$\max<|\Sigma|$）。因此，规范霍夫曼编码的第一个关键优势在于避免了通过指针显式地存储树结构，从而节省了$\Theta(|\Sigma|\log_2|\Sigma|)$位。此外，在压缩文件的头部信息中，只需存储$|\Sigma|$个符号的编码长度，这总共需要$|\Sigma|\log_2|\Sigma|$位（相比之下，存储符号频率则需要$|\Sigma|\log_2 n$位）：这些信息足以重建规范霍夫曼编码。图 12.5 所示为规范霍夫曼编码的示例。

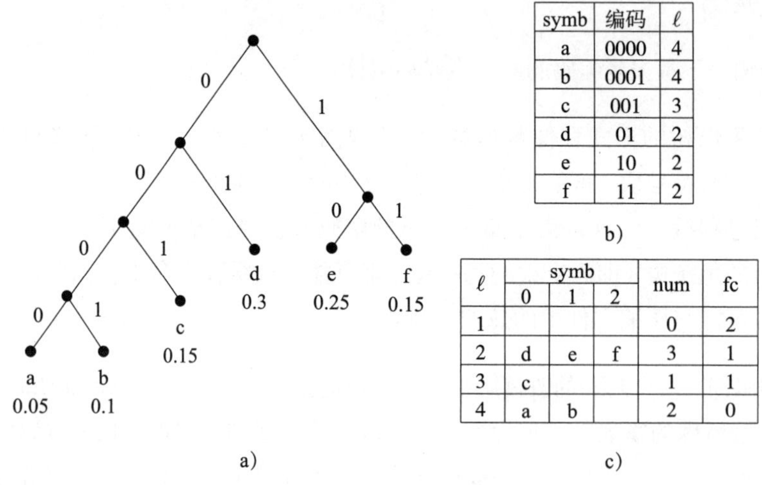

symb	编码	ℓ
a	0000	4
b	0001	4
c	001	3
d	01	2
e	10	2
f	11	2

ℓ	symb			num	fc
	0	1	2		
1				0	2
2	d	e	f	3	1
3	c			1	1
4	a	b		2	0

图 12.5 规范霍夫曼编码的示例。请注意，当从最左侧的叶子移动到最右侧的叶子时，霍夫曼树的形状设计使得路径长度不会增加。图 12.5a 的二叉树是其图形化表示，图 12.5b 为应用于六个符号 {a,b,c,d,e,f} 的典型霍夫曼算法的计算结果，这些符号的概率在相应的叶子节点下方指定。图 12.5c 为由规范霍夫曼编码计算出的所有数组

规范霍夫曼编码的另一个显著优势在于其解码过程。它无须逐步遍历霍夫曼树的层级，而是通过操作两个现有的数组完成的；因此，在最坏情况下，每个解码符号最多只会导致两次缓存未命中[⊖]。解码算法的伪代码在算法 12.1 中进行了概述，并假定步骤 4 中数组 fc 的计算是正确的（其正确性将在后文证明）。

⊖ 可以合理地对此进行假设，因为数组 fc 很小，可以容纳缓存未命名的次数只有 1。

算法 12.1 通过规范霍夫曼算法解码一个符号

```
v = next_bit();
ℓ = 1;
while v < fc[ℓ] do
    v = 2v + next_bit();
    ℓ++;
end while
return symb[ℓ, v - fc[ℓ]];
```

解码过程的正确性可以从规范霍夫曼树的结构特点中推断出来。事实上，while 循环的条件$v<$ `fc`$[\ell]$会检查当前ℓ位的码字 v 是否位于该层第一个码字，即`fc`$[\ell]$的左侧。如果是这种情况，由于规范霍夫曼树向左倾斜的特性，码字 v 位于所有用ℓ位编码的符号左边。因此，需要解码的码字更长，while 循环的主体就需要获取一个新的比特。而当$v\geqslant$ `fc`$[\ell]$位时，当前码字的值大于用ℓ位表示的第一个码字，因此 v 对应于规范霍夫曼树层级ℓ的一个叶子节点，这个叶子节点的偏移量为$v-$ `fc` $[\ell]$的叶子节点。

为了更好地理解这两种情况，让我们分析一下压缩序列 01 的解码过程，如图 12.6 所示。函数 `next_bit` ( ) 读取待解码的第一个输入位，即 0。最初，有$\ell=1, v=0$和`fc`$[1]=2$。我们处于第一种情况（即$v=0<2=$ `fc`$[1]$），因此算法需要继续寻找更长的码字。所以ℓ增加到值 2（规范霍夫曼树的下一个级别）并且 v 获取下一位 1，因此$v=01=1$。现在，我们处于第二种情况，因为不再满足 while 循环的条件（此时$v=1\geqslant$ `fc`$[2]=1$）；因此，算法检测到一个长度为$\ell=2$的码字，并且由于$v-$ `fc` $[2]$ =0，因此它返回由 `symb`[2] 指向的列表中的第一个符号，即 `symb`[2,0]=d。

在这一点上，我们需要对细节做出详细的说明：值`fc`$[1]=2$似乎是不可能的，我们不能用由一个单一位组成的码字来表示值 2。这是一个特殊的值，它迫使算法强制跳到下一个层级：实际上，`fc`$[1]$比任何一个由单一位组成的码字都要大。

当底层的符号分布没有自然导致具有这种性质的树时，我们便可以进入规范霍夫曼树的构造过程了。图 12.5 呈现了一棵根据输入符号分布构建的规范霍夫曼树。然而，并非所有树都符合这一性质，图 12.7 所示为一棵非规范的霍夫曼树。通过应用算法 12.2 中的六行伪代码，我们可以将其转换成规范树。在此，我们将详细介绍`fc`-array的计算方法，并记住 max 代表最大的码字长度（在运行示例中 max=4）。

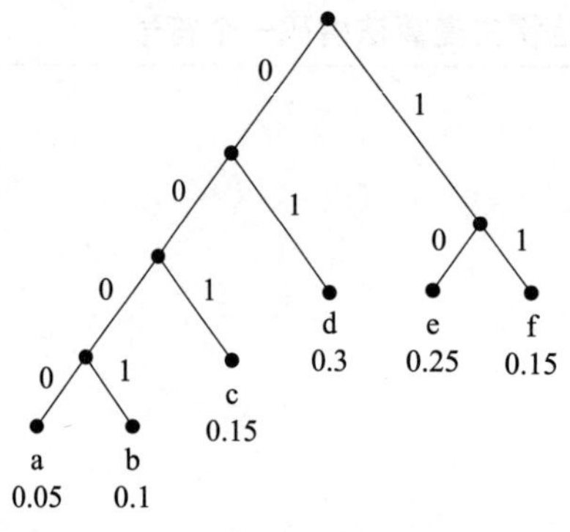

symb	编码	ℓ
a	0000	4
b	0001	4
c	001	3
d	01	2
e	10	2
f	11	2

ℓ	symb 0	symb 1	symb 2	fc
1				2
2	d	e	f	1
3	c			1
4	a	b		0

ℓ	symb 0	symb 1	symb 2	fc
1				2
2	d	e	f	1
3	c			1
4	a	b		0

图 12.6 压缩序列 01 的解码过程。对应于输入位 01 的编码被突出显示，在解码过程的 while 循环第一次迭代时，从输入中读取位 0，并检查底部左侧的第一个表格中数组 fc 的条目。文中进一步讨论了在 while 循环的第二次迭代中，当从输入获取位 1 时所检查的数组 fc 的条目，具体细节将在后文展开

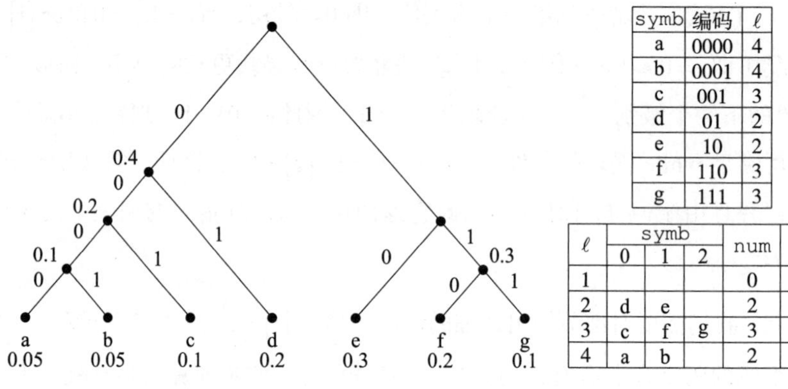

symb	编码	ℓ
a	0000	4
b	0001	4
c	001	3
d	01	2
e	10	2
f	110	3
g	111	3

ℓ	symb 0	symb 1	symb 2	num	fc
1				0	2
2	d	e		2	2
3	c	f	g	3	1
4	a	b		2	0

图 12.7 一棵非规范的霍夫曼树

算法 12.2 计算数组 fc 的一个规范霍夫曼编码

```
fc[max]=0;
i = max−1;
while i ⩾ 1 do
        fc[i] = (fc[i +1] + num[i +1])/2;
        i = i−1;
end while
```

在深入探讨算法 12.2 的正确性证明之前，有两个重要的概念需要说明。首先，`fc`$[\ell]$是一个由ℓ位组成的码字值，因此读者应该记住，如果存储在`fc`$[\ell]$中的值的二进制表示形式小于ℓ位，那么它必须用零进行补齐。其次，由于算法设置了`fc`$[\max]=0$，最长的码字是 max 个零的序列，这意味着构建的规范霍夫曼树完全偏向左边。现在，我们根据这个伪代码分析计算`fc`$[\ell]$的公式，并证明其正确性。通过归纳法可知，在层级$\ell+1$的第一个码字是fc$[\ell+1]$，且该层级包含`num`$[\ell+1]$个叶子节点。于是，从`fc`$[\ell+1]$到`fc`$[\ell+1]+$`num`$[\ell+1]-1$的所有码字可以保留给存储在`symb`$[\ell+1]$中的所有符号。因此，$\ell+1$位的第一个未使用的码字是由值`fc`$[\ell+1]+$`num`$[\ell+1]$给出的。伪代码中的公式将此值除以 2，这相当于从该数字的二进制编码中移除了最高有效位。就二叉树而言，这相当于取出拼接位串`fc`$[\ell+1]+$`num`$[\ell+1]$节点的父节点，该节点位于深度ℓ，且不作为任何长度为$\ell+1$的码字前缀。因此，这个位序列可以作为第一个码字fc$[\ell]$。图 12.7 中 fc[1]=2，这与之前已经提及的特殊案例相符。

12.2　算术编码

算术编码是由埃利亚斯（Elias）在 20 世纪 60 年代提出的，它的主要优点在于能够将符号编码到接近其零阶熵的水平。这种方法通过可能仅分配给每个符号一小部分位，从而在不均匀分布的情况下实现比霍夫曼编码更优秀的压缩效率，所以在香农的信息论意义上它是最优的。

为了清晰起见，我们考虑一个具体的例子。假设有一个输入字母表$\Sigma=\{a,b\}$，它的分布是倾斜的：$P[a]=99/100$，$P[b]=1/100$。根据香农的信息论，这个信源的熵$\mathcal{H}=\mathcal{P}(a)\log_2[1/\mathcal{P}(a)]+\mathcal{P}(b)\log_2[1/\mathcal{P}(b)]=0.080\ 56$位。相比之下，霍夫曼编码器就像任何其他前缀编码器一样，在对来自该信源的每个输入文本符号进行编码时，每个符号至少需要使用 1 位，这意味着所需的位数至少是信源熵的 10 倍。因此，就压缩效率而言，霍夫曼编码与零阶熵相差甚远，显然，符号分布的倾斜程度越大，霍夫曼编码与最优压缩效率的差距越大。正如我们已经讨论的，霍夫曼编码不能实现比$1/\log_2|\Sigma|$更好的压缩率，最佳情况出现在我们用 1 位替换 1 个符号时（明确编码为$\log_2|\Sigma|$位），即在符号为 ASCII 码的 256 个字符时，最佳压缩率可能是 1/8=12.5%。

为了解决这个问题，算术编码采取了一种创新的策略，它放宽了为每个独立符号定义一个前缀无关码字的限制。在这种策略下，压缩输出中的每一位都有可能代表多个输入符号。

算法 12.3 Converter(x, k)

```
要求：一个实数x∈[0,1)，一个正整数 k
获得：以 k 个位表示 x 的字符串
repeat
    x = 2 × x
    if x < 1 then
        output = output :: 0
    else
        output = output :: 1
        x = x − 1
    end if
直到产生了 k 个位
```

这样可以获得更好的压缩效果，相应的代价是算法速度变慢，并且无法从任何位置访问/解码已压缩的输出。算术编码的另一个有趣特点是，它很容易适用于概率分布的动态模型，即概率 $P(\sigma)$ 随着输入序列 S 的处理而更新。为此，我们只需设置$\mathcal{P}(\sigma)=\left(\ell_\sigma+1\right)/\left(\ell+|\Sigma|\right)$，其中$\ell$是目前处理过的 S 前缀的长度，而ℓ_σ是该前缀中符号 σ 出现的次数。读者可以验证这是否是一个合理的概率分布，其初始设置为均匀分布，事实上$\ell=0$和$\ell_\sigma=0$为所有符号$\sigma\in\Sigma$的概率分布。解压缩算法同样可以便捷地更新这些动态概率，确保压缩和解压缩过程参照同一输入分布，从而对相同的符号执行编码/解码操作。

12.2.1 位流和二元分数

一个（可能是无限的）位流$b_1b_2b_3\cdots b_k$可以通过在其前面加上“0.”来解释为一个$[0,1)$范围内的实数：

$$0.b_1b_2b_3\cdots b_k=\sum_{i=1}^{k}b_i\times 2^{-i}$$

反之，在区间 $[0,1)$ 内的实数 x 可以通过 Converter 算法转换成（可能是无限的）位序列，该算法的伪代码参见算法 12.3。这个算法包含一个循环，其中变量 output 是输出位流，:: 表示位之间的连接。当 x 的表示达到一定的精确度时，循环终止。具体而言，当我们在输出中输出一定数量的位时，或者我们确定 x 的表示是周期性的，又或者待编码的值为零时，终止循环。

为了阐明 Converter 算法的工作原理，我们将伪代码应用于数字 x=1/3，并且不为 k 设置任何上限：

$$\frac{1}{3}\times 2=\frac{2}{3}<1\to \text{输出}=0$$

$$\frac{2}{3}\times 2=\frac{4}{3}\geqslant 1\to \text{输出}=1$$

在第二次迭代中，x 大于 1，因此 Converter 算法输出了 1 并通过执行伪代码中的第 7 步更新了 x 的值：4/3−1=1/3。由于已经遇到了 x 的这个值，因此我们推断输出是周期性的表示 $\overline{01}$。

让我们考虑另一个例子，比如对 (3/32, 5) 执行 Converter 算法：

$$\frac{3}{32}\times 2=\frac{6}{32}<1\to \text{输出}=0$$
$$\frac{6}{32}\times 2=\frac{12}{32}<1\to \text{输出}=0$$
$$\frac{12}{32}\times 2=\frac{24}{32}<1\to \text{输出}=0$$
$$\frac{24}{32}\times 2=\frac{48}{32}\geqslant 1\to \text{输出}=1$$
$$\left(\frac{48}{32}-1\right)\times 2=1\geqslant 1\to \text{输出}=1$$
$$(1-1)\times 2=0\to \text{退出}$$

因此，Converter 的最终输出是 00011。在这种情况下，如果待编码的数字是二元分数表示的（即形式为 $v/2^k$ 的分数，其中 v 和 k 为正整数），就可以得到相同的输出结果。在不执行 Converter 的情况下，二元分数可以通过产生位序列$\text{bin}_k(v)$来直接、准确地编码。其中，$\text{bin}_k(v)$是整数 v 的二进制表示，是一个长度为 k 位的字符串，最终以 0 补齐。在前面的示例中，k=5 和 v=3。因此，由 Converter 计算得出$\text{bin}_5(3)=00011$。

12.2.2 压缩算法

算术编码的压缩过程是迭代进行的：每一步都将 [0,1) 的一个子区间作为输入。每个子区间代表迄今为止已压缩的输入序列的前缀、字母符号的概率及其累积概率，并消耗下一个输入符号。[⊖] 输入子区间被进一步细分为更小的子区间，Σ 的每个符号σ都有一个子区间。子区间的长度与它们的概率$\mathcal{P}(\sigma)$成比例。该次迭代的输出是一个新的子区间，该新子区间与消耗

⊖ 我们回顾一下，一个符号 $\sigma\in\Sigma$ 的累积概率是通过$\sum_{c<\sigma}\mathcal{P}(c)$计算得出的，这是在压缩过程的建模阶段由统计模型提供的。在动态模型的情况下，随着输入序列的扫描，概率和累积概率会发生变化。

的输入符号相关，并包含在前一个子区间中。迭代次数等于待编码的符号数量，因此也等于输入序列的长度。

更详细地说，算法首先从区间 [0, 1) 开始，在处理完所有输入后，产生与输入序列的最后一个符号相关联的区间是$[l, l+s)$。此处的复杂之处在于，输出并非一对实数 $\langle l, s\rangle$（即两个实数值），而仅仅是单一的实数 $x \in [l, l+s)$。这个实数被选定为一个二元分数，再加上输入序列的长度。

算法 12.4　AC-coding(*S*, *P*)

要求：输入序列$S[1,n]$及其概率$\mathcal{P}(\sigma)$

获得：一个 [0, 1) 的子区间$[l, l+s)$

对于每个符号 $\sigma \in \Sigma$，计算累积概率$f(\sigma) = \sum_{c<\sigma} \mathcal{P}(c)$;

$s_0 = 1, l_0 = 0, i = 1$;

while $i \leqslant n$ **do**

　　$s_i = s_{i-1} \times \mathcal{P}[S[i]]$;

　　$l_i = l_{i-1} + s_{i-1} \times f(S[i])$;

　　$i = i + 1$;

end while

return $\langle x \in [l_n, l_n + s_n), n\rangle$;

在下一小节中，我们将探讨如何选择这个值以最小化输出的位数；而在本小节中，我们将专注于整体的压缩阶段，其伪代码由算法 12.4 提供。在这个算法中，变量 l_i 和 s_i 分别是输入序列 i 长前缀编码区间的左端点和长度。在算术编码使用半静态模型来估计字母表符号概率的情况下，算法 12.4 的输入可以仅由输入序列 S 组成，概率$\mathcal{P}(\sigma)$是通过扫描 S 中σ的出现频率来估算的，这个扫描过程的时间复杂度为 $O(n)$。

例如，考虑输入序列$S = \text{abac}$，并假设采用半静态建模来估计概率$\mathcal{P}(\text{a}) = 1/2$，$\mathcal{P}(\text{b}) = \mathcal{P}(\text{c}) = 1/4$。由此得到的累积概率为$f(\text{a}) = 0, f(\text{b}) = \mathcal{P}(\text{a}) = 1/2$，$f(\text{c}) = \mathcal{P}(\text{a}) + \mathcal{P}(\text{b}) = 3/4$。根据算法 AC-Coding(*S*) 的伪代码，我们得到 n=4。因此，我们在 while 循环内部重复该过程四次。在第一次迭代（即 i=1）中，我们考虑序列的第一个符号$S[1] = a$，并根据概率模型中的$\mathcal{P}(\text{a})$和$f(\text{a})$计算出新的区间$[l_1, l_1 + s_1]$：

$$s_1 = s_0 \times \mathcal{P}(S[1]) = 1 \times \mathcal{P}(\text{a}) = 1/2$$

$$l_1 = l_0 + s_0 \times f(S[1]) = 0 + 1 \times f(\text{a}) = 0$$

在第二次迭代中，我们考虑第二个符号$S[2]=b$和（累积的）概率$\mathcal{P}(\mathrm{b})$〔以及$f(\mathrm{b})$〕，然后确定第二个区间 $[l_2, l_2+s_2)$：

$$s_2 = s_1 \times \mathcal{P}\left(S[2]\right) = \frac{1}{2} \times \mathcal{P}(\mathrm{b}) = \frac{1}{8}$$

$$l_2 = l_1 + s_1 \times f\left(S[2]\right) = 0 + \frac{1}{2} \times f(\mathrm{b}) = \frac{1}{4}$$

我们继续以这种方式处理第三和第四个符号，即$S[3]=a$和$S[4]=c$，从而得到最终区间：

$$[l_4, l_4+s_4) = \left[\frac{19}{64}, \frac{19}{64} + \frac{1}{64}\right) = \left[\frac{19}{64}, \frac{20}{64}\right) = \left[\frac{19}{64}, \frac{5}{16}\right)$$

图 12.8 所示为算术编码的执行过程。在每一步中，与当前符号相关联的子区间都被放大显示。在最后一步，算法返回最终子区间内的一个实数，这个实数包含在所有之前生成的区间内。这个数字连同输入序列 S 的长度 n，足以重构出输入序列 S，我们将在下一小节中说明这一点。实际上，所有固定长度为 n 的输入序列都与不同的子区间相关联，这些子区间互不相交，但都在区间 [0, 1) 中；另外，不同长度的序列可能是嵌套的，因此 n 是唯一重构 S 的必要条件，事实上它也是 AC-Coding 算法的输出结果。

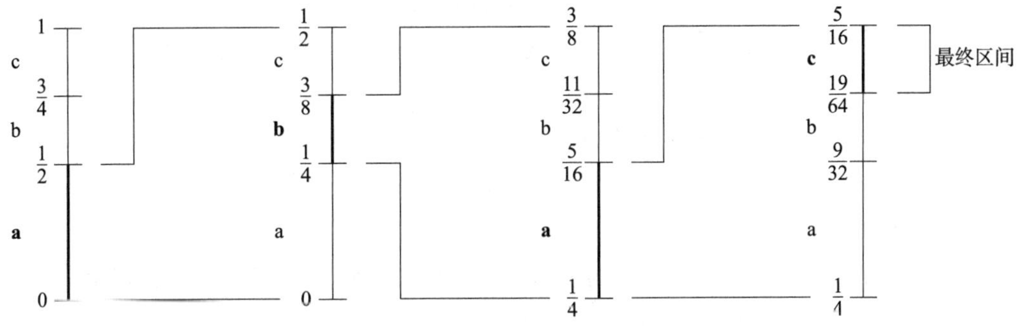

图 12.8　算术编码的执行过程

12.2.3　解压缩算法

输入由三部分构成：压缩阶段产生的位流、待解压缩序列的长度 n 以及所有字母表符号$\sigma \in \Sigma$的符号概率$\mathcal{P}(\sigma)$。鉴于算术编码是一种无损压缩技术，输出是原始序列 $S[1, n]$。

编码器和解码器使用相同的统计模型来划分当前区间（即$\mathcal{P}$和f)，并且都从区间$[0,1)$开始，所以解码是正确的。不同之处在于，编码器使用符号来选择对应的子区间，而解码器使用实数 0.b 来选择（相同的）子区间并进行放大操作。

以一对数字$\langle 39/128, 4\rangle$为例，假设输入分布是$\mathcal{P}(\text{a}) = 1/2$，$\mathcal{P}(\text{b}) = \mathcal{P}(\text{c}) = 1/4$，得到的累积概率是$f(\text{a}) = 0$，$f(\text{b}) = \mathcal{P}(\text{a}) = 1/2$ 和$f(\text{c}) = \mathcal{P}(\text{a}) + \mathcal{P}(\text{b}) = 3/4$。解码器开始执行算法 12.5 中详细说明的伪代码，从区间 [0,1) 开始，并设置$b = 39/128$，n=4。正如读者在本小节末尾发现的那样，这是算术编码为前一节处理的文本$S = \text{abac}$返回的一对数字。因此，我们建议读者同时执行解压缩过程以及图 12.8 中的压缩过程，这样可以验证编码器和解码器是同步工作的。

在第一次迭代中（即 i=1），初始范围 [0, 1) 被划分为三个子区间，每个字母符号对应一个子区间。这些区间遵循一个预定义的顺序排列；在这个例子中，最底部的第一个子区间与符号 a 关联，第二个区间与符号 b 关联，最后一个区间与符号 c 关联（如图 12.8 所示）。算法 12.5 计算每个子区间的大小，并与相应符号的概率成比例；因此$\left(0,\frac{1}{2}\right)$对应于 a，$\left[\frac{1}{2},\frac{3}{4}\right)$对应于 b，$\left[\frac{3}{4},1\right)$对应于 c。给定输入值 39/128，解码算法输出符号 a，因为这个值被包含在$\left[0,\frac{1}{2}\right)$中。然后，算法 12.5 更新子区间为 [0, 1/2)，将分区划分为三个子区间并选择包含该值 0.b 的一个区间（即步骤 4 和步骤 5），而步骤 7 和步骤 8 则是通过迭代对所有符号执行这一过程，直至找到正确的符号为止。也就是说，$0.\text{b} \in [l_1, l_1 + s_1)$，其中，$s_1 = s_0 \times \mathcal{P}(\text{a}) = 1 \times (1/2) = 1/2$，$l_1 = l_0 + s_0 \times f(\text{a}) = 0 + 1 \times 0 = 0$。

算法 12.5　AC-Coding(b, *n*, *P*)

要求：长度为 n 的输入序列 S 及其概率$\mathcal{P}(\sigma)$以二进制序列 b 表达压缩后的输出

获得：初始的序列 S

1: 对于每个符号$\sigma \in \Sigma$，计算累积概率$f(\sigma) = \sum_{c<\sigma} \mathcal{P}(c)$;

2: $s_0 = 1, l_0 = 0, i = 1$;

3: **while** $i \leqslant n$ **do**

4: 　　将区间$[l_{i-1}, l_{i-1} + s_{i-1})$划分为长度与字母符号概率成比例的子区间（按预定义顺序取）；

5: 　　确定与值 0.b 所在的子区间对应的符号 σ;

6: 　　$S = S :: \sigma$;

7: 　　$s_i = s_{i-1} \times \mathcal{P}(\sigma)$;

8: 　　$l_i = l_{i-1} + s_{i-1} \times f(\sigma)$;

9: 　　$i = i + 1$;

10: **end while**

11: **return** S;

在第二次迭代中（即 i=1），当前区间$[0, 1/2)$被细分成三个子区间，这些子区间的大小与三个字母符号的概率成正比（即 a 为 1/2，b、c 为 1/4）。这意味着它们分别是

$\left[0,\frac{1}{4}\right)$,$\left[\frac{1}{4},\frac{3}{8}\right)$, $\left[\frac{3}{8},\frac{1}{2}\right)$。因此，输出中返回的第二个符号是 b，因为 $39/128\in[1/4,3/8)$。作为算法 12.5 的正确性检验，步骤 7 和步骤 8 计算得到 $s_2=s_1\times\mathcal{P}(\mathrm{b})=(1/2)\times(1/4)=1/8$ 和 $l_2=l_1+s_1\times f(\mathrm{b})=0+(1/2)\times(1/2)=1/4$。

按照这种方式进行，第三次和第四次迭代分别输出符号 a 和 c，因此初始序列被正确地重构出来。因为 n=4 作为原始序列的长度已经输入给了解码器，所以算法 12.5 在第四次之后停止。

12.2.4　效率

直观上，这种方案表现良好，因为它将较大的子区间与频繁出现的符号〔鉴于区间大小 s_i 与 $\mathcal{P}(S[i])$ 成比例〕相关联，而一个较大的最终区间需要更少的位来指定其中的一个数字。从算法 12.4 的步骤 4 可以轻松得出一个显式公式，用于计算与输入序列 S 相关联的最终区间大小 s_n：

$$\begin{aligned}s_n&=s_{n-1}\times\mathcal{P}(S[n])=s_{n-2}\times\mathcal{P}(S[n-1])\times\mathcal{P}(S[n])=\cdots\\&=s_0\times\mathcal{P}(S[1])\times\cdots\times\mathcal{P}(S[n])=1\times\prod_{i=1}^{n}\mathcal{P}(S[i])\end{aligned}\tag{12.1}$$

式（12.1）之所以有趣，是因为它表明了 s_n 依赖于构成 S 的符号，但不依赖于它们在 S 中的顺序。因此，通过算术编码返回的 S 的区间大小与 S 中符号的顺序无关。由于区间的大小影响了压缩输出中返回的位数，我们可以推导出输出大小不依赖于 S 中符号的排列顺序。这与先前的声明并不矛盾，鉴于熵的公式也不依赖于 S 中符号的顺序，我们将继续证明算术编码实现的效率接近序列 S 的熵。

我们还面临着在区间 $[l_n,l_n+s_n)$ 内选择一个数字的问题，这个数字具有二元分数的形式 $v/2^k$，并且可以用很少的位（即一个小的 k）来编码。以下引理对于证明算术编码的效率和正确性至关重要。

引理 12.3　假设有一个实数 x 用二进制序列 $0.b_1b_2\cdots$ 表示。如果我们将其截断到前 d 位，我们得到一个实数 $\mathrm{trunc}_d(x)\in\left[x-2^{-d},x\right]$。

证明　实数 x 可能与其截断值在 d 位置之后的位上有所不同。这些位在 $\mathrm{trunc}_d(x)$ 中被重置为 0。因此，我们得到：

$$x-\mathrm{trunc}_d(x)=\sum_{i=1}^{\infty}b_{d+i}2^{-(d+i)}\leqslant\sum_{i=1}^{\infty}1\times2^{-(d+i)}=2^{-d}\sum_{i=1}^{\infty}\frac{1}{2^i}=2^{-d}$$

另外，我们可能会将 x 的二进制表示中的 1 转变为 $\mathrm{trunc}_d(x)$ 的二进制表示中的 0。

推论 12.1 将实数 $l+s/2$ 截断到其前$\lceil \log_2(2/s) \rceil$位时，它会落在区间$[l, l+s)$内。

证明 只需在定理 12.3 中设置 $d=\lceil \log_2(2/s) \rceil$，并观察 $2^{-d} \leqslant s/2$ 即可。

在这一点上，我们可以对实数$l_n + s_n / 2$调用 Converter 算法来代替算法 AC-Coding(S) 的步骤 8，要求只输出$\left\lceil \log_2 \frac{2}{s_n} \right\rceil$位。令人满意的是，Converter 算法支持这些位的增量生成。

为了清晰起见，让我们回顾在压缩阶段找到的最终区间$[l_4, l_4 + s_4) = \left[\frac{19}{64}, \frac{20}{64}\right)$的例子。因此，要输出的值是

$$l_4 + \frac{s_4}{2} = \frac{19}{64} + \frac{1}{64} \times \frac{1}{2} = \frac{39}{128}$$

在初始$\left\lceil \log_2 \frac{2}{s_4} \right\rceil = \log_2 128 = 7$位上进行截断。与这个数值相关联的位流是通过执行 Converter 算法进行七个步骤得到的，方法如下：

$$\frac{39}{128} \times 2 = \frac{78}{128} < 1 \to 输出 = 0$$

$$\frac{78}{128} \times 2 = \frac{156}{128} \geqslant 1 \to 输出 = 1$$

$$\left(\frac{156}{128} - 1\right) \times 2 = \frac{56}{128} < 1 \to 输出 = 0$$

$$\frac{56}{128} \times 2 = \frac{112}{128} < 1 \to 输出 = 0$$

$$\frac{112}{128} \times 2 = \frac{224}{128} \geqslant 1 \to 输出 = 1$$

$$\left(\frac{224}{128} - 1\right) \times 2 = \frac{192}{128} \geqslant 1 \to 输出 = 1$$

$$\left(\frac{192}{128} - 1\right) \times 2 = 1 \geqslant 1 \to 输出 = 1$$

在最后，编码器返回了数值对$\langle 0100111_2, 4 \rangle$。我们回想一下，为了支持解压缩，解码器不仅需要接收这个数值对，还需要接收字母表$\Sigma = \{a, b, c\}$和符号出现的概率$\mathcal{P}(a) = \frac{1}{2}$，$\mathcal{P}(b) = \mathcal{P}(c) = \frac{1}{4}$。

我们现在准备证明本小节的主要定理，该定理将算术编码所实现的压缩效率与输入字符串 S 的（经验）熵进行了关联。当我们通过在 S 中的出现频率来估算字母表中符号的概率时，我们称之为“经验”熵。

定理 12.3　通过算术编码为一个包含 n 个符号的序列 S 输出的位数最多为$2+n\mathcal{H}$，其中$\mathcal{H}$是序列 S 的（经验）熵。

证明　通过推论 12.1 和式（12.1），我们知道输出的位数为：

$$\left\lceil \log_2 \frac{2}{s_n} \right\rceil < 2-\log_2 s_n = 2-\log_2\left(\prod_{i=1}^{n}\mathcal{P}\left(S[i]\right)\right) = 2-\sum_{i=1}^{n}\log_2\mathcal{P}\left(S[i]\right)$$

现在，我们可以迭代符号σ，而不是在 S 中迭代位置 i 来重写求和公式，并且将出现相同次数的符号进行分组：

$$2-\sum_{\sigma\in\Sigma}n_\sigma\log_2\mathcal{P}(\sigma) = 2-n\left(\sum_{\sigma\in\Sigma}\frac{n_\sigma}{n}\log_2\mathcal{P}(\sigma)\right)$$

其中，n_σ代表符号σ在 S 中出现的次数。最终观察到，如果算术编码使用半静态模型来估计符号的概率，进而设置$\mathcal{P}(\sigma)=n_\sigma/n$，那么我们完全可以将此公式重写为$2+n\mathcal{H}$，其中$\mathcal{H}$是 S 的经验熵，定理也因此得证。在静态模型的情况下，概率是预先固定的，且 S 根据这些固定概率进行输出。尽管如此，根据大数定理，比率n_σ/n会在 n 足够大时收敛于$\mathcal{P}(\sigma)$，因此对于信源 S 的熵，定理中声明的界在渐近意义上依然成立。

我们可以从刚刚证明的结果中得出一些结论：

- 在整个输入序列 S 中仅浪费了 2 位，因此每个符号仅浪费 $2/n$ 位。随着输入序列逐渐增长，这种损失会逐渐消失。
- 输出的大小取决于构成 S 的符号集合以及这些符号重复出现的次数，而不取决于它们的顺序。

在 12.1 节中，我们了解到霍夫曼编码需要$n+n\mathcal{H}$位来压缩 n 个符号的序列，因此算术编码要好得多：它将加法线性项 n 转变为了一个常数因子 2。算术编码的另一个优点是它可以即时计算压缩输出，并且可以轻松适应动态建模的应用。另外，算术编码通过无限精度的算术运算实现了这种效率，这在技术成本可能非常高（无论是时间还是空间）。已经有多种关于使用有限精度算术的提议，但这样做会对压缩率造成最高$n\mathcal{H}_0+\frac{2}{100}n$的损失[3,9]。即便如此，算术编码仍然比霍夫曼编码更加紧凑，两者的损失对比是$\frac{2}{100}$与 1 位。下一小节将介绍 Witten、Neal 和 Clearly[9] 提出的算术编码的一种实用的实现方式，有时被称为区间编码，它在数学上等同于算术编码，但是工作于一个具有整数上下限的子区间。

一种较新的方法建议与有限精度算术配合使用，并在实际应用中展现出颇具吸引力的压缩和时间性能，这就是非对称数字系统（Asymmetric Numeral Systems，ANS）[2]。ANS 和算术编码类似，将一系列输入符号转换为代表该序列的一个数字；但不同的是，ANS 生成一个随着从输入读取的每个新符号而递增的整数值。因此，ANS 编码通过向该整数添加低有效位来进行，这一过程证实了该整数根据符号概率的倒数偏离零点。这样，随着输入序列的经验熵增加，平均输出位数仍然呈增长趋势。（为了更清楚地解释和比较 ANS 与霍夫曼编码及算术编码之间的差异，我们建议读者阅读本章参考文献 [5]。）

总的来说，规范霍夫曼编码在某些方面仍然优于算术编码和 ANS 编码：它的处理速度更快，且只要我们知道起始的码字，就能对压缩文件的任何部分进行解压缩。这些特点说明了规范霍夫曼编码在 Web/ 文本集合应用中广泛使用的原因，在这类应用环境下，高效地解压部分数据至关重要，且符号分布通常并不极端不均。对这些应用场景而言，一个有趣的规范霍夫曼编码变种是采用由单词或令牌构成的大型字母表，这种编码被称为 Huffword[8]。

12.2.5 区间编码$^\infty$

在区间编码中，使用有限精度算术表示实数依赖于以下三个步骤：

1）对于每一个符号$\sigma \in \Sigma$，我们引入一个整数计数$c[\sigma]$，表示该符号在输入序列中出现的次数，以及一个累积计数$C[\sigma]$，它汇总了在Σ中σ之前出现的所有符号的计数，因此，我们有$C|\sigma| = \sum_{\alpha<\sigma} c[\alpha]$，所以我们可以近似地计算概率$\mathcal{P}(\sigma)$和累积概率$f(\sigma)$如下：

$$\mathcal{P}(\sigma) = \frac{c[\sigma]}{C[|\Sigma|+1]}，f(\sigma) = \frac{C[\sigma]}{C[|\Sigma|+1]}$$

2）区间$[0,1)$被映射到整数区间$[0,M)$，其中$M = 2^w$，取决于内存中的位长 w。

3）在算术编码的压缩或解压缩阶段的第 i 次迭代中，当前子区间〔先前为$[l_i, l_i + s_i)$〕将被选定为具有整数端点$[L_i, H_i)$，以便：

$$L_i = L_{i-1} + \lfloor f(S[i]) \times (H_{i-1} - L_{i-1}) \rfloor$$
$$H_i = L_i + \lfloor \mathcal{P}(S[i]) \times (H_{i-1} - L_{i-1}) \rfloor$$

这些近似方法引起了压缩损失，原作者根据经验估算，每个输入符号的损失是 10^{-4} 位。为了阐明其工作原理，我们首先将解释压缩阶段和解压缩阶段，然后再通过一个例子加以说明。

（1）压缩阶段 为了保证每个区间$[L_i, H_i)$都有非空子区间，下一个子区间的整数起点必须是严格递增的。根据它们的定义，有：

$$L_{i+1}=L_i+\left\lfloor f\left(S\left[i+1\right]\right)\times\left(H_i-L_i\right)\right\rfloor=L_i+\left\lfloor\frac{C\left[S\left[i+1\right]\right]}{C\left[\left|\Sigma\right|+1\right]}\times\left(H_i-L_i\right)\right\rfloor$$

由于$C\left[i\right]$是严格递增的，条件 $\frac{H_i-L_i}{C\left[|\Sigma|+1\right]}\geqslant 1$确保了子区间的起点也是递增的，再加上扩展需要保持数字小于 M，就足以保证式（12.2）成立：

$$C\left[\left|\Sigma\right|+1\right]\leqslant\frac{M}{4}+2\leqslant H_i-L_i \tag{12.2}$$

这意味着，自适应的区间编码应该每隔$M/4+2$个输入符号就重置这些计数，或者每隔$M/8+1$个输入符号就通过将它们除以 2 来进行重新调整。

（2）重缩放　为了保证式（12.2）成立，我们可以采用以下扩展规则，在压缩过程的每一步之前反复检查，直到它们中的任何一个步骤不再满足：

1）$\left[L_i,H_i\right)\subseteq\left[0,\frac{M}{2}\right)$→输出“0”，新的区间是：

$$\left[L_{i+1},H_{i+1}\right)=\left[2L_i,2\left(H_i-1\right)+2\right)$$

2）$\left[L_i,H_i\right)\subseteq\left[\frac{M}{2},M\right)$→输出“1”，新的区间是：

$$\left[L_{i+1},H_{i+1}\right)=\left[2\left(L_i-\frac{M}{2}\right),\ 2\left(H_i-1-\frac{M}{2}\right)+2\right)$$

3）如果$M/4\leqslant L_i<M/2<H_i\leqslant 3M/4$，那么我们不能输出任何位，并且我们有一个下溢条件，该条件按照如下方式管理。

在发生下溢的情况时，我们无法输出任何位，直到区间落入$\left[0,M\right)$的两个半区之一（即上述情况 1 或 2）。如果我们继续对区间$\left[M/4,3M/4\right)$进行操作，就像处理区间$\left[0,M\right)$时一样，通过重写条件 1 和 2，区间大小可能会降低到$M/8$以下，因此同样的问题再次出现。解决方法是使用一个参数 m 来记录下溢条件发生的次数，以确保当前区间处于$\left[\frac{M}{2}-\frac{M}{2^{m+1}},\frac{M}{2}+\frac{M}{2^{m+1}}\right)$之内。观察结果，当区间最终不包含$\frac{M}{2}$时，如果它位于第一个半区，我们将输出 01^m；如果它位于第二个半区，我们将输出 10^m。然后，我们可以围绕区间的中点进行扩展，并计算扩展的次数：

- 数学上，如果$\frac{M}{4}\leqslant L_i<\frac{M}{2}<H_i\leqslant\frac{3M}{4}$，那么我们增加下溢数 m 并考虑新的区间

$$[L_{i+1}, H_{i+1}) = \left[2\left(L_i - \frac{M}{4}\right), 2\left(H_i - 1 - \frac{M}{4}\right) + 2\right)。$$

- 当执行扩展规则 1 或 2 时，在位输出之后，我们还会输出该位补码的 m 个副本，并将 m 重置为 0。

（3）终止输入序列 在输入序列的末尾，由于区间膨胀，当前区间至少满足以下两个不等式之一：

$$L_n < \frac{M}{4} < \frac{M}{2} < H_n \text{ 或 } L_n < \frac{M}{2} < \frac{3M}{4} < H_n \tag{12.3}$$

在 $m > 0$ 的情况下，区间编码按如下方式完成输出的位流：

- 如果第一个不等式成立，我们可以输出01^{m+1}（如果 m=0，这意味着编码$\frac{M}{4}$）。
- 如果第二个不等式成立，我们可以输出10^{m+1}（如果 m=0，这意味着编码$\frac{3M}{4}$）。

（4）解压缩阶段 解码器必须模仿压缩阶段进行的计算，它维护一个有$\lceil \log_2 M \rceil$位的移位寄存器 v，v 起到了 x（在经典算术编码中）的作用，因此用于从当前区间的划分中找到下一个子区间。当区间被扩大时，v 相应进行修改，并从压缩流中通过 next_bit 函数加载一个新的位（假设每当输入流耗尽时，这个函数就会获取一个位 0）。就像在压缩阶段一样，以下扩展规则被反复检查，直到没有一个满足的条件为止。

1）$[L_i, H_i) \subseteq \left[0, \frac{M}{2}\right) \rightarrow$考虑新区间$[L_{i+1}, H_{i+1}) = [2L_i, 2(H_i - 1) + 2), v = 2v + \text{next_bit}$。

2）$[L_i, H_i) \subseteq \left[\frac{M}{2}, M\right) \rightarrow$ 考虑新的区间 $[L_{i+1}, H_{i+1}) = \left[2\left(L_i - \frac{M}{2}\right), 2\left(H_i - 1 - \frac{M}{2}\right) + 2\right)$，$v = 2\left(v - \frac{M}{2}\right) + \text{next\_bit}$。

3）如果$\frac{M}{4} \leqslant L_i < \frac{M}{2} < H_i \leqslant \frac{3M}{4}$考虑新区间$[L_{i+1}, H_{i+1}) = \left[2\left(L_i - \frac{M}{4}\right), 2\left(H_i - 1 - \frac{M}{4}\right) + 2\right)$，$v = 2\left(v - \frac{M}{4}\right) + \text{next\_bit}$。

为了更好地理解区间编码，我们继续使用前文中相同的输入序列$S = \text{abac}$，长度为 $n = 4$，有序字母表 $\Sigma = \{\text{a}, \text{b}, \text{c}\}$，概率$\mathcal{P}(\text{a}) = 1/2, \mathcal{P}(\text{b}) = \mathcal{P}(\text{c}) = 1/4$，累计概率$f(\text{a}) = 0, f(\text{b}) = 1/2$，

$f(\mathrm{c})=3/4$。我们将使用本节开始时看到的近似值重写这些概率，因此有$C\left[|\Sigma|+1\right]=4$，并且将初始区间设置为$\left[L_0,H_0\right)=\left[0,M\right)$，这里选择 M 来满足式（12.2），即

$$C\left[|\Sigma|+1\right]\leqslant\frac{M}{4}+2\Longleftrightarrow 4\leqslant\frac{M}{4}+2$$

我们取 M=16，因此$M/4=4, M/2=8$，$3M/4=12$（当然，这个值 M 并不基于真实的机器字长度，但对我们的例子来说很有用）。此时，我们有了初始区间：

$$\left[L_0,H_0\right)=\left[0,16\right)$$

我们准备好了使用本节开头提到的端点表达式来压缩第一个符号$S\left[1\right]=\mathrm{a}$：

$$L_1=L_0+\left\lfloor f(\mathrm{a})\times\left(H_0-L_0\right)\right\rfloor=0+\left\lfloor 0\times16\right\rfloor=0$$

$$H_1=L_1+\left\lfloor \mathcal{P}(\mathrm{a})\times\left(H_0-L_0\right)\right\rfloor=0+\left\lfloor \frac{2}{4}\times16\right\rfloor=8$$

新区间$\left[L_1,H_1\right)=\left[0,8\right)$满足第一个扩展规则$\left[L_1,H_1\right)\subseteq\left[0,M/2\right)$，因此区间编码输出“1”并将当前区间扩展为：

$$\left[L_1,H_1\right)=\left[2L_1,2\left(H_1-1\right)+2\right)=\left[0,16\right)$$

在第二次迭代中，我们考虑第二个输入符号 $S[2]$=b，新区间的端点如下：

$$L_2=L_1+\left\lfloor f(\mathrm{b})\times\left(H_1-L_1\right)\right\rfloor=8$$

$$H_2=L_2+\left\lfloor \mathcal{P}(\mathrm{b})\times\left(H_1-L_1\right)\right\rfloor=12$$

这个区间满足第二个扩展规则$\left[L_2,H_2\right)\subseteq\left[M/2,M\right)$，因此区间编码会输出“1”并按照如下方式扩展当前区间：

$$\left[L_2,H_2\right)=\left[2\left(L_2-\frac{M}{2}\right),2\left(H_2-1-\frac{M}{2}\right)+2\right)=\left[0,8\right)$$

这个区间满足第一个扩展规则，因此，区间编码在读取下一个输入符号之前应用它。所以它输出“0”并获得了新的扩展区间：

$$\left[L_2,H_2\right)=\left[2L_1,2\left(H_2-1\right)+2\right)=\left[0,16\right)$$

第三个输入符号$S\left[3\right]=\mathrm{a}$等于第一个输入符号并在同一区间内编码，因此我们知道区间编码输出“0”并得到新的区间$\left[L_3,H_3\right)=\left[0,16\right)$。对于最后的第四个输入符号$S\left[4\right]=\mathrm{c}$，区间编码计算出的新区间如下：

$$[L_4,H_4)=\left[L_3+\lfloor f(\mathrm{c})\times(H_3-L_3)\rfloor,L_4+\lfloor \mathcal{P}(\mathrm{c})\times(H_3-L_3)\rfloor\right)=[12,16)$$

这个区间位于 $M/2$ 之后，因此区间编码输出“1”并且应用第二个扩展规则：

$$[L_4,H_4)=\left[2\left(L_4-\frac{M}{2}\right),2\left(H_4-1-\frac{M}{2}\right)+2\right)=[8,16)$$

这个区间必须根据第二个扩展规则再次扩展，所以区间编码输出“1”并获得最终区间：

$$[L_4,H_4)=\left[2\left(L_4-\frac{M}{2}\right),2\left(H_4-1-\frac{M}{2}\right)+2\right)=[0,16)$$

读者可以验证，最终的区间满足不等式（12.3）的条件，并且，压缩后的位序列 010011 实际上比经典算术编码生成的比特序列短了 1 位。这个位序列编码了 1 个二进制分数$\frac{19}{64}$，这个分数正确地位于算术编码在图 12.8 中标识的范围$\left[\frac{19}{64},\ \frac{5}{16}\right)$内。

在解码阶段，第一步是用压缩序列的前$\lceil\log_2 16\rceil=4$位初始化移位寄存器 v（长度为$\lceil\log_2 M\rceil=\lceil\log_2 16\rceil=4$），因此$v=0100_2=4_{10}$。⊖ 此时，初始区间$[L_0,H_0)=[0,16)$被划分为三个不同的子区间，每个符号在字母表中相应计数为：$[0,8),[8,12)$ 和$[12,16)$。第一次迭代输出的符号是 a，因为$v=4\in[0,8)$。此时，区间编码应用了解压缩过程的第一个扩展规则，因为$[L_1,H_1)=[0,8)\subseteq\left[0,\frac{M}{2}\right)$，因此得到：

$$[L_1,H_1)=\left[2L_1,2(H_1-1)+2\right)=[0,16)$$

$$v=2v+\text{next\_bit}=\text{shift}_{\text{sx}}\left(0100_2\right)+1_2=1000_2+1_2=1001_2=9_{10}$$

在第二次迭代中，区间$[0,16)$被细分为与之前相同的范围，此时输出符号变为 b，因为$v=9\in[8,12)$。最后一个区间满足第二个扩展规则，从而产生了新的区间：

$$[L_2,H_2)=\left[2\left(L_2-\frac{M}{2}\right),2\left(H_2-1-\frac{M}{2}\right)+2\right)=[0,8)$$

$$v=2\left(v-\frac{M}{2}\right)+\text{next\_bit}=\text{shift}_{\text{sx}}\left(1001_2-1000_2\right)+1_2=0011_2=3_{10}$$

由于当前区间$[0,8)$满足第一个扩展规则，我们对其应用以下规则（如果压缩序列中没有更多的位，则函数 next_bit 返回 0）：

⊖ 符号 x_2 表示 x 以二进制的形式表示，相应地，x_{10} 是以 10 进制的形式表示。

$$[L_2,H_2)=[2L_2,2(H_2-1)+2)=[0,16)$$

$$v=2v+\text{next\_bit}=\text{shift}_{sx}(0011_2)+0_2=0110_2=6_{10}$$

这个区间如同在第一次迭代中那样被进行细分，因为$v=6\in[0,8)$，所以区间编码输出 a。遵循与第一次迭代相同的计算，新的区间是$[L_3,H_3)=[0,16)$。

$$v=2v+\text{next\_bit}=\text{shift}_{sx}(0110_2)+0_2=1100_2=12_{10}$$

最后一个输出的符号是 c，因为$v=12\in[12,16)$，因此整个输入序列被完全重构。此时，算法可以停止了，因为它已经生成了四个符号，而且在向解码器提供输入以指定 S 的长度时，已指定了 4。

12.3　通过部分匹配进行预测$^{\infty}$

为了实现更高的数据压缩效率，我们需要对符号出现的概率进行更为精确的预测。典型的做法是不仅简单地将每个符号视为独立事件，而且通过分析符号在特定前置序列之后出现的条件概率来做出估计，这种依赖前置符号的概率模型被称为“上下文”。本节将阐述一种特别的自适应技术来构建一个可以与算术编码高效整合的上下文模型。这种技术能够生成偏斜的概率分布，从而大幅提升数据压缩效率。这种技术被称作 PPM，它允许我们将编码器从零阶熵升级至高阶熵编码器。近来，深度神经网络作为复杂概率分布的建模工具出现，为新的数据建模方法提供了可能性，这些新方法可以与既有的统计编码技术结合，以期达到更优的压缩效果。然而，这些基于深度学习的方法在时间和空间效率方面的表现还有待进一步研究和验证。

PPM 的实际应用面临两个主要问题：①它需要在扫描输入序列的同时，利用合适的数据结构来在时间和空间上高效地更新所有条件概率；②初始阶段基于上下文的概率估计通常不够准确，这就需要通过适当的机制进行调整，以便迅速为所有输入符号积累准确的统计信息。在本节余下的内容中，我们将重点讨论第二个问题，并建议读者参阅相关文献[4, 8]以获取解决第一个问题的详细信息。同时，我们也将简要介绍关于采用基于树的数据结构进行压缩编码的最新研究成果，这可能适用于第一个问题，当字母表和上下文长度增加时，这将是关乎效率的另一个关键问题（更多细节参见第 15 章）。

PPM 使用一组有限的上下文长度$\ell\leqslant K$（也称为ℓ阶上下文）来预测接下来的符号。最大上下文长度 K 对于索引这些上下文的数据结构的时间效率和空间效率有显著影响，因此，正如我们在第一个问题中所强调的，需要慎重考虑合适的数据结构。在步骤 i 中，PPM 需要执行两个阶段：一个是根据这组上下文提供的概率估算来对当前符号$\sigma=S[i]$进行编码；另一个是更新σ及其所有之前的上下文$\alpha = S[i-\ell, i-1]$的计数，这些上下文的长度最大可以达到K，以便它跟踪字符串$\alpha\sigma$在迄今为止处理的S前缀中出现的次数。

选择用于编码$S[i]$的最佳上下文是复杂的决策过程，PPM 从最长可能的上下文长度K开始，这个上下文出现在$S[i]$之前，即$S[i-K, i-1]$。如果 PPM 发现在预测“$S[i]$在$S[i-K, i-1]$之后”，可用的统计信息不足，那么它就会转向更短长度的ℓ阶上下文，直至找到一个能够以足够的统计显著性预测$S[i]$的上下文（如$S[i-\ell, i-1]$，其中$\ell < K$）。这个检查过程充分利用了 PPM 为到目前为止处理的序列S的前缀中，所有长度达到K的上下文之后出现过的所有符号保持的统计数据（即计数）。

因此，它可以通过访问相应的计数来估算$S[i]$在$S[i-\ell, i-1]$之后出现的概率，并在计数大于 0 时使用这一概率。注意，0 阶上下文对应于仅通过单个符号的频率计数估算的概率，就像在经典的算术编码中一样。否则（即$S[i]$在$S[i-\ell, i-1]$之后的计数为零），PPM 会缩放到一个更短的ℓ阶上下文。在开始时，可能会缺少一些上下文；特别是当$i \leqslant K$时，编码器和解码器最多只能使用长度为$(i-1) < K$的上下文。为了避免“$S[i]$在$S[i-\ell, i-1]$之后”对于所有的$0 \leqslant \ell \leqslant K$不存在统计数据的异常情况，PPM 额外维护了一个特殊的 −1 阶上下文，这相当于一个所有符号具有相同概率的模型。这个上下文确保了在上下文缩放过程中，总会有一个上下文使得符号$S[i]$具有非零概率。

压缩数据的关键问题在于如何有效地编码模型的长度ℓ，以便在解压$S[i]$时，解码器也能利用相同的上下文信息。虽然理论上可以使用整数编码器来实现这一目标（参见第 11 章），但这会导致每个符号的表示都消耗固定数量的位，这与我们追求高效建模的初衷相悖。PPM 技术巧妙地通过引入一个特殊的转义符号（esc）来解决这个问题，每当需要切换到一个更短的上下文时，就会使用这个符号。这个过程会持续进行，直到找到一个符号“不新颖”（即计数大于 0）的模型为止。这个过程最终会达到一个特殊的状态，即 −1 阶上下文。使用这种策略，符号的概率计算总是基于该符号先前出现的最长上下文，这比单独计算每个符号在Σ中的概率要精确得多，这种方法比传统的算术编码和霍夫曼编码更为高效。

为了更好地理解 PPM 的工作原理，我们来看下面的这个例子。假设输入序列S是字符串 abracadabra，假设K=2 是用于计算所有字母符号条件概率的最长上下文。如前所述，算法开始时唯一可用的模型是 −1 阶模型。因此，当读取第一个符号 a 时，无须输出转义符，−1 阶上下文将用于为$S[1] = \mathrm{a}$赋值均匀概率$\frac{1}{|\Sigma|}$（通常情况下，符号采用字节编码，因此$|\Sigma| = 256$）。同时，PPM 通过分配概率$\mathcal{P}(\mathrm{a}) = \frac{1}{2}$和$\mathcal{P}(\mathrm{esc}) = \frac{1}{2}$来更新 0 阶模型中的频率计数。在本示例中，

我们假设转义符号的计数等于模型中不同字符的总数。关于定义转义符号概率的其他策略，我们将在下一小节中进行详细讨论。

PPM 随后读取$S[2]=\mathrm{b}$并尝试使用 0 阶模型，如前所述，这是当前可用的最长模型。由于 b 以前从未被读取过，算法输出了一个转义符号。因此，利用 −1 阶模型来压缩 b，然后更新 1 阶和 0 阶模型。在 0 阶模型中，我们有$\mathcal{P}(\mathrm{a})=\frac{1}{4}$，$\mathcal{P}(\mathrm{b})=\frac{1}{4}$，$\mathcal{P}(\mathrm{esc})=\frac{2}{4}=\frac{1}{2}$（已读取两个不同的符号）。在 1 阶模型中，概率$\mathcal{P}(\mathrm{b}\,|\,\mathrm{a})=\frac{1}{2}$，$\mathcal{P}(\mathrm{esc}\,|\,\mathrm{a})=\frac{1}{2}$（只读取了一个不同的符号）。

现在，让我们快速跳过前五个符号的编码，假设 PPM 需要编码$S[6]=\mathrm{d}$。由于这是 d 在 S 中的第一次出现，算法将会输出三个转义符号，以便从 2 阶模型切换到 −1 阶模型。图 12.9 所示为 PPM 处理完整个序列 S 后计算出的统计数据。由 PPM 提供的概率估计随后可以被算术编码器或其他任何统计编码器使用，以实现$\Sigma\cup\{\mathrm{esc}\}$中符号序列的压缩。正因如此，PPM 常常被认为是一种上下文建模技术，而不仅仅是一种数据压缩技术。

次序 k=2			次序 k=1			次序 k=0			次序 k=−1		
预测	c	$\mathcal{P}$	预测	c	$\mathcal{P}$	预测	c	$\mathcal{P}$	预测	c	$\mathcal{P}$
ab → r	2	$\frac{2}{3}$	a → b	2	$\frac{2}{7}$	→ a	5	$\frac{5}{16}$	→ $\forall\sigma[i]$	1	$\frac{1}{\lvert\Sigma\rvert}$
→ esc	1	$\frac{1}{3}$	→ c	1	$\frac{1}{7}$	→ b	3	$\frac{2}{16}$			
			→ d	1	$\frac{1}{7}$	→ c	1	$\frac{1}{16}$			
ac → a	1	$\frac{1}{2}$	→ esc	3	$\frac{2}{7}$	→ d	1	$\frac{1}{16}$			
→ esc	1	$\frac{1}{2}$				→ r	2	$\frac{2}{16}$			
			b → r	2	$\frac{2}{3}$	→ esc	5	$\frac{5}{16}$			
ad → a	1	$\frac{1}{2}$	→ esc	1	$\frac{1}{3}$						
→ esc	1	$\frac{1}{2}$									
			c → a	1	$\frac{1}{2}$						
br → a	2	$\frac{2}{3}$	→ esc	1	$\frac{1}{2}$						
→ esc	1	$\frac{1}{3}$									
			d → a	1	$\frac{1}{2}$						
ca → d	1	$\frac{1}{2}$	→ esc	1	$\frac{1}{2}$						
→ esc	1	$\frac{1}{2}$									
			r → a	2	$\frac{2}{3}$						
da → b	1	$\frac{1}{2}$	→ esc	1	$\frac{1}{3}$						
→ esc	1	$\frac{1}{2}$									
ra → c	1	$\frac{1}{2}$									
→ esc	1	$\frac{1}{2}$									

图 12.9　PPM 处理完整个字符串序列 S=abracadabra 后计算出的统计数据

关于符号概率的估计

在越来越短的上下文缩放过程中，我们可以利用对1阶模型中符号频率的了解，进一步改善压缩率。假设在前一个示例中整个输入序列S已经被处理过，并且接下来要编码的符号是c且K=2。当前的2阶上下文是ra，因此考虑图12.9中的条目$\mathrm{ra}\to\mathrm{c}$，c以概率$\frac{1}{2}$编码，使用1位。

现在，假设要编码的不是字符c，而是跟随着S=abracadabra中出现的字符d。在这种情况下，图12.9中不存在条目$\mathrm{ra}\to\mathrm{d}$。PPM输出一个转义符号（以概率1/2编码）并且它切换到1阶上下文a。条目$\mathrm{a}\to\mathrm{d}$在图12.9中确实存在，因此d可以以概率1/7编码。一个有趣的观察结果——被称为排除原则——允许我们改进$\mathcal{P}(\mathrm{d}\,|\,\mathrm{a})$的概率估计。由于2阶模型被弃用，编码器（和解码器）可以推断出当前符号不可能是图12.9中在上下文ra后面列出的任何符号。因此，更短的1阶模型知道当前符号不能是c（因为条目$\mathrm{ra}\to\mathrm{c}$），因此它可以“排除”条目$\mathrm{a}\to\mathrm{c}$并将上下文a的频率计数减少一个单位（即ac的频率）。结果，符号d以概率1/6编码。

现在假设在“abracadabra”之后出现了一个新的符号e。在这种情况下，算法会输出一系列的esc符号，以使解码器切换到−1阶上下文。如果不采用排除法，这个新符号将以概率$1/|\Sigma|$编码。然而，PPM可以从−1阶上下文中排除所有在先前更长的上下文之后出现的符号，例如ra, a和空白上下文的情况。这些确实都是到目前为止所观察到的符号，即$\{\mathrm{a},\mathrm{b},\mathrm{c},\mathrm{d},\mathrm{r}\}$，因此分配给新符号的概率是$\frac{1}{|\Sigma|-5}$。执行这种排除法需要一些额外的计算时间，但是考虑到所有非排除符号的概率都得到了增加，这种方法在提供额外压缩效果方面是划算的。

最后，我们的讨论集中在PPM维护的上下文最大长度K和转义符号的编码上。K增加时，PPM的性能似乎应该有所改善，但事实未必如此。由于输入序列的长度有限，随着上下文过长，出现足够多的转义符号以达到能提供非空预测的上下文长度的概率也会增大。因此，K不能太大（通常选择$K \leqslant 5$），而且在估算转义符号概率时必须非常谨慎，因为这会影响PPM所实现的整体压缩空间。在本章的最后，我们将探讨一些著名的转义符号概率估算方法[1, 4, 7]。在此，我们使用以下符号表示：α表示上下文；σ表示一个符号；$c(\sigma)$是σ在上下文α后出现的次数；n_α是当前上下文α出现的次数；q是上下文α中读取的不同符号的总数。

方法A　这种方法估计符号σ出现〔因此$c(\sigma)>0$〕在某个上下文α中的概率，这一概率通过$\mathcal{P}(\sigma\,|\,\alpha)=\frac{c(\sigma)}{1+n_\alpha}$表示。然后，它估计一个新符号在上下文$\alpha$中出现的概率如下：

$$\mathcal{P}(\text{esc} \mid \alpha) = 1 - \sum_{\sigma \in \Sigma, c(\sigma)>0} \mathcal{P}(\sigma \mid \alpha) = 1 - \sum_{\sigma \in \Sigma, c(\sigma)>0} \frac{c(\sigma)}{1+n_\alpha}$$
$$= 1 - \frac{n_\alpha}{1+n_\alpha} = \frac{1}{1+n_\alpha}$$

在这里，我们通过这些参数的定义运用了等式$\sum_{\sigma \in \Sigma} c(\sigma) = n_\alpha$。

方法 B　第二种方法将一个符号分类为新颖的，除非它至少出现了两次。这种方法的逻辑在于，仅出现一次的符号可能是异常值。因此，一个符号在某个上下文中出现的概率由$\mathcal{P}(\sigma \mid \alpha) = \frac{c(\sigma)-1}{n_\alpha}$估算，而 q 被设定为到目前为止在输入序列中见到的不同符号的数量。然后，这种方法估算一个新颖符号在上下文中出现的概率α为：

$$\mathcal{P}(\text{esc} \mid \alpha) = 1 - \sum_{\sigma \in \Sigma, c(\sigma)>0} \frac{c(\sigma)-1}{n_\alpha}$$
$$= 1 - \frac{1}{n_\alpha}\left(\sum_{\sigma \in \Sigma, c(\sigma)>0} c(\sigma) - \sum_{\sigma \in \Sigma, c(\sigma)>0} 1\right)$$
$$= 1 - \frac{1}{n_\alpha}(n_\alpha - q) = \frac{q}{n_\alpha}$$

方法 C　这是介于方法 A 和方法 B 之间的一种混合方法。当出现一个新符号时，转义符号的计数和新符号的计数都会增加 1，因此，总计数会增加 2。这种方法估计在上下文 α 中一个符号 σ 的概率为$\mathcal{P}(\sigma \mid \alpha) = c(\sigma)/(n_\alpha + q)$，并评估转义符号的概率为：

$$\mathcal{P}(\text{esc} \mid \alpha) = 1 - \sum_{\sigma \in \Sigma, c(\sigma)>0} \frac{c(\sigma)}{n_\alpha + q} = \frac{q}{n_\alpha + q}$$

方法 D　这是对方法 C 的细微调整，它以更为一致的方式处理新符号的出现：不是简单地加 1，而是将$\frac{1}{2}$既加到转义符号的计数上，也加到新符号的计数上。因此，这种方法估计一个符号 σ 在某个上下文 α 中的概率为$\mathcal{P}(\sigma \mid \alpha) = (2c(\sigma)-1)/(2n_\alpha)$，并将转义符号的概率评估为$\mathcal{P}(\text{esc} \mid \alpha) = (q/2n_\alpha)$。

以往的方法并没有对特定情况下符号出现的分布做出任何假设。例如，假设符号是根据泊松过程出现的，并用 t_i 表示在大小为 n_α 的样本中精确出现 i 次的独特符号的数量，我们可以用$t_1 - t_2 + t_3 - \cdots$来近似表示下一个符号是新符号的概率。简化的方法是只计算数列的第一项，因为在大多数情况下，n_α 非常大，t_i 会随着 i 的增大而迅速减小，即$\mathcal{P}(\text{esc} \mid \alpha) = t_1/n_\alpha$。这相当于只计算上下文 α 之后出现过一次的符号。还有其他方法可以对$\mathcal{P}(\text{esc} \mid \alpha)$进行更复杂的评估，它们结合了这些方法和前面方法的特点，详细内容见本章参考文献 [1, 4, 7-8]。

参考文献

[1] John G. Clearly and Ian H. Witten. Data compression using adaptive coding and partial string matching. *IEEE Transactions on Communications*, 32: 396–402, 1984.

[2] Jaroslaw Duda. Asymmetric numeral systems: Entropy coding combining speed of Huffman coding with compression rate of arithmetic coding. *CoRR abs/1311.2540*, 2013.

[3] Paul Howard and Jeffrey S. Vitter. Arithmetic coding for data compression. *Proceedings of the IEEE*, 857–65, 1994.

[4] Alistair Moffat. Implementing the PPM data compression scheme. *IEEE Transactions on Communications*, 38: 1917–21, 1990.

[5] Alistair Moffat and Matthias Petri. Large-alphabet semi-static entropy coding via asymmetric numeral systems. *ACM Transactions on Information Systems*, 38(4): 33.1–33.33, 2020.

[6] Claude E. Shannon. A mathematical theory of communication. Reprinted with corrections from *The Bell System Technical Journal*, 27: 379–423, 623–56, 1948. https://people.math.harvard.edu/ ctm/home/text/others/shannon/entropy/entropy.pdf

[7] Ian H. Witten and Timothy C. Bell. The zero-frequency problem: Estimating the probabilities of novel events in adaptive text compression. *IEEE Transactions on Information Theory*, 37: 1085–94, 1991.

[8] Ian H. Witten, Alistair Moffat, and Timothy C. Bell. *Managing Gigabytes*. Morgan Kauffman, second edition, 1999.

[9] Ian H. Witten, Radford M. Neal, and John G. Clearly. Arithmetic coding for data compression. *Communications of the ACM*, 30(6): 520–40, 1987.

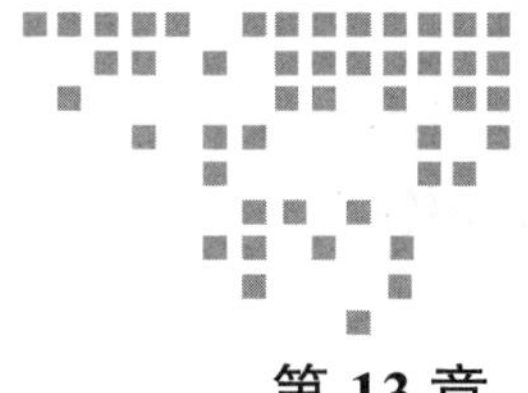

第 13 章 Chapter 13

基于字典的压缩技术

“第一步是尝试弄清楚如何应对不了解统计数据但必须巧妙地掌握它的本质的情况。”

——雅各布 · 齐夫（Jacob Ziv）

在本章中，我们将进一步探讨数据压缩技术，但这里将采取一种与统计方法截然不同的方法。我们即将分析的算法不是根据源输入序列 S 生成统计信息，而是从输入序列 S 中创建一个字符串字典，并使用该字典将输入序列 S 中出现的字符串替换成相应的令牌（也被称为 ID），这些令牌是该字典中的索引。显然，字典的选择对于确定文件的压缩效果至关重要。例如，使用英语词典很难压缩意大利语文本；而用它压缩一个可执行文件则完全不可行。因此，尽管静态字典在压缩某些预先已知的特定文件类型方面极为高效，但它并不适合作为通用的压缩工具。此外，有时候将整个字典和每个压缩文件一起进行传输可能是低效的，而且假设接收方已经拥有一份字典副本也并不总是合理的。

自 1977 年起，亚伯拉罕 · 莱佩尔（Abraham Lempel）和雅各布 · 齐夫（Jacob Ziv）推出了一系列具有创新性的压缩算法，有效地解决了数据压缩中的一些关键难题。这一系列算法中最著名的两种被命名为 LZ77 和 LZ78，这是以它们发明者的姓氏首字母以及提出算法的年份命名的。这些算法将正在处理的输入序列用作字典，并将已遇到的字符串序列替换为指向其先前出现位置的偏移量或分配给新字典短语的递增 ID。由于这些字典是动态构建的，即它们最初为空且随着输入序列的处理逐渐增长，因此起初压缩效率可能较低。然而，在处理了几千字节之后，只要输入序列包含重复元素，我们就可以期待获得良好的压缩率。对于典型的文本文件，这些方法通常可以实现大约三分之一的压缩率。基于莱佩尔 – 齐夫（Lempel-

Ziv）原理的压缩技术因其在 gzip 实现中的广泛应用而声名鹊起，奠定了当今使用的更先进压缩技术（如 7zip、Brotli、LZ4、LZMA 和 ZSTD）的基础。接下来，我们将深入探讨这两种算法及一些有趣的变体。

13.1 LZ77 算法

在 1977 年发表的开创性论文 [7] 中，莱佩尔和齐夫这样阐述了他们的研究成果："这是一种通用的编码方案，适用于任何离散数据源，并且其性能堪比专为指定数据源设计的最优固定代码本方案。"关键之处在于"堪比专为指定数据源设计的最优固定代码本方案"，因为作者将他们的方法与早先基于统计的压缩技术（如霍夫曼编码和算术编码）进行了对比。早期的压缩技术需要对数据源进行详细的统计分析。与之相反，莱佩尔和齐夫提出的基于字典的压缩技术并不依赖于这种统计分析，而是通过识别子字符串的重复模式，采用纯粹的句法方法隐式地实现数据的特征描述。

接下来，我们不会深入探讨为这些理论提供数学基础的观察成果 [1, 7]，而是把重点放在这些设计背后的算法问题上。压缩技术 LZ77 基于一个滑动窗口 $W[1,w]$，该窗口包含了到目前为止已经处理过的输入序列的一部分，通常由最后的 w 个符号组成，并且有一个前向缓冲区 B，其中存储了尚待处理文本的后缀。在下面的例子中，窗口 $W=\mathrm{aabbababb}$的大小为 9（由矩形框标示），而剩余的输入序列是 B=baababaabbaa$ ：

$$\leftarrow\cdots\boxed{\mathrm{aabbababb}}\,\mathrm{baababaabbaa\$}\rightarrow$$

该算法采用递归归纳的方式进行工作，其核心假设是所有在 B 之前的字符已经通过 LZ77 算法处理并完成压缩，而 W 的初始状态设定为一个空字符串。整个压缩过程可以大致分为两个阶段：解析和编码。解析阶段负责将输入序列 S 转化成一系列整数三元组（这些被称为短语）。而在编码阶段，则单独对每个三元组成分应用统计压缩方法（例如霍夫曼编码或算术编码）或者整数编码方案，从而将这些三元组转换成经过压缩的位流。

因此，解析阶段是算法中最有趣的部分，其工作原理如下。LZ77 搜索 B 的最长前缀 α，它作为$W\cdot B$的子字符串出现。我们写的是$W\cdot B$级联而不是单一字符串 W，原因是上一次搜索可能从 W 开始并延伸到 B 的内部。假设 α 距离 B 开始处的位移为 d，并且在 B 中它后面跟着符号 c；那么 LZ77 生成的三元组就是 $\langle d,|\alpha|,c\rangle$，其中 $|\alpha|$ 是所复制字符串的长度。如果没有找到匹配项，则输出的三元组变成 $\langle 0,0,B[1]\rangle$。需要注意的是，$W\cdot B$中出现的任何 α 必须在后面跟一个与 c 不同的符号，否则 α 就不会是在 $W\cdot B$中重复出现的 B 的最长前缀。

在获得这个三元组之后，LZ77 在 B 上前进 $|\alpha|+1$个位置，并相应地滑动窗口 W。如果

$|W| = +\infty$，则窗口是无界的，这使得 LZ77 的解析阶段可以从要压缩文件的起点开始复制信息。不难得出，解析阶段最大限度地减少了输出短语的数量。

我们之所以将 LZ77 称为基于字典的压缩技术，是因为所谓的“字典”并没有被明确地存储起来，而是由 S 的所有子串隐式地构成。这些子串从 W 开始向右延伸，可能以 B 结尾。每个子串都由一对$\langle d, |\alpha| \rangle$来标识。字典是动态的，因为每次窗口移位都必须更新字典，即删除从$W[1, |\alpha|+1]$开始的子串，并添加从新位置$B[1, |\alpha|+1]$开始的子串。

滑动窗口的作用非常直观：它限定了字典的最大容量，具体取决于 W 和 S 的长度，因为它包含了长度至多为 $|S|$ 的 $|W|$ 个字符串。因此，W 的大小显著影响了 α 搜索的时间复杂度。为了举例说明，让我们考虑以下 LZ77 解析过程，其中用竖线“|”分隔了 W 和 B ：

|aabbabab ⟹ 无复制，得到〈0, 0, a〉

a|abbabab ⟹ 复制“a”，得到〈1, 1, b〉

aab|babab ⟹ 复制“b”，得到〈1, 1, a〉

aabba|bab ⟹ 发现重叠复制，得到〈2, 3, EOF〉

值得注意的是，最后一个生成的短语〈2, 3, EOF〉表明复制长度大于复制距离；这实际上反映了前述的特殊情况，即 α 开始于 W 并结束于 B。即使发生了这种重叠情况，只要按照以下代码片段顺序执行，LZ77 在解压阶段必须执行的复制过程就不会受到影响：

```
for i = 0 to L-1 do { S[s+i] = S[s-d+i]; }
s = s+L;
```

其中，待解码的三元组是$\langle d, L, c \rangle$，而$S[1, s-1]$是已经被成功解压的输入序列的前缀。由于 $d \leqslant |W|$ 且窗口大小可扩展到若干兆字节，复制操作不会引发任何缓存未命中，这显著加快了解压缩速度。窗口 W 的长度越长，产生的短语可能就越长且数量越少，导致压缩后的输出可能就越短；但就压缩时间而言，搜索最长副本 α 所需的时间就越长。反之，如果 W 越短，虽然压缩效率降低，但压缩过程会更快。这种权衡关系很明显，其平衡点取决于输入序列的特性。令人惊讶的是，解压阶段的性能与压缩阶段的性能呈现相反的趋势，因为短语的数量会影响执行复制操作的次数，进而影响了现代计算机中缓存和预取机制的有效性。

为了进一步提升压缩效率，我们基于斯托勒（Storer）和希曼斯基（Szymanski）1982 年的研究成果[5] 进行了一些观察。在解析过程中，可能发生两种情况：一是找到了最长匹配项，二是没有找到匹配项。在第一种情况下，由于输入序列的位置无论如何都会向前移动，因此添加紧随 α（三元组中第三个分量之后紧跟的符号）之后的符号是多余的。而在第二种情况下，输出两个零（作为三元组的前两个分量）会浪费一个整数编码。解决这两个低效问题最简单

的方法是始终输出一个数值对（形式为$\langle d, |\alpha|\rangle$或$\langle 0, B[1]\rangle$）而非三元组。这种 LZ77 变体被命名为 LZss，它很容易与 LZ77 混淆，所以从现在开始，我们将采用名称 LZss。

对于之前的运行示例，LZss 会获得以下解析结果：

窗口	输出
|aabbabab	$\Longrightarrow\langle 0, \mathrm{a}\rangle$
a|abbabab	$\Longrightarrow\langle 1, 1\rangle$
aa|bbabab	$\Longrightarrow\langle 0, \mathrm{b}\rangle$
aab|babab	$\Longrightarrow\langle 1, 1\rangle$
aabb|abab	$\Longrightarrow\langle 3, 2\rangle$
aabbab|ab	$\Longrightarrow\langle 2, 2\rangle$

在解压缩过程中，识别使用哪种类型的数值对很简单：只要读取第一个整数，如果该整数为零，则表明跟随的是一个单符号短语，接下来的位将对该符号进行编码；如果不为零，则表示存在一个复制短语，其距离由刚读取的大于零的整数进行编码，而该短语的长度将由后续的位进行编码。

gzip 是一个经典而优雅的程序，它快速而有效地实现了 LZ77 算法。在实现 LZ77 时，关键的编程挑战在于快速地搜索 B 中起始于 W 的最长前缀 α。一个暴力方法是线性向后扫描，逐一检查 B 中起始于 W 的前缀，这会非常耗时，对于压缩长文件来说并不可行。

幸运的是，使用合适的数据结构可以优化这一搜索过程。gzip 是最受欢迎且最具代表性的 LZ77 实现之一，它采用哈希表来快速定位 α 及其在 W 中先前出现的位置。其核心思路是在哈希表中存储$W \cdot B[1,2]$中出现的所有 3-gram（即所有连续的三个符号组成的序列），使用 3-gram 作为键，并将其在 W 中出现的位置作为附属数据。由于一个 3-gram 可能多次重复，哈希表保存了给定的 3-gram 多次出现的位置，按其在 S 中的位置进行递增排序。然后，当 W 右移的时候，因为得到了数值对 $\langle d, \ell\rangle$，哈希表可以删除起点位于$W[1,\ell]$的 3-gram，并插入起始于$B[1,\ell]$的 3-gram 来更新。总体而言，这需要从哈希表中进行ℓ次删除操作，以及ℓ次插入操作。

搜索 α 的实现方式如下：

- 首先，在哈希表中搜索 3-gram（即$B[1,3]$）。如果它没有出现，那么 gzip 会得到短语$\langle 0, B[1]\rangle$，并且解析过程将会向前推进一个符号。否则，它会确定$B[1,3]$在$W \cdot B[1,2]$中出现的位置列表 $\mathcal{L}$。

- 然后，对于 $\mathcal{L}$ 中的每一个位置 i（代表了在 S 中的绝对位置），算法会逐个符号地比较后缀$S[i,n]$和 B，以计算它们的 LCP。确定了共享这个 LCP 的位置$i^* \in \mathcal{L}$，就找到了 α。
- 最后，设 p 为 B 在 S 中的当前位置；算法输出一个数值对$\langle p-i^*,|\alpha|\rangle$，并使 W 和 B 前进 $|\alpha|$ 个位置。

gzip 使用霍夫曼编码对两个字母表（一个是由副本长度加上字面值形成的字母表，另一个是由复制的距离形成的字母表）进行编码，从而实现短语的编码。

这个技巧在区分两种类型数值对的时候节省了一个额外的位。实际上，$\langle 0,c \rangle$ 以霍夫曼编码 c 表示，而 $\langle d,\ell \rangle$ 通过预期的霍夫曼编码ℓ反向表示。考虑到字面值和复制长度都在同一个字母表内编码，解码器获取下一个码字并对其进行解压，因此能够区分下一项是符号 c 还是长度ℓ。根据这个结果，它可以继续启动下一数值对的解码（c 已被解码），或者使用另一个霍夫曼编码解码 d（ℓ已被解码）。

gzip 采用了一种巧妙的编程技术，以进一步提升压缩过程的速度。该技术涉及将 3-grams 出现的位置列表按从最新到最旧的顺序排列，并允许在检查了一定数量的候选项后终止搜索 α。这是在最长匹配长度与搜索速度之间进行的一种权衡。就窗口 W 的大小而言，gzip 允许我们在命令行指定选项$-1,\cdots,-9$，这实际上意味着 W 的大小可以从 100 KB 变化到 900 KB，压缩率随之提高，但代价是压缩速度变慢。正如我们所观察到的，窗口 W 越大，解压缩速度越快，因为编码短语的数量更少，这导致由霍夫曼解码过程引起的内存副本和缓存未命中的数量也相应减少。

对于 LZ77 的其他实现方式，读者可以参阅第 10 章，第 10 章探讨了在无界窗口设定下使用后缀树的方法。当我们关注的是压缩输出的大小（以位为单位）而不仅仅是短语的数量时，会出现一些有趣的问题。压缩文件的大小显然受到短语数量的影响，但也与整数分量的值紧密相关，这种依赖性非常重要 [2]。简而言之，并不是说更长的 α 就一定会产生更小的压缩文件，因为其副本可能出现在非常远的距离 d 之外，因此需要更多的位来进行编码。相反，将 α 分成两个足够接近以便于复制的子字符串可能更高效，因为这样它们的编码所需的总位数可能会小于 d。

13.2　LZ78 算法

LZ77 使用的滑动窗口机制一方面加速了对要编码的最长短语的搜索；另一方面，它也限制了搜索范围，进而影响了可实现的最大压缩率。为了在保持快速压缩的同时避免这一问题，

Lempel 和 Ziv 于 1978 年提出了另一种算法，即著名的 LZ78[8]。该算法的核心是逐步构建一个显式字典，这个字典只选取输入序列 S 中的一部分子字符串，这些子字符串是根据我们下一节将详细讨论的简单规则筛选出来的。与此同时，S 被拆分成从当前字典中提取的短语，并采用与 LZ77 中的短语类似的压缩方案进行编码。

在 LZ78 中，短语检测和字典更新的过程是紧密相连的。其采用与 LZ77 类似的符号表示法，用 B 来代表尚未解析的序列部分，而 $\mathcal{D}$ 则代表当前的字典内容，其中的每个短语 f 都通过一个整数 id(f) 进行标识。

对 B 的解析过程再次包括了确定其最长前缀 α，该前缀同时也是 $\mathcal{D}$ 的一个短语，并将其替换为数值对 <id(α), c>，其中 c 是在 B 中前缀 α 之后的符号，因此 $c=B[|\alpha|+1]$。接下来，通过添加新短语 αc 来更新 $\mathcal{D}$。因此，字典是前缀完整的，它包含了 $\mathcal{D}$ 中所有短语的所有前缀。此外，字典的大小随着输入序列长度的增加而增大。与 LZ77 类似，LZ78 解析生成的数值对流可以通过统计压缩技术（如霍夫曼编码或算术编码）或任何变长整数编码器进行编码。这将产生压缩位流，即 LZ78 的最终输出。

解压缩的工作方式与之非常相似：它从压缩流中读取一个数值对 <id, x>，根据当前字典 $\mathcal{D}$ 中的整数值 id 确定相应的短语 α，输出子串 αc，并通过将该子串作为新短语来更新当前字典。

图 13.1 所示为 LZ78 解析字符串 S。其中图 13.1a 中的表格显示了通过 LZ78 解析在 S 中检测到的短语 α 序列（输入列），并未替换成一个数值对 <id(α), c>（输出列），表格最后一列显示了逐步添加到字典 $\mathcal{D}$ 中的相应短语 αc 以及为其分配的 ID。图 13.1b 显示了 LZ78 采用的数据结构，以便在时间和空间上有效地实现字典 $\mathcal{D}$。这种数据结构就是字典树（参见第 9 章），它支持字符串的快速插入和前缀搜索。字典 $\mathcal{D}$ 所满足的前缀完整属性确保了字典树是非压缩的，也就是说，每条边都标记有一个符号。在图 13.1b 中，字典树在每个节点 u 附近显示了一个数值对〈id(f),c〉，其中字符 c 是连接到节点 u 的字典树边的标签，f 是短语的标签，是由字典树根部开始并通向 u 的向下路径所拼写的短语。举例来说，标记为数值对（8，a）的节点对应于 id=8 的字典字符串 aa。当我们向下遍历字典树时，id 会递增，这一点并不奇怪，因为每次只需添加一个符号，较长的词组就会在前面较短的词组基础上延伸。编码算法非常契合字典树的数据结构。

事实上，搜索 B 的最长前缀（即一个字典短语），可以通过根据 B 的符号遍历字典树并匹配边标签直到达到字典树叶子节点 v 来实现。由 v 拼写出的字符串是检测到的短语 α，然后通过简单地将一个新叶子节点附加到 v，并用符号 $c=B\left[|\alpha|+1\right]$ 标记它，将 id 设置为插入前字典的大小，新短语 αc 就很容易地插入到字典树中了（从而插入到 $\mathcal{D}$ 中）。最后，字典树的大小等于字典字符串的数量而不是它们的总长度，这是由于 LZ78 字典的前缀完整性属性。

输入	输出	字典
—	—	0:空字符串
a	<0,a>	1:　a
ab	<1,b>	2:　ab
b	<0,b>	3:　b
aba	<2,a>	4:　aba
bb	<3,b>	5:　bb
ba	<3,a>	6:　ba
abab	<4,b>	7:　abab
aa	<1,a>	8:　aa

a）相应的字典

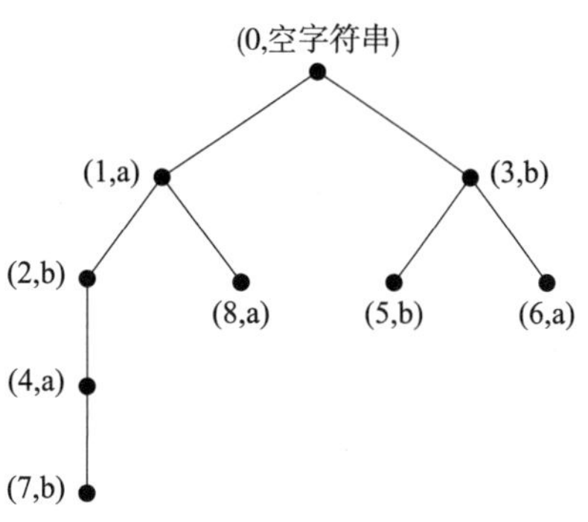

b）未压缩的字典树

图 13.1　LZ78 解析字符串 S = aabbababbbaababaa

本节最后一个问题是，LZ78 如何处理大文件，从而处理包含越来越长短语的大字典。有一些可能的方法来解决这个问题，我们在此简要讨论几种最常见的方法：①当字典达到最大容量时，一种策略是冻结字典，停止新字符串的添加（如果输入序列 S 包含众多重复的子串模式，这种方法可能是有利的）；②舍弃当前字典，重新启用一个全新的空字典（如果输入序列 S 由含有不同重复子串模式的区块组成，此方法可能更为合适）；③通过添加新短语同时移除最不常用的短语来更新字典（这种方案类似于在管理字典方面采用的 LRU 模型）。

13.3　LZW 算法

LZ78 的一个广为人知的变体是 LZW，由 Welch 于 1984 年开发[6]，这也是在算法名称末尾添加字母 W 的原因。该算法的核心目的是避免使用$\langle \mathrm{id}(\alpha), c\rangle$对中的第二个元素，从而避免为附加符号分配额外的字节。为了实现这一目标，在算法启动之前，所有可能的单符号字符串都会被写入字典中。这意味着 0～255 的短语 id 已分配给这些单字节符号。接下来，S 的解析过程将像往常一样，首先寻找与 $\mathcal{D}$ 中的短语相匹配的最长前缀 α。由于 B 的下一个前缀 αc 没有出现在 $\mathcal{D}$ 中，αc 随后被添加到字典中，并采用下一个可用的 id，下一个要检测的短语将从 c 开始，而不是像 LZ78 和 LZ77 那样从下一个符号开始。因此，这样的处理方式使得解析和字典更新步骤错开，稍微增加了解码的复杂性。

实际上，假设解码过程中需要处理连续的 IDi' 和i''，并将它们对应的字典短语标记为α'和α''。为了重新对齐字典，解码器需要读取i'和i''，并基于这些信息创建新短语 f，设$f = \alpha'\alpha''[1]$，其中$\alpha''[1]$是短语α''的第一个字符。这看似容易，然而实际上却颇具挑战，因为α''可能在字典 $\mathcal{D}$ 中尚未出现，从而无法直接使用。

为了更好地理解这个概念，让我们思考一种特定的压缩场景：在某个时刻，压缩过程输出了i'用于处理α'，并且在$\mathcal{D}$中插入了$f=\alpha'\alpha''[1]$。显然，压缩过程已经知道了α''（因为已经知道了S），因此它能够构造f并将其插入字典中。但是，如果下一个短语恰好是刚刚插入的那一个（即$\alpha''=f$），那么解压过程就遇到了麻烦，由于需要将f构造成$\alpha'\alpha''[1]=\alpha' f[1]$，因此解码器需要知道在构建时使用哪个字符作为短语的首个符号。

然而，这种递归定义f的问题可以通过注释$|\alpha'|\geqslant 1$来解决，所以$f[1]=\alpha'[1]$。因此，LZW 解码器能够将$\alpha'\alpha'[1]$构建为f，这样就只使用了当前字典中可用的短语。然后，f被插入到字典$\mathcal{D}$，于是在读取i'之后，LZW 就能够重新对齐压缩阶段和解压缩阶段可用的字典i'。

图 13.2 所示为对字符串 S=aabbabab 进行 LZW 编解码实例。字典的起点是 ASCII 码中全部 256 个可能的字符，因此新的短语从 256 开始取 ID。在图 13.2b 中的“字典”一列，每个短语中的问号（即？）表示解码阶段的未对齐状态，需要推迟当前字典短语的构造，直到下一个短语可以被安全构建的时候。实际上，图 13.2b 中每构建一个短语就表示为行中的一对数据。所有这些构造之所以可行，都是因为它们涉及了当前可用的字典短语，而最后一个短语 ID=260 则是一个特殊情况。实际上，这个 ID 触发了我们之前讨论过的特殊情况，因为在读取 ID=257 之后，其对应的短语$\alpha'=\text{ab}$在字典$\mathcal{D}$中已经可用，但带有 ID=260 的短语α''却尚未出现在字典中。然而，利用这一观察结果，我们可以得出$f=\alpha'\alpha'[1]=\text{aba}$的结论，并将其插入到字典中，从而实现 LZW 编解码过程中可用字典的重新对齐。

输入	输出	字典	
a	—	0−255: ‘\0’ ～ ‘\255’	
a	97(a)	256:	aa
b	97(a)	257:	ab
b	98(b)	258:	bb
ab	98(b)	259:	ba
aba	257(ab)	260:	aba
cof	260(aba)	261:	aba EOF

a）LZW编码

输入	字典		输出
—	0−255: ‘\0’ ～ ‘\255’		
97	256:	a?	a
97	256:	aa	a
	257:	a?	
98	257:	ab	b
	258:	b?	
98	258:	bb	b
	259:	b?	
257	259:	ba	ab
	260:	ab?	
260	261:	aba	aba

b）LZW解码

图 13.2 对字符串 S 进行 LZW 编解码实例

与 LZ77 算法类似，LZW 也具有多种流行的实现方式，其中包括广为应用的 GIF 图像格

式 ㊀。在 GIF 格式中，默认每个原始（未压缩）图像的像素使用 8 位表示，这意味着字母表的大小为 256。输入序列 S 是通过对图像逐行读取其像素获得的字节流 ㊁。由于仅使用 8 位无法表示所有可能的颜色，因此每个像素值实际上是调色板中的一个索引，而调色板则包含真实颜色的 24 位描述（通常是 RGB 格式）。这限制了图像中不同颜色的数量最多为 256。有些研究人员 [3] 还探讨了在不改变输出文件的格式的情况下，引入有损变体 GIF 压缩的可能性 [5]。这种方法的基本思想相当简单：在解析过程中，不是寻找字典中最长的精确匹配短语，而是进行某种形式的近似匹配，以便找到可能更长的短语，这样可以减少输出文件的大小，但代价是生成的图像会略有不同。颜色字符串的近似匹配是基于它们实际 RGB 值之间的差异进行的，这种差异必须控制在一定的阈值之内，以免过度扭曲原始图像。

13.4 关于压缩技术的最优性$^{\infty}$

文献中展示了众多基于 LZ 概念的算法优化效果。Lempel 和 Ziv 本人就证明了 LZ77 对于特定源家族而言是最优的 [7]，而 LZ78 则在渐进意义上达到了有限状态压缩技术中的最佳压缩率 [8]。所谓的最优性，指的是当要压缩的字符串来源于一个具有有限字母集的平稳遍历源（stationary ergodic source），并且当这个字符串是无限长时，压缩率会逐渐接近该源的熵。近期的研究进展允许我们对算法的冗余度进行量化评估，这是衡量压缩率与源熵之间差距的一种指标，进而可以被看作衡量算法逼近源熵“速率”的一个方法。

所有这些方法都颇具创意，却不太切合实际，因为要精确获知即将压缩的字符串的来源熵通常并非易事。为了解决这个问题，研究人员采取了一种不同的经验方法，即引入字符串 S 的 k 阶经验熵$\mathcal{H}_k(S)$的概念。在第 12 章中，我们讨论了 k=0 的情况，探讨了基于 S 中各单一符号出现频率的熵估算问题。这里，我们希望通过考虑 S 中 k-gram 的频率，从而考虑到符号的后续序列，即 S 的组成结构，来增强熵的定义。

更准确地说，设 S 是一个在字母表$\Sigma=\{\sigma_1,\cdots,\sigma_h\}$上的字符串，并且我们用$n_\omega$来表示子字符串 ω 在 S 中出现的次数。我们使用记号$\omega\in\Sigma^k$来指定 ω 的长度为 k。根据这一假设，我们可以定义

$$\mathcal{H}_k(S)=\frac{1}{|S|}\sum_{\omega\in\Sigma^k}\left(\sum_{i=1}^{h}n_{\omega\sigma_i}\log\left(\frac{n_\omega}{n_{\omega\sigma_i}}\right)\right)$$

㊀ 查看有关 GIF（Graphics Interchange Format）的信息，可以访问 https://en.wikipedia.org/wiki/GIF。

㊁ 实际上，GIF 也可以用交错格式来展示行，其细节超出了这次简要讨论的范围；然而，压缩算法是相同的。

一个压缩算法被定义为"粗略最优"(coarse optimality),当且仅当存在一个的函数$f_k(n)$,对于所有的k,当$n \to \infty$时趋向于0,且对于所有序列长度增加的S,该算法的压缩率最多是$\mathcal{H}_k(S)+f_k(|S|)$。Plotnik、Weinberger和Ziv证明了LZ78的粗略最优性[4];Kosaraju和Manzini[1]指出,"粗略最优性"的理念并不总是代表着算法本身的优秀性,因为如果字符串S的熵趋近于零,算法仍然会因为附加项$f_k(|S|)$的存在,而使得压缩效果很糟糕。

定理 13.1 LZ78压缩率至少为$g(|S|)\times\mathcal{H}_0(S)$的字符串是存在的。其中$\lim_{n\to\infty} g(n)=\infty$。

证明 考虑一个字符串$S=01^{n-1}$,其熵为$\mathcal{H}_0(S)=\Theta\left(\frac{\log n}{n}\right)$。我们可以清楚地看到,LZ78解析$S$时会产生$\Theta(\sqrt{n})$个短语。因此我们得出$g(n)=\frac{\sqrt{n}}{\log n}$。所以,随着字符串$S$长度的不断增加,$\mathcal{H}_0(S)$会相应减小,但是LZ78的压缩率以较慢的速度减小。

这个观察与我们之前对霍夫曼编码所做的讨论是一致的,与每个编码符号所需要的额外位数相关。额外的位对于大熵值来说是可以接受的,但是对于熵值接近0的源来说,这是不利的。为了解决效率低下的问题,科萨拉朱(Kosaraju)和曼齐尼(Manzini)引入了一个更严格的最优性标准,称为λ最优性,适用于任何压缩比限制为$\lambda\mathcal{H}_k(S)+o(\mathcal{H}_k(S))$的算法。正如之前的定理所述,LZ78不满足$\lambda$最优性;然而,有一个LZ78的改进版,结合了游程压缩技术(在下一章描述),它对于$\mathcal{H}_0$来说是λ最优的,但是已经被证明并不是对所有$k\geqslant 1$来说都是λ最优的。

现在,我们将目光转向LZ77,它由于字典中包含了更丰富的子字符串,初看上去似乎比LZ78更为强大。然而,LZ77的实际变种采用了固定大小的压缩窗口,这在实际应用中并不显得特别有效,事实上,其性能甚至不如LZ78。

定理 13.2 带有有限滑动窗口的LZ77算法不是粗略最优的。

证明 对于每一个滑动窗口的大小L,我们都可以找到一个字符串S,其压缩比超过了它的k阶熵。考虑长度为$2kn+1$位的字符串$(0^k1^k)^n1$,并选择$k=L-1$。由于引入了滑动窗口机制,LZ77可以对S采用如下解析策略:

$$\underline{0}\ \underline{0^{k-1}1}\ \underline{1^{k-1}0}\ \underline{0^{k-1}1}\cdots\underline{1^{k-1}0}\ \underline{0^{k-1}1}\ \underline{1^k}$$

每个短语的最大长度为k,将输入字符串分割成$\Theta(n)$个短语,因此实现了输出大小为$\Omega(n)$。

为了计算$\mathcal{H}_k(S)$,我们需要处理S的所有长度为k的不同子字符串,这些子字符串为$2k:\{0^i1^{k-i}\}_{i=1,\cdots,k}\cup\{1^i0^{k-i}\}_{i=1,\cdots,k}$。现在,所有形如$0^i1^{k-i}$的字符串后面总是跟着一个"1";同样,

所有如1^i0^{k-i}的字符串后面总是跟着一个“0”。只有字符串1^k后面跟着 $n-1$ 个 0，一个 1。所以我们可以将$\mathcal{H}_k(S)$定义中 k-gram ω 的求和拆分为四个部分，分别是：

$$\begin{array}{lll} \omega \in \{0^i1^{k-i}\}_{i=1,\cdots,k} & \to n_{\omega 0}=0, & n_{\omega 1}=n \\ \omega \in \{1^i0^{k-i}\}_{i=1,\cdots,k-1} & \to n_{\omega 0}=n, & n_{\omega 1}=0 \\ \omega = 1^k & \to n_{\omega 0}=n-1, & n_{\omega 1}=1 \\ \text{否则} & \to n_{\omega 0}=0, & n_{\omega 1}=0 \end{array}$$

这样我们就能够更精确地计算：

$$|S|\mathcal{H}_k(S)=\log n+(n-1)\log\frac{n}{n-1}=\Theta(\log n)$$

因此，定理得证。

如果我们不采用滑动窗口，那么 LZ77 在 $\mathcal{H}_0$ 的情况下大致是最优的，也是 λ 最优的。然而，对于任何$k \geqslant 1$，它都不是 λ 最优的。

定理 13.3　存在一些字符串，对于没有滑动窗口的LZ77算法，其压缩率至少为$g(|S|)\times\mathcal{H}_1(S)$，其中$\lim\limits_{n\to\infty} g(n)=\infty$。

证明　考虑长度为$2^k+O(k^2)$的字符串$10^k2^{2^k}110110^2110^31\cdots10^k1$和 k 阶熵约束 $|S|\mathcal{H}_k(S)=k\log k+O(k)$。该字符串可以解析为 k+4 个短语：

$$\underline{1}\ \underline{0}\ \underline{0^{k-1}2}\ \underline{2^{2^k-1}1}\ \underline{101}\ \underline{10^21}\cdots\underline{10^k1}$$

问题在于，最后 k 个短语指向字符串 S 的开头，它们之间的距离为 2^k 个字符。这样就产生了$\Omega(k)$个长短语，因此总输出大小为$\Omega(k^2)$位。

正如所预期的那样，LZ77 比 LZ78 更出色，但对于$k \geqslant 1$，它并没有达到我们期望的性能。在下一章中，我们将介绍 1994 年提出的 Burrows-Wheeler 变换，它提出了一种新颖的数据压缩方法来克服基于 LZ 方法的不足，对于非常小的 λ 且同时对所有$k \geqslant 0$的情况，该方法达到了 λ 最优。因此，大多数操作系统发行版都采用了基于 BWT 的压缩工具 bzip2，其压缩效率超越了 gzip，并且在数据压缩领域以及其他地方引起了广泛的关注和兴趣。

参考文献

[1] S. Rao Kosaraju and Giovanni Manzini. Compression of low entropy strings with Lempel–Ziv algorithms. *Siam Journal on Computing*, 29(3): 893–911, 1999.

[2] Paolo Ferragina, Igor Nitto, and Rossano Venturini. On the bit-complexity of Lempel–Ziv compression. *SIAM Journal on Computing*, 42(4): 1521–41, 2013.

[3] Steven Pigeon. An optimizing lossy generalization of LZW. *Proceedings of the IEEE Data Compression*

Conference, 509, 2001.

[4] Eli Plotnik, Marcelo Weinberger, and Jacob Ziv. Upper bounds on the probability of sequences emitted by finite-state sources and on the redundancy of the Lempel–Ziv algorithm. *IEEE Transactions on Information Theory*, 38: 16–24, 1992.

[5] James A. Storer and Thomas G. Szymanski. Data compression via textual substitution. *Journal of the ACM*, 29(4): 928–51, 1982.

[6] Terry A. Welch. A technique for high-performance data compression. *Computer*, 17(6): 8–19, 1984.

[7] Jacob Ziv and Abraham Lempel. A universal algorithm for sequential data compression. *IEEE Transactions on Information Theory*, 23(3): 337–43, 1977.

[8] Jacob Ziv and Abraham Lempel. Compression of individual sequences via variable-rate coding. *IEEE Transactions on Information Theory*, 24(5): 530–6, 1978.

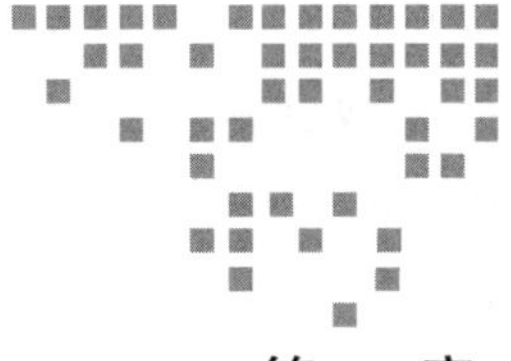

第 14 章 Chapter 14

块排序压缩技术

“时间流逝，显而易见的是，大卫没有将算法出版的念头——他太忙于思考新事物了。”

——迈克·伯罗斯（Mike Burrows）

本章详细介绍了由迈克·伯罗斯（Mike Burrows）和大卫·惠勒（David Wheeler）在 DEC 系统研究中心（DEC Systems Research Center）㊀开发的一种创新的无损数据压缩算法。该算法最初是在公司的技术报告[4,9]中发布的，但在 1994 年 IEEE 数据压缩会议上，该技术未被采纳后，正如迈克·伯罗斯在其前言所述㊁，两位研究者决定不寻求其他出版途径。值得庆幸的是，马克·纳尔逊（Mark Nelson）在 *Dr. Dobb's Journal* 上的一篇专题文章中对这项技术进行了介绍，这一举动无疑促进了该算法在科学界的知名度和广泛应用。

实际上，分享一个想法的神奇之处在于，它能够吸引更多的智慧关注并解决相应的问题。这正是 BWT 所经历的情形，其研究在 2000 年前后迎来了突破性的增长，最终促使一群研究者在 *Theoretical Computer Science* 杂志的特刊中对这一领域十年的发展进行了回顾与庆祝。在那期特刊中，Mike Burrows 再次选择不公开其原始的技术报告，但为了纪念于 2004 年逝世的 David Wheeler，他撰写了一篇感人的前言。在前言的结尾，他这样写道：“这期 *Theoretical*

㊀ 迈克·伯罗斯：“在最初描述 BWT 的技术报告中，我标注的完成年份是 1981 年。然而，在他的妻子乔伊斯的帮助下进行的回忆修正中，我们确定真正的时间应该是 1978 年。”[10]

㊁ 迈克·伯罗斯：“随着时间的流逝，显而易见的是，大卫并没有将算法出版的念头——他太忙于思考新事物了。最终，我决定迫使他做出选择，虽然我不能强迫他独立撰写论文，但如果有充分的动机，我愿意与他合作完成。”[10]

Computer Science 特刊便是一个证明，展现了当更多人才加入时，一个想法如何得以完善和扩展。我确信大卫·惠勒会非常高兴地看到，他的技术激发了如此多的引人入胜的研究工作。”

BWT 为数据压缩领域带来了革命性的突破，它不仅催生了一系列创新的压缩算法（如 bzip2[19] 和 booster[7]），还引领了一类功能强大的新型压缩索引技术的发展（如 FM-index[8] 及其众多衍生形式 [16]）。本章将深度解析 BWT，并探讨其与两种简易压缩技术——前移编码（Move-to-Front Transform，MFT）和游程编码（Run Length Encoding，RLE）的结合使用。这种融合构成了 bzip 压缩技术的核心架构，也被称为块排序压缩策略。同时，我们还将简要讨论 BWT 性能相关的一些理论问题，这些问题通过数据的第 k 阶经验熵来表示，并对设计首个可证明的压缩索引——FM-index 所涉及的主要算法挑战进行了概述。

14.1 BWT

BWT 并非一种压缩算法，因为它并不缩减输入数据的大小。它是一种对输入符号进行重排的无损转换，这种重排方式为后续的简单压缩算法铺平了道路，例如将在 14.2 节详细介绍的 MTF 和 RLE，使得这些算法能更高效地对结果字符串进行压缩。BWT 在符号排序过程中强制创建了一种“局部同质性”，这种特性能够被 MTF 和 RLE 的组合所充分利用，从而实现了高效且有效的压缩。最后，为了生成压缩后的位流，BWT 会执行一个统计编码步骤（例如，霍夫曼编码或算术编码）。所有这些步骤构成了类似 bzip 这样的压缩器的核心框架，我们将在 14.3 节中进一步探讨。

BWT 由一对逆变换组成：一个是正向变换，它重新排列输入字符串中的符号；另一个是反向变换，它能够神奇地从 BWT 表示中重构出原始字符串。显然，BWT 的可逆性对于确保输入文件能够被完整解压是至关重要的。

14.1.1 正向变换

设 $S[1,n]$ 是一个由有序字母表 Σ 中抽取的 n 个符号组成的输入字符串。我们在 S 后面附加一个特殊符号 \$，这个特殊符号并不出现在 Σ 中，并且根据其总排序，假设 \$ 符号小于字母表中的任何其他符号。⊖

BWT 正向变换按照以下步骤进行：

1）构建字符串 $S\$$。

⊖ 将特殊符号 \$ 连接到初始字符串的步骤，并不是 Burrows 和 Wheeler 最初描述的算法版本的一部分。在此引入这个步骤的目的是简化描述。

2）考虑大小为 $(n+1)\times(n+1)$ 的概念矩阵 $\mathcal{M}$，其行包含字符串 $S\$$ 的所有循环左移。$\mathcal{M}$ 被称为 S 的旋转矩阵 ⊖。

3）根据字母表 $\Sigma\cup\{\$\}$ 定义的顺序，从左到右对 $\mathcal{M}$ 的行进行排序。最终得到的矩阵称为 $\mathcal{M}'$。由于 \$ 小于 Σ 中的任何其他符号，所以 $\mathcal{M}'$ 的第一行是 $\$S$。

4）设 $\mathrm{bw}(S)=(\hat{L},r)$ 为算法的输出，其中 $\hat{L}$ 是读取 $\mathcal{M}'$ 最后一列得到的字符串（不包括符号 \$），r 代表 \$ 在该列中的位置。

我们将 $\mathcal{M}$ 称为概念矩阵（conceptual matrix），因为我们需要避免它的显式构造，否则会使 BWT 只是一个优雅的数学对象：$\mathcal{M}$ 的大小是 $\mathrm{bw}(S)$ 长度的二次方，因此，对于仅转换一个仅几兆字节的字符串，概念矩阵的大小将达到太字节级别。在 14.3 节中，我们将通过使用后缀数组的构造（参见第 10 章）在输入字符串 S 长度的线性的时间和空间内构建 $\mathcal{M}'$。

本章参考文献 [20] 中还提及了一种较为少见但确实存在的算法描述方法，该方法通过从右到左（即从每行的最后一个符号开始）对 $\mathcal{M}$ 的行进行排序来构建矩阵 $\mathcal{M}'$。然后，它通过自上而下扫描 $\mathcal{M}'$ 的第一列形成字符串 $\hat{F}$，再次跳过符号 \$ 并在 r' 中存储其位置，然后输出 $\mathrm{bw}(S)=\left(\hat{F},r'\right)$。在某种程度上，这种描述与前文所述等效，因为可以正式证明字符串 $\hat{F}$ 和 $\hat{L}$ 都展现了相同的局部同质性，这也是压缩的基础。在本章的其余部分，我们将讨论把 $\mathcal{M}$ 行的从左到右排序并将 $\left(\hat{L},r\right)$ 作为字符串 S 的 BWT。

为了深入理解 BWT 的强大效果，我们考虑字符串 $S=$abracadabra\$ 的 BWT 正向变换示例，如图 14.1 所示，图 14.1a 为基于 S 构建的旋转矩阵 $\mathcal{M}$，图 14.1b 为排序后的矩阵 $\mathcal{M}'$。因为 $\mathcal{M}$ 的第一行是唯一以 \$ 结尾的一行，\$ 是字母表中排序最低的符号，因此 \$abracadabra 是 $\mathcal{M}'$ 的第一行。在 $\mathcal{M}'$ 的其他行中，首先是以 a 开头的行，然后是以 b, c, d 开头的行，最后是 r，以此类推。

a）

	F		L
1	a	bracadabra	\$
2	b	racadraba\$	a
3	r	acadraba\$a	b
4	a	cadabra\$ab	r
5	c	adabra\$abr	a
6	a	dabra\$abra	c
7	d	abra\$abrac	a
8	a	bra\$abraca	d
9	b	ra\$abracad	a
10	r	a\$abracada	b
11	a	\$abracadab	r
12	\$	abracadabr	a

排序 →（排序方向）

b）

F		L	
\$	abracadabr	a	1
a	\$abracadab	r	2
a	bra\$abraca	d	3
a	bracadabra	\$	4=r
a	cadabra\$ab	r	5
a	dabra\$abra	c	6
b	ra\$abracad	a	7
b	racadraba\$	a	8
c	adabra\$abr	a	9
d	abra\$abrac	a	10
r	a\$abracada	b	11
r	acadraba\$a	b	12

图 14.1　字符串 $S=$abracadabra\$ 的 BWT 正向变换示例

⊖ 字符串的左移是将字符串 aα 变为字符串 αa，也就是说，将第一个符号移动到原始字符串的末尾。

如果读取 $\mathcal{M}'$ 的第一列，记为 F，我们得到的字符串是 \$aaaaabbcdr，这是输入字符串 $S\$$ 中所有符号的排序序列。通过忽略在最后一列 L 中 \$ 的单一出现，我们最终得到 $\hat{L}$，所以 $\hat{L}=$ ardrcaaaabb，并设 $r=4$。

这个例子说明了局部同质性的概念：在 $\mathcal{M}$ 的最后一列中，最后六个符号形成了一个高度重复的字符串 aaaabb 可以通过 14.2 节中描述的两种简单压缩算法 MTF+RLE 轻松且高效地压缩。这一声明的合理性将在接下来的内容中得到数学上的证明；而在这里，我们满足于观察到的这种重复性不是偶然发生的，而是 $\mathcal{M}$ 的行排序（从左到右）和人类书写文本的方式（从左到右）共同作用的结果。有趣的是，除了文本之外，有许多真实的数据源被称为马尔可夫源，它们生成的数据序列可以通过 BWT 变得局部均匀，因此可以通过类似 bzip 的压缩技术实现高效压缩。

14.1.2 反向变换

我们注意到，在构建过程以及我们提供的示例中，排序中的循环移位矩阵 $\mathcal{M}'$（实际上，$\mathcal{M}$ 也是如此）的每一列都包含了输入字符串 $S\$$ 的一个排列。特别地，它的第一列 $F=$\$aaaaabbcdr 是按字母顺序排序的，因此它代表了输入字符串 $S\$$ 的最可压缩的转换。但遗憾的是，F 不能被用作 BWT，因为它不是可逆的：

任何长度为 10 且包含五个 a 符号、两个 b 符号以及各一个 c、d、r 符号的文本生成的 BWT，其 F 与字符串 $S\$$ 中的一个排列是相同的。就其可逆性和可压缩性而言，BWT 在某种意义上代表了作为输入字符串转换 $\mathcal{M}'$ 的最佳列。

为了更正式地证明这些属性，我们定义一个有用的函数，该函数将告诉我们如何在 $\mathcal{M}'$ 中定位 S 中给定索引处标记的前缀。

事实 14.1 对于 $1 \leqslant i \leqslant n+1$ 来说，让 $S[k_i, n]$ 表示 $\mathcal{M}'$ 中第 i 行前缀的（可能为空的）S 的后缀。显然，这个后缀在 i 行之后紧接着的是符号 \$，然后是因为 $\mathcal{M}'$ 中行的向左循环移位而出现的（可能为空的）前缀 $S[1, k_i-1]$。

例如，在图 14.1 中，$\mathcal{M}'$ 第 3 行的前缀是 abra，接着是 \$，然后是 abracad。

性质 1 符号 $L[i]$ 在字符串 S 中位于符号 $F[i]$ 之前，以 \$ 结尾的行 i（即 $L[i]=\$$）是例外的情况，在该情况下 $F[i]=S[1]$。

证明 根据事实 14.1，行 i 的最后一个符号是 $L[i]=S[k_i-1]$，它的第一个符号是 $F[i]=S[k_i]$。因此，该声明成立。

直观上，这个特性源自 $\mathcal{M}$ 和 $\mathcal{M}'$ 中每一行的本质，即它们是 $S\$$ 的左循环移位。因此，如果我们取每行的两个极端，那么右极端（即在 L 处）的符号紧接着左极端（即在 F 处）的

符号出现在字符串 S 上。以下性质是设计 BWT 反向变换的关键。

性质 2　L 中同一个符号 c 的所有出现顺序都保持与 F 中相同的相对顺序。这意味着在 L 中符号 c 的第 k 次出现对应于 F 中符号 c 的第 k 次出现。

证明　给定两个字符串 t 和 t'，我们使用记号$t \prec t'$来表示字符串 t 在字典序上先于字符串 t'出现。现在假设 c 是输入字符串 S 中出现的一个符号。如果 c 只出现一次，那么证明显然成立，因为在 F 中 c 的唯一出现显然对应于在 L 中 c 的唯一出现（两列都是 S 的排列）。

为了证明在复杂的情况下（c 在 S 中至少出现两次），该结论仍然成立，让我们在 F 中固定两个 c 出现的位置，假设其为$F[i]$和$F[j]$，其中$i<j$，并在排序后的矩阵 $\mathcal{M}'$ 中选择它们的行（字符串），例如说 $r(i)$ 和 $r(j)$。我们可以观察到一些有趣的现象：

- 根据 $\mathcal{M}'$ 行的排列顺序，并且基于假设$i<j$，行$r(i)$在字典序上先于行$r(j)$。
- 两行 $r(i)$ 和 $r(j)$ 都假定以符号 c 开始。
- 对于给定的$r(i)=c\alpha$和$r(j)=c\beta$，我们有$\alpha \prec \beta$。

由于我们关心的是 c 的两个位置在映射到 L 时的相对位置关系，所以我们考虑通过将$r(i)$和$r(j)$向左旋转一个符号得到的两行$r(i')$和$r(j')$：$r(i')=\alpha c$，$r(j')=\beta c$。这种旋转将第一个符号$F[i]$（相应的是$F[j']$）带到旋转行的最后一个符号$L[i']$（以及$L[j']$）的位置。按照假设$\alpha \prec \beta$，我们有$r(i') \prec r(j')$，因此在 L 中这对 c 的出现顺序被保留了。鉴于这种保持顺序的属性对 F 和 L 中每对出现的 c 都成立，所以它对所有这些情况都成立。

我们现在拥有了所有数学工具，通过利用以下 LF 映射（LF-mapping），可以设计一个算法，从$\mathrm{bw}(S)=(\hat{L},r)$重构 S。

定义 14.1　$\mathrm{LF}[1,n+1]$是由 n+1 个整数组成的数组，这些整数的范围是$[1,n+1]$，当且仅当符号$L[i]$映射到符号$F[j]$的时候，$\mathrm{LF}[i]=j$。因此，如果$L[i]$是符号 c 在 L 中的第 k 次出现，那么$F[\mathrm{LF}[i]]$是符号 c 在 F 中的第 k 次出现。

对于只出现一次的符号，构建 LF 非常简单，例如在图 14.1 中，S=abracadabra$ 中的 $, c 和 d 的情况。但是当涉及在字符串 S 中出现多次的符号 a, b 和 r 时，LF 的计算效率将大打折扣，高效计算 LF 就不再那么容易了。不过，得益于性质 2，此问题可以在 $O(n)$ 的最短时间内求解，详见算法 14.1。该算法使用了辅助向量 C，因为其在 S 中加入了 $ 符号，所以 C 的大小为$|\Sigma|+1$。为了便于描述，我们假设数组 C 的索引是符号而不是整数。[⊖]

⊖ 仅需将 C 实现为哈希表，或注意到在实践中任何符号都是通过一个整数进行编码的（ASCII 码映射到范围 0, …, 255），这个整数就可以在 C 中用作索引。

算法 14.1 从 L 列构建 LF 映射

```
1: for i = 1,⋯ , n + 1 do
2:     C[L[i]]++;
3: end for
4: temp = 0, sum = 1;
5: for i = 1, ⋯ , |Σ|+1 do
6:     temp = C[i];
7:     C[i] = sum;
8:     sum += temp;
9: end for
10: for i = 1, ⋯ , n do
11:     LF[i] = C[L[i]];
12:     C[L[i]]++;
13: end for
```

算法 14.1 的第一个 for 循环计算了每个符号 c 在 L 中出现的次数 n_c，因此设置 $C[c]=n_c$（假设 C 中条目的初始值为 null，它们的索引由符号的顺序决定）。然后，第二个 for 循环将这些按符号的出现次数转换成累积和，使得 $C[c]$ 中的新值表示在 L 中小于 c 的符号的总出现次数增加了 1，即 $C[c]=1+\sum_{x<c} n_x$。这是通过采用两个辅助变量（即 temp 和 sum）实现的，因此总的计算复杂度仍然是 $O(n)$。我们注意到，在步骤 7 之后，$C[c]$ 给出了 F 中符号 c 首次出现的位置。因此，在最后一个 for 循环开始之前，$C[c]$ 是 L 中的第一个 c 在 F 中出现的位置（因此我们知道了每个字母符号首次出现的 LF 映射）。最后，一个 for 循环遍历 L，每当遇到符号 $L[i]=c$ 时，就设置 $\mathrm{LF}[i]=C[c]$。这在首次遇到符号 c 时正确的；然后在第 12 行中增加 $C[c]$，以便于下一次在 L 中遇到 c 时，能够映射到 F 中的下一个位置（考虑到所有从该符号开始的行在 F 中的连续性）。因此，算法保持了不变性，即在处理了 L 中符号 c 的 $k-1$ 次出现后，$\mathrm{LF}[c]=\sum_{x<c} n_x+k$。我们可以很容易地推导出这种计算的时间复杂度也为 $O(n)$。

鉴于 LF 映射及如前所示的基本性质，我们可以从变换后的输出 $\mathrm{bw}(S)=(\hat{L},r)$ 开始，逆向重构输入字符串 S，并能够在 $O(n)$ 的时间和空间内完成。显然，从 $\mathrm{bw}(S)$ 构造 L 并不复杂：只需在 $\hat{L}$ 的 r 位置插入 \$ 即可。然后，算法选择 S 的最后一个符号（即 $S[n]$），考虑到 $\mathcal{M}'$ 的第一行是 \$$S$，因此可以很容易地在 $L[1]$ 中找到该符号。接下来，算法通过在 S 中每次向左移动一

个符号来进行，利用上述两个性质：性质 2 允许我们将在 L 中出现的当前符号（最初是$L[1]$）映射到其在 F 中的对应副本；性质 1 允许我们通过取相同行末端的符号（即位于 L 中的符号）来找到在 F 中该副本前面的符号。这个双重步骤将算法聚焦到 L，使我们能够在输入字符串 S 中向左移动一个符号。通过对这个步骤重复执行 $n-1$ 次，我们就能够重构原始输入字符串 S。BWT 反向转换的伪代码如算法 14.2 所示。

算法 14.2　从 bw(S) 重新构建 S

```
从 bw(S) 得出列 L ;
从 L 中计算LF[1,n+1]; // 利用算法 14.1
k = 1; i = n;
while i > 0 do
    S[i] = L[k];
    k = LF[k];
    i--;
end while
```

请参考图 14.1 中的示例，这里我们有$L[1]=S[n]=\mathrm{a}$，并执行了算法 14.2 中的 while 循环。定义 14.1 保证了$\mathrm{LF}[1]$指向以 a 开头的第一行，在这个例子中是第 2 行。因此，a 的这个副本被 LF 映射到 $F[2]$（实际上 $F[2]$=a），因此，在 S 中位于该副本前面的符号是 $L[2]$=r。这两个基本步骤重复进行，直到整个字符串 S 被重构。继续之前的运行示例，$L[2]$=r 被 LF 映射到 F 中位置为 LF[2]=11 的符号（实际上$F[11]=\mathrm{r}$）。事实上，$L[2]$ 和 $F[11]$ 是符号 r 在列 L 和 F 中的首次出现。然后，算法将 r 在 S 中的前一个符号取为 $L[11]$=b，以此类推。

定理 14.1　输入的原始字符串 S 可以在 $O(n)$ 时间和空间内从其 BWT 中重建。算法 14.2 可能会引发每个符号的一个缓存未命中。

最近，若干研究专注于优化算法，以减少在 BWT 逆转换过程中的缓存未命中次数，并降低算法的工作空间需求。尽管已有文献取得了一些进展 [12–14,18]，但迄今为止，这些改进仍相对有限，比如在数据高度重复的情况下，缓存未命中的数量可能会增加一个较小的常数因子。在这个领域，显然还有很多有价值的工作等待着我们去发掘和实现。

14.2　另外两种简单转换

现在，让我们专注于探讨两种简单的算法，它们在压缩软件 bzip2 的设计中扮演了至关重要的角色。这两种算法分别是 MTF 和 RLE。前者将字符映射为整数，而后者则将连续重复的字符序列转换为 <字符，长度> 形式的键值对。值得一提的是，RLE 实际上是一种压缩技术，因为当存在较长的连续重复字符时，它能够显著减少输出序列的长度；而通过使用合适的可变长度编码器来编码整数值，MTF 也能转变为一种有效的压缩方法。通常，这些算法单独使用时的压缩效率并不高；但令人惊讶的是，BWT 却能与它们结合产生出色的压缩效果，可谓是它们的杀手级应用。

14.2.1 MTF 变换

MTF 变换实现了这样一个概念：字符串 S 中的每个符号都可以用其在适当动态列表$\mathcal{L}^{\text{MTF}}$中的索引来替换，该列表包含所有字母符号。将产生的输出字符串（以下称为 S^{MTF}）初始化为空字符串，其包含的符号是范围为$\left[1,|\Sigma|\right]$的整数。在第 i 步中，MTF 会处理符号$S[i]$并找到它在$\mathcal{L}^{\text{MTF}}$中的位置 p（从 1 开始计数）。然后，将 p 追加到字符串 S^{MTF} 中，并且修改$\mathcal{L}^{\text{MTF}}$，将符号$S[i]$移至列表前端 [3]。

将 MTF 处理应用于 bw(S) 的列 L 可能极为有利，因为它将 L 中局部同质的子字符串转化为一个全局同质的字符串 L^{MTF}，其中填充了大量的较小整数。此时，我们可以采用第 11 章中描述的任何整数压缩算法，或者像 bzip 那样，利用 L^{MTF} 的结构属性，依次应用 RLE，最终使用统计编码技术（如霍夫曼编码、算术编码或它们的“变体”）进行压缩，正如第 12 章中所述。

图 14.2 所示为在字符串 S=bananacocco 上运行 MTF 的示例，该字符串由五个不同的符号$\{a,b,c,n,o\}$组成，因此列表$\mathcal{L}^{\text{MTF}}$的索引集为$\{1,2,3,4,5\}$。很明显，出现频率较高的符号经常位于列表$\mathcal{L}^{\text{MTF}}$的前端，因此在 S^{MTF} 中获得了较小的索引值；这就是在本章参考文献 [3] 中所使用的原理，用以证明适用于 S^{MTF} 中整数的γ编码压缩技术的某些压缩界（详见定理 14.3）。

我们注意到 S 中有两个局部同质的子字符串，分别是“anana”和“cocco”，这些子字符串各自在特定符号上表现出了一些冗余，例如$\{a,n\}$和$\{c,o\}$。MTF 映射的一个优点就是将这些同质子字符串转变成包含小整数的 S^{MTF} 的子字符串。因此，bw(S) 中列 L 的强局部同质性质将导致 L^{MTF} 充满了数字 1，所以使用简单的压缩技术 RLE 是有价值且有效的。

只要我们从用于 S 的 MTF 变换所使用的同一初始列表$\mathcal{L}^{\text{MTF}}$出发，反转 S^{MTF} 就会变得非常简单。因此，初始$\mathcal{L}^{\text{MTF}}$应该是 MTF 所产生压缩文件的部分头信息。图 14.3 所示为在字符串 $S^{\text{MTF}}=22422245212$上运行 MTF 的示例。该算法将 S^{MTF} 中的每个整数 i 转换为在列表$\mathcal{L}^{\text{MTF}}$中位置 i 处出现的符号，然后将该符号移到列表的前端。因此，反转算法通过同步维护两个 MTF 列表来模拟转换过程。

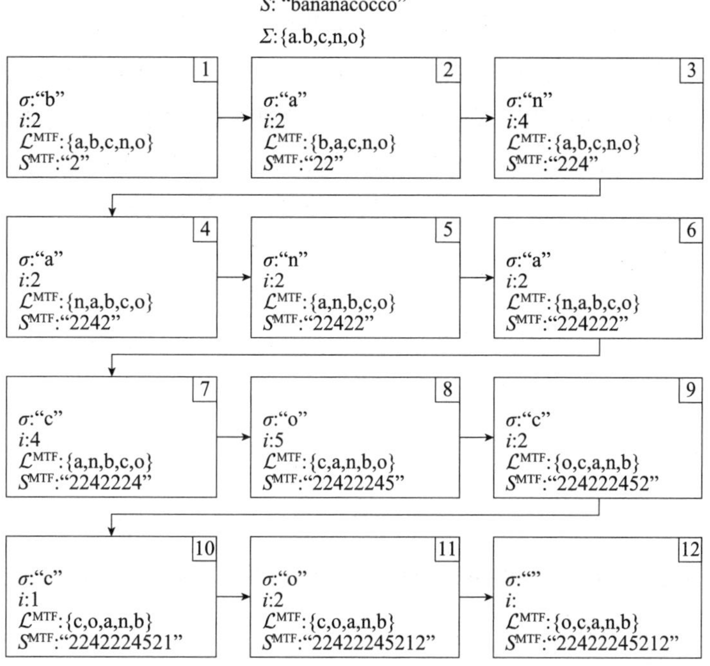

图 14.2　在字符串 S = bananacocco 上运行 MTF 的示例

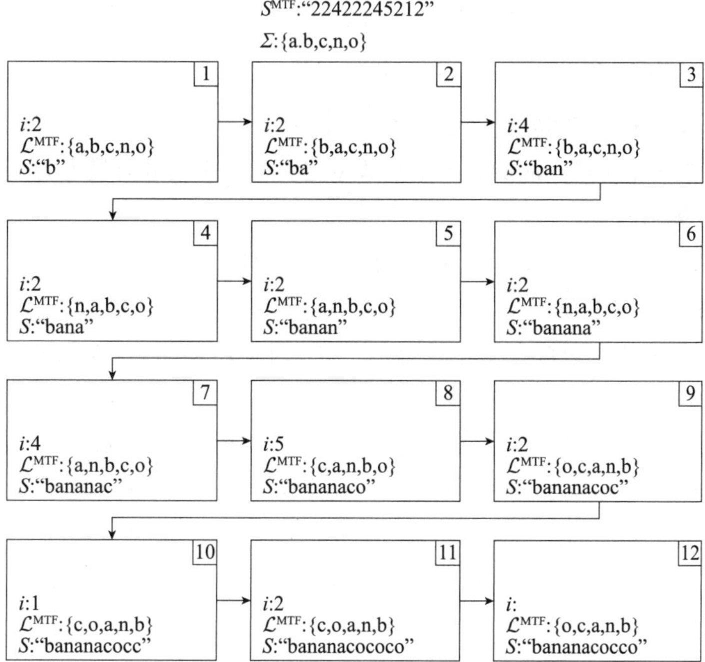

图 14.3　在字符串S^{MTF} = 22422245212上运行 MTF 的示例，从列表$\mathcal{L}^{MTF}$ = {a,b,c,n,o}开始

定理 14.2 对字符串 S 进行 MTF 需要 $O(|S|)$ 的时间和 $O(|\Sigma|)$ 的工作空间。

评估 MTF 压缩性能的一个关键概念是所谓的“引用局部性”（locality of reference），即我们先前提到的局部同质子字符串。在 S 中，引用局部性指的是同一字符连续出现之间的间隔很小。例如，字符串 bananacocco 在子串 anana 和 cocco 中展现了这一特征。我们清楚地认识到这个概念的描述还比较粗略，但现在需要暂时接受这种直观的描述，因为我们很快会以严格的数学语言对其进行定义。

如果输入字符串 S 表现出了引用局部性，那么通过 MTF（即先对 S 进行 MTF 变换，然后压缩 S^{MTF} 中的整数）可以实现比霍夫曼编码更优的压缩效果。这可能看起来令人惊讶，毕竟霍夫曼编码被证明是一种最优的无前缀编码（如第 12 章所证明的）；但实际上，这并不令人意外，因为 MTF 压缩技术并不是一种前缀无关编码，它会将一个符号动态地与不同的编码词关联。以图 14.2 为例，我们可以注意到符号 c 在 S^{MTF} 中获得了三个不同的数字（即 4, 2, 1），因此有三个不同的码字。

引理 14.1 基于 MTF 变换和 γ 编码的组合压缩技术可以在无界因子 $\Omega(\log n)$ 上超越霍夫曼压缩技术，其中 n 表示被压缩字符串的长度。

证明 给定一个字符串 $S=1^n 2^n \cdots n^n$，它是由一个大小为 n 的整数字母表定义，并且长度为 n^2。由于每个符号出现 n 次，分布是均匀的，因此霍夫曼编码对每个符号使用了 $\Theta(\log_2 n)$ 位。那么，通过霍夫曼编码压缩 S 总共需要 $\Theta(|S|\log n)=\Theta(n^2\log n)$ 位。

如果对 S 进行 MTF 变换，就会得到字符串 $S^{\mathrm{MTF}}=1^n 2 1^{n-1} 3 1^{n-1} 4 \cdots$。通过 γ 编码对该字符串进行压缩，就能得到长度为 $O(n^2+n\log n)$ 的输出位序列。由于 $\Theta(n^2)$ 个等于 1 的整数被编码为 $\gamma(1)=1$，因此只占用了 1 位，而所有其他整数（它们是 $n-1$ 且数值最大为 n）则每个使用了 $O(\log n)$ 长度的位编码。

相反，如果输入字符串 S 没有展现出任何类型的引用局部性，例如，它是一个来自字母表 Σ 的（准）随机字符串，那么 MTF 压缩的表现将不如霍夫曼压缩，但二者的性能差距其实并不明显。定理 14.3 结合 MTF 变换和 γ 编码，使这种粗略和直觉上的分析成为精确的表述。显然，用 δ 编码替换 γ 编码，或替换为任何其他在第 11 章提及的更优秀的通用整数压缩算法，可以使定理中提到的上界来进一步接近字符串 S 的 0 阶经验熵 $\mathcal{H}_0$。

定理 14.3 设 n_c 为输入字符串 S 中符号 c 的出现次数，且字符串的总长度为 n。我们用 $\rho_{\mathrm{MTF}}(S)$ 表示压缩技术输出的每个符号的平均位数，该压缩技术使用 γ 编码对字符串 S^{MTF} 的整数进行压缩。由于 $\rho_{\mathrm{MTF}}(S)\leqslant 2\mathcal{H}_0+1$ 时，我们可以得出结论，该压缩性能不会比霍夫曼压缩差两倍以上。

证明 设 $p_1, \cdots, p_{n_c}$ 表示符号 c 在 S 中出现的位置。显然，在任意两个连续出现的 c 之间

（比如 p_{i-1} 和 p_i 之间），最多存在 p_i-p_{i-1} 个不同的符号（包括 c 本身）。因此，MTF 压缩技术为 c 在位置 p_i 处的出现编码的索引最多为 p_i-p_{i-1} 个。实际上，在处理位置 p_{i-1} 时，符号 c 被移动到列表的前端（即位置 1），然后它可以在处理每个后续符号时（最多）往后移动一个位置，直到到达 c 在位置 p_i 处的出现。这意味着，在位置 p_i 处出现的 c 触发的整数最多为 p_i-p_{i-1}。然后，使用 γ 编码对这个整数进行编码，最多使用 $|\gamma(p_i-p_{i-1})| \leqslant 2\log_2(p_i-p_{i-1})+1$ 位。至于 c 的第一次出现，我们可以假设 $p_0=0$，因此对其编码最多使用 $|\gamma(p_1)| \leqslant 2(\log_2 p_1)+1$ 位。总的来说，用于存储在字符串 S 中 c 的出现所需的位成本

$$
\begin{aligned}
&\leqslant |\gamma(p_1)| + \sum_{i=2}^{n_c} |\gamma(p_i - p_{i-1})| \\
&\leqslant 2\log_2(p_1) + 1 + \sum_{i=2}^{n_c} [2\log_2(p_i - p_{i-1}) + 1] \\
&= \sum_{i=1}^{n_c} [2\log_2(p_i - p_{i-1}) + 1]
\end{aligned}
$$

通过将詹森不等式（Jensen's inequality）应用到对数和上，我们可以将对数函数移到求和符号外并对其参数取平均值，从而得到一个放大求和（telescopic sum）：

$$
\begin{aligned}
&\leqslant n_c \left\{ 2\log_2 \left[\frac{1}{n_c} \sum_{i=1}^{n_c} (p_i - p_{i-1}) \right] + 1 \right\} \\
&\leqslant n_c \left[2\log_2 \left(\frac{n}{n_c} \right) + 1 \right]
\end{aligned}
$$

其中，最后一个不等式源于一个简单的事实：在 S 中符号 c 最后一次出现的位置 p_{n_c} 不可能超过其长度 n。如果我们现在对所有符号 $c \in \Sigma$ 求和并除以字符串长度 n，由于 $\rho_{\text{MTF}}(S)$ 表示在 S 中每个符号的位数，因此我们可以得到

$$
\rho_{\text{MTF}}(s) \leqslant 2\left[\sum_{c \in \Sigma} \frac{n_c}{n} \log_2 \left(\frac{n}{n_c} \right) \right] + 1 = 2\mathcal{H}_0 + 1
$$

这个定理之所以成立，是因为 $\mathcal{H}_0$ 是霍夫曼编码的平均码字长度的下界。

14.2.2 RLE 变换

RLE 变换是一种简单的字符串处理技术，它将每个包含 ℓ 个符号 c 的最大连续子字符串映射到一个数值对 $\langle \ell, c \rangle$。例如，假设需要压缩以下字符串，该字符串代表了单色位图的一行像素值，其中 W 代表“白色”，B 代表“黑色”。

WWWWWWWWWWWWBWWWWWWWWWWWWBBBBBWWWWWW

我们采取如下方式压缩第一块 W：

$$\underbrace{\text{WWWWWWWWWWW}}_{(11,\text{W})}\text{BWWWWWWWWWWWWBBBBBWWWWWW}$$

我们可以继续这样做，直到到达行尾，从而获得一系列的数值对$\langle 11,\text{W}\rangle$，$\langle 1,\text{B}\rangle$，$\langle 12,\text{W}\rangle$，$\langle 5,\text{B}\rangle$，$\langle 6,\text{W}\rangle$。很容易看出，这种编码是无损的，并且很容易还原。一个值得注意的现象是，如果$|\Sigma|=2$，在前面的例子中，输入字符串将有交替的最大运行长度的 W 序列和 B 序列，因此，我们可以通过简单地输出序列长度加上字符串的第一个符号来进行压缩，并且仍然能够还原原始字符串。在之前的例子中，我们可以输出：W,11,1,12,5,6。

RLE 实际上不只是单纯的转换过程，一旦与整数编码器（如 MTF 所采用的）结合使用，它便形成了一个简易的压缩工具。RLE 在传真传输领域中的应用尤为著名：将一张纸视为二元（即单色）位图，首先通过对连续两行像素进行异或（XOR）操作，然后对每一行的输出执行 RLE 变换，最终通过霍夫曼编码或算术编码对生成的整数进行压缩。在二元图像中，由于字母表仅有两个符号，这种处理方式尤其高效。只要待传真的纸张内容较为规律，经过异或操作的行将会出现大量连续的位 0，使得 RLE 产生较短的序列，从而实现显著的压缩效果。尽管将此方法应用于彩色图像也不失为一种策略，但连续行之间的异或结果会获得更少的位 0，这种情况可能需要更为复杂的处理手段。

RLE 的性能可能优于或劣于霍夫曼编码，这完全取决于我们试图压缩的字符串的特性。下述引理展示了在采用与定理 14.1 相同字符串的情况下，RLE 可能比霍夫曼编码表现得更好。

引理 14.2 基于 RLE 变换和γ编码相结合的压缩技术在一个无界因子$\Omega(n)$上可以比霍夫曼编码的压缩性能更好，其中 n 是待压缩字符串的长度。

证明 考虑字符串$S=1^n 2^n \cdots n^n$，并回顾引理 14.1 证明中提到的霍夫曼编码压缩需要$\Theta(n^2 \log n)$位。如果对S实施 RLE 变换，我们得到的转换结果是$S^{\text{RLE}}=\langle 1,n\rangle\langle 2,n\rangle\langle 3,n\rangle\cdots\langle n,n\rangle$。对于$S^{\text{RLE}}$中的整数，如果使用$\gamma$编码，则每个数值对需要$O(\log n)$位，因此整体需要$O(n \log n)$位。

当然，在某些情况下，RLE 压缩的性能可能远低于霍夫曼编码压缩。以一个特殊字符串 S 为例，在该字符串中，连续字符的序列极短，就像在任何英语文本中那样，序列的长度通常为 1。

14.3 bzip 压缩

正如我们在前面几节所预期的那样，bzip 压缩依赖于三种转换的有序组合——BWT、MTF 和 RLE，这些步骤产生的输出非常适合被经典的统计压缩技术（如霍夫曼编码、算术编码或它们的变体）进行高效压缩。在这一系列操作中，最耗时的环节是在压缩和解压缩过程中分别计算 / 逆运算 BWT。这不仅仅是因为操作的数量在总体上是$\Theta(n)$，而且因为内存访问的模式非常分散，引发了大量的缓存未命中。这正是我们接下来将要深入探讨的问题。

bzip 良好性能的关键因素是 BWT 变换产生的字符串的局部同质性。在本节中，我们提供了更多关于这一问题的线索，并将在 14.4 节深入探究其数学原理。让我们考虑输入字符串 S 及其一个子字符串 w，假设 w 在 S 中出现了 n_w 次，且$c_1,\cdots,c_{n_w}$是出现在这些 w 之前的符号。根据 bw(S) 的构造方式，我们可以断定，所有以 w 为前缀的行在$\boldsymbol{M}'$中（它们当然是 n_w）是连续的，但可能会根据每一行中紧随 w 之后的符号相对于它们在 S 中的位置而被打乱。不管怎样，在 w 之前出现的符号 c_i 在 L 中是连续的（相应地被打乱），因此构成了 L 的一个子字符串。如果字符串 S 满足马尔可夫链的性质，意味着符号基于它们之前的符号（就像在自然语言文本中那样）生成，那么符号 c_i 预期会是一些有限的不同符号，而且这个特性会随着 w 的增长而持续存在。这种局部同质性是让 bzip 后续步骤能有效压缩字符串 L 的核心特征。

为了阐释清楚，我们来考虑一个具体例子，该示例是在字符串 S 上运行 bzip，其中 S 被定义为重复三次的字符串 mississippi，这会在 S 中导致高度重复性。首先计算 bw(S)，由于篇幅所限，我们不详细说明这个计算，而是直接展示结果，读者可以手动验证：L=ippp ssss ssmm miip ppii isss sssi iiii i，我们将符号分成 4-gram 以简化阅读，并且 r=16（从下标 1 开始计数）。下一步是对 L 应用 MTF 变换，起点是列表$\mathcal{L}^{\text{MTF}}=\{\text{i,m,p,s}\}$。在压缩文件的前导编码中存储了 r（使用 4-8 字节）和$\mathcal{L}^{\text{MTF}}$（直接存储）。MTF 的最终输出是一个字符串。

$$L^{\text{MTF}}\text{=1311 4111 1141 1414 1121 1411 1112 1111 1}$$

请注意，相同字符的连续序列在 MTF 变换中将转化为连续的 1，除了每个序列的第一个字符外，其余字符映射为整数，该整数代表了在处理过程中字符在$\mathcal{L}^{\text{MTF}}$中的位置。

bzip 的一个创新之处在于，它没有对所有可能的符号进行 RLE 压缩，而是实施了一种受限的版本，称为 RLE1，它只压缩由位 1 组成的连续符号。因此，L^{MTF} 可以被看作一种巧妙的策略，为 1 个序列长度的二进制编码保留了符号（整数）0 和 1。

更准确地说，连续出现五次的 1（即序列“11111”）按照一种称为惠勒码（Wheeler's code）的方案进行编码：首先序列长度增加 1，因此是 5+1=6；接着对 6 进行二进制编码得到 110；最后移除第一位（始终是 1），因此输出的二进制序列是 10。这个增加的初始步骤保证了（增加后的）序列长度至少为 2，因此至少用两个二进制位表示，其中第一位肯定是 1。所以移除 1 位后至少留下 1 位用来输出。解码惠勒码的过程也很简单，只需按相反的顺序重复上述步骤即可。

惠勒码的核心优势在于，输出的二进制序列的位数不会超过 L^{MTF} 中的符号数量。因此，这一步骤可以被视为一种初步的压缩，随着 L^{MTF} 中位 1 的序列长度的增加，这种压缩效果变得更加明显。我们所使用的示例序列的二进制输出为：

RLE1=0314 1041 4031 4141 0210

显而易见，解压缩过程可以轻松地辨认出 RLE，因为它们由包含位 0 和位 1 的最大序列组成，这些数字就是专门为这一目的而保留的。

最后，统计压缩技术被用于进一步压缩 RLE1 编码的结果（即对字母表进行压缩），字母表由范围为 $[1,|\Sigma|+1]$ 的整数组成。读者可以访问 bzip2 的主页 [19] 以了解更多信息，尤其是关于统计编码的步骤㊀，还可以查看 Squash 压缩测试基准㊁，并对比各种压缩技术、数据集以及机器环境，以进行尽可能全面的评估。

从本书探讨的压缩技术的实际性能表现中，我们可以得出一个明确的结论：基于 LZ 算法的压缩方法在压缩和解压缩性能上是最快的，得益于它们对缓存友好的算法结构，并且实现了引人注目的压缩率；而基于 BWT 的压缩方法则相对较慢，这不足为奇，这是由 BWT 算法本身的设计导致的，尽管如此，它们达到了卓越的压缩效果。由于 bw(S) 的计算成本较高，其实现策略是将输入文件分块，然后逐一对这些块应用变换。这也是为什么基于 BWT 的压缩技术被称为基于块的压缩技术。至于基于字典的压缩方法，块的大小会直接影响到压缩率与压缩速度之间的平衡；不同的是，它还会对解压缩速度产生负面影响，当处理较大块时，解压缩速度会降低。然而，bzip2 的现有实现允许用户在压缩过程中通过命令行选项 −1, …, −9 来指定块的大小，它们实际表示的块大小为 100KB, …, 900KB。

我们仍需解决的问题是如何构造 BWT 正向变换。就像观察到的那样，我们无法显式地构造旋转矩阵 $\boldsymbol{M}$，更不用说它的排序版本$\boldsymbol{M}'$，因为对于长度为 n 的输入，这将需要 $\Theta(n^2)$的工作空间。这就是为什么大多数基于 BWT 的压缩技术会利用一些“技巧”来避免构建这些矩阵。其中一个“技巧”涉及后缀数组的应用，这在第 10 章中有详细描述，我们同时介绍了几种有效构建它们的算法。BWT 的构建采用了这些算法之一㊂，并且在 BWT 被提出后，对后缀数组构造问题的研究兴趣有了显著增加 [1,15, 17]。

为了阐明后缀数组和 BWT 之间的联系，让我们考虑下面的示例：字符串 S=abracadabra$，计算其后缀数组 SA=[12, 11, 8, 1, 4, 6, 2, 5, 7, 10, 3]。图 14.4 所示为后缀数组与字符串 S 的排序旋转矩阵$\boldsymbol{M}'$的对比。前四列展示了字符串 S 的后缀及其后缀数组 SA。第五列展示了相应的

㊀ 在那里，位置是从 0 开始计数的，因此 RLE 作用于 0 序列上，而所有其他数字都增加 1，以便仍然保留符号 0 和 1 来编码序列的长度。

㊁ 请参见（https://quixdb.github.io/squash-benchmark/）的 Squash 压缩测试基准。

㊂ M. Burrows：“因此，我请求他的协助，共同探索能够有效执行算法排序步骤的方法，这既包括对常数因子的考量，也涉及渐进行为的影响。我们试验了众多方法，虽然只有部分被纳入最终的论文，但我们实现了我的既定目标：证明了该算法经过优化后，能够以足够快的速度运行，使其在现代计算机上具有实际的应用价值……”。[10]

排序旋转矩阵$\boldsymbol{M}'$及其最后一列 L。很明显，由于哨兵符号 \$ 的存在，对后缀排序等同于对矩阵$\boldsymbol{M}'$的行排序。读者可以检验下面的公式是否将 SA 与 L 联系了起来：

$$L[i]=\begin{cases}S[\mathrm{SA}[i]-1], & \mathrm{SA}[i]\neq 1\\ \$ & ,\text{其他}\end{cases}$$

后缀	索引	排序后的后缀	索引	$\boldsymbol{M}'$	L
abracadabra\$	1	\$	12	\$abracadabra	a
bracadabra\$	2	a\$	11	a\$abracadabr	r
racadabra\$	3	abra\$	8	abra\$abracad	d
acadabra\$	4	abracadabra\$	1	abracadabra\$	\$
cadabra\$	5	acadabra\$	4	acadabra\$abr	r
adabra\$	6	adabra\$	6	adabra\$abrac	c
dabra\$	7	bra\$	9	bra\$abracada	a
abra\$	8	bracadabra\$	2	bracadabra\$a	a
bra\$	9	cadabra\$	5	cadabra\$abra	a
ra\$	10	dabra\$	7	dabra\$abraca	a
a\$	11	ra\$	10	ra\$abracadab	b
\$	12	racadabra\$	3	racadabra\$ab	b

图 14.4 后缀数组与字符串 S=abracadabra\$ 的排序旋转矩阵$\boldsymbol{M}'$的对比。我们展示了矩阵$\boldsymbol{M}'$，并且在列表 L 中复制了每一行的末尾符号

我们知道，在 S 中的每个符号 $L[i]$ 都出现在符号 $F[i]$ 之前（见性质 1）。符号 $F[i]$ 是$\boldsymbol{M}'$中行 i 的第一个符号，也就是说，它是从 SA[i] 开始的后缀的第一个符号。因此，我们可以得出结论：$L[i]$ 等于 S 中位于位置 SA[i] 之前的符号。特殊情况是与 S 相对应的行，也就是以第一个后缀作为前缀，即将 \$ 符号作为前置符号。所以，一旦我们有了给定字符串 S 的后缀数组，只需线性时间就可以通过应用这个公式得到字符串 L。因此，我们证明了以下内容：

定理 14.4 给定一个输入字符串 S，构建 bw(S) 所需的时间和 I/O 复杂度等同于后缀数组的构造复杂度。使用第 10 章中的 DC3 算法构建 bw(S) 的总成本在几种计算模型中是最优的。具体来说，在随机访问存储器模型中是 $O(n)$，在两级存储模型中是 $O(\mathrm{Sort}(n))$，其中 Sort(n) 是对 n 个原子项进行排序的 I/O 成本。

14.4 关于压缩提升$^{\infty}$

首先，我们来回顾一下 k 阶经验熵的概念，它衡量了与从字母表$\Sigma=\{\sigma_1,\cdots,\sigma_h\}$中抽取的字符串 S 相关的不确定性（或信息），并且用 n_ω 表示子字符串 ω 在 S 中出现的次数。我们使

用$\omega \in \Sigma^k$的表示法来指定 ω 的长度为 k。正如在 13.4 节中介绍的那样，我们定义

$$\mathcal{H}_k(S) = \frac{1}{|S|} \sum_{\omega \in \Sigma^k} \left[\sum_{i=1}^{h} n_{\omega\sigma_i} \log\left(\frac{n_\omega}{n_{\omega\sigma_i}}\right) \right]$$

设 k=0，我们可以得到经典的零阶经验熵。这是根据 S 中各个符号的频率计算得出的，并没有考虑到利用任何长度为 k 的上下文。显然，$\mathcal{H}_k(S) \leqslant \mathcal{H}_0(S)$，但它可以更小，并且随着$|S|$和 k 的增大，这个值会收敛于信源 S 的熵。

我们之所以对这一公式感兴趣，是因为它揭示了一种设计压缩技术的方法，即从输入字符串预期达到$\mathcal{H}_0(S)$的压缩技术（如算术压缩或霍夫曼压缩）开始，可以设计出一种达到$\mathcal{H}_k(S)$的压缩技术。这种算法被称为压缩提升技术，它能将$\mathcal{H}_0$的压缩性能提升到$\mathcal{H}_k$，而实现这一跃升的核心算法工具竟然是 BWT[7]。为了说明这一创新且强大的概念，让我们考虑一个通用的 0 阶统计压缩器 C_0，它在字符串 S 上的性能（以每个符号的位为单位）被限制为$\mathcal{H}_0(S) + f(|S|)$位。值得注意的是，函数$f(|S|) = 2/|S|$是通过算术编码实现的，而$f(|S|) = 1$则依赖于霍夫曼编码技术（详见第 12 章）。

为了将 C_0 转化为一个有效的 k 阶压缩器 C_k，我们可以执行下述操作。

- ❑ 计算输入字符串 S 的 BWT，即 bw(S)。
- ❑ 取字符串 S 的所有可能子串 ω，并且对列 L 进行划分，以形成子串 L_ω，每个子串由前缀为 ω 的行的最后一个符号组成。
- ❑ 使用 C_0 压缩每个 L_ω，然后按照 ω 的字母顺序递增（或等效地，按照 L_ω 在 L 中的出现顺序）连接输出的位序列。

显而易见，L_ω 是 L 的一个子字符串，因为以 ω 为前缀的行在$\boldsymbol{M}'$中是连续排列的。如果给定字符串 S 的 lcp 数组，则 L 的划分需要线性时间（详见第 10 章），因此这一过程不会影响最终压缩器 C_k 的效率。就每个符号的压缩效率（按位计算）而言，我们可以轻松地推导出其界为：

$$\frac{1}{|S|} \sum_{\omega \in \Sigma^k} |L_\omega| \left[\mathcal{H}_0(L_\omega) + f(|L_\omega|) \right] = \mathcal{H}_k(S) + O\left(|\Sigma|^k\right)$$

其中，$\mathcal{H}_k(S)$的定义被应用于$\mathcal{H}_0(L_\omega)$的总和，并且对霍夫曼编码压缩和算术编码压缩而言，实际上$f(|L_\omega|) \leqslant 1$。显然，0 阶压缩器越有效，它与$\mathcal{H}_0$就越接近，$f(|L_\omega|)$项就越小，因此加法项$O\left(|\Sigma|^k\right)$也变得可以忽略不计。在本章参考文献 [7] 中，作者们表明实际上不需要固定 k，因为存在一个压缩提升技术，它能在最短的$O(|S|)$时间内识别出 L 的一个分区，该分区实现的压缩率超越了任何可能的$k \geqslant 0$得到的 C_k。该算法既优雅又不过于复杂，但是需要一定的篇幅来详细描述，因此我们建议对此感兴趣的读者参考上述论文以获得更深入的理解。

14.5　关于压缩索引∞

我们已经强调了旋转矩阵 M 的行与字符串 S 的后缀之间的双向映射对应关系，以及字符串 L 与在 S 上构建的后缀数组之间的关系（详见图 14.4）。这些概念构成了 FM 索引设计的核心，它是首个既能高效进行子字符串搜索，又能保证空间复杂度不超过被索引字符串的 k 阶经验熵的压缩全文索引。我们可以将 FM 索引视为后缀数组的压缩形式，或者视为一个可搜索的 bzip 压缩文件版本。由于本书的讨论范围，我们无法对 FM 索引的技术细节进行深入探讨，因此，在本节的剩余部分，我们只会简要介绍其技术要点，并聚焦于其主要算法思想，对此主题感兴趣的读者可以参考具有开创性的论文 [8] 和综述文章 [16] 以获得更详尽的信息。

为了简化表述，我们区分三种基本操作：

- `Count(P)` 返回M'中以字符串$P[1,p]$作为前缀的行范围 [first, last]（因此是后缀数组中的后缀）。值 (last − first + 1) 表示这些模式出现的数量。
- `Locate(P)` 返回索引字符串 S 中出现 P 的所有位置的列表（它们可能是未排序的）。
- `Extract(i,j)` 通过访问子数组在 FM 索引中的压缩表示，返回子字符串$S[i,j]$。

例如，在图 14.4 中，对于模式 P=ab，我们有 first=3 和 last=4，共计出现两次。这两行对应于两个后缀$S[1,12]$和$S[8,12]$，它们都以 P 为前缀。

我们从描述 Count(P) 开始。检索 first 行和 last 行并非采用后缀数组中常见的二分查找方法，而是使用了一种特殊的搜索技巧。这种技巧利用了列 L、数组 C（它在$C[c]$中存储了符号 c 在列 F 中首次出现的位置，参见算法 14.1 的步骤 7），以及一个额外的数据结构，该数据结构能够高效地支持非常基础的计数操作 Rank(c, k)，即统计指定前缀字符串$L[1,k]$中符号 c 的出现频次。我们注意到，数组 C 的尺寸很小，其大小与字母表基数成正比；而字符串 L 和在其上构建的数据结构 Rank(c, k) 可以保持压缩状态，并且它们依然能够有效支持$L[i]$和 Rank(c, k) 的检索。针对后一个问题，文献中提出了多种解决方案 [2, 8, 11, 16]，在此，我们概述了其中的一些方法。鉴于该研究领域的快速发展，这些方法可能在撰写本文时已非最优。

算法 14.3　计算模式 $P[1,p]$ 在 S 中的出现次数

1: $i = p$, $c = P[p]$;

2: first = $C[c]$, last = $C[c+1] - 1$;

3: **while** (first ≤ last **and** $i > 1$) **do**

```
        c = P[i − 1];
        first = C[c] + Rank(c, first − 1);
        last = C[c] + Rank(c, last) − 1;
        i = i − 1;
end while
return (first, last).
```

定理 14.5 设$S[1,n]$是定义在字母表Σ上的一个字符串，L是其 BWT。

- 如果$|\Sigma| = O(\text{polylog}(n))$成立，那么存在一种数据结构，可以在$O(1)$时间内，使用$nH_k(S)+O(n)$位空间，对$L$进行排名查询，对于任何$k=O\left(\log_{|\Sigma|}n\right)$，可以在相同的时间限制内检索$L$中的任何符号。
- 对于一般情况下的Σ，存在一种数据结构，它支持在L上进行排名查询，这种查询的时间复杂度为$O\left(\log\log|\Sigma|\right)$，使用$nH_k(S)+O\left(n\log|\Sigma|\right)$位的空间，对于任何$k=O\left(\log_{|\Sigma|}n\right)$，可以在相同的时间限制内检索$L$中的任何符号。

这意味着排名操作可以在常数时间或接近常数的时间内完成，并且在空间占用方面，非常接近我们希望索引的字符串S的k阶熵。数组C仅占用$O\left(|\Sigma|\right)$的空间，对于实际使用的字母表来说，这是微不足道的。这意味着，这一系列数据结构确实非常紧凑高效。

接下来，我们将展示如何利用这一系列数据结构来实现 Count(P)。算法 14.3——如今被称为逆向搜索（backward search）——提供了该实现的伪代码，该实现被分为从p到 1 的p个阶段。在第i阶段，保持以下不变量：参数 first 指向以后缀$P[i,p]$为前缀的排序旋转矩阵$\boldsymbol{M}'$的第一行，而参数 last 指向以相同后缀$P[i,p]$为前缀的$\boldsymbol{M}'$的最后一行。初始时，该不变量被构造为成立的：$C[c]$是以c开头的$\boldsymbol{M}'$中的第一行，而$C[c+1]-1$是以c开头的$\boldsymbol{M}'$中的最后一行（回想一下，行是从 1 开始编号的）。在我们列举的运行示例中，取$P=\text{ab}$并参照图 14.4 中的矩阵$\boldsymbol{M}'$：开始时我们有p=2，$P[2]=\text{b}$和$C[\text{b}]=7$（我们在S中计数到一个 \$ 的出现和五个 a 的出现），以及$C[\text{b}+1]=C[\text{c}]=9$（我们在$S$中又计数到两个 b 的出现）。因此，在逆向搜索开始前，[7, 8] 是由单个符号$P[2]=\text{b}$为前缀的行的正确行范围。

在随后的每个阶段，算法 14.3 都会归纳推导出前缀为$P[i,p]$的行的范围 [first, last]。然后确定以模式后缀$P[i-1,p]=P[i-1]\cdot P[i,p]$为前缀的 [first, last] 行的新范围。这个新范围比之前处理的模式后缀$P[i,p]$多一个符号。这一归纳步骤的工作原理如下：首先，它通过部署正确查询的 Rank 函数来确定符号c=$P[i-1]$在子串L[first, last] 中的首次和末次出现位置。具体来说，

Rank(c, first−1) 计算 c 在 L 位置 first 之前出现的次数，以及 Rank(c, last) 计算 c 在 L 中位置 last 之前出现的次数。这两个值使我们能够知道 L[first, last] 中 c 的出现情况，进而可以计算该范围内首次和末次出现的 c 的 LF 映射。因此，结合性质 2、定义 14.1 以及算法 14.3 步骤 5、6 中的等式，我们可以通过压缩Rank(c,k)的数据结构在时间和空间上均保持高效的实现（参见定理 14.5）。

对于正式证明这一映射实际上能够检索到以$P[i-1,p]$为前缀的行的新范围 [first, last]，我们建议读者参阅具有里程碑意义的关键文献 [8]。在此，我们通过构建一个实例来让读者相信一切都能够运行良好。再次参考图 14.4，像先前一样考虑模式$P=\text{ab}$和在$\boldsymbol{M}'$中以最后一个模式符号$P[2]=\text{b}$为前缀的行范围 [7, 8]（请记住，我们是逆向处理 P，因此称为逆向搜索）。算法 14.3 选取了前一个模式符号$P[1]=\text{a}$，然后计算 Rank(a, first−1)=Rank(a, 6)=1 和 Rank(a, last)=Rank(a, 8)=3，因为$L[1,\text{first}-1]$中包含一次 a 的出现，而$L[1,\text{last}]$中包含三次 a 的出现。由此，算法 14.3 推导出新的范围为：first=C[a]+Rank(a, 6)=2+1=3，last=C[a]+Rank(a, 8)−1=2+3−1=4，这确实是以模式$P=\text{ab}$为前缀的连续行范围 [3, 4]。

在最后阶段（即 i=1）之后，first 和 last 将限定$\boldsymbol{M}'$中包含所有以 P 为前缀的后缀的行。显然，如果 last<first，那么模式 P 不在被索引的字符串 S 中出现。以下定理总结了我们迄今为止所讨论的内容。

定理 14.6 给定一个从字母表Σ中提取的字符串$S[1,n]$，存在一个压缩索引，使得 Count$\left(P[1,p]\right)$操作的时间复杂度为$O(p\times t_{\text{rank}})$，其中$t_{\text{rank}}$是对字符串 S 的 BWT〔即 bw(S)〕进行单次 Rank 操作的时间复杂度。对于任何$k=O\left(\log_{|\Sigma|}n\right)$，空间使用量被限制在$n\mathcal{H}_k(S)+O\left(n\log|\Sigma|\right)$位以内。

这一结果的有趣之处在于，通过结合定理 14.5 中提出的压缩数据结构，我们可以得到一个 Count(P) 的实现方法，其具有最佳的时间复杂度 $O(p)$ 和空间复杂度 $O(p)$。然而，由于算法 14.3 需要在 L 和 Rank 查询之间交替进行，因此每个阶段都可能引发$\Theta(p)$次缓存或 I/O 未命中，从而使得该解决方案在 I/O 效率上存在不足。文献中已经有多种尝试，试图使 FM 索引对缓存无影响或提高其缓存感知能力，但直到目前为止，我们还没有找到一个同样简洁优雅的解决方案来彻底解决这些问题。

现在，我们来阐述 Locate(P) 实现细节。对于一个固定的参数 μ，我们对$\boldsymbol{M}'$中的行 i 进行抽样，这些行对应于被索引字符串 S 的后缀，这些后缀从 S 中形式为$\text{pos}(i)=1+j\mu$的位置开始，其中 j=0, 1, 2, …，每个这样的数值对$\langle i,\text{pos}(i)\rangle$都在一个数据结构 $\mathcal{P}$ 中被显示存储，该数据结构支持常量时间内的成员查询（基于第一行元素）。现在，给定一个行索引 r，如果该行

被采样并且在 $\mathcal{P}$ 中被索引，那么我们可以立即确定该行在 S 中的位置 pos(r)；否则，该算法会计算 $h=\mathrm{LF}^t(r)$，其中 t 是 h 采样行的步骤，因此它能够在 $\mathcal{P}$ 中找到。在这种情况下，因为每次 LF 计算在 S 中向后移动一个位置，所以我们得到 $\mathrm{pos}(r)=\mathrm{pos}(h)+t$。抽样策略确保在最多 μ 次迭代中能够在 $\mathcal{P}$ 中定位到一个行，因此可以通过对 Rank 数据结构的 $O(\mu\times\mathrm{occ})$ 次查询来定位模式 P 的 occ 次出现位置。

定理 14.7 给定一个从字母表 Σ 中提取的字符串 $S[1,n]$，存在一种压缩索引支持 Locate(P) 操作，该操作在 $O(\mu\times\mathrm{occ})$ 时间内完成，并使用 $O\left(\frac{n}{\mu}\log n\right)$ 位空间，只要 P 前缀对应的行范围 [first, last] 是可访问的。

通过修正 $\mu=\log^{1+\epsilon}n$，该解决方案对每次模式的出现所需的时间复杂度为多对数级别，并且对于长度为 n 的被索引字符串，需要的空间（以位计算）可能是次线性的。这种平衡是可行的，目前学术文献中已经充满了关于这些压缩索引的渐进优化和实验研究成果。

Count(P) 可以实现 FM 索引所支持的最后一个基本操作 Extract(i, j)，这并不出乎意料。假设 r 是 $\boldsymbol{M}'$ 中以后缀 $S[j,n]$ 为前缀的行，并假设已知 r 的值，即执行 Count(P) 后的情况。算法设置 $S[j]=F[r]$，然后进入一个循环，从 $S[j-1]$ 开始在 S 中向后移动（因为 $S[j]$ 已经被找到），开始如下的 LF 映射（通过 Rank 数据结构实现）：对于 $t=0,1,\cdots,j-i-1$，有 $S[j-1-t]=L[\mathrm{LF}^t[r]]$。经过 $j-i$ 步之后，当到达 S[i] 时停止。这种方法与我们在 BWT 逆向过程中采用的方法类似，不同之处在于数组 LF 并非显式可用的，而是通过 Rank 计算实时生成 。这确保了 LF 数组和压缩空间的高效访问（依据定理 14.5）。

考虑到 FM 索引这种吸引人的渐进性能和结构属性，一些研究者 [5] 通过一系列广泛的实验来探究其实际表现 ㊀。实验结果显示，FM 索引非常紧凑（其空间使用通常与 bzip 压缩效果相近），在计算模式出现次数方面速度极快（每个模式符号仅需几微秒），并且在模式出现次数较少时的检索成本也是合理的（大约每秒 100 000 次）。此外，通过调整存储到 FM 索引中的辅助信息量（即通过适当地设置参数 μ 及实现 Rank 函数时涉及的某些其他变量），我们能够在空间占用与搜索时间之间做出权衡。因此，FM 索引整合了数据压缩与全文索引的能力，它像 bzip 那样封装了原始文件的压缩版本（借助 Extract 操作），又像后缀树和后缀数组一样，允许我们搜索任意模式（通过 Count 和 Locate 操作）。所有这些功能都只需访问压缩文件的一小部分来实现，从而避免了对整个文件进行完全解压缩。

㊀ 参考简洁的数据结构库（Succinct Data Structure Library），请访问 https://github.com/simongog/sds1-lite。

参考文献

[1] Donald Adjeroh, Tim Bell, and Amar Mukherjee. *The Burrows–Wheeler Transform: Data Compression, Suffix Arrays, and Pattern Matching*. Springer, 2008.

[2] Jérémy Barbay, Meng He, J. Ian Munro, and S. Srinivasa Rao. Succinct indexes for strings, binary relations and multi-labeled trees. *Proceedings of 18th ACM–SIAM Symposium on Discrete Algorithms (SODA)*, 680–9, 2007.

[3] Jon L. Bentley, David D. Sleator, Robert E. Tarjan, and Victor K. Wei. A locally adaptive data compression scheme. *Communication of the ACM*, 29(4): 320–30, 1986.

[4] Mike Burrows and David J. Wheeler. *A Block-Sorting Lossless Data Compression Algorithm*. Technical Report 124, Digital Systems Research Center (SRC), 1994.

[5] Mark R. Nelson. Data compression with the Burrows–Wheeler transform. *Dr. Dobb's Journal of Software Tools*, 21(9): 46–50, 1996.

[6] Paolo Ferragina, Rodrigo Gonzalez, Gonzalo Navarro, and Rossano Venturini. Compressed text indexes: From theory to practice. *ACM Journal on Experimental Algorithmics*, 13: article 12, 2009.

[7] Paolo Ferragina, Raffaele Giancarlo, Giovanni Manzini, and Marinella Sciortino. Compression boosting in optimal linear time. *Journal of the ACM*, 52(4): 688–713, 2005.

[8] Paolo Ferragina and Giovanni Manzini. Indexing compressed texts. *Journal of the ACM*, 52(4): 552–81, 2005.

[9] Paolo Ferragina and Giovanni Manzini. Burrows–Wheeler transform. In Ming-Yang Kao, editor, *Encyclopedia of Algorithms*. Springer, 2008.

[10] Paolo Ferragina, Giovanni Manzini, and S. Muthukrishnan, coeditors. Theoretical Computer Science: *Special Issue on the Burrows–Wheeler Transform*. 387(3), 2007.

[11] Paolo Ferragina, Giovanni Manzini, Veli Mäkinen, and Gonzalo Navarro. Compressed representations of sequences and full-text indexes. *ACM Transactions on Algorithms*, 3: article 20, 2007.

[12] Juha Karkkainen, Dominik Kempa, and Simon J. Puglisi. Slashing the time for BWT inversion. *Proceedings of the IEEE Data Compression Conference*, 99–108, 2012.

[13] Juha Karkkainen and Simon J. Puglisi. Medium-space algorithms for inverse BWT. *Proceedings of the 18th European Symposium on Algorithms (ESA)*, Lecture Notes in Computer Science, Springer, 6346, 451–462, 2010.

[14] Juha Karkkainen and Simon J. Puglisi. Cache-friendly Burrows–Wheeler inversion. *Proceedings of the 1st International Conference on Data Compression, Communication and Processing (CCP)*, 38–42, 2011.

[15] Giovanni Manzini and Paolo Ferragina. Engineering a lightweight suffix array construction algorithm. *Algorithmica*, 40(1): 33–50, 2004.

[16] Gonzalo Navarro and Veli Mäkinen. Compressed full-text indexes. *ACM Computing Surveys*, 39(1): article 2, 2007.

[17] Simon J. Puglisi, William F. Smyth, and Andrew Turpin. A taxonomy of suffix array construction algorithms. *Proceedings of the Prague Stringology Conference*, 1–30, 2005.

[18] Julian Seward. Space–time tradeoffs in the inverse B–W transform. In *Proceedings of the IEEE Data Compression Conference*, 439–48, 2001.

[19] Julian Seward. bzip2. Available at https://www.sourceware.org/bzip2.

[20] Ian H. Witten, Alistair Moffat, and Timothy C. Bell. *Managing Gigabytes: Compressing and Indexing Documents and Images*. Morgan Kaufmann, second edition, 1999.

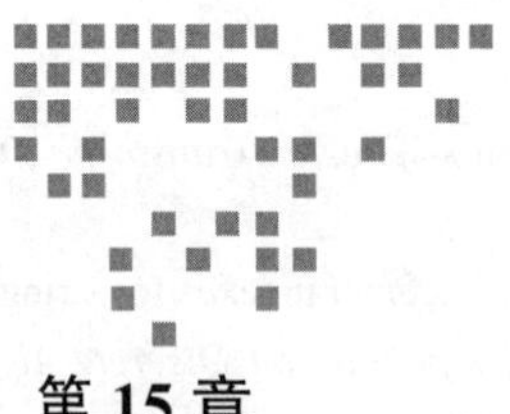

Chapter 15 第 15 章

压缩的数据结构

当克劳德·香农（Claude Shannon）遇见唐纳德·E. 克努斯（Donald E. Knuth）……

在上一章中，我们探讨了后缀数组的一种高效压缩形式，即 FM- 索引。当前的研究文献已经为数组、树和图[4]等传统数据结构提出了许多创新的压缩方案，覆盖了绝大多数（如果不是全部的话）的经典数据结构。在本章中，我们旨在概述这些新兴的数据结构的设计方法，并从教学的视角出发，重点阐述那些我们认为最具价值和成果潜力的方法。此外，本章还将引领读者了解一种名为无指针编程（pointer-less programming）的新兴编程范式。这种范式抛弃了传统的指针概念，不再依赖使用 4 字节或 8 字节的整数偏移来指向内存中的任意位置，如字符串、节点或边等。相反，它采用基于精巧设计的二进制数组之上的压缩数据结构，有效地替代了指针的使用，以及相关的操作，甚至在某些情况下提供了更多功能。

总体而言，至少从理论角度来看，无指针是一种切实可行的替代方案，它能够在不损害渐近性能的前提下，在压缩的空间里实现那些基于传统指针的数据结构。然而，鉴于本书聚焦于算法工程实践，我们必须直率地承认，在实践应用中，依旧需要经验丰富的算法工程师来判断无指针编程的有效性，以及在构建面向大数据的应用时，如何能够最高效地利用这一技术。

15.1 （二进制）数组的压缩表示

考虑以下经典案例：给定一个包含 n 个字符串的字典 $\mathcal{D}$，总长度为 m。我们将该字典映射到一个单一的字符串 $T[1, m]$ 上（相邻字符串间没有间隔符），以支持以下两种特定的查询操作：第一种是 Access_string(i)，它能够检索并返回序列 T 中第 i 个字符串；第二种操作是 Which_string(x)，它能够确定字符 $T[x]$ 所属字符串在 T 中的起始位置。

解决此问题的经典方法是借助一个指向 $\mathcal{D}$ 中字符串的数组指针 $A[1,n]$。该指针数组通过利用这些字符串在 $T[1, m]$ 中的偏移量来实现，总共使用了 $\Theta(n \log m)$位。在这种设置下，Access_string(i) 操作能够直接返回 $A[i]$ 作为结果，而 Which_string(x) 操作则通过在 A 中执行二分查找来找到字符 x 的前驱字符。前者的时间复杂度为 $O(1)$，后者则为 $O(\log n)$。

一种采用正交策略的方法涉及对数组 A 中的偏移量采用压缩表示。在随后的两个段落中，我们将探讨两种不同的技术：第一种是通过一个二进制数组 $B[1,m]$ 来实现 A 中的偏移量，此时 $B[i]=1$ 的唯一条件是 $T[i]$ 为字符串字典的首个字符，这种方法借助于压缩数据结构上的基本（但非常实用）操作来加强 B 的表示能力；第二种方法则利用了 A 中偏移量的递增性质，采用在第 11 章中详细介绍的 Elias-Fano 编码来以更紧凑的形式对这些偏移量进行索引。

对于第一种方案，需注意的是，Access_string(i) 操作需要在 B 中找到第 i 位被置为 1 的位，而 Which_string(x) 操作则要在 $B[x]$ 的左侧（包括 $B[x]$）找到第一个置为 1 的位，或者等价地，统计 $B[1,x]$ 中 1 的数量 k，然后跳转到 B 中第 k 位被置为 1 的位。目前，前者被称为 Select(i) 操作，后者被称为 Rank(x) 操作。这两种操作都可以通过遍历 B 来实现，但最坏情况下效率较低。接下来的部分将介绍一种数据结构，它能够在常数时间内完成这两个操作，并且仅使用额外的 $O(m)$ 位空间（不考虑 B 所占的空间）。就空间复杂度而言，由于显式存储了 B，这种方案被认为是简洁的，并且如果 $n=O(m/\log m)$，那么在空间上比基于指针的解决方案更为紧凑。

对于第二种方案，我们借助了 Elias-Fano 编码的算法特性，它能够以常数时间复杂度支持 Access(i) 操作来检索 $A[i]$，以及在对数时间复杂度内完成 Rank(x) 操作，且仅需不超过 $O(n\log(m/n))$ 位的额外空间（详见第 11 章）。我们将证明这一空间限制与数组 B 的熵相关联，因此这个方案被认为具有压缩特性。从渐进分析来看，对于任意给定的 m 和 n 值，该方案在空间效率上均优于传统的基于指针的解决方案。

15.1.1 通过 Rank 和 Select 实现的简洁方案

为了实现所提出的目标，我们介绍了两个新的基本操作及其相应的数据结构，称为排名（Rank）和选择（Select）。

定义 15.1 设 $B[1,m]$ 为一个二进制数组。

B 中索引 i 相对于位值 $b \in \{0,1\}$ 的 Rank 表示 $B[1,i]$ 中出现位值 b 的数量。表示为 $\text{Rank}_1(i) = \sum_{j=1}^{i} B[j]$。需要注意的是，$\text{Rank}_0(i)$ 可以在恒定时间内计算为 $i-\text{Rank}_1(i)$。

设 $B[1,m]$ 为二进制数组。B 中索引 i 相对于位值 $b \in \{0,1\}$ 的 Select 返回 b 在 B 中的第 i 次出现的位置，用 $\text{Select}_b(i)$ 表示。与 Rank 算法有所区别的是，Select_1 算法并不能在恒定时间内直接推导出 Select_0 的结果，这意味着为了高效执行这两种操作，我们需要分别为它们构建合适的数据结构。

现在，让我们考虑以下二进制数组：

	1	2	3	4	5	6	7	8	9	10	11
B=	0	0	1	0	1	0	0	1	0	1	0

当我们查询 $\text{Rank}_1(6)$ 时，目标是确定在二进制数组 B 的前六个位置中 1 的数量。如下所示，B 中关注的部分被高亮显示，这些位置中的 1 的个数即为我们所求。经过计数，可以确定 $\text{Rank}_1(6)=2$。

	1	2	3	4	5	6	7	8	9	10	11
B=	0	0	1	0	1	0	0	1	0	1	0

现在，我们转向查询 $\text{Select}_1(3)$，该查询的目标是在整个数组 B 中找出第三次出现 1 的位置。经过搜索，我们得出 $\text{Select}_1(3)=8$。如下所示，这个位置被高亮显示。此外，我们还展示了查询位置之前所有值为 1 的排名。

	1	2	3	4	5	6	7	8	9	10	11
B=	0	0	1	0	1	0	0	1	0	1	0
			1		2			3			

（1）**实现 Rank 操作**　支持 Rank 操作的简洁数据结构包括三个层级：在第一级，我们将二进制数组 B 在逻辑上分成大小为 Z 的大块，并为每个大块维护一些元信息（meta-information）以支持 Rank 操作；在第二级，我们进一步将每个大块在逻辑上分成每个大小为 z 的小块，并为每个小块维护一些其他的元信息；第三级由一个直接存取表构成，该表通过小块和查询位置进行索引。在前两级中保留的元信息，以及第三级的表，将通过占用 $O(m)$ 位来证明在空间上是简洁的。为了简化说明，我们假设 z 能整除 Z，因此，第 i 个大块是$B[Z\cdot(i-1)+1, Z\cdot i]$，第 i 个大块中第 j 个小块是$B[Z\cdot(i-1)+z\cdot(j-1)+1, Z\cdot(i-1)+z\cdot j]$，其中$i, j \geqslant 1$。

与第 i 个大块相关联的元信息包括在该大块之前的数组 B 前缀中看到的 1 的数量，这被称为绝对排名（absolute rank），并用 r_i 表示。与第 i 个大块内的第 j 个小块相关联的元信息包含在该大块内第 j 个小块之前的前缀中出现 1 的数量，这被称为相对排名（relative rank），并用 $r_{i,j}$ 表示。图 15.1 所示为大块 Z=9、小块 z=3 时的存储元信息示例。特别指出的是，如果 r_i 根据定义是在高亮大块之前（直到 B 的开始处）的 1 的数量，那么 $r_{i+1}=r_i+4$，因为这个大块包括了 4 个 1。至于存储小块中的元信息，请注意 $r_{i,1}=0$，我们这么做是为了完整性；其余两个相对排名分别为 $r_{i,2}=2$，因为有两个 1 在突出显示的大块中位于第二个小块之前，以及 $r_{i,3}=3$，因为有三个 1 在突出显示的大块中位于第三个小块之前（如图 15.1 中放大的数组所示）。

由于每个绝对排名都小于 B 的大小 m，因此所有绝对排名的空间占用可以通过大块的数量与存储一个绝对排名，即$O\left(\frac{m}{Z}\log m\right)$位所需的空间相乘来计算。类似地，每个相对排名的大小都小于$O\left(\frac{m}{z}\log Z\right)$，所以存储所有相对排名所需的空间为$O\left(\frac{m}{z}\log Z\right)$。因为每个相对排名都小于大块的大小 Z，因此可以用 $O(\log Z)$ 位来存储这些排名。

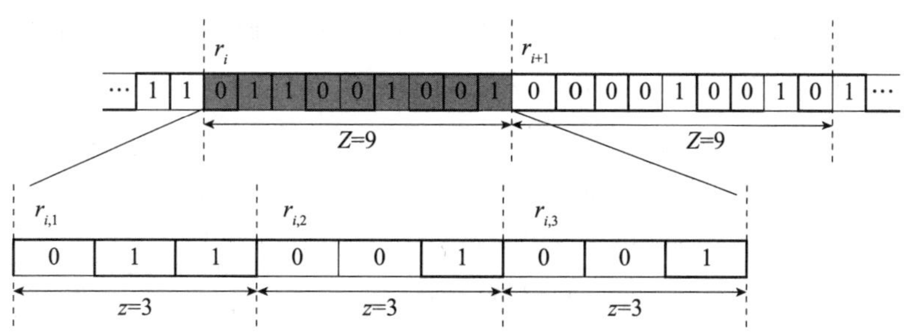

图 15.1　当大块 Z=9、小块 z=3 时的存储的元信息示例，与实现 Rank 操作相关。r_i 是从二进制数组 B 开始到高亮大块的第一个元素（不包括）之间值为 1 的数量，所以 $r_{i+1}=r_i+4$。对于每个小块关联的相对排名，$r_{i,1}=0$，$r_{i,2}=2$，$r_{i,3}=3$

现在，我们设$Z=(\log m)^2$、$z=\frac{1}{2}\log m$，那么总空间占用为

$$
\begin{aligned}
&O\left(\frac{m}{Z}\log m+\frac{m}{z}\log Z\right)\\
&=O\left(\frac{m}{\log^2 m}\log m+\frac{m}{\frac{1}{2}\log m}\log\left(\log^2 m\right)\right)\\
&=O\left(\frac{m}{\log m}+\frac{m}{\log m}\log\log m\right)\\
&=O\left(\frac{m\log\log m}{\log m}\right)=O(m)
\end{aligned}
$$

可以确信的是，通过读取查询位置之后的大块的绝对排名，或者将包含查询位置的大块的绝对排名与查询位置之后的小块的相对排名相加，我们就能够在常数时间内确定每个块（无论是小块还是大块）末端位置的排名。

至此，我们已经了解了如何响应对每个（小或大）数据块最后一个位置的 Rank 查询，但如果查询针对的是小块内部某个特定位置呢？我们讨论的第一种解决方案仅利用了基于

绝对排名和相对排名提供的元信息。具体而言，假设 $\mathrm{Rank}_1(x)$ 是针对 B 中可能出现在一个小块内的任意位置 x 提出的，为了便于描述，假设 $B[x]$ 包含在 B 的第 i 个大块内的第 j 个小块中，用 $B_{i,j}$ 表示。$\mathrm{Rank}_1(x)$ 的答案计算为 $r_i+r_{i,j}+\mathrm{Count}_1[B_{i,j}, x]$。其中最后一项计算的是小块 $B_{i,j}$ 中直到 $B[x]$（包含）为止出现的 1 的个数。请注意，索引 i 和 j 可以计算为$i=1+\left\lfloor \frac{x-1}{Z} \right\rfloor$和 $j=1+\left\lfloor \frac{(x-1)\mathrm{mod}Z}{z} \right\rfloor$，其中 r_1=0，$r_{i,1}$=0，并且索引从 1 开始计数。尽管如此，检索前两个量需要常数的时间，而 $\mathrm{Count}_1[B_{i,j}, x]$ 在最坏情况下通过扫描 $B_{i,j}$ 需要 $O(z)=O(\log m)$ 的时间。

值得注意的是，如果 z 适合单个内存字，那么 $\mathrm{Count}_1[B_{i,j}, x]$ 可以通过位操作原语在常数时间内实现（例如 std: : pop_count[⊖]），如果 z 只包含很少的内存字，我们仍然可以采用 SIMD（单指令、多数据）技术，并保持较快的速度；对于更长的 z，仍然有可能实现常数时间的最佳理论边界，但我们需要引入第三个元信息，即表 R，该表将所有可能的小块配置及其对应查询位置的答案进行了列表化处理，如图 15.2 所示。通过该表，我们可以访问 R 中的相应条目（即 $R[B_{i,j}, o]$）来计算 $\mathrm{Count}_1[B_{i,j}, x]$。其中$o=1+(x-1)\bmod z$ 是小块 $B_{i,j}$ 中 $B[x]$ 的偏移量。这个过程需要三次内存访问（即分别针对 r_i、$r_{i,j}$、$R[B_{i,j}, o]$）以及两次加法操作，因此需要 $O(1)$ 的时间。令人惊讶的是，存储表 R 的成本并没有想象中的高，因为我们已经设置了 z=(1/2)log m。

R	位置		
块	1	2	3
000	0	0	0
001	0	0	1
010	0	1	1
011	0	1	2
100	1	1	1
101	1	1	2
110	1	2	2
111	1	2	3

图 15.2　预先构建一个查找表 R，该表涵盖了所有可能的小块（大小为 z=3 位），用于快速检索块内元素的排名。在此，每个元素的排名是根据其在二进制配置 b 的块内相对位置 o 来确定的

事实上，R 由 2^z 行和 z 列组成，每个条目可以用 $O(\log z)$ 位表示，它计算的是一个小块中 1 的数量。因此，R 的总空间占用为$2^z z\log z=O\left(2^{\log\sqrt{m}}(\log m)(\log\log m)\right)=o(m)$位。最后，我们发现表 R 的最后一列是冗余的。由于它存储的信息也可以在 $r_{i,j}$ 中找到，因此我们可以将其删除，但这并不会对改变所提方案的渐近空间占用。

定理 15.1　Rank 数据结构的空间占用是 $o(m)$ 位，因此它在二进制数组 $B[1, m]$ 的大小上是渐进次线性的。Rank 算法即便在最坏情况下仍只需常数时间，并且只以读模式访问数组 B。

图 15.3 所示为 Rank 操作执行的图形解释，让我们借助图 15.1 中的示例来直观地解释 $\mathrm{Rank}_1(x)$ 的计算，假设 x=17 是图 15.3 中向下箭头指示的元素。算法遵循先前提及

⊖ https://en.cppreference.com/w/cpp/numeric/popcount。

的三个步骤来获取式 $r_i + r_{i,j} + R\left[B_{i,j}, o\right]$ 中的三个量，在此我们回顾一下，$i = 1 + \left\lfloor \frac{x-1}{Z} \right\rfloor$，$j = 1 + \left\lfloor \frac{(x-1)\text{mod}Z}{z} \right\rfloor$ 和 $o = 1 + (x-1)\text{mod } z$，以确保对整体流程有清晰的理解。

1）找到包含 $B[26]$ 的第 i 个大块，即 $i = 1 + \left\lfloor \frac{17-1}{9} \right\rfloor = 2$，并获取绝对排名 r_2。

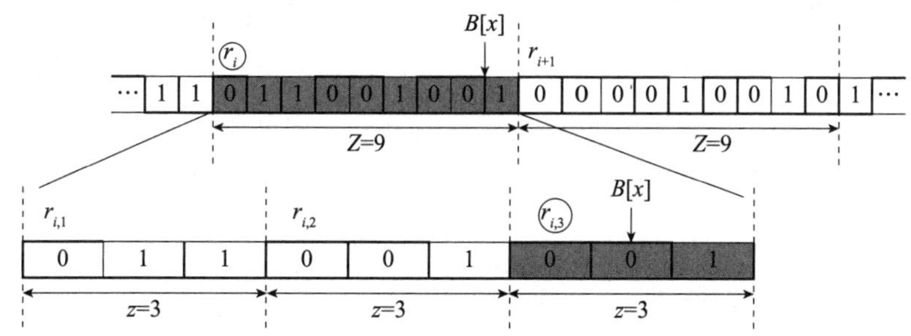

图 15.3　Rank 操作执行的图形解释，其中以圈注方式清晰标出了在计算过程中所采用的绝对排名和相对排名

2）找到第 j 个包含 $B[26]$ 的小块，即 $j = 1 + \left\lfloor \frac{(17-1)\bmod 9}{3} \right\rfloor = 3$，并检索其相对排名 $r_{2,3}$。

3）找到 $B[x]$ 在小块 $B_{2,3}$ 内的偏移位置 o=1+(17−1)mod3=2，然后访问条目 $R[001,2]$，在执行的示例中（见图 15.2），该条目等于零。

4）计算结果 $\text{Rank}_1(17) = r_2 + r_{2,3} + R\left[001,2\right]$。

（2）**Select 操作的实现**　Select 操作的实现主要遵循 Rank 数据结构的三级设计框架，不过在算法上的一个变化是，这里二进制数组 B 不是被分成固定长度的大块和小块，而是通过设置为 1 的位数量来动态驱动分割。

技术上来说，我们设 $K=\log^2 m$，并再次使用 Z 来表示包含 K 位设置为 1 的大块大小（以位为单位）。显然，Z 在不同的大块中会有所变化，但为了保持简单，我们在这里避免使用不同的 Z 值，并在文本中进行必要的解释。根据定义 $Z \geqslant K$，因此所有大块起始位置的存储需要 $O\left(\frac{m}{K}\log m\right) = o(m)$ 位，由于每个大块正好包含了 K 个被设置为 1 的位，通过一个简单的算术操作，我们可以推导出 $\text{Select}_1=(i)$ 操作所搜索的 1 出现在哪个大块中。

为了进一步细化 $\text{Select}_1=(i)$ 操作的搜索范围，我们需要将视角放大到一个大块。出于效率考虑，不能扫描整个大块来找寻目标，因此我们需要继续设计 Select 数据结构的第二层，将大块分割成仍由 1 来计数驱动的小块。具体来说，我们要区分稀疏大块和密集大块。如果一个大数据块相对于其大小只包含“少量”的 1，则被称为稀疏大块，其中“少量”可量化为

$Z>K^2$；否则被称为密集大块，在这种情况下，我们显然有 $Z\leqslant K^2$。

若一个大块属于稀疏类型，那么我们可以显式地存储那些被设置为 1 的位的位置，而不会占用太多空间。实际上，这需要 $O\left(\frac{m}{K^2}K\log m\right)=O\left(\frac{m}{\log^2 m}\log m\right)=o(m)$位，其中，我们利用了一个稀疏大块的长度$Z>K^2$和$K=\log^2 m$的事实。

如果一个大块属于密集类型（即$Z\leqslant K^2$），我们通过将该大块递归地分割成多个小块来处理，每个小块包含$k=(\log\log m)^2$个被设置为 1 的位。我们将一个小块的长度标记为 z，如同大块的情况那样，我们注意到小块长度 z 在不同小块之间可能会有所变化。但为了简化阅读，我们不采用下标的方式。为了存储所有小块相对于其所属的密集大块的起始位置，我们需要$O\left(\frac{m}{k}\log K^2\right)=O\left(\frac{m}{(\log\log m)^2}\log\left(\log^4 m\right)\right)=o(m)$位，这里我们利用了小块的长度至少为 k 以及其所在的密集大块的长度最多为 K^2 的事实。

最后，为了跟踪小块中被设置为 1 的位的位置，我们借鉴了处理大块时的方法，根据小块的长度 z 大于或小于 $k^2=(\log\log m)^4$ 来区分稀疏小块和密集小块。对应大块而言，如果小块是稀疏的（即 $z>k^2$），我们可以显式地存储其中 1 的位置，但现在是相对于封闭大块的起始位置，因此需要$O\left(\frac{m}{k^2}k\log K^2\right)=O\left(\frac{m}{(\log\log m)^2}\log\left(\log^4 m\right)\right)=o(m)$位。我们利用了稀疏小块的长度为 $z>k^2$ 这一事实，因此它们的数量为 $O(m/k^2)$。此外，z 比密集大块的长度短，即 $z\leqslant k^2$。因此，我们只能存储密集小块（在密集大块内）中出现的 1。我们模仿 Rank 数据结构的第三层设计，通过观察，每个密集小块的大小$z\leqslant k^2=(\log\log m)^4$，因此可以预先计算出密集小块内 Select_1 的所有答案表 T，因此 T 占据了$O(z2^z\log z)=o(m)$位。

Select 操作的实现如图 15.4 所示。为了更好地理解 Select_1 操作的工作原理，请参考图 15.4，为了便于解释，图中选取 $K=3$ 和 $k=2$。请注意，（高亮的）大块是密集的，因为它包含了 $K=3$ 个设置为 1 的位，其大小 $Z=7<9=K^2$；而后续的大块是稀疏的，它也包含了 $K=3$ 个设置为 1 的位，但其大小 $Z=10>9=K^2$。此外，高亮大块的第一个小块是密集的，因为它包含 $k=2$ 个设置为 1 的位，其大小 $z=3<4=k^2$；而第二个小块是稀疏的，并且实际上包含少于 k 个设置为 1 的位，因为 k 无法整除 K。根据 Select 数据结构的设计描述，稀疏大块和稀疏小块中 1 的位置可以直接存储（前者作为绝对值，后者使用相对于其所在大块起点的相对值）。相比之下，由于高亮大块的第一个小块是密集的，这有助于我们构建查询表 T。

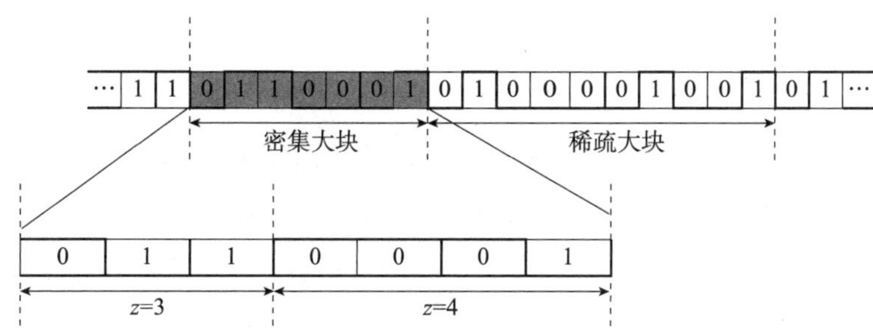

图 15.4　Select 操作的实现。在这个例子中，K=3 和 k=2，参见其中的文本注释

我们现在将阐述 $\text{Select}_1(i)$ 的实现，该实现依托于一个三层数据结构，并遵循以下操作步骤：

1）计算在二进制数组 B 中，设置为 1 的第 i 位所在的大块索引 $j=1+\left\lfloor\frac{i-1}{K}\right\rfloor$，用 B_j 表示这个大块。

2）如果 B_j 是稀疏的，那么数据结构已经显示存储了 $\text{Select}_1(i)$ 的结果，我们的任务就完成了。否则，数据结构则存储了（密集的）大块 B_j 的起始位置，比如 s_j。

3）把 $\text{Select}_1(i)$ 中的内容通过计算 $i'=1+(i-1)\bmod K$ 转变成 B_j 中相对应的 $\text{Select}_1(i')$。

4）计算小块的索引 $j'=1+\left\lfloor\frac{i'-1}{K}\right\rfloor$，这个小块包含 B_j 中设置为 1 的第 i' 位，用 $B_{j,j'}$ 表示这个小块。

5）数据结构已经存储了相对于 B_j 开始位置的 $B_{j,j'}$ 的起始位置，即 s'_j。

6）如果 $B_{j,j'}$ 是稀疏的，数据结构已经存储了相对于这个大块的起始位置的 B_j 中设置为 1 的第 i' 位的位置，因此我们通过将那个相对位置加到 s_j 上得到 $\text{Select}_1(i)$ 的答案；或者，我们使用二进制配置的 $B_{j,j'}$ 和值 $1+(i-1)\bmod k^2$ 访问预先计算的表 T，将检索到的 T 的条目执行加上 $s_j+s'_j$ 可以得到 $\text{Select}_1(i)$ 的答案。

就像我们观察到的 Rank 操作一样，由于密集小块的长度非常短〔具体来说，它比 $(\log\log m)^4$ 更短，而对于实际的 m 值来说，这是一个很小的值〕，实际上我们可以考虑扫描这些小块，因此可以不使用预先计算的表 T。

因此，我们已经证明了以下内容：

定理 15.2　Select_1 数据结构的空间占用了 $o(m)$ 位，因此二进制数组 $B[1,m]$ 的大小是渐进次线性的。Select_1 算法在最坏情况下的运行时间是常数，且只以读模式访问数组 B。Select 的时间和空间界限对于 Select_0 是相同的。

15.1.2 通过 Elias-Fano 编码的压缩解决方案

在本小节中，我们介绍的方法能够直接适用于指向字符串 $\mathcal{D}$ 的（偏移量）指针数组 $A[1,n]$，或者应用于它们的二进制特征向量 $B[1,m]$。实际上，我们可以通过取 B 中设置为 1 的位的位置将后者转化为前者，从而获得一个递增的正整数序列，这是有效输入的前提条件，适用于 Elias-Fano 编码。

举个例子，假设我们的输入是一个二进制数组：

	1	2	3	4	5	6	7	8	9	10	11
B=	0	1	1	0	0	0	0	1	0	1	0

接下来，我们将导出数组

	1	2	3	4
A=	2	3	8	10

。如第 11 章所述，利用 Elias-Fano 编码对数据进行压缩，可以得到两个数组：

	1	2	3	4
L=	10	11	00	10

	1	2	3	4	5	6	7	8
H=	1	1	0	0	1	1	0	0

这两个数组定义在 n=4 项上（因此在 H 中有四个 1），总体大小 u=11，字大小 $b=\lceil \log_2 11 \rceil = 4$，最低有效部分的位数 $\ell = \left\lceil \log \frac{u}{n} \right\rceil = \left\lceil \log \frac{11}{4} \right\rceil = 2$，最高有效部分的位数 $h = b - \ell = 2$。

正如我们在第 11 章中所讨论的，Elias-Fano 编码最引人注目的特性是数组 H 可以通过适当的数据结构和算法进行增强，以便高效地执行以下两种操作：

- Access(i)，它根据给定的索引 $1 \leqslant i \leqslant n$ 返回 $A[i]$。
- NextGEQ(x), 在给定整数 $0 \leqslant x \leqslant u$ 的情况下返回最小元素 $A[i] \geqslant x$。

如果在数组 A 上进行这两种操作，就很容易借助于 Access(i) 计算 $\text{Select}_1(B,i)$，以及借助 NextGEQ(i+1)−1 来计算 $\text{Rank}_1(B,i)$。这里我们假定 $A[n+1]=\infty$，并且 NextGEQ 返回的是 $A[i] \geqslant x$ 的位置 i，而非其值（为了便于解释）。我们现在已经做好准备来讨论这两种操作的实现，使用第 11 章的术语并实施一个对 H 的“增强”，这种增强依赖于一个支持在其上执行 $\texttt{Select}_1$ 操作的数据结构。

为了实现 Access(i) 的操作，我们需要将 L 和 H 中 $A[i]$ 的高位和低位结合起来。访问二进制序列 L 中第 i 块 ℓ 位，可以轻松检索到 $A[i]$ 的最低位。检索 $A[i]$ 的 h 个最高位稍微复杂一些，可以归结为确定在 H 中指向那些位的负一元序列。由于我们不知道 $A[i]$，只知道输入 i，因此该负一元序列是 H 中第 i 位被设置为 1 的序列。该位的位置（从 1 开始计数）可

以通过执行 $\text{Select}_1(i,H)$ 来获得，然后减去 i，这返回了该位置前面 0 的数量。根据 Elias-Fano 编码的性质，这个 0 的数量等于包含位 1 的桶配置。因此，通过用 h 位表示它，我们得到了 $A[i]$ 的最高位部分。因此，这种算法的时间复杂度是 Select 操作的时间复杂度，根据定理 15.2，这是一个常数时间复杂度。为了在数组 H 上支持 Select 操作，需要的额外空间复杂度为 $o(|H|)=o(n)$ 位，因此它与被设置为 1 的位数 n 呈次线性关系，而不是与数组 B 的大小 m 呈次线性关系。

考虑到之前的示例，执行 Access(3) 操作将会返回 $A[3]=8$。我们通过访问 L 中的第三位对来检索 $A[3]$ 的 $\ell=2$ 个最低有效位，因此得到 $L[3]=00$。接着，计算 $\text{Select}_1(3,H)-3=5-3=2$，再使用 $h=2$ 位对这个桶配置进行编码，我们得到剩余的 $h=b-\ell=2$ 个最高有效位，因此是 10。通过连接这两个位序列，我们便得到了正确结果：$A[3]=10\cdot 00=(1000)_2=8$。

另一个操作 NextGEQ(x) 的实现过程如下。算法的核心思想是根据整数 x 的 h 最高有效位确定整数 x 的桶，然后通过查看该桶中 A 的整数来确定 NextGEQ(x) 的答案。具体而言，假设 v_h 是 x 的 h 最高有效位的值。我们通过检查 H 中 A 的负一元序列来搜索 v_h 数据桶中 A 的元素。如果 $v_h>0$，则这个负一元序列从 $p=\text{Select}_0(v_h)+1$ 位置的位开始延伸；否则就是 $p=0$，并在位置 $q=\text{Select}_0(v_h+1)$ 终止。因此，$H[p,q]=1^{q-p-1}0$ 即为该负一元数列，$q-p$ 是 A 中最高有效位的值等于 v_h 的整数数量。现在，如果位 $H[p]=0$，则桶为空（即 $q-p=0$），因此 A 中没有任何整数的 h 最高有效位与 x 相同。

所以，NextGEQ(x) 必须返回下一个非空桶的第一个元素，该元素的 h 最高有效位肯定大于 v_h。这个元素对应于 $H[p]$ 右边的第一个 1。我们不需要知道它的位置，知道它在 A 中的排名 i 就足够了，然后执行 Access(i)。此排名 i 是 $p-v_h$，因为 v_h 是 $H[1,p]$ 中设置为 0 的位的数量。否则，该数据桶为非空，其元素的 h 最高位与 x 相同。因此，响应 NextGEQ(x) 的元素要么对应于 $H[p,q]$ 中的一个位 1，要么对应于 $H[q]$ 右边的第一个 1。我们可以通过查找 Access(i) 返回的第一个大于或等于 x 的值来区分这两种情况。对于 $i=p-v_h,\cdots,q-v_h$，桶中的元素不超过 $2^{\ell}=\Theta(u/n)$，准确地说，它们不超过 $\min\{n,2^{\ell}\}$。因此在最坏情况下，扫描它们需要花费 $O(\min\{n,u/n\})$ 的时间。我们可以在 $O(\min\{\log n,\log(u/n)\})$ 的时间内对它们进行二分查找，从而加快搜索速度。另外，在数组 H 上支持 Select 操作所需的额外空间复杂度为 $o(|H|)=o(n)$ 位。

再次参考之前的示例，并且执行 NextGEQ(9)，它应该返回 $A[4]=10$。因为 $9=1001,\ell=2$，并且 $h=2$，所以有 $p=\text{Select}_0(10_2)+1=\text{Select}_0(2)+1=4+1=5$ 且 $q=\text{Select}_0(2+1)=7$。由于 $H[5]=1$，桶是非空的，它的元素在 $H[5,6]$ 中有与 10 相同的 h 最高有效位数字。因此，我们可以在位置 $i=5-2=3$ 到 $i=7-2=5$（不包括）之间扫描 A，鉴于 $A[3,4]=[8,10]$，因此返回值为

10。在另一个例子中，假设我们执行 NextGEQ(4)（其中 4=0100 用 b=4 位表示）。我们计算 $p=\text{Select}_0(01)+1=\text{Select}_0(1)+1=3+1=4$。因为 $H[4]=0$，相应的桶为空，因此我们需要找到下一个非空桶的第一个元素。这是在 A 中的rank$i=p-v_h=4-1=3$的元素，即我们通过执行 Access(3) 检索的 $A[3]=8$。

定理 15.3 给定一个由递增的正整数组成的数组 $A[1,n]$，这些正整数的范围限定在 $[0,m)$，存在一个 A 的压缩索引方式，该方式仅需占用$2n+n\left\lceil \log_2 \frac{m}{n} \right\rceil+o(n)$位，并支持在最坏情况下以常数时间检索其元素（即执行 Access 操作），以及最坏情况下在$O(\log(m/n))$时间内检索大于或等于给定数值的整数（即执行 NextGEQ 操作）。

这个结果可以重新表述为，针对二进制数组 B，我们可以将其视为由递增的正整数数组 A 构成的二进制特征向量。

定理 15.4 给定一个二进制数组 $B[1,m]$，其中 n 个位置被设为 1，存在一个对 B 进行压缩的索引，使用$2n+n\left\lceil \log_2 \frac{m}{n} \right\rceil+o(n)$位，并且在最坏情况下，在$O(\log(m/n))$时间内完成$\text{Rank}_1(i)$操作，在 $O(1)$ 时间内完成$\text{Select}_1(i)$操作。

我们可以观察到，随着 n 的增加，每个元素的额外位数（即$2+\left\lceil \log \frac{m}{n} \right\rceil$）会减少并趋向于 2（加上小的阶数项）。相反，当 n 减少时，额外的位数会增加到$\Theta(\log m)$，这与使用传统的指针方法一样。无论如何，我们所提出的解决方案都不会比基于指针的解决方案差，而且当 B 是密集块的时候，可能会表现得更好。我们最终注意到，$n\log(m/n)$与在位置 m 处编码 n 个项的信息与下界有关，该下界由$\left\lceil \log \binom{m}{n} \right\rceil$位给出。后一项可以重写为$\left\lceil \log \binom{m}{n} \right\rceil=n\log(em/n)-O(\log n)-\Theta(n^2/m)$，它与长度为 m 且设置了 n 位为 1 的字符串的 0 阶熵$\mathcal{H}_0$有关，实际上$\left\lceil \log \binom{m}{n} \right\rceil=m\mathcal{H}_0-O(\log m)$（参见本章参考文献 [4] 中的 2.3.1 节所述的内容）。因此，我们可以得出结论，除了每个元素增加的 2 位外，所提出的方法接近最优空间复杂度，前提是没有关于 1 分布的进一步信息可以使用。

15.2 树的简洁表示法

在本节中，我们将探讨如何在压缩形式下存储树的数据结构，同时确保仍能有效地对该结构执行一系列操作。

15.2.1　二叉树

在经典的二叉树表示法中，每个节点（无论是内部节点还是叶子节点）都包含两个指针，分别指向其左、右子节点。这种设计允许我们在常数时间内通过追踪相应的指针快速导航至左右子节点。当某个节点缺少子节点或叶子节点时，相应的指针会设为 NULL。这种树的表示需要$\Theta(n \log n)$位的空间，其中 n 是树的内部节点和叶子节点的总数。要回答更为复杂的查询，例如寻找父节点或查询子树的大小，就需要额外的空间来存储信息。对于前者，我们需要额外的$\Theta(n \log n)$位来存储指向该节点的父节点指针；在后一种情况下，我们仍需要额外的$\Theta(n \log n)$位来存储每个节点的子树大小的信息。

问题在于，为了支持在常数时间内进行导航操作，是否真的需要这么多位，或者是否存在优化的潜力。众所周知，存储二叉树的复杂度具有一个下界，即至少需要 $2n$ 位，因为在 n 个节点上，有渐近的 2^{2n} 个不同的二叉树 ⊖，因此，我们需要足够的位数来区分一个树结构与另一个树结构。

在本小节中，我们将探讨一个源自 1989 年的卓越创意 [3]，这一想法由盖伊·雅各布森（Guy Jacobson）提出。把在二叉树上执行的常数时间导航查询转化为二进制数组上执行的常数时间 Rank 和 Select 操作（这些二进制数组是在二叉树上衍生出来的），实际上实现了与存储空间的理论最小值（不考虑次要项）相匹配的效率。这确实是一个双赢的局面。

图 15.5 所示为一个包含 n=8 个节点（包括叶子节点）的二叉树 T 的运行实例。这一转换通过三个主要步骤生成一个二进制数组 B。

1）**扩展**：在 T 中加入一些特殊的节点，称为哑叶子节点，以填充所有非二叉节点和叶子节点的空缺，从而形成扩展的二叉树 $\hat{T}$。

2）**使用一个位标签**：用 0 标记 $\hat{T}$ 中的哑叶子节点，并将 $\hat{T}$ 中所有其他节点（出现在原始树 T 中）用 1 标记。

⊖ 这个结果源自这样一个事实：我们可以通过将二叉树转化为开括号"("和闭括号")"的平衡序列来研究它。当访问一个节点时，输出一个开括号；一旦该节点及其子树在树的前序遍历中被完全访问后，就输出一个闭括号。因此，每一个有 n 个节点的二叉树都由 n 对正确匹配的括号序列来唯一标识。这些配置 $C_{n-1} = \frac{1}{n}\binom{2(n-1)}{n-1} \approx \frac{4^{n-1}}{(n-1)^{\frac{3}{2}}\sqrt{\pi}}$被称为卡塔兰数（Catalan numbers），趋向于$\Theta(2^{2n})$。

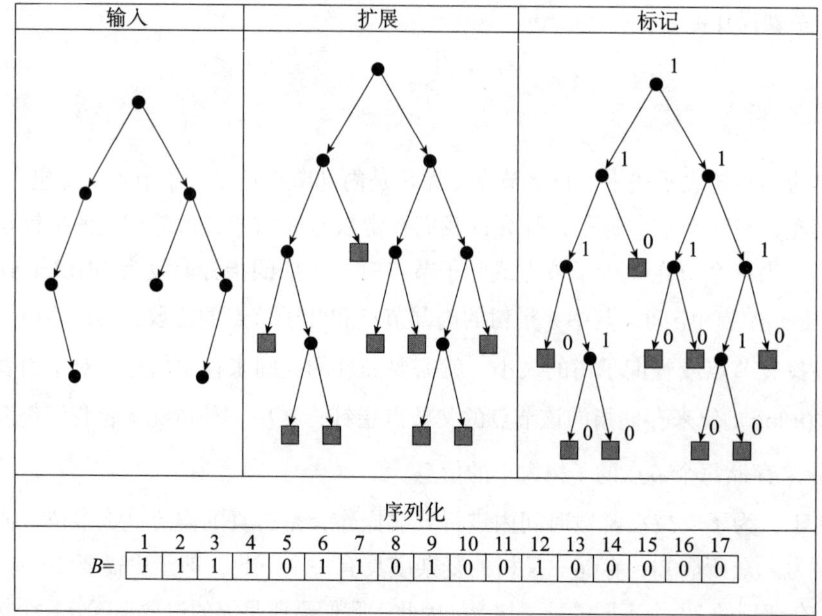

图 15.5 包含 n=8 个节点（包括叶子节点）的二叉树 T 的运行实例。其中从二叉树 T 构建二进制数组 B 的过程添加的哑叶子节点用灰色方块表示。输入的二叉树由 n=8 个节点（包括其叶子）构成。第一步创建了扩展二叉树 $\hat{T}$，共 $2n+1=17$ 个节点（包括哑叶子节点），这些节点随后被标记为 0（哑叶子节点）和 1（原始节点）。最后一步包括将 $\hat{T}$ 中标记好的节点序列化成一个 17 位的二进制数组 B

3）**序列化**：按层级（从左到右）遍历 $\hat{T}$，并将访问过程中遇到的每个节点的二进制标签记录在数组 B 中。

很容易证明，扩展的二叉树 $\hat{T}$ 由 $2n+1$ 个节点（包括哑叶子节点）组成，因此输出的二进制数组 B 由 $2n$+1 位组成。读者可以通过数学归纳法进行验证。

在讨论导航查询时，我们在逻辑上（即这些标注不是物理存储的，而是作为算法执行的参照）为扩展树 $\hat{T}$ 的每个节点标注两个整数。为了便于讨论和说明，我们将这两个整数分别用粗体和普通文本表示。粗体标签是 1 到 n 之间的整数。它们与输入树 T 的节点相关联，并且对应于 T 的 BFS（Breadth-First Search，广度优先搜索）编号。普通标签是 1 到 $2n+1$ 之间的整数。这些普通标签与扩展树 $\hat{T}$ 的节点相关联，并与 $\hat{T}$ 的 BFS 编号相对应。$\hat{T}$ 中节点的这些标签自然地映射到 B 的位标签上，因为我们实际上并不存储这些整数值。图 15.6 所示为在扩展树 $\hat{T}$ 上计算得到的两种逻辑标签和相应的二进制数组 B 的实例。

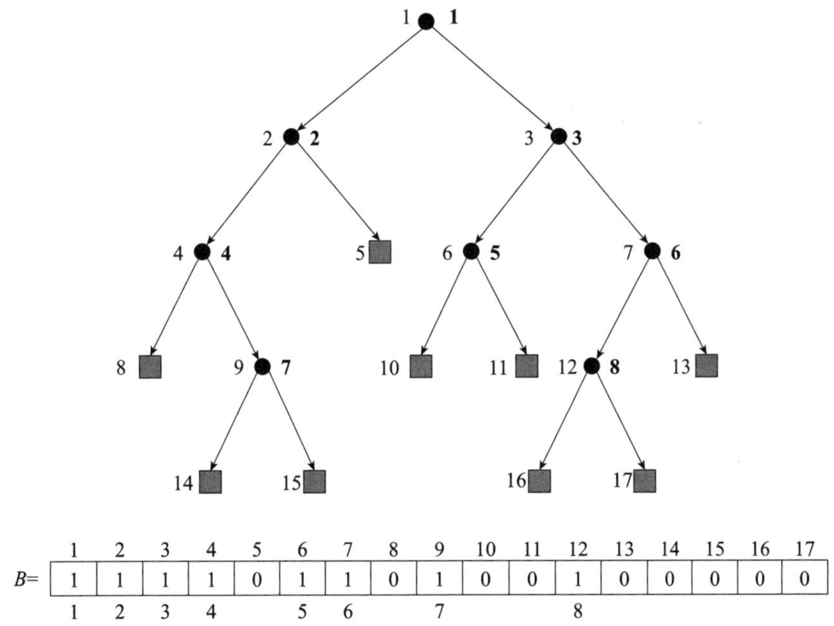

图 15.6　在扩展树 $\hat{T}$ 上计算得到的两种（普通和粗体）逻辑标签和相应的二进制数组 B 的实例。B 上方的索引指的是 $\hat{T}$ 节点的普通标签（即 BFS 编号），B 下方的索引代表 T 节点的粗体标签（即 BFS 编号）

接着，通过两种支持 Rank_1 和 Select_1 的数据结构，我们来增强二进制数组 $B[1,2n+1]$ 的功能，并且根据定理 15.2 在 B 的空间占用基础上额外占用 $o(n)$ 位的空间。在 T 上实现导航操作的关键工具是一个从粗体标签到普通标签的双向映射，这得益于分别使用了 Select 和 Rank 操作。更具体地说，计算 $j=\text{Select}_1(\boldsymbol{i})$ 可以从 $\hat{T}$ 中一个节点的粗体标签 $\boldsymbol{i}$ 导出普通标签 j；相应地，计算 $\boldsymbol{i}=\text{Rank}_1(j)$ 也可以从 $\hat{T}$ 中一个节点的普通标签 j 导出粗体标签 $\boldsymbol{i}$。前者基于这样一个事实：节点的 1 序列被赋予输入树 T 中的节点，并嵌入在 $\hat{T}$ 中，因此 $\text{Select}_1(\boldsymbol{i})$ 给出了该节点在 B 中的位置，跳过由于增加的哑叶子节点而产生的 0。反之，即 $\boldsymbol{i}=\text{Rank}_1(j)$，则是 Rank 和 Select 操作互补性的直接体现。作为一个示例，请参考图 15.6。我们可以检查位于 $\hat{T}$ 的第二层、最右边的节点，它有普通标签 j=7 和粗体标签 $\boldsymbol{i}$=**6**：事实上，读者可以在数组 B 中检查到 $7=\text{Select}_1(\mathbf{6})$；反之，$\mathbf{6}=\text{Rank}_1(7)$。

现在我们可以执行本节开头提到的三个导航操作了。在扩展二叉树 $\hat{T}$ 中，粗体编号 $\boldsymbol{x}$ 为内部节点，其左子节点编号为 $2x$，右子节点编号为 $2x+1$：这与二叉树堆栈的编号惯例相同，并适用于完整的二叉树 $\hat{T}$。在图 15.6 中，读者可以清楚地看到这一点。另一个重要的发现是，我们只需检查 $\hat{T}$ 中的节点 $B[i]$=1 或 0（其中 i 是该节点的普通编号），就能知道它是内部节点

（原始节点）还是哑叶子节点。再次参考图 15.6 和带有普通标签 7 和粗体标签 **6** 的节点，左子节点的普通标签为 $2\times6=12$，右子节点的普通标签为 $2\times6+1=13$。而且，它是 $\hat{T}$ 的内部节点，位 $B[7]=1$，它的左子节点也是内部节点，事实上左子节点的位 $B[12]=1$，而它的右子节点是一个哑叶子节点，其位为 $B[13]=0$。

我们现在具备了执行输入树 T 节点上三个主要导航操作的所有算法要素，并且这些操作可以在常数时间内完成：

1）左子节点：给定输入树 T 中的一个节点，用其编号 $\boldsymbol{x}$ 来表示，我们使用上述公式首先计算左子节点的普通标签，即 $2\cdot\boldsymbol{x}$，然后通过计算 `left_child`$(\boldsymbol{x})=\text{Rank}_1(2\boldsymbol{x})$ 将其转换成对应的加粗标签。

2）右子节点：类似地，右子节点的加粗标签是 `right_child`$(\boldsymbol{x})=\text{Rank}_1(2\boldsymbol{x}+1)$。

3）父节点：通过对左右子节点的逆向计算，我们可以得出父节点的加粗标签为 `parent`$(\boldsymbol{x})=\text{Select}_1(\boldsymbol{x})/2$。

正如我们所观察到的，算法需要检查 $B[2\boldsymbol{x}]=0$ 或 $B[2\boldsymbol{x}+1]=0$，若为 0，则这两种情况下检索到的子节点不存在（即为 NULL）。如果查询在 T 的根节点上执行，那么由于它没有父节点，因此父节点为 NULL，所以有加粗标签的节点为 1。因此，我们成功地证明了以下定理：

定理 15.5 一个含有 n 个节点的二叉树可以用 $2n+1+o(n)$ 位表示，并且这种表示方法支持在常数时间内完成关于父节点、左子节点和右子节点的查询操作。

请注意，尽管这种紧凑的表示方法在查询性能上与传统的基于指针的表示法相当，但空间效率却提高至 $\Theta(\log n)$ 倍。实际上，如果需要在 T 中向下移动，我们只需建立 Rank_1 操作的数据结构即可。事实上，Select_1 操作仅在计算父节点时才需要。最后，我们认识到，这种简洁的树表示法还可以通过附加在 T 节点上的辅助数据来进一步扩展。我们只需维护一个数组 $A[1,n]$，在 $A[i]$ 中保存与 T 中带有粗体标签 $\boldsymbol{i}$ 的节点相关的辅助信息即可。类似的逻辑也可以用来管理与 T 中边相关的辅助信息，可以使用目标节点作为索引句柄。

我们以图 15.6 中二叉树执行的三个导航操作的实际例子来结束这一小节。在 $\hat{T}$ 中，我们从计算带有粗体标签的节点 **6** 的左子节点开始：left_child(**6**)=$\text{Rank}_1(2\times\mathbf{6})=\text{Rank}_1(12)=\mathbf{8}$；但现在我们发现这个子节点是存在的，因为 $B[12]=1$。图解计算过程如下：

	1	2	3	4	5	6	7	8	9	10	11	12	13	14	15	16	17
B=	1	1	1	1	0	1	1	0	1	0	0	1	0	0	0	0	0
	1	**2**	**3**	**4**		**5**	**6**		**7**			**8**					

我们现在计算同一个节点的右子节点：right_child (**6**) $=\text{Rank}_1(2\times\mathbf{6}+1)=\text{Rank}_1(13)=\mathbf{6}$，但因为 $B[13]=0$，我们发现这个子节点不存在。图解计算过程如下：

	1	2	3	4	5	6	7	8	9	10	11	12	13	14	15	16	17
$B=$	1	1	1	1	0	1	1	0	1	0	0	1	0	0	0	0	0
	1	**2**	**3**	**4**		**5**	**6**		**7**			**8**					

最后，我们计算该节点的父节点：$\text{parent}(\mathbf{6}) = \lfloor \text{Select}_1(\mathbf{6})/2 \rfloor = \left\lfloor \frac{7}{2} \right\rfloor = \mathbf{3}$；可以得出父节点存在的结论，因为它的索引大于 0。图解该计算过程如下：

	1	2	3	4	5	6	7	8	9	10	11	12	13	14	15	16	17
$B=$	1	1	1	1	0	1	1	0	1	0	0	1	0	0	0	0	0
	1	**2**	**3**	**4**		**5**	**6**		**7**			**8**					

15.2.2　任意树

我们现在探讨另一种实现有序树的方法，这种方法不仅功能强大，能够管理任意度数的有序树，还能在常数时间内执行更多种类的查询操作，包括查找父节点、最左边的子节点、右侧的兄弟节点以及确定节点的度数。为了能够引用到第一个和下一个子节点，排序属性是不可或缺的。这套解决方案被命名为 LOUDS（Level Order Unary Degree Sequence）。LOUDS 方法基于一个直观的理念：在 BFS 顺序下，一棵树可以由其度数序列唯一地确定。该方法的操作流程如下：

1）**扩展**：向树中添加一个度为 1 的“虚拟根”节点。

2）**标记节点度数**：遍历树中的每个节点，并标记其度数。

3）**序列化**：按照层次顺序（即 BFS 顺序）从左到右地遍历树，将节点度数编码为一元格式的序列，然后将它们存储在二进制数组 B 中。

图 15.7 所示为一个最大度数为 3 的树的 LOUDS 运行示例。这个图让我们首先推导出这种树表示（因此是数组 B）的空间占用上界，然后推断出两个关于 B 的属性，这两个属性是 LOUDS 支持的四种导航操作的实现基础。

LOUDS 通过使用和前一节的雅各布森（Jacobson）表示法相同的方式，使用$2n+1$位来编码树的结构。这个证明通过一个简单的计数论证即可得出：在 B 中 0 的位数是 n，因为一元编码为展开树中的每个节点的每个子节点（因此，除了虚拟根节点外的所有节点）关联了一个 0。B 中 1 的个数是 n+1，因为每个节点（包括虚拟根节点）都会生成一个以 1 结尾的一元编码。

从树节点的 BFS 编号以及它们度数的一元编码的 BFS 序列化中，我们可以直观地理解以下两个性质，这些性质阐明了 B 中的位和树节点关系的正确性。

性质 1　根据 BFS 访问，编号为 k 的节点对应于 B 中的第 k 个 0 位。

性质 2　编号为 k 的节点的子节点对应于在 B 中紧跟第 k 个 1 之后的最长 0 位序列。

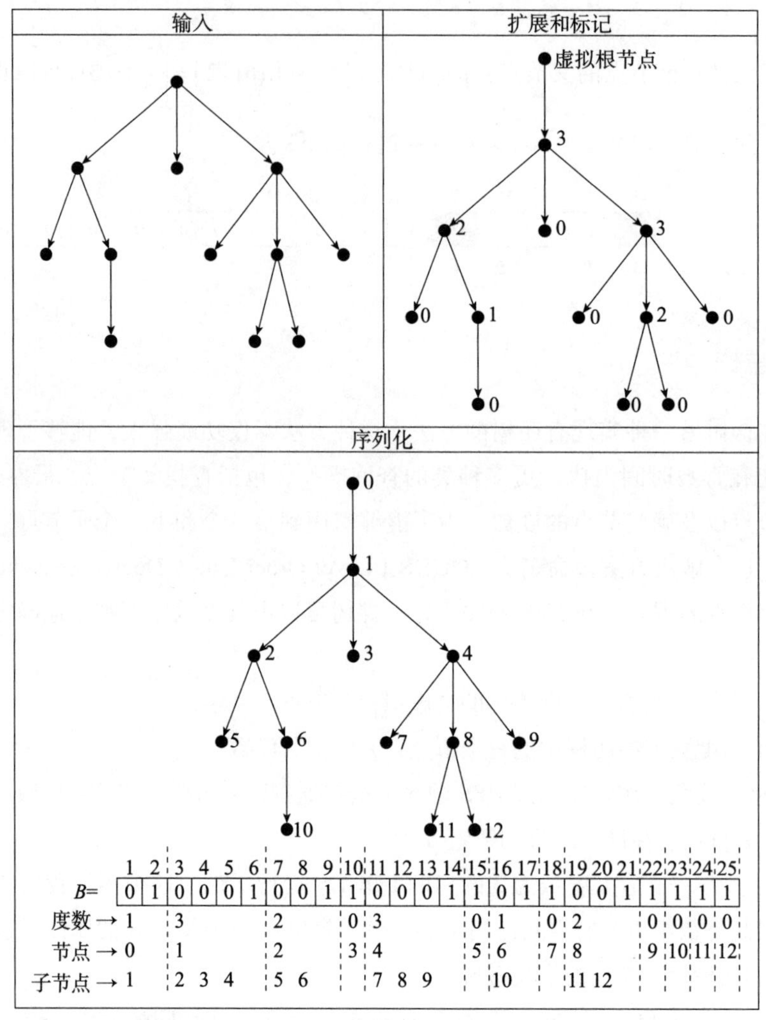

图 15.7 一个最大度数为 3 的树的 LOUDS 运行示例。扩展和标记步骤中，每个节点的右侧标注了各自的度数。最终，序列化步骤中记录了每个节点的 BFS 编号，并且在下方显示了二进制数组 B，它由每个节点度数的一元表示序列组成（详见文本说明）。为了便于解释（并非实际存储内容），B 上方的值代表数组索引，而在 B 下方，我们展示了三个列表：第一个列表被标记为“度数”，记录了数组 B 中以一元编码的节点度数；第二个列表被标记为“节点”，记录了 T 中节点的 BFS 编号，其度数在上方的列表中指示；第三个列表代表 B 中的每个位为 0 的元素，表示了在列表“节点”中记录的相应节点的子节点

基于这两个性质，我们可以高效地实现父节点、左子节点、下一个兄弟节点和度数这四种导航操作，且每种操作的执行时间均为常数。图 15.7 中的示例进一步展示了这些操作的具体执行过程，同时提示我们，节点的 BFS 编号等于其对应的 0 位在数组 B 中的位置。

度：给定一个节点的 BFS 编号 x，度可以推导为$\deg(x)=\text{Select}_1(x+1)-\left(\text{Select}_1(x)+1\right)$（在这里我们使用了性质 2）。例如，$\deg(4)=\text{Select}_1(5)-\left(\text{Select}_1(4)+1\right)=14-(10+1)=3$，因为

	1	2	3	4	5	6	7	8	9	10	11	12	13	14	15	16	17	18	19	20	21	22	23	24	25
B=	0	1	0	0	0	1	0	0	1	1	0	0	0	1	1	0	1	1	0	0	1	1	1	1	1

父节点：给定一个节点的BFS编号x，我们可以得出其父节点的BFS编号$\texttt{parent}(x)=\text{Rank}_1\left(\text{Select}_0(x)\right)=\text{Select}_0(x)-x$（这里我们首先使用了性质 1，然后使用了性质 2）。例如，parent(5) 的 BFS 编号 $\text{parent}(5)=\text{Select}_0(5)-5=7-5=2$，因为

	1	2	3	4	5	6	7	8	9	10	11	12	13	14	15	16	17	18	19	20	21	22	23	24	25
B=	0	1	0	0	0	1	0	0	1	1	0	0	0	1	1	0	1	1	0	0	1	1	1	1	1

首个子节点：从$\deg(x)$的计算中我们知道，具有 BFS 编号 x 的节点的度位于位置$\text{Select}_1(x)+1$和 $\text{Select}_1(x+1)$之间。因此，如果$\deg(x)=0$，我们返回 NULL；否则，我们跳转到该一元序列的第一个 0，该 0 位在 B 中的位置是 $\text{Select}_1(x)+1$，然后通过执行Rank_1（此处我们使用性质 2）返回其对应节点的 BFS 编号。注意$\text{Rank}_0\left(\text{Select}_1(x)+1\right)=\text{Select}_1(x)+1-x$。因此，我们证明了以下内容：

$$\texttt{first\_child}(x)=\begin{cases}\text{NULL} & ,\ \deg(x)=0\\ \text{Select}_1(x)+1-x & ,\ \text{其他}\end{cases}$$

在这里，我们考虑两个例子，对应于两种可能的情况。对于 $\texttt{first\_child}(9)$，由于$\deg(9)=\text{Select}_1(9+1)-\text{Select}_1(9)-1=22-21-1=0$，因此答案是 NULL。

	1	2	3	4	5	6	7	8	9	10	11	12	13	14	15	16	17	18	19	20	21	22	23	24	25
B=	0	1	0	0	0	1	0	0	1	1	0	0	0	1	1	0	1	1	0	0	1	1	1	1	1

对于 $\texttt{first\_child}(8)$，由于 $\deg(8)=\text{Select}_1(8+1)-\text{Select}_1(8)-1=21-18-1=2$，节点的第一个子节点（该节点的BFS编号为8）确实存在，其BFS编号可以通过$\texttt{first_child}(8)=\text{Select}_1(8)+1-8=18+1-8=11$来计算：

	1	2	3	4	5	6	7	8	9	10	11	12	13	14	15	16	17	18	19	20	21	22	23	24	25
B=	0	1	0	0	0	1	0	0	1	1	0	0	0	1	1	0	1	1	0	0	1	1	1	1	1

下一个兄弟节点：让我们考虑一个具有 BFS 编号 x 的节点，并根据性质 1 计算在 B 中该节点所对应的空位$y=\text{Select}_0(x)$。因此，如果下一位 $B[y+1]$ 是 0，那么它的兄弟节点获得下一

个 BFS 编号（即$x+1$），否则所请求的兄弟节点不存在。在形式上，有：

$$\texttt{next\_sibling}(x)=\begin{cases}x+1 & \text{, B[}\texttt{Select\_0}\text{(x)+1]=0}\\ \texttt{NULL} & \text{，其他}\end{cases}$$

让我们再次考虑两个例子，分别对应两种可能的情形。对于 next_sibling(12)，我们首先计算$y=\text{Select}_0(12)=20$，并且由于 $B[y+1]=B[21]=1$，答案是 NULL，兄弟节点不存在：

	1	2	3	4	5	6	7	8	9	10	11	12	13	14	15	16	17	18	19	20	21	22	23	24	25
B=	0	1	0	0	0	1	0	0	1	1	0	0	0	1	1	0	1	1	0	0	1	1	1	1	1

对于 next_sibling(11)，我们首先计算 $y=\text{Select}_0(11)=19$，由于 $B[19+1]=B[20]=0$，因此所请求的兄弟节点的 BFS 编号为 11+1=12：

	1	2	3	4	5	6	7	8	9	10	11	12	13	14	15	16	17	18	19	20	21	22	23	24	25
B=	0	1	0	0	0	1	0	0	1	1	0	0	0	1	1	0	1	1	0	0	1	1	1	1	1

15.3 图的简洁表示法

我们终于迎来了本书探讨的最后一个议题，它或许是近年来所有研究中最具挑战性的议题之一。这主要是因为图数据库、社交网络和知识图谱的兴起。我们正面临着海量的数据洪流，而这些数据往往是相互关联的，可以通过图数据结构来进行高效的建模。在这一节中，我们的目标是设计出简洁的图表示法，这些表示法能够直接且高效地支持图的遍历操作。至于带有标签的图节点或边的附加信息，即所谓的标签图（labeled graph），就像在前一节讨论的标签树（labeled tree）那样，我们可以采用额外的数据结构来处理。

我们将考虑三种正交方法来实现图的简洁表示：首先，我们可以利用 Elias-Fano 编码在压缩索引递增整数序列上的强大功能，例如那些描述节点邻接表的序列；其次，我们可以利用 Web 图谱的特性，推导出高度可压缩的二进制序列；最后，我们可以采用一种基于 k^2 树和邻接二进制矩阵在二进制子矩阵中进行规则分解的复杂压缩索引方法。

首先，让我们介绍一些有用的符号和术语。输入图被表示为 $G=(V,E)$，其中 V 是 n 个节点的集合，E 是 m 条边的集合。

为了简化表述，我们假设图中的节点由从 1 到 n 的正整数来标识，并且对符号 E 进行重载，用它来表示图的邻接矩阵，当且仅当 (u,v) 是 G 的一条边时，$E[u,v]=1$。对于给定的结点$u\in V$，通过图边连接到 u 的节点 v（即 $E[u,v]=1$）被称为 u 的邻接节点，如果按照它们的整数标签以递增顺序对它们进行排序，我们就得到了 u 的邻接列表。G 的经典且朴素表示由邻接列表中的编码节点组成，每个编码节点具有 $\Theta(\log n)$位，因此存储整个图需要

$\Theta(m \log n)$位。

图 15.8 所示为基于邻接列表的朴素的图表示法。从图中可以清晰地看到，Elias-Fano 编码如何被用来压缩并高效访问这些按照递增顺序排列的邻接表，正如第 11 章讨论的那样。当邻接表中的整数（即节点 ID）分布没有特殊规律时，这无疑是一种合理的方法。在这种情况下，空间占用可以评估为$O\left(m\left(2+\log\frac{n^2}{m}\right)\right)$位，这是通过观察在 n^2 个可能的 E 元素中设置了 m 位的 1 得出来的。

节点	出度值	邻接列表
…	…	…
15	9	13,15,16,17,18,19,23,24,203
16	10	15,16,17,22,23,24,316,317,3041
17	0	
18	5	13,15,16,17,50
…	…	…

图 15.8 基于邻接列表的朴素的图表示法

接下来的两个小节将探讨一些特殊图的案例，这些案例通过专门设计的方法来实现更紧凑的表示，与前面描述的 Elias-Fano 编码相比，能够实现更大的空间节省。

15.3.1 Web 图的情况

Web 图是一种有向图，其节点代表网页，而边则代表了网页间的超链接关系。在这些图中，网页通过它们的 URL 来识别。这些 URL 可以通过将它们的 URL 按字母顺序逆序排列的排名转换为整数。这样，经过主机名反转的 URL 就被转换成了唯一的节点标识㊀。

如本章参考文献 [1] 中所指出的，Web 图具有两个引人注目的特征，即局部性和相似性。局部性指的是一个页面大多数外部链接往往指向同一主机内的其他页面；相似性则意味着来自同一主机的两个页面往往会有许多共同的外部链接。从节点 ID 的角度来解释这两个特征，我们可以得出以下推论：基于局部性，节点 u 通常指向节点 v，这样 $|u-v|$ 就很小，此外，由于它们可能来自同一主机，同一邻接列表中的节点之间的差异通常也很小。而根据相似性，我们可以推断出节点 u 和 v 的邻接列表中共享了许多元素，前提是 $|u-v|$ 很小。

局部性这一特点揭示了同一主机内的节点的邻接表在逆序 URL 排序中彼此邻近，其邻接列表展现出聚集的整数值，可能形成连续递增的数列。正如我们在第 11 章了解到的，Elias-Fano 编码并没有最优化地利用这种整数分布特性。而更简单的 γ 编码或 δ 编码反而能做到这

㊀ 这意味着 URL 字符串 www.corriere.it/esteri/page.html 被反转为 it.corriere.www/esteri/page.html，然后按字母顺序排列。这种顺序倾向于将来自同一主机的 URL 聚集在一起。

一点，并且在空间效率方面，插值编码（interpolative code）表现尤为突出。然而，插值编码不支持对压缩列表中的单个元素进行高效访问。因此，除非图的备份是必要的，否则 γ 编码和 δ 编码是一个好选择，这取决于它们在存储与访问之间的有效权衡。实际上，在接下来的算法讨论中，当无法证明关于节点 ID 递增序列的特殊属性时，这些编码方法都可以用作转义压缩策略。

如果我们同时考虑 Web 图的相似性特征，或许能实现对其更高效地存储 [1]。核心思路是将一个节点 x 的邻接列表 $L[x]$ 表示为在先前某个时间上且接近的列表 $L[y]$ 的“变种”版本，这个列表被称为参考列表。差异 $x-y=r>0$ 称为参考编号。我们使用 $r=0$ 来表示 $L[x]$ 按原始编码，而不对任何先前的 $L[y]$ 使用参考压缩：这里，我们可以仅使用整数编码器（例如 γ 编码或 δ 编码）对连续节点 ID 之间的差异进行编码。r 的选择至关重要，这个过程在大小为 W 的窗口内进行。窗口 W 越大，压缩比就越好，但随之而来的是压缩阶段速度变慢且消耗更多的内存。实际上，参数 W 的值决定了在寻找最佳压缩 $L[x]$ 参考列表时需要检查的列表数量。当然，列表 $L[y]$ 可以被进一步压缩为之前某个列表 $L[z]$ 的“变种”，其中 $z<y$ 和 $y-z<W$，以此类推，从而形成一条可能无限长的引用链。这会影响压缩存储方案的解压效率。为了在空间占用和解压效率之间取得平衡，本章参考文献 [1] 的作者提出了另一个参数，表示为 R，并称为最大引用计数（maximum reference count）。该参数的作用是限制引用列表集合，使其只包含位于窗口 W 中的那些列表，这些列表不会产生超过 R 长度的引用链。对 R 选择一个较小的值可能会降低压缩效果，但能缩短（随机）访问时间。㊀

为了根据其参考列表 $L[y]$ 来实现对 $L[x]$ 的差异性压缩，我们构建了一个二进制序列 $B[x]$，由 $|L[y]|$ 位组成，每一位表示 $L[y]$ 的相应元素是否存在于 $L[x]$ 中：若存在，该位被设置为 1；若不存在，则被设置为 0。位序列 $B[x]$ 被称为 $L[y]$ 的复制列表。由于相似性特征以及 r 通常较小，我们预期 $L[x] \cap L[y]$ 的值较大，因此 $L[x]$ 的许多条目仅通过 $B[x]$ 中设置为 1 的一个位来表示。此外，我们预计 $L[x] \backslash L[y]$ 的数值较小，因此其中的节点被称为额外节点，通过某种整数编码器（如 γ 编码或 δ 编码）显式存储或通过连续节点 ID 之间的差异来进行压缩。为了重建原始邻接列表 $L[x]$，我们需要在额外节点列表和仅包含在 $B[x]$ 中设为 1 的元素的参考邻接列表 $L[y]$ 之间执行合并操作。图 15.9 所示为通过复制列表来表示图 15.8 中的邻接列表。

㊀ 为了在引用列表和引用链的管理上实现原则性和高效性，并在不完全解压缩整个图的前提下，提供优异的压缩率以及快速且灵活的邻接列表访问，我们建议读者参考 Zuckerli。Zuckerli 是一个为庞大现实世界图设计的可扩展性压缩系统，已在数十亿节点和边的规模上进行了验证。与 Web 图相较，Zuckerli 利用了尖端压缩技术和创新性启发式图算法，实现了高达 30% 的空间节省，同时其解压缩过程中的资源消耗与 Web 图相当。

节点	出度数	引用压缩	复制列表	额外节点
…	…	…	…	…
15	9	0	—	13,15,16,17,18,19,23,24,203
16	10	1	011100110	22,316,317,3041
17	0		—	—
18	5	3	111100000	50
…	…	…	…	…

图 15.9　通过复制列表来表示图 15.8 中的邻接列表。节点 15 不受参考压缩的影响（实际上，它的引用压缩字段为 0），而节点 16 和 18 的邻接列表相对于参考列表 $L[15]$ 进行了压缩

细心的读者可能已经发现，复制列表实际上是一种由 0 或 1 组成的最大连续段（游程）的交替序列。因此，它们可以通过以下策略进行编码：首先，我们记录复制列表的初始位，然后使用合适的整数压缩技术来编码每个序列的长度 ℓ。由于序列是交替出现的，并且我们知道第一个序列的类型（因为它的位值存储在压缩位序列的前端），所以不必存储序列的类型（无论是 1 还是 0 的序列）。这样生成的二进制序列被称为复制块。从复制块中删除最后一个序列长度的编码，可以获得额外的空间节省，这可以很容易地从存储在“出度数”中的其他数据（例如，$|L[y]|$）以及在复制块中可用的其他序列长度等信息中轻易恢复。图 15.9 和开创性文献 [1] 中介绍了更多类似的简洁编码技巧。

通过复制块来表示邻接列表如图 15.10 所示，邻接列表 $L[18]$ 有一个复制列表，该列表以连续的 1 开始，这是由“第一位”的字段指明，长度为 4（因为第一个编码的整数是 4），接着是一串 0，长度为 $|L[15]|-4=9-4=5$，这是正确的，读者可以通过查看图 15.9 中 $L[18]$ 的复制列表来验证。为了说明的完备性，我们观察邻接列表 $L[16]$：它的复制块有 5 个，第一个块是一串 0（这由“第一位”的字段指明），并且最后一个未存储的序列也是 0 的序列（由于 4+1 0 序列与 1 序列的交替出现），其长度为 $|L[15]|-8=9-8-1$。

节点	出度数	引用压缩	第一位	复制块	额外节点
…	…	…	…	…	…
15	9	0	—	—	13,15,16,17,18,19,23,24,203
16	10	1	0	1,3,2,2	22,316,317,3041
17	0	—	—	—	—
18	5	3	1	4	50
…	…	…	…	…	…

图 15.10　通过复制块来表示邻接列表。为了便于说明，我们使用逗号来分隔最大连续的 1 或 0 的序列

实验结果显示，额外的节点往往形成连续的整数递增序列，这些序列被称为区间（interval）。两种压缩方法可以用来对这些区间进行有效压缩：若某个区间的长度超过了预设

的阈值，则该区间将通过其左端点和长度来进行编码，并采用高效的编码方式进行简化；如果区间较短，则可以通过参考之前的区间或节点 ID 来进行整数编码，以此来减少所需位数。关于这些特定编码步骤的详细说明，请参阅原始文献 [1]，文献中还指出 Web 图可以实现每条边最多只需 3 位的压缩率。

15.3.2 通用图的情况

我们考虑的终极图压缩方案充分利用了它们的邻接矩阵的稀疏性和元素 1 的聚类分布，这些特性通常在通用图中普遍存在，以此获得一个经过压缩且可高效索引的表示形式 [2,4]。该方案依赖于一个基于输入图的邻接矩阵 E 构建的 k^2 叉树（又称 k^2− 树）。

为了便于说明，假设图由 n 个节点和 m 条边组成，因此其邻接矩阵 E 的大小为 $n\times n$，其中只有 m 个条目被设置为 1。假设$n=k^h$，否则我们将在矩阵的底部和右侧填充，以使其宽度达到大于 n 的最小 k 次幂。然后，E 的大小由$n^2=k^{2h}$个二进制条目组成。

原始矩阵 E 在逻辑上被分配到 k^2− 树的根节点。接着，我们将 E 精确地分割成 k^2 个方形子矩阵$E_{1,1},\cdots,E_{k,k}$。每个子矩阵在逻辑上都对应于根节点的一个子节点，因此根节点有 k^2 个子节点。如果相应的子矩阵中至少有一个位设置为 1，那么这些子节点的标记为 1；否则标记为 0。标记为 0 的节点是 k^2− 树的叶子节点而标记为 1 的节点会被递归分解为 k^2 个更多的子矩阵，这些子矩阵将构成被分解节点的子节点。当子矩阵的大小等于 1 时，分解过程终止。一个基于 4×4 邻接矩阵的 k^2− 树示例如图 15.11 所示。

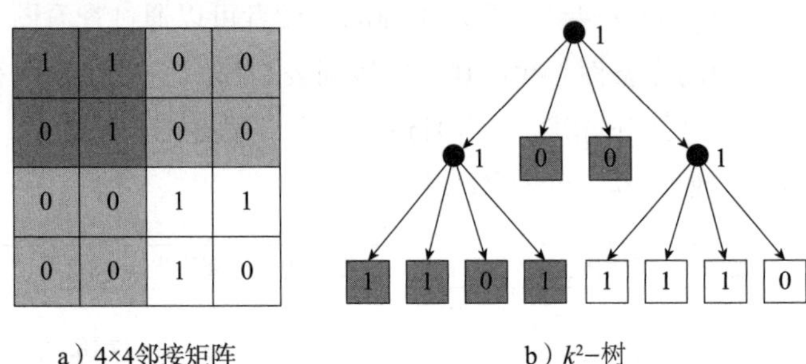

图 15.11 一个基于 4×4 邻接矩阵的 k^2− 树示例，这里 k=2。该树的高度为 2，其叶子节点用方块表示，而内部节点则用圆点表示。内部节点标记为 1，而叶子节点如果代表空子矩阵，则标记为 0；如果它们对应于一个只含有一个被设为 1 的位的子矩阵，则标记为 1

考虑到这种分解策略，k^2− 树的高度为$h=\Theta(\log_k n)$，并且最多拥有 n^2 个叶子。如果 E 充满了 1，那么 k^2− 树是完全平衡且完整的；相反，E 中 1 序列越稀疏、聚集，k^2− 树就越小，但无论如何，它都包含和 E 中 1 序列一样多的长度为 h 的路径，这些路径有 m 个。

因此，节点的总数上限为 mhk^2，且此类路径上的任何节点都有 k^2 个子节点[⊖]。显而易见，k 越大，树的深度越浅，但其分支因子相应增大。这种权衡影响了 k^2- 树的空间效率和导航操作的性能，并且受到 E 的组成的影响。

遍历 k^2– 树可以轻易地检查图中边（u,v）的存在性：从根节点开始，前往满足 $i=\lceil (uk)/n \rceil$ 和 $j=\lceil (vk)/n \rceil$ 的子节点 $E_{i,j}$；然后将新的 u 和 v 分别设置为 $1+(u-1)\bmod(n/k)$ 和 $1+(v-1)\bmod(n/k)$，并对当前访问的节点重复该过程，递归执行（新的 n 为 n/k），直到遇到叶子节点；其标签将指示所查询边是否存在。因此，在最坏的情况下，时间复杂度是 $O(h)$。

查询压缩矩阵的某一行或某一列确实要更为复杂，但这种方法允许我们通过图的正向边和反向边来浏览图的结构。这是之前章节中描述的图表示法无法支持的功能，除非同时使用邻接矩阵及其转置来表示，但这会导致空间占用翻倍。通过 k^2– 树的扩展进行行检索（列检索亦然）的基本原理与检索单个矩阵条目的原理相同，但有一个额外的技巧，因为一行可能分散于不同层级的多个节点中，所以需要遍历多条路径，这意味着查询到的行数据必须从这些路径（即所有访问过的叶子节点）中汇总得出。图 15.12 所示为从具有节点 n=16 和 k=2 的图邻接矩阵中检索第 15 行的例子。其中由粗体线条划定的空子矩阵直观地展示了算法所遍历的邻接矩阵部分。注意，查询行的前半部分在子节点 $E_{2,1}$ 中，它完全是空的；要检索其他条目，我们必须遍历不同深度的路径，从而涉及不同大小的子矩阵。在图 15.12 中，参数 p_i 表示从 $p_0=15$ 开始的每一级递归所查询的行。

使用 k^2– 树的优势在于，它们可以通过使用一种 LOUDS 表示（参见第 15.2.2 小节）的变体进行高效存储。这种表示形式利用了两个位数组：T 是一个位数组，用于按 BFS 顺序序列化存储 k^2– 树所有内部节点的标签；L 则是另一个位数组，按从左到右的顺序存储最底层的标签。最后，基于 T 构建了 Rank_1 和 Select_1 数据结构，这些结构支持高效的树导航。由于叶子节点没有子节点，且导航最终会在叶子节点处终止，所以数组 L 不需要索引。

在图 15.11 的运行示例中，数组 T 和 L 如下所示：

	1	2	3	4
T=	1	0	0	1

	1	2	3	4	5	6	7	8
L=	1	1	0	1	1	1	1	0

⊖ 实际上，通过观察，到 k^2- 树顶端的许多节点被文中提到的 m 条路径共享，因此，可以得出一个更好的节点数量的上界。该上界可以细化为 $mk^2\left(\log_{k^2}\frac{n^2}{m}+O(1)\right)$ 位。

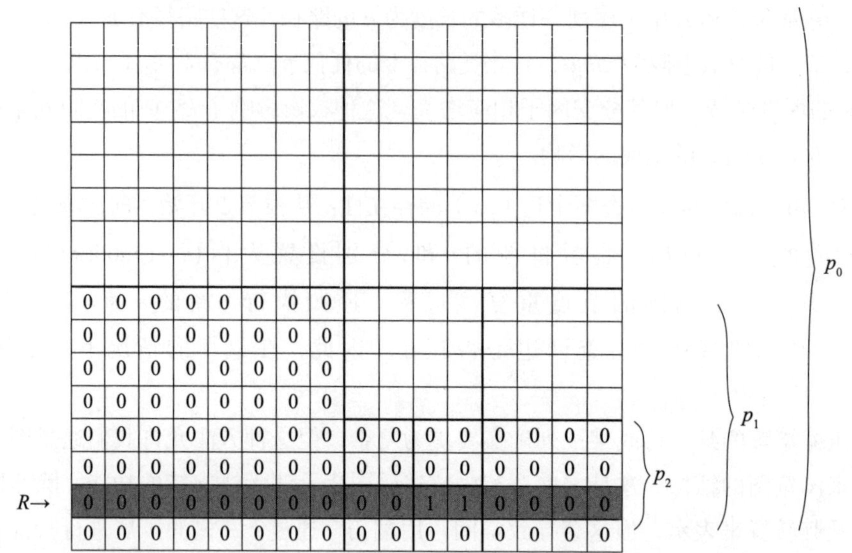

图 15.12　从具有节点 n=16 和 k=2 的图邻接矩阵中检索第 15 行的例子。这里$p_0=15, p_1=7, p_2=3, p_3=1, p_4=1$。按照 BFS 顺序计数子节点，即 {1,2,3,4}，我们注意到：在第一层，我们访问了根的两个子节点（子矩阵），即第三个和第四个，前者完全为空；在第二层，我们访问了后者第四个子节点的两个子节点，即第三个和第四个，后者完全为空；在第三层，我们再次访问前者的两个子节点，即第三个和第四个，前者完全为空；然后我们最终访问了后者的两个子节点，结果被标记为 1

我们观察到，给定一个与 k^2− 树的内部节点相对应的条目 $T[i]$=1，其第 j 个子节点（作为内部节点）的位置（根据 BFS 编号）是$\text{Rank}_1(T,i)\times k^2+j$。这是因为我们需要考虑 $T[i]$ 左侧（根据 BFS 编号）的所有 k^2 个子节点，然后再加上所查询的子节点偏移量。关于基于 k^2- 树解决方案的渐近时间和空间性能，我们注意到，在最坏情况下检索一行（全由 1 组成的）的邻接矩阵的时间复杂度是 $O(n)$。由于Rank_1操作需要常数时间，并且在ℓ层，对于最坏的情形，我们可能需要探索覆盖查询行的所有 k^ℓ 个子矩阵，直到到达最后一层，在那里我们访问大小为 1×1 的设为 1 的子矩阵。平均而言，时间复杂度可以被证明是$O\left(\sqrt{m}\right)$ [2]。这意味着矩阵（即图）越稀疏，解码一行的速度就越快，从而检索索引图的一个节点的邻接列表也更快。此外，总的 k^2− 树大小的上界被评估为$mhk^2=mk^2\log_k n$，而这就是使用 Rank 和 Select 数据结构（构建在二进制数组 T 和 L 之上）的简洁解决方案所占用的位数（直到低阶项）。更多细节可以在本章参考文献 [2,4] 中找到。

参考文献

[1] Paolo Boldi and Sebastiano Vigna. The Webgraph framework I: Compression techniques. In *Proceedings of the 13th International Conference on World Wide Web (WWW)*, 595–02, 2004.

[2] Nieves R. Brisaboa, Susana Ladra, and Gonzalo Navarro. k^2-trees for compact web graph representation. In *Proceedings of the 16th International Symposium on String Processing and Information Retrieval (SPIRE)*, 8–30, 2009.

[3] Guy Jacobson. Space-efficient static trees and graphs. In *Proceedings of the 30th Annual Symposium on Foundations of Computer Science (FOCS)*, 549–54, 1989.

[4] Gonzalo Navarro. *Compact Data Structures: A Practical Approach*. Cambridge University Press, 2016.

[5] Luca Versari, Iulia-Maria Comsa, Alessio Conte, and Roberto Grossi. Zuckerli: A new compressed representation for graphs. *IEEE Access*, 8, 219233–43, 2020.

Chapter 16 第 16 章

结论

“归根结底，只有那些从学习中吸收并将其运用于实践中的知识，才是我们真正保留下来的宝贵财富。”

——约翰·沃尔夫冈·冯·歌德（Johann Wolfgang Von Goethe）

当翻到本书的最后一章，你可能会好奇地问：“接下来我该做什么？”虽然前 15 章只是触及了算法工程学科的表面，但我希望这短暂的旅程已经点燃了你对算法世界的热忱，并对你在学术或职业路径上解决问题的方式产生了积极的影响。我还期望，在你阅读完这些篇章之后，你会赞同本书开篇所阐述的观点：“编程，无疑是一门艺术，而掌握优秀的工具，是将其上升到美学巅峰的关键。”

让我们进一步深入探讨，在未来几年内，算法工程师所需钻研、设计以及实现的“下一代”算法工具与计算基础设施所面临的课题。

在本书中，我们对计算机内存的演变进行了细致的评述，涵盖了其复杂性、多样性以及数量的增长。这些进展促使我们提出了一个简化版的双层内存模型，该模型使得我们能够对提出的算法解决方案的性能进行简易分析，并提供比传统的 RAM 模型更为准确的近似结果。然而，随着信息和通信技术基础设施的不断进步，以及新型数据密集型工作负载所带来的挑战，依赖此类计算模型优化的算法效力可能在未来几年内减弱。

在当下的数字经济时代，数据已成为核心资产。企业若能够开发出以客户为核心、数据驱动的数字服务，并能通过以大数据为重心的数字基础设施平台实现实时反馈，那么它们将有望成功驾驭数字化转型的浪潮。在这一多变的产业环境中，研究人员、工程师和分析师们正在迫切寻求更多的数据数字化，并期待拥有更强大的计算能力，以便缩短在多个需要大量处理能力和数据的应用领域中“得出结果”的时间，例如自动驾驶、生物医学科学、能源、经济金融，以及高级科学和工程研究，这些仅仅是其中的几个例子。

显而易见，存储设备在推动这些创新的过程中将继续发挥关键作用，因为它们是高性能计算（High Performance Computing，HPC）基础设施的核心组成部分。

随着数据密集型工作负载的激增，尤其是那些需要非模式化内存访问的任务，如图数据分析，全球共享的物理分布式内存变得日益重要，以应对这些挑战。此外，随着下一代云架构的普及，应用程序将需要在多个容器之间更加灵活地移动计算工作流程，每个容器都能根据需求动态地提供适当的硬件和软件资源，这可能还包括一些嵌入式人工智能技术。尽管近年来在先进计算和存储基础设施方面取得了显著进步，未来也必将有更多创新，但我们清楚地认识到，仅凭这些硬件解决方案无法确保存储和计算资源能够在需要时得到适时适地的利用。

因此，算法和数据结构的设计将扮演前所未有的关键角色，其潜在的进步空间已远远超越摩尔定律的界限[⊖]。然而，这种飞跃性的进展唯有在算法工程师不断充实并丰富他们的“算法工具箱”时才能实现，这不仅需要理解本书所探讨的概念，还要融合来自人工智能（Artificial Intelligence，AI）与机器学习（Machine Learning，ML）、优化学和密码学等多个领域的创新方法和技术。这一过程应当受到创新精神的驱使，正是这种创新精神激励设计师和工程师们在近期将数据库概念（如高效 I/O 的数据结构生成）、生物信息学挑战（如基因组搜索引擎的创造）以及信息论（推动了第 15 章中压缩索引的设计）融入了他们的算法解决方案之中。

事实上，近年来我们已经目睹了对那些建立在特定工具之上的数据结构和算法的极大关注，这些基于 AI/ML 的工具，例如学习型索引或预测性算法，旨在利用数据分布特性或 GPU/TPU 硬件来提升性能，或者针对多种标准进行计算资源的优化（而不仅仅是时间或空间效率），甚至通过运用越来越复杂的加密技术来处理云计算和存储问题，确保抵御外部威胁或内部泄露各类敏感信息的鲁棒性。在处理敏感数据（例如基因组和医疗信息）的安全高效搜索及数据挖掘操作时，最关键的是能够支持加密的数据索引方式，确保不会泄露查询的访问模式、响应内容，当然还有底层的索引数据本身。

为了实现私密且安全的实时计算，研究人员与行业专家正在积极探索将密码学技术和数据结构方法以创新而高效的方式结合。他们的目标是确保理论与实践均能在隐私与安全方面提供有力保障，并展现出高效的实际性能。此外，AI/ML 和多标准优化在数据压缩领域也将

⊖ 摩尔定律（Moore's law，1965 年）预测微芯片中晶体管的数量大约每 18 个月翻一倍。详情见：https://en.wikipedia.org/wiki/Moore's_law。

起到至关重要的作用。其核心在于自动化、动态化并且高效地确定最优压缩策略，以满足现代以客户为中心的应用程序对计算资源的限制性要求，进而提升 HPC 基础设施的性能。这将需要设计创新性的编码方案，这些方案不仅要挖掘输入数据中的传统重复模式，还要识别出一些现有压缩技术未能捕捉到的新规律性，而这些新规律性可以通过专门设计和训练的 ML 模型来加以利用。同时，这些编码方案还需要能够处理结构化数据的压缩，比如矩阵和标记图，即那些由 AI/ML 应用程序、知识图谱和图数据库生成的数据，以便在其压缩形态上直接执行算术和查询操作。

毫无疑问，未来几年对于算法设计师与工程师来说将充满挑战，需要不断突破边界，创造更安全、高效的解决方案以适应日益复杂的技术需求。

推荐阅读

编程原则：来自代码大师Max Kanat-Alexander的建议

作者：[美] 马克斯・卡纳特-亚历山大 译者：李光毅 书号：978-7-111-68491-6 定价：79.00元

Google 代码健康技术主管、编程大师 Max Kanat-Alexander 又一力作，聚焦于适用于所有程序开发人员的原则，从新的角度来看待软件开发过程，帮助你在工作中避免复杂，拥抱简约。

本书涵盖了编程的许多领域，从如何编写简单的代码到对编程的深刻见解，再到在软件开发中如何止损！你将发现与软件复杂性有关的问题、其根源，以及如何使用简单性来开发优秀的软件。你会检查以前从未做过的调试，并知道如何在团队工作中获得快乐。

推荐阅读

Python机器学习：基于PyTorch和Scikit-Learn

作者:（美）塞巴斯蒂安·拉施卡（Sebastian Raschka）（美）刘玉溪（海登）（Yuxi（Hayden） Liu）
（美）瓦希德·米尔贾利利（Vahid Mirjalili）译者：李波 张帅 赵炀

ISBN：978-7-111-72681-4 定价：159.00元

Python深度学习“四大名著”之一全新PyTorch版；PyTorch深度学习入门首选。

基础知识+经典算法+代码实现+动手实践+避坑技巧，完美平衡概念、理论与实践，带你快速上手实操。

本书是一本在PyTorch环境下学习机器学习和深度学习的综合指南，既可以作为初学者的入门教程，也可以作为读者开发机器学习项目时的参考书。

本书添加了基于PyTorch的深度学习内容，介绍了新版Scikit-Learn。本书涵盖了多种用于文本和图像分类的机器学习与深度学习方法，介绍了用于生成新数据的生成对抗网络（GAN）和用于训练智能体的强化学习。最后，本书还介绍了深度学习的新动态，包括图神经网络和用于自然语言处理（NLP）的大型Transformer。

本书几乎为每一个算法都提供了示例，并通过可下载的Jupyter notebook给出了代码和数据。值得一提的是，本书还提供了下载、安装和使用PyTorch、Google Colab等GPU计算软件包的说明。